중국의 전략문화

전통과 근대의 부조화

China's Strategic Culture:
Discord of Tradition and Modernity

박창희 지음

이 저서는 2012년 정부(교육부)의 재원으로 한국연구재단의 지원을 받아 수행된 연구입니다.
(NRF-2012S1A6A4021522)

이 도서의 국립중앙도서관 출판예정도서목록(CIP)은 서지정보유통지원시스템 홈페이지(http://seoji.nl.go.kr)와 국가자료공동목록시스템(http://www.nl.go.kr/kolisnet)에서 이용하실 수 있습니다.
CIP제어번호: 2015030734(양장), CIP제어번호: 2015030735(학생판)

지은이 서문

인류의 역사는 전쟁의 역사이다. 중국도 마찬가지로 고대로부터 근대, 그리고 현대에 이르기까지 통일과 분열, 내전과 대외전쟁을 거듭해온 전쟁의 역사를 갖고 있다. 일찍이 황허(黃河) 문명을 태동시킨 중국은 숱한 전쟁을 경험하면서 주나라의 『육도(六韜)』, 춘추전국시대의 『손자(孫子)』, 『오자(吳子)』, 『사마법(司馬法)』, 『위료자(尉繚子)』, 한나라의 『삼략(三略)』, 당나라의 『이위공문대(李韋公問對)』 등 다양한 병서를 통해 그들의 전쟁관과 전략을 발전시킬 수 있었다.

과연 중국의 전략문화는 존재하는가? 역사적으로 중국은 중국만의 독특한 전략문화를 형성해왔는가? 그리고 만일 중국만의 전략문화가 존재한다면 그것은 무엇인가? 이러한 질문을 갖게 된 것은 본인이 1999년부터 박사학위 논문을 준비하면서 접한 존스턴(Alastair Iain Johnston)의 저서 『문화적 현실주의: 중국역사에서 나타난 전략문화와 대전략(Cultural Realism: Strategic Culture and Grand Strategy in Chinese History)』 때문이었다. 이전까지 중국의 전략문화는 역사학자 페어뱅크(John K. Fairbank)의 시각이 주류를 이루어 전통적 유교사상의 연장선상에서 이해되었으나, 존스턴은 중국도 서구와 마찬가지로 현실주의적 전략문화를 갖고 있다고 주장한 것이다. 비록 본인의 박사학위 논문이 중국의 전략문화를 직접적으로 다룬 것은 아니었지만 이와 같은 논쟁은 매우 신선하게 다가왔으며 학문적 호기심을 자극하기에 충분했다. 그리고 언젠가 기회가 오면 반드시 이 주제를 다루어야겠다는 생각을 했다.

지난 9년간 본인은 국방대학교에서 '현대중국의 전쟁과 전략'이라는 과목을 강의하면서 중국의 전략문화를 들여다볼 수 있게 되었다. 특히 2012년 한국연구재단의 인문사회분야 저술지원사업 지원을 받게 되면서 3년 동안 이 주제에 대해 본격적으로 연구할 수 있었다. 중국의 전략문화를 연구함에 있어 본인은 중국의 전쟁과 전략을 역사적으로 고찰하기보다 사회과학적 방법을 동원하여 보다 객관적이고 분석적으로 접근하고자 했다. 즉, 중국의 전략문화를 사상적 요소, 정치적 요소, 군사적 요소, 사회적 요소로 구분하여 이를 각각 전쟁관, 전쟁의 정치적 목적, 군사력 사용에 대한 효용성 인식, 백성의 역할 인식이라는 네 가지 변수를 중심으로 고찰하고자 했다. 그리고 중국의 역사를 시기적으로 근대 이전, 공산혁명기, 현대로 구분하여 이런 변수들이 어떻게 작용하고 변화했는지를 살펴봄으로써 각 시기별로 중국의 전략문화적 속성을 규명하고자 했다. 이와 같은 연구의 결과로 본인은 이전에 학계에서 논의되고 있는 유교적 전략문화와 현실주의적 전략문화 외에 혁명적 전략문화라고 하는 새로운 관점을 추가했으며, 현대중국에서 나타나는 이 세 유형의 전략문화가 서로 조화를 이루기보다는 모순되고 충돌하고 있다는 연구결과를 얻을 수 있었다.

중국의 전략문화라는 주제의 성격상 이 연구는 중국의 전쟁역사는 물론, 중국의 정치 및 전략사상에 관한 해박한 지식이 뒷받침되지 않으면 안 되었다. 안타깝게도 3년이라는 시간은 본인이 그러한 지식을 쌓는 데 너무 짧았음을 인정하지 않을 수 없다. 이 책에서 드러나는 부족함과 경솔함에 대한 질책은 본인이 감수해야 할 몫이라고 생각하고 겸허히 받아들이고자 한다. 다만 이 연구는 중국의 전쟁역사를 전략문화라는 관점에서 처음으로 정리한 것이라는 데 의미를 두고자 한다. 또한 강대국으로 부상하는 중국이 앞으로 부득불 겪게 될 대외적 갈등에 직면하여 어떠한 전략을 추구할 것인지에 대한 이해를 도모하는 데 이 책이 일조하기를 바라고, 학문적 측면에서 지금까지 연구가 미흡했던 전략문화 담론을 형성하는 기회가 되기를 기대한다.

이 책이 나오기까지 본인은 많은 혜택과 도움을 받았다. 우선 연구의 기회를 준 한국연구재단에 감사한다. 본인은 교수로 임용된 후 줄곧 한국연구재단의 지원을 받아 군사학 분야의 연구에 매진할 수 있었음을 밝히며, 이번 기회를 빌려 한국연구재단의 후원에 각별히 감사를 표한다. 그리고 군사전략 및 중국군사 분야에 관한 교육과 연구를 지원해주고 있는 군과 국방대학교에 감사한다. 특히 국방대학교 위승호 총장님 이하 학교의 모든 분들에게 감사드린다. 또한 허남성 교수님, 이필중 교수님, 김열수 교수님, 한용섭 교수님, 최종철 교수님, 그리고 국방대학교 군사전략학과 선후배 교수님들의 격려와 성원에 감사드린다. 국립외교원 중국연구센터의 정상기 센터장님과 신정승 대사님에게도 후의에 감사드린다. 그리고 이 책의 출간을 선뜻 맡아준 도서출판 한울과 심혈을 기울여 원고를 살펴준 편집자 배유진 씨에게도 감사드린다. 마지막으로 언제나 큰 힘이 되는 나의 가족—미숙, 별, 건우에게 사랑하는 마음을 전한다.

2015년 11월
퇴계관 연구실에서
박창희

차례

제3부 근대의 전략문화

제4부 현대의 전략문화

제1부 중국의 전략문화

제1장

서론

1. 중국의 전략적 속성: 평화지향적인가, 분쟁지향적인가?

중국의 역사, 문화, 전통, 영토, 경제적 역동성, 그리고 중화사상에 입각한 자아 인식은 모두 강대국으로 부상하고 있는 중국에 동아시아 패권 장악을 위한 원동력으로 작용할 수 있다(Huntington, 1996: 229). 21세기에 중국민족이 염원하는 강대국 부상과 중화적 패권의 꿈은 청조 말기로까지 거슬러 올라간다. 1839년 아편전쟁 이후 약 100년 동안 이어진 서구열강들의 침탈 과정에서 반(半)식민지적 경험과 치욕을 겪은 중국은 자강(自强) 및 변법(變法) 운동을 통해 '부국강병(富國强兵)'을 이루고 다시 강대국으로 발돋움하고자 발버둥쳤다. 이런 국가개혁 노력은 청조의 무능과 부패로 인해 성공할 수 없었지만, 청조가 붕괴한 이후에도 강대국 부상을 향한 중국민족의 꿈은 계속되었다.

중국혁명전쟁에서 승리하고 1949년 중화인민공화국을 수립한 마오쩌둥(毛澤東)은 과격한 혁명적 방식에 입각하여 중국의 굴기(崛起)를 추구했다. 비록 그의 극좌적인 이념 및 경제발전 노선은 엄청난 정치적 혼란과 함께 경제적 비효율성을 노정하며 실패로 돌아갔으나, 마오쩌둥 역시 '혁명적 민족주의'를 내세워 중국의 굴기를 추구했음은 부인할 수 없는 사실이다. 덩샤오핑(鄧小平)은 개혁개방 노선을 내걸고 경제발전을 추진하면서 2050년경에 이르러 중국이 중등선진국 수준에 도달한다는 세계대국을 향한 원대한 목표를 제시했다. 이후 비약적인 경제발전에 따른 자신감을 바탕으로 장쩌민(江澤民)은 2002년 11월 공산당 제16차 당대회 보고에서 "중화민족의 위대한 부흥"이 역사와 시대가 중국공산당에게 부여한 엄중한 사명이라고 언급했다(예쯔청, 2005: 76~86, 93~94). 후진타오(胡錦濤)는 '중국위협론'을 잠재우기 위해 중국의 평화로운 부상을 강조하는 '화평굴기(和平崛起)' 또는 '화평발전(和平發展)'을 새로운 외교전략으로 제시했는데, 이 역시 중국의 강대국화를 지향하고 있다(한석희, 2007: 118~119).[1] 그리고 시진핑(習近平)은 2013년 3월 제12기 전국인민대표대회(全國人民代表大會) 폐막연설에서 중화민족의 위대한 부흥이 "중국몽(中國夢)"이라고 선언했다(習近平, 2013). 이런 가운데 21세기 중국은 명실공히 경제적으로나 군사적으로, 그리고 대외적 영향력 측면에서 새로운 강대국으로 부상하고 있다.

국제정치적으로 새로운 강대국의 부상은 달가운 일이 아니다. 근대 이후의 서양 역사를 볼 때 신흥 강대국의 부상은 여지없이 기존 강대국과의 패권전쟁을 야기했다. 1500년대 스페인이 강대국으로 부상하여 유럽지배를 시도하자 영국은 1588년 영국해협에서 스페인 무적함대(아르마다)를 격파함으로써 이를 좌절시켰다. 1600년대에는 새로운 강자로 등장한 영국과 유럽에서 가장 부유한 국가로 군림한 네덜란드 간에 네 차례에 걸친 영화전쟁(英和戰爭)이 있었고, 17세기 후반 영국이 최종적으로 제4차 전쟁에서 승리함으로써 네덜란드는 강대국 지위를 상실하고 영국이 새로운 해양강국으로 부상했다. 1700년대에는 프랑스가 대륙의 새로운 강자로 부상하는 과정에서 1756년부

1) 중국 지도부는 초기에 화평굴기를 주장하다가 2004년 4월부터 화평발전으로 용어를 바꿔 사용하고 있다.

터 1763년까지 7년전쟁을 치렀으며, 이 전쟁에서 패배한 프랑스는 대륙은 물론 북미에서의 영향력을 영국에게 양보해야 했다. 1800년대에 프랑스가 다시 부상하면서 나폴레옹이 재차 유럽지배를 노렸으나 1815년 워털루 전투에서 패배함으로써 실패하고 말았다. 1890년대에는 미국이 영국을 추월하여 새로운 강대국으로 등장했는데, 이는 역사상 유일하게 전쟁을 경험하지 않고 평화적으로 부상한 사례로 기록되고 있다. 1900년대 전반기 독일의 부상은 두 차례의 세계대전을 야기했고 독일은 이 전쟁에서 모두 패배했다. 그리고 제2차 세계대전 이후에는 미국과 소련 간의 냉전이 지속되다가 1991년 소련이 붕괴함으로써 종식되었다(Swaine and Tellis, 2000: 219; Jia and Rosecrance, 2010: 73~77).

이처럼 21세기 중국의 부상은 서양의 역사가 보여준 것처럼 강대국들 간의 패권전쟁을 야기할 개연성을 내포하고 있다. 무엇보다도 중국의 이념과 가치가 서구의 그것과 다르다는 사실은 중국의 강대국 부상이 평화롭게 이루어지지 않을 것이라는 우려를 증폭시키기에 충분하다.

과연 강대국으로 부상하고 있는 중국은 장차 '온건한 강대국(benign power)'이 될 것인가, 아니면 '패권(hegemony)'을 추구하는 국가가 될 것인가? 중국의 강대국 부상은 아시아 지역의 통합과 번영에 기여할 것인가, 아니면 지역안보에 불안정 요인으로 작용할 것인가? 21세기 미국과 중국 간의 '세력전이(power transition)' 가능성이 조심스럽게 제기되면서 새롭게 굴기하고 있는 중국의 대외전략 방향에 대한 논의가 새로운 화두로 떠오르고 있다.

그러나 강대국으로 부상하는 중국이 어떠한 경로를 선택할 것인지 예측하기는 매우 어렵다. 그것은 중국이 갖고 있는 이중적 모습 때문이다. 즉, 중국은 한편으로 '화평굴기' 혹은 '화평발전' 방침을 주장하고 있으나, 다른 한편으로 주변국에 대해 많은 무력사용 경험을 갖고 있기 때문이다. 가령 중국은 2년마다 발간하고 있는 『중국국방백서(中國的國防)』에서 "중국은 방어적 국방정책을 시행한다. …… 중국은 확고부동하게 평화적인 길을 가고 있으며 …

… 대외적으로 영구평화와 공동번영의 조화세계 건설을 추진"하고 있음을 주장하고 있다(中華人民共和國 國務院新聞辦公室, 2011). 그러나 중국은 1949년 중화인민공화국이 수립된 이후 한국전쟁과 같은 대규모 군사개입으로부터 대만 포격, 인도 및 베트남과의 분쟁, 남사군도에서의 소규모 충돌, 그리고 대만해협 위기에 이르기까지 주변국에 대해 20여 차례에 걸쳐 군사력을 사용하는 등 매우 호전적인 모습을 보여주었다(Ng, 2005: 158~ 164).[2] 즉, 중국이 주장하는 방어적이고 평화로운 국가로서의 이미지는 실제로 현실에서 보이는 분쟁지향적 모습과 일치하지 않고 있으며, 이는 중국의 강대국 부상을 우려하는 '중국위협론'을 부채질하는 요인으로 작용하고 있다.

그렇다면 중국의 전략은 본질적으로 어떠한 모습을 갖는가? 즉, 역사적으로 볼 때 중국의 전략은 어떠한 속성을 지니고 있는가? 그것은 평화지향적인가, 분쟁지향적인가? 방어적이고 수세적인가, 공세적이고 팽창적인가?

이러한 문제는 현재보다는 과거로 거슬러 올라가 역사적으로 드러난 중국의 전략을 분석하고 그 변화를 추적함으로써 해답을 얻을 수 있을 것이다. 즉, 현대중국의 전략은 과거 중국의 전통적 전략이 무엇이었고, 그것이 시간이 지나면서 어떻게 변화해왔으며, 그 결과 지금 어떠한 모습을 갖추게 되었는지를 규명함으로써 더 잘 이해할 수 있을 것이다. 그리고 이러한 접근이 중국의 역사를 통해 단기간에 이루어진 하나의 사건을 미시적으로 분석하는 것이 아니라 중국이라는 민족이 가진 전략적 특성을 놓고 적어도 수십 년으로부터 수백 년에 걸쳐 나타난 거시적 변화를 연구하는 것이라면, '전략문화'라는 관점에서 접근하는 것이 바람직하다고 본다. 즉, 중국의 전략적 속성에 관해서는 그

2) 중화인민공화국 수립 이후 2000년까지 총 36회 군사력을 동원했으며, 초창기 국민당 잔당 소탕 및 티베트 점령 등 국내에서의 사례를 제외하면 20회에 걸쳐 대만 및 주변국에 대해 무력을 사용했다(Johnston, 1998: 14~17, 24). 존스턴은 중국의 국제무력분쟁 행태를 통계적 방법으로 분석하고 중국이 미국, 소련, 영국, 프랑스, 인도 등 주요 국가들 가운데 가장 호전적이며 무력분쟁 빈도 면에서 미국 다음으로 많았음을 제시했다.

들만이 역사적으로 축적하고 발전시켜온 그들의 '전략문화'를 분석함으로써 가장 잘 이해할 수 있을 것이며, 나아가 중국의 부상이 앞으로 지역안보와 번영에 기여할 것인지 아니면 지역불안정을 야기하는 우려의 근원이 될 것인지에 대해 보다 근거 있는 전망이 가능할 것이다.

2. 전략문화의 개념

과연 전략문화라는 것이 존재하는가? 만일 국가별로 고유한 전략문화를 갖고 있다 하더라도 그러한 전략문화가 국가들의 군사력 사용에 영향을 줄 수 있는가? 사실상 한 국가의 전략문화와 정치지도자들의 전략적 선택 간의 관계를 추론하는 것은 매우 어렵다. 즉, 전략문화가 존재한다 하더라도 그것이 국가의 정책결정에 어느 정도의 영향을 주는 것인지 확인할 방법이 마땅치 않은 것이다. 예를 들면, 중국 지도부가 1979년 베트남을 공격했을 때 그 이면에서 그들의 전략문화의 어떠한 특성이 얼마만큼 작용하여 그러한 공격에 영향을 주었는지 규명하는 것은 거의 불가능할 것이다. 지금까지 국제정치적 현실주의에서 전략문화에 대한 연구를 회피해온 것은 아마도 이러한 이유에 기인하는 것으로 볼 수 있을 것이다(Johnston, 1995: 2~4).

사실 전략문화 연구는 그 자체로 한계를 갖고 있다. 비록 한 국가의 전략문화를 이해한다 하더라도 그것이 곧 그 국가의 전략을 설명하고 예측할 수 있는 '황금열쇠'를 갖는 것은 아니다. 문화라는 것은 역사적으로 일관되게 유지해온 하나의 '문맥(context)'을 형성하는 것일 뿐 높은 수준의 '인과성(causality)'을 보장하는 것은 아니기 때문이다(Gray, 1999: 142).

그럼에도 불구하고 지금까지 중국의 전쟁과 전략에 관한 연구는 거의 모두가 중국의 '전략문화'와 직간접적으로 연계되어 있다. 손자(孫子)의 '부전승(不戰勝)' 사상이나 '기습과 기만방책의 선호' 등이 중국의 전통적 전략사상으로 받아들여지고 있는 것이 대표적인 예이다. 따라서 중국의 무력사용에 관한 연구는 그것이 좋든 싫든, 혹은 옳든 그르든 간에 전략문화적 접근을 도외시할 수 없는 것이 현실이다. 그러므로 비록 이런 접근이 전적으로 과학적 연구에 부합한 것은 아니더라도, 중국의 전쟁과 전략을 온전하게 이해하고 설명하고 나아가 예측하기 위해서는 중국의 전략문화를 냉철하게 분석하고 평가할 필요가 있다. 우리가 강대국으로 부상하는 중국의 진먼다오(金門島) 정책이나 동중국해 해양영유권을 둘러싼 일본과의 구체적인 협상전략을 분석하는 것이 아니라 더 거시적인 수준에서 중국의 대외적 무력사용이 갖는 속성과 향후 강대국으로 부상한 중국이 취할 대외전략 방향에 보다 관심을 갖는다면, 국제정치학적 연구보다는 전략문화 연구가 훨씬 유용함을 인정해야 할 것이다.

비록 '전략문화'라는 용어는 사용하지 않았더라도 이를 다룬 연구는 20세기 초로 거슬러 올라갈 수 있다. 리델 하트(Basil Henry Liddell Hart)는 1924년 「나폴레옹 방식의 오류(The Napoleonic Fallacy)」라는 논문을 발표하여 적군의 주력에 맞서서 싸우는 나폴레옹의 소모적인 절대전쟁 개념을 비판하고, 영국은 예로부터 '간접접근' 방식의 전략적 전통을 갖고 있다고 하며 프랑스와의 차별화를 시도했다. 그리고 그로부터 약 50년 후인 1973년 미국의 군사가 위글리(Russell Weigley)는 미국의 독립전쟁으로부터 베트남전에 이르기까지 미국이 수행한 전쟁수행방식을 분석한 『미국의 전쟁수행 방식(The American Way of War)』을 발간했는데, 그는 이 저서에서 다른 국가들과 다르게 미국의 전쟁수행에서 나타나는 독특한 전략문화적 특징으로 정치와 군사의 분리 경향, 정치적 승리보다 군사적 승리에 주안을 두는 경향, 그리고 선과 악을 구분하는 경향이 있음을 제시했다.[3] 이러한 연구들은 서로 다른 문화를 갖는 국가들이 서로 다른 전략적 전통을 갖고 있음을 보여주는 선구적 연구로 볼 수

3) Weigley(1973: xvii~xxiii); 손드하우스(2007: 12~14). 이 외에도 미국, 중국, 일본, 그리고 러시아의 전략문화를 비교해 제시한 연구로는 박창희(2013: 414~434) 참조.

있다.

전략문화에 대한 본격적인 연구는 역사가 깊지 못하다. '전략문화'라는 개념은 1977년 스나이더(Jack L. Snyder)가 작성한 「소련의 전략문화: 제한적 핵 작전에 주는 함의(The Soviet Strategic Culture: Implications for Limited Nuclear Operations)」에서 처음으로 제기되었다. 그는 전략문화를 "한 국가의 전략공동체가 갖는 신념과 태도, 그리고 반복된 경험을 통해 획득하는 습관적인 행동 패턴의 총합"이라고 정의했다. 스나이더에 의하면 엘리트들은 군사안보문제와 관련된 독특한 전략문화를 공유하는데, 이러한 전략문화는 그 사회의 독특한 전략적 사고가 그들만의 것으로 사회화되어 나타나는 것이라고 보았다. 따라서 그는 핵전략과 관련된 일반적 신념, 태도, 행동패턴들은 단순한 정책적 차원이 아닌 문화적 차원에 해당하는 것으로, 쉽게 변화할 수 있는 것이 아니라 반영구적으로 지속성을 갖는다고 주장했다. 스나이더는 이러한 전략문화의 틀을 적용하여 서로 다른 구조, 역사, 정치상황, 기술적 제한사항 등을 중심으로 소련과 미국의 핵 교리 발전 과정을 설명했다. 그리고 그는 그러한 연구의 결과로, 소련군이 선제공격과 공세적 군사력 사용을 선호했는데 이러한 경향은 러시아 역사에서 나타나는 안보불안과 권위주의적 통치에서 기인한다고 결론지었다(손드하우스, 2007: 15~16).

스나이더의 연구는 전략문화에 대한 다른 학자들의 관심을 촉발시켰다. 많은 학자들은 스나이더와 같이 전략문화를 광범위하게 정의했다. 부스(Ken Booth)는 전략문화를 "한 국가의 전통, 가치, 태도, 행동양식, 습관, 관습, 업적, 그리고 무력의 사용이나 위협과 관련하여 문제를 해결하는 독특한 방식"으로 정의했다(Booth, 1990: 121~128). 그레이(Colin S. Gray)는 "각 수준의 전략은 모두 문화적"이며 전략문화는 대전략으로부터 말단 전장에서의 결정에 이르기까지 전 범위에 걸쳐 일어나는 모든 행동에 영향을 미치는 "설득력 있는 지침"이라고 주장했다(Gray, 1999: 141~150). 그는 한 국가가 간혹 전략문화에서 벗어난다고 해서 전략문화라는 개념의 신뢰성을 떨어뜨리는 것은 아님을 강조했다. 전략문화는 국가의 모든 행동을 일일이 결정하는 것은 아니며, 정책결정과정에는 정책을 결정하는 인간의 오인과 오해, 그리고 우연이라는 요소가 작용함으로써 일시적으로는 그 국가가 가진 전략문화와 다른 부류의 행동을 낳을 수 있지만 전체적으로 본다면 그러한 일탈행위도 문화라는 커다란 개념 내에 포함될 수 있다고 주장했다(손드하우스, 2007: 18~19).

스나이더, 부스, 그리고 그레이와 달리 전략문화를 보다 협소하게 정의한 학자들도 있다. 클라인(Yitzhak Klein)은 전략문화를 "전쟁의 정치적 목적과 그러한 목적 달성에 가장 효과적인 전략 및 작전방법에 관련하여 군 조직이 갖고 있는 태도와 신념에 관한 부분"이라고 정의했다(Klein, 1991: 5). 이 정의는 국가의 전략문화를 군이라는 한정된 집단으로 축소시킴으로써 인정을 받지 못하고 곧바로 사장되었다. 존스턴(Alastair Iain Johnston)도 전략문화를 협의로 정의했는데, 그는 전략문화를 "특정한 국가가 정치적 목적을 달성하기 위한 군사력 사용과 관련하여 갖는 일관적이고 지속적인 역사적 패턴"으로 보았다(Johnston, 1995: 1). 특히 존스턴은 기존의 전략문화 연구가 개념적이고 추상적으로 이루어지고 있다고 비판하는 입장에 섰기 때문에 가급적 전략문화를 협의로 정의하여 이로부터 변수를 도출하고 변수 간 관계를 검증하고자 했다.

이렇게 볼 때 전략문화의 개념을 한마디로 정의하기는 어렵다. 이 분야에 대한 연구는 매우 미진하여 학자들마다 서로 다른 관점에서 전략문화를 바라보고 있으며 연구방법이나 연구방향에 대한 공감대를 이루지 못하고 있다. 그럼에도 불구하고 학자들의 견해를 종합하면, 전략문화란 **전쟁 및 전략에 관해 한 국가 또는 공동체가 갖는 것으로 다른 국가 또는 공동체와 비교하여 명확히 구별되는 일반적 신념, 태도, 행동패턴**이라고 정의할 수 있다.

3. 국제정치학 연구와 전략문화 연구의 차이점

전략문화 연구는 국제정치학 연구와 그 접근방법에서 확연히 다르다. 첫째, 국제정치학은 보편성을 추구하나 전략문화 연구는 특수성을 추구한다. 국제정치학은 독립변수와 종속변수 간의 관계를 규명하고 변수 간의 인과관계를 일반화함으로써 이론화를 지향한다. 그리고 이러한 이론은 비록 불변하는 '법칙'은 아니지만 그와 유사한 상황의 다른 사례에 엄격하게 적용될 수 있다. 반면 전략문화 연구는 역사학의 입장에서 개별사례의 특수성에 초점을 맞춘다. 역사학 연구에서는 역사적 기원을 추적하여 특정 사건의 원인과 결과가 무엇인지를 규명하지만, 그러한 인과관계는 그 사건에만 해당할 뿐 다른 사례에 보편적으로 적용될 수 없는 것으로 본다. 마찬가지로 전략문화 연구는 특정 국가의 전략문화를 그 국가가 가진 고유한 것으로 보고 다른 국가들의 전략문화와 차별화된 특수한 것으로 이해한다.

둘째, 국제정치학이 과학적 접근방법을 사용하고 있다면 전략문화 연구는 다분히 '선험적' 접근을 따른다. 국제정치학 연구는 사회과학적 연구방법에 따라 독립변수와 종속변수를 설정하고 이들 변수 간의 인과관계를 규명하는 '과학적' 연구이다. 따라서 그에 대한 반증과 반론이 가능하고, 또 그러해야만 사회과학적 범주의 연구로 인정될 수 있다. 그러나 존스턴의 연구를 제외한 대부분의 전략문화 관련 연구는 천편일률적으로 변수 간의 관계를 규명하기

표 1-1 국제정치학적 접근과 전략문화적 접근의 차이

구분	국제정치학적 접근	전략문화적 접근
지향점	보편성 추구(비역사적/비문화적)	특수성 추구(역사적/문화적)
성격	과학적 연구	선험적 연구
관점	합리적 선택	결정론적 관점
국가인식	보편적, 단일한 합리적 행위자	보편성, 단일성, 합리성 불인정

보다는 역사적 고증을 통해 나타나는 독특한 전략적 속성을 문맥적으로 추론하여 제시하고 있다. 이러한 연구에서 나오는 주장은 역사적 문맥을 어떻게 해석하느냐에 따라 달라지기 때문에 주관적일 수 있으며, 따라서 이에 대한 비판이나 논쟁은 거의 이루어지지 않고 있다. 예를 들면, 중국의 전략적 행동이 과거 손자병법이나 유교적 사상과 같은 문화적 요소에서 비롯되었다는 주장은 1980년대까지 별다른 과학적 논증이나 증명이 없이 학계에서 보편적으로 인정되어왔다.

셋째, 국제정치학이 '합리적 선택'의 관점에서 연구가 이루어지는 반면, 전략문화 연구는 다분히 '결정론적 관점'에 서 있다. 국제정치학에서 한 국가의 전략적 선택은 여러 가능한 대안 중에서 각 대안을 선택했을 때 나타나는 기대효용(expected utility), 즉 비용 대 효과를 고려하여 이루어지는 것으로 가정한다. 이른바 행위자의 합리성을 가정하는 것이다. 그러나 전략문화적 접근은 한 국가의 전략적 선택이 전적으로 그 국가의 과거 역사와 문화에 의해 영향을 받는 것이기 때문에 그러한 결정이 행위자의 의지나 계산에 관계없이 문화적 속성에 의해 이미 예정된 것으로 본다. 즉, 전략문화적 접근은 문화가 국가의 전략을 결정한다는 '결정론적 관점'에 서 있다.

넷째, 국제정치학에서는 국가를 비역사적, 보편적, 단일한 합리적 행위자로 간주하는 반면, 전략문화 연구에서는 국가를 역사적이고 특수한 행위자, 그리고 단일하지도 합리적이지도 않은 행위자로 간주한다. 국제정치학은 역사학과 달리 특수성보다 보편성을 추구한다. 국가는 과거 역사적 경험과 무관하게 국가이익을 추구하는 존재로서 모두가 합리적으로 행동한다고 가정한다. 따라서 국제정치학에서 볼 때 모든 국가는 만일 동일한 상황이 부여된다면 모든 국가가 동일한 전략적 선택을 할 것으로 본다. 반면 전략문화적 접근은 과거 역사에 뿌리를 둔 서로 다른 국가별 문화에 주목한다. 즉, 국가들은 서로 다른 전략문화를 갖고 있기 때문에 동일한 속성을 지닌 단일한 행위자가 아니며 비록 동일한 여건과 상황이 부여된다 하더라도 서로 다른 전략을 선택

표 1-2 국가의 전략적 선택에 관한 국제정치학과 전략문화 연구의 차이

구분	국가	상황	영향요소		전략적 선택
국제정치학의 입장	A	동일	비용 대 효과에 대한 합리적 계산		X
	B				X
	C				X
전략문화 연구의 입장	A	동일	전략문화	a	X
	B			b	Y
	C			c	Z

할 것으로 본다.

표 1-2에서 보는 바와 같이 국제정치적으로 본다면 A, B, C 세 국가는 동일한 상황에서 비용 대 효과를 고려하여 다 같이 가장 유리하다고 판단되는 X라는 행동을 하게 될 것이다. 그러나 전략문화적으로 본다면 이 세 국가는 각각의 서로 다른 전략문화로 인해 비록 동일한 상황에 처하더라도 서로 다른 선택, 즉 X, Y, Z라는 각기 다른 행동을 하게 될 것이다(Johnston, 1995: 1~4).

앞에서 살펴본 대로 전략문화란 전쟁 및 전략에 관해 한 국가 또는 공동체가 갖는 것으로 다른 국가 또는 공동체와 비교하여 명확히 구별되는 신념, 태도, 행동패턴으로 볼 수 있다(손드하우스, 2007: 12~19). 만일 중국이 다른 국가들과 다른 독특한 전략문화를 갖고 있음을 규명할 수 있다면 전쟁 혹은 분쟁과 관련하여 다른 국가들과 비교되는 중국 고유의 전략적 속성을 이해할 수 있을 것이며, 강대국으로 부상하고 있는 중국의 전쟁 및 전략에 관한 인식, 그리고 군사력 사용 행태에 관한 전망이 가능할 것이다.

4. 문제제기: 중국의 전략문화는?

이 책은 현대중국의 전략문화가 무엇인지를 규명한다. 이를 위해 우선 청조 이전에 가졌던 유교적 전략문화로부터 청조가 멸망하고 난 이후 공산혁명기에 나타난 극단적 형태의 현실주의적 전략문화, 그리고 중화인민공화국이 수립되고 난 이후 현대의 전략문화에 이르기까지 각 시대별로 두드러진 전략문화적 속성을 분석하고자 한다. 이를 통해 저자는 현대중국의 전략문화는 내면에서 '전통'과 '근대성'의 양면적 속성이 조화되지 못한 채 충돌하고 있음을 밝히고자 한다. 즉, 현대중국의 전략문화는 청조 이전의 '전통적 전략문화'가 공산혁명기 동안 '전략의 근대화' 과정을 거쳐 형성된 것으로 유교사상에 입각한 '전통적' 성격과 현실주의에 입각한 '근대적' 성격을 동시에 갖고 있으며, 이 두 가지 전략문화적 속성은 서로 조화롭게 융합하기보다는 모순적이고 대립적인 긴장상태에 있음을 밝히고자 한다. 이러한 측면에서 이 연구와 관련한 문제들을 다음과 같이 제기해볼 수 있다.

첫째, 중국의 전략문화는 무엇이고 이와 관련한 논쟁은 무엇인가? 즉, 중국의 전략문화를 어떻게 규정할 수 있으며, 이에 대한 학계의 논쟁은 지금까지 어떻게 이루어지고 있는가? 기존의 논쟁과 연구방법의 한계는 무엇이고 전략문화 연구를 위한 대안적 방법은 무엇인가?

둘째, 전통적으로 중국의 전략문화는 무엇으로 규정할 수 있는가? '공자-맹자 패러다임(Confucian-Mencian paradigm)'은 중국의 전통적인 전략문화를 잘 대변하고 있는가? 명과 청 시기에 중국의 전략문화는 이러한 관점에서 적절히 설명될 수 있는가?

셋째, 근대 중국의 전략문화는 무엇인가? 신해혁명 이후부터 1949년 10월 중화인민공화국이 수립되기 전까지 중국의 전략문화는 어떻게 규정할 수 있는가? 이 시기 공산혁명은 어떻게 중국의 전략문화를 극단적 현실주의, 혹은 '전쟁추구 패러다임(para-bellum paradigm)'으로 전환시켰는가? 중국의 항일전쟁과 국공내전 사례는 실제로 현실주의적이고 전쟁추구적인 패러다임에 부합하는가?

넷째, 현대중국의 전략문화는 무엇인가? 1949년 국가수립 이후 중국의 전략문화는 무엇으로 규정할 수 있는가? 그것은 '공자-맹자 패러다임'에 가까운가, 아니면 '전쟁추구 패러다임'과 유사한가? 만일 두 패러다임이 공존한다면 이 둘은 조화로운가 아니면 조화롭지 못한가? 중국의 한국전쟁 개입, 중인전쟁, 그리고 중월전쟁 사례는 현대중국의 전략문화와 관련하여 무엇을 말해주는가?

이러한 논의를 통해 저자가 제기하고자 하는 논지는 다음과 같다. 현대중국의 전략문화는 '전통'과 '근대성'을 조화시키지 못하고 서로 상충하는 가운데 있다. 즉, 청조 이전에 유교사상에 입각한 전통적 전략문화가 근대 공산혁명 과정에서 도입된 극단적 현실주의 성향의 전략문화와 충돌한 결과 현재의 전략문화는 '공자-맹자 패러다임'에 입각한 유교적 전략문화의 속성과 '전쟁추구 패러다임'에 입각한 현실주의적 전략문화의 속성을 다 같이 수용하고 있으나, 이 둘은 서로의 모순과 부조화를 극복하지 못한 채 불완전하고 불안정한 상태에 있다.

좀 더 구체적으로 보자면, 첫째로 현대중국은 외형적으로 전쟁을 혐오하는 유교주의적 전쟁관을 내세우고 있지만 실제로는 전쟁을 유용한 정책수단으로 인식함으로써 긴장상태에 놓여 있다. 둘째로 현대중국이 추구해온 전쟁의 정치적 목적은 대체로 팽창이나 병합을 추구하지 않았다는 측면에서 유교주의적 성격을 보이지만, 초기 공산주의 혁명을 추구하고 주변국을 지원했던 점과 아직도 대만과의 관계를 혁명전쟁의 연장선상에 놓고 있다는 점에서 공세적이고 현실주의적인 성격을 지니고 있다. 셋째로 군사력 사용에서는 자제하고 제한하는 모습, 그리고 최후의 수단으로 활용하는 모습을 보임으로써 유교주의적 성향을 떠올리게 하지만 실제로는 군사력의 효용성을 인식하고 주변국에 대해 빈번하게 무력을 사용했다는 점, 그리고 그나마 군사력 사용을 제한했던 이유가 미국이나 소련의 개입 가능성을 염두에 두었기 때문이라는 점에서 전통적 유교주의 성향을 벗어나고 있다. 넷째로 현대중국은 전쟁에서 인민의 역할을 크게 강조하고 있지만 때로는 인민들의 의지와 무관하게 전쟁을 수행하는가 하면, 때때로 오히려 인민에 대한 통제를 강화하기 위해 전쟁을 수행하는 모습을 보이고 있다.

이러한 현대중국의 전략문화는 과거 중화제국하에서 전쟁을 통해 내면화된 전통적 전략문화, 중국혁명을 거치면서 도입된 극단적 형태의 현실주의적 전략문화, 그리고 현대에 이르러 수용한 서구의 현실주의적 전략문화가 혼재된 것이다. 결국 현대중국의 전략문화는 한편으로 평화와 안정, 그리고 현상유지와 같은 전통적 가치를 추구하고 있음에도 불구하고, 다른 한편으로 혁명잔재를 청산하기 위한 극단적 현실주의 성향과 국제전 중심의 서구적 현실주의 성향을 다 같이 보임으로써 불완전하고 불안정한 상태에 놓여 있다.

5. 이 책의 구성

이 책의 구성은 다음과 같다. 먼저 제1부는 서론과 제2장으로 구성된다. 제2장은 중국의 전략문화 논쟁을 다루는데, 우선 중국의 전략문화에 대한 다양한 시각을 소개하고 이를 비판적으로 고찰하며 중국의 전략문화 연구를 진행하기 위한 방법론을 제시한다. 중국의 전략문화를 통시적인 것으로 보고 고대로부터 현대까지 하나의 단일한 전략문화로 규정하려는 시도는 바람직하지 못하다. 또한 전략문화 연구는 정치사상적 측면, 혹은 군사전략적 측면에서만 단견적으로 이루어질 경우 자칫 편협하고 왜곡된 결과를 낳을 수 있다. 따라서 제2장에서는 방법론 측면에서 중국의 역사를 근대 이전의 명·청시대, 공산혁명기, 그리고 현대로 나누어 구분하고, 각 시기별 분석을 위한 변수로서 전쟁관, 정치적 목적, 군사력의 효용성 인식, 그리고 국민의 역할을 설정할 것이다. 그리고 이를 통해 전반적인 연구의 진행과 관련한 분석 틀을 제시할 것이다.

제2부는 중국 전략문화 분석의 첫 단계로서 전통적 시기의 전략문화를 다루며 제3장에서 제5장까지로 구성된다. 먼저 제3장에서는 중국의 유교적 전략문화를 고찰한다. 공자와 맹자의 사상에서 드러난 전쟁관을 분석하고, 유교의 관점에서 전쟁이 추구하는 정치적 목적, 군사력 사용 행태, 그리고 전쟁 과정에서 나타난 백성들의 역할을 살펴봄으로써 이들 사상이 지향하는 전략문화의 속성을 제시할 것이다. 그러고 나서 제4장과 제5장에서는 명과 청 시대의 전쟁사례를 통해 이러한 유교적 전략문화가 근대 이전의 중국에 어떻게 투영되었는지를 살펴볼 것이다.

제3부는 중국 전략문화 분석의 두 번째 단계인 근대 시기로서 중국공산혁명기의 전략문화를 다루며 제6장부터 제8장까지로 구성된다. 우선 제6장은 마오쩌둥의 공산혁명전략을 중심으로 기존의 전통적 전략문화와의 차이점을 식별한다. 마오쩌둥의 전략은 전쟁관부터 정치적 측면, 군사적 측면, 그리고 국민의 영역에 이르기까지 근대 이전의 유교적 전략문화와 뚜렷이 구별되는 것으로 극단적 형태의 현실주의적 성격을 가졌다. 중국전쟁의 유교적 '전통'에 처음으로 '근대성'이 도입된 것이다. 제7장과 제8장에서는 각각 항일전쟁과 국공전쟁 사례를 분석함으로써 이러한 전략문화가 어떻게 투영되었는지 살펴본다. 이 두 전쟁을 통해 중국은 처음으로 근대적 의미의 전쟁관을 견지하고 혁명이라는 정치적 목적을 추구했으며, 전쟁수행에서 군사력의 효용성은 물론 인민의 중요성을 새롭게 인식했다.

제4부에서는 현대중국의 전략문화에서 나타나는 '전통'과 '근대성'의 충돌을 다룬다. 제9장에서는 중화인민공화국이 수립된 이후 제시된 마오쩌둥과 덩샤오핑의 군사전략사상을 고찰함으로써 현대중국이 유교주의를 중심으로 한 전통적 전략문화, 공산혁명기에 나타난 극단적 형태의 현실주의적 전략문화, 그리고 국제전을 중심으로 한 서구의 현실주의적 전략문화를 동시에 수용

하고 있음을 볼 것이다. 그리고 제10장 중국의 한국전쟁 개입, 제11장 중인전쟁, 제12장 중월전쟁 사례를 통해 이러한 중국의 전략문화가 실제로 어떠한 모습으로 작용하는지를 볼 것이다.

제2장

중국의 전략문화 논쟁 비판과 연구 분석 틀

1. 중국의 전략문화 논쟁에 대한 비판적 고찰

중국의 전략문화에 대한 논의는 1980년대까지만 해도 활발하게 이루어지지 않았다. 이 시기까지의 연구는 주로 페어뱅크(John K. Fairbank)를 비롯한 역사학자들이 주도하여 이루어진 것으로, 대부분 중국을 전통적 유교사상에 입각하여 전쟁을 혐오하고 평화를 중시하는 국가로 간주했다. 즉, 중국의 전략문화는 이른바 '공자-맹자 패러다임'으로 받아들여졌다(Fairbank, 1969: 450; Boorman and Boorman, 1967: 143~145; Boylan, 1982: 341~362). 대부분의 역사학자들은 이러한 견해에 아무런 이의를 제기하지 않았다. 오히려 화이팅(Allen Whiting)과 같은 학자는 『중국, 압록강을 건너다(China Crosses the Yalu)』라는 저서에서 중국의 한국전쟁 개입 원인을 분석하면서 중국의 군사개입은 자국의 안보를 위한 최후의 선택이었다고 주장함으로써 중국이 '공자-맹자 패러다임'에 입각한 전략문화를 갖고 있다는 입장에 섰다(Whiting, 1960: 151~162).

그러나 이러한 입장은 1995년에 존스턴이 『문화적 현실주의(Cultural Realism)』라는 연구서를 발표하면서 도전을 받게 되었다. 존스턴은 학계에서 일반적으로 수용되어온 유교적 전략문화에 이의를 제기하면서 중국도 서구와 마찬가지로 전쟁을 혐오하기보다는 국익을 위해 전쟁을 적절히 활용한다는 측면에서 '전쟁추구 패러다임(parabellum paradigm)'이라는 전략문화를 갖고 있다고 주장했다. 그리고 그는 1998년 「중국의 대외무력분쟁 행태 1949~1992(Chinese Militarized Interstate Dispute Behavior 1949~1992)」라는 논문에서 냉전기 주요 국가들의 분쟁을 분석한 결과 중국이 무력을 사용한 횟수가 미국 다음으로 많고 호전성 측면에서는 다른 어느 국가보다 높다는 연구결과를 발표함으로써 자신의 주장을 다시 한 번 강화했다. 이로써 중국의 전략문화에 대한 논쟁은 이를 전통적 유교사상으로 이해하려는 시각과 서구의 현실주의적 관점에서 보는 시각으로 대립되었다.

2003년 스코벨(Andrew Scobell)은 앞의 두 패러다임에 대해 절충적 입장에서 '방어의 신화(cult of defense)'라는 관점을 제기했다. 그는 유교적 패러다임과 현실주의적 패러다임이 대립되는 것이 아니라 서로 조화를 이루며 공존하는 것으로 보았다. 즉, 중국은 기본적으로 유교사상에 입각한 전통적 전략문화를 갖고 있지만, 역사를 통해 경험해온 높은 수준의 대외적 위협인식, 국가통일의 문제, 국내 불안정에 대한 강박관념, 정당한 전쟁론 등의 영향에 의해 현실주의적 성향의 전략을 수용하지 않을 수 없었다. 그 결과 현재 중국의 전략문화는 이 두 가지가 결합된 것으로서, 스스로를 정당하고 방어적이라고 인식하는 유교적 전략문화가 공세적 군사력 사용을 합리화하는 모습을 띠고 있다고 주장했다.

여기에서는 이와 같은 세 가지 전략문화 논쟁에 대해 자세히 살펴보고, 이러한 주장이 안고 있는 설명력의 한계와 연구방법의 오류에 대해 비판적으로 분석한다. 그리고 이를 토대로 중국의 전략문화를 연구하기 위한 새로운 접근방법을 제시하도록 한다.

1) 중국의 전략문화 논쟁

공자-맹자 패러다임

중국의 전략문화 논쟁 가운데 선구적이라 할 수 있는 '공자-맹자 패러다임'은 1995년 존스턴의 연구가 나올 때까지 중국의 전략문화에 관한 정통적 견해로 받아들여졌다(Fairbank, 1974: 7; Boylan, 1982: 342~346; Segan, 1985: 180; Zhang, 2002).[1] 페어뱅크를 비롯한 학자들은 중국이 서구국가들과는 다른 독특한 전략문화를 형성했다고 인식했다. 즉, 중국은 전통적으로 유교사상의 영향으로 인해 평화와 조화를 중시하면서 전쟁과 폭력을 혐오하는 전통을 갖고 있으며, 따라서 중국은 위기가 조성되더라도 가급적 전쟁을 회피하는 가운데 외교적 해결책을 모색하려는 성향이 있다고 보았다. 만일 전쟁이 불가피한 상황이라면 중국은 이를 최대한 억제하면서 군사력을 최후의 수단으로만 사용하며, 이때에도 전쟁의 범위와 기간을 가급적 제한한다고 주장했다.

많은 학자들이 이러한 주장에 동조했다. 필즈버리(Michael Pillsbury)는 중국의 전략이 전통적으로 무기와 화력을 직접 사용하기보다는 그 이면에서 이루어지는 심리전을 더욱 강조한다고 주장했다(Pillsbury, 1980/1981: 44~61). 탄 엥 복(Tan Eng Bok)은 중국이 무기보다 인간요소 및 정신을 강조하며, 비폭적적인 책략과 기만을 이용하여 군사력의 열세를 극복하려 한다고 보았다(Bok, 1984: 4). 클리얼리(Thomas Clearly)는 적을 사회적으로나 물리적으로 파괴하지 않고 가능한 한 온전히 둔 상태에서 승리를 거두는 경향이 있다고 주장했다. 나아가 그는 유교의 윤리적 영향에 의해 전쟁은 마지막 수단이어야 할 뿐 아

---

1) 페어뱅크는 중국이 영웅주의와 폭력을 존경하지 않고 무에 대해 문의 우위를 강조하는 경향, 적군의 섬멸을 목표로 하는 공세적 전쟁보다는 방어적이며 소모적인 전쟁을 선호하는 경향이 있으며, 지구적이며 팽창주의적인 성격보다는 오히려 제한적이고 징벌적인 성격의 전쟁을 수행한다고 보았다.

니라 정당해야 하며, 이로 인해 중국은 방어적 전쟁을 추구하되 때로는 약자를 괴롭히는 강자에 대항하여 징벌전쟁을 수행할 수 있다고 보았다(Clearly, 1989: 19~20). 이 외에도 많은 학자들이 중국은 순수한 폭력을 사용하는 전략을 취하지 않고 '책략(策略, strategem)'을 통한 전략을 취하며, 무제한적인 총력전과 유사한 개념은 갖고 있지 않다고 주장했다(Boorman and Boorman, 1967: 152; Boodberg, 1930: xii~xiv).

이들이 주장하는 중국의 전통적인 유교적 패러다임을 서구의 전략문화와 비교해보면 다음과 같다. 첫째, 중국의 유교사상은 전쟁을 비정상적인 것으로 보고 혐오한다. 이는 서구에서 전쟁을 '정치적 수단'으로 보는 전쟁관과 대조를 이룬다. 서구에서는 클라우제비츠(Carl von Clausewitz)가 주장한 대로 전쟁을 "정치적 목적을 달성하기 위한 수단"으로 간주함으로써 이를 정상적인 정치행위로 간주한다. 이 경우 전쟁은 사악한 행위라거나 근절되어야 할 대상이 아니라 국제관계에서 일상적인 행위로 간주된다. 비록 전쟁 그 자체는 비극일 수 있으나 국가이익을 추구하기 위해 필요하다면 반드시 수행해야 할 정치행위이기 때문이다. 그러나 유교의 가르침에 따르면 폭력의 사용은 불필요한 것으로 비정상적인 행위에 해당한다. 비록 공자와 맹자도 전쟁을 완전히 배척하지는 않았으나 기본적으로 유교에서는 폭력사용을 혐오하여 이를 회피하려는 성향을 강하게 보이고 있다. 이러한 영향으로 인해 중국은 오랑캐의 안보위협에 대해서도 직접 군사력을 동원하여 물리치기보다는 모범을 보이고 회유하는 등 적을 '문화화(enculturation)'하는 노력을 통해 이들을 동화시키려 했다(Johnston, 1995: 65).

둘째, 서구국가들이 팽창지향적 문화를 갖고 있는 반면, 중국은 평화지향적 문화를 갖고 있다. 고대 그리스-로마의 경우 지중해의 지배를 통해 유럽과 북아프리카 등에 식민지를 개척하고 제국을 건설함으로써 팽창주의적 성향을 보였다. 그러나 중국의 경우에는 대외정벌보다는 중화제국의 질서를 유지하는 데 주력하는 모습이 두드러진다. 물론 이러한 전략문화를 형성한 데는 중국이 처한 지정학적 환경에 의한 영향이 컸는데, 중국은 서구와 달리 다른 문명과의 접촉이 거의 단절되어 외부로의 개척보다는 내부 안정에 주안을 두었기 때문이다. 이로 인해 중국은 전략적으로 공격보다는 방어를 선호했다. 중국이 전통적으로 토루, 성벽, 요새수비대, 고정된 진지방어, 외교적 술책과 동맹형성 등을 적극적으로 추구했던 반면, 침략이나 섬멸전을 선호하지 않았다는 사실이 이를 입증한다. 아마도 만리장성은 중국의 전략문화가 평화적이고 비폭력적임을 보여주는 대표적 상징으로 간주될 수 있을 것이다.

셋째, 군사력의 효용성을 높게 평가하지 않고 있다. 서구에서는 전쟁을 정치적 수단으로 간주함으로써 전쟁에서 승리하는 데 긴요한 군사력 사용의 중요성을 명확히 인식하고 있다. 반면, 중국은 손자가 제기한 "싸우지 않고 승리하는 것이 으뜸(不戰而屈人之兵, 善之善者也)"이라는 부전승 사상이 전략문화에 투영되어 직접 군사력을 사용하기보다는 외교적 계략에 의해 적을 굴복시키는 것을 더 효과적인 것으로 인식하고 있다. 손자는 싸우지 않고 적의 계획을 무산시키는 것이 최선이고, 적의 동맹을 끊는 것이 차선이며, 적과 싸우거나 적의 성을 공격하는 것은 하수라고 했다. 이러한 측면에서 중국은 섬멸전이 아니라 제한전쟁을 추구하는 성향이 있다. 불가피하게 전쟁을 치러야 한다면 중국은 분명하게 설정된 정치적 목적을 달성하는 데 주안을 두고 한정된 범위 내에서 군사력을 사용하는 경향이 있다는 것이다(Johnson, 2009: 2~3).

이렇게 볼 때 중국의 전략문화는 '공자-맹자 패러다임'으로 설명할 수 있다. 이러한 패러다임에 의하면 과거 중국은 전통적으로 전쟁을 혐오하며, 서구의 팽창적이고 공세적인 전략문화와 달리 평화지향적이고 방어적이며 비폭력적인 전략문화를 갖고 있다(Johnston, 1995: 25).

전쟁추구 패러다임

'전쟁추구 패러다임'은 '공자-맹자 패러다임'과 반대의 입장에서 중국도 서구와 마찬가지로 현실주의적 전략문화가 우세하다고 보는 견해이다. 존스턴은 과거 공자-맹자 패러다임이 고대 중국의 찬란한 문화에만 주목하고 중국이 가진 야만성과 폭력성은 무시하고 있다고 비판했다. 중국에는 유교만 있는 것이 아니라 법가, 노자, 장자 등 많은 사상들이 있으며, 특히 법가의 경우 처벌과 징벌을 강조함으로써 현실주의 또는 전쟁을 선호하는 사상과 근접해 있다는 것이다.

따라서 그는 보편적으로 수용되어온 '공자-맹자 패러다임'에 의문을 제기하고 자신의 논지를 입증하기 위해 중국의 고대 전략서들인 '무경칠서(武經七書)'에 나타난 전략사상을 세 개의 변수, 즉 국제관계에서 전쟁의 역할, 분쟁의 본질, 그리고 군사력의 효용성 차원에서 분석했다.[2] 우선 전쟁의 역할이란 중국이 전쟁을 국가들 간의 관계에서 나타나는 일상적인 것으로 인식하는지, 아니면 우연적 요소로 인식하는지를 의미한다. 분쟁의 본질이란 중국이 적과의 갈등을 '제로섬(zero-sum)'적인 것으로 보고 투쟁이 불가피하다고 인식하는지, 아니면 협력과 타협을 통해 '비제로섬'적 상황을 조성하고 무력사용을 회피할 수 있다고 인식하는지를 의미한다. 그리고 마지막으로 군사력의 효용성이란 적과의 갈등을 다루는 데서 폭력의 사용이 정치적 목적을 달성하기 위한 효과적 수단으로 동원될 수 있는지의 여부에 관한 것이다.

여기에서 '제로섬'적 상황인식은 전쟁으로 나아가는 데 결정적 영향을 미친다. 리보(Richard N. Lebow)는 국제정치적으로 대부분의 경우 국가들은 전쟁이 불가피하다고 인식할 때 예방전쟁 혹은 선제전략으로 나아가는 경향이 있다고 주장했다(Lebow, 1981; 254~263). 만일 전쟁이 불가피하다면 적으로부터 공격당하여 피해를 입기 전에 미리 행동하는 것이 상식이다. 이때 적과의 관계를 제로섬적인 것으로 인식할 경우 전쟁 가능성은 증가한다. 왜냐하면 적에 대한 제로섬적 인식은 곧 서로 상충하는 이익을 놓고 타협이 불가능하다

2) 무경칠서는 『손자(孫子)』, 『오자(吳子)』, 『육도(六韜)』, 『사마법(司馬法)』, 『삼략(三略)』, 『위료자(尉繚子)』, 『이위공문대(李韋公問對)』를 의미한다.

는 것을 의미하기 때문에 갈등이 고조될수록 전쟁 이외의 대안을 찾을 수 없기 때문이다. 반대로 비제로섬적 인식은 비록 적과 갈등관계에 있더라도 협상이 가능하며, 그러한 협상이 어렵다 하더라도 그것이 적어도 국가의 생존을 위협하지는 않을 것으로 믿는다. 이 경우 국가들은 적과 타협할 기회를 먼저 타진하려 할 것이며, 높은 수준의 강압이나 폭력의 사용은 가급적 최후의 선택으로 고려할 것이다(Johnston, 1995: 61~62).

이러한 세 개의 변수에 따라 두 가지의 패러다임이 도출될 수 있다. 하나는 앞에서 이미 살펴본 바와 같이 전통적 유교에 입각한 '공자-맹자 패러다임'이다. 이는 전쟁을 일상적인 요소가 아니라 정도를 벗어난 우연적인 요소로 간주하고, 적과의 갈등은 제로섬적인 것이 아니기 때문에 전쟁은 예방할 수 있으며 회피할 수 있다고 본다. 그리고 적에 대한 군사력 사용과 강압적 전략은 일반적으로 효과가 적다고 보기 때문에 마지막 수단으로만 사용해야 한다는 시각이다. 다른 하나는 존스턴이 새롭게 제시한 '전쟁추구 패러다임'이다. 이에 의하면 전쟁은 불가피할 뿐만 아니라 우리의 일상생활에서 빈번하게 발생한다. 그리고 적과의 갈등은 제로섬적인 것으로 적의 도전은 곧 우리 이익의 희생을 강요하지 않을 수 없다. 따라서 적의 도전으로부터 국가이익을 수호하기 위해서는 군사력을 동원하여 강력하게 대응해야 한다고 본다(Johnston, 1995: 106).

존스턴은 '무경칠서'에 함축된 문맥 속에서 중국인들이 전쟁을 예외적 요소가 아니라 국제관계에서 일상적으로 발생하는 것으로 인식하고 있음을 발견했다. 중국의 고대 병서에 의하면 전쟁은 적이 위협을 가해옴으로써 발발하는 것으로, 전쟁에 돌입할 것인지의 여부는 순전히 적에게 달려 있다. 그리고 적이 전쟁을 걸어온다면 이는 남의 안보를 위협함으로써 도리를 저버린 것이기 때문에 정의롭지 못하다. 따라서 전쟁에서의 무력사용은 합법적이고 필요할 뿐만 아니라, 이미 적은 허용할 수 없는 선을 넘었기 때문에 군사력을 동원하여 어떠한 제약도 받지 않고 적을 완전히 패배시킬 수 있다고 본다. '무경칠서'는 또한 군사력의 효용성에 대해 높이 평가하고 있다. 존스턴은 중국 병서들이 비폭력적 전략에 의해 적의 굴복을 직접 받아내는 것은 불가능하다고 한 점을 들어, 그러한 비폭력적 전략은 기껏해야 전쟁 발발 이후 적에 대해 압도적인 군사력을 사용하기 위한 수순을 밟는 것에 지나지 않는다고 주장했다.

실제로 '무경칠서'의 내용을 토대로 분석한 중국의 전략적 성향을 보면 중국이 '화해(accommodation)' 전략을 선호하지 않고 있으며, 반대로 '침공(aggression)'이나 '군사적 파괴(military destruction)'를 추구하고 있음을 알 수 있다. 존스턴의 연구에 의하면 각 병서는 하나같이 외교적 방책, 적에 대한 교화의 중요성, 그리고 기타 정치전략 등 비폭력적인 전략을 제시하고는 있으나, 이러한 전략은 대개 전쟁에 돌입할 경우에 대비해 정치적 이익을 강화하기 위한 수순이거나, 아니면 이들이 제시하는 핵심적 군사사상과는 동떨어진 하나의 이상적인 수사 혹은 제스처에 불과했다(Johnston, 1995: 144). 예를 들면, 7개의 병서 가운데 4개가 적의 공격에 대해 고정방어를 유용한 수단으로 간주하고 있기 때문에 중국이 공세적이기보다는 평화적인 이미지가 강하다고 볼 수 있으나, 실은 그러한 4개의 병서 가운데 2개는 고정방어를 순수한 방어가 아닌

표 2-1 '무경칠서'로 본 중국의 안보전략 성향

구분	화해	고정방어	침공	군사적 파괴	정치적 파괴	합병
『오자』	○	×	○	○	○	×
『사마법』	○	×	○	○	○	○
『위료자』	×	○*	○	○	○	○
『삼략』	○	○	○	○	○	×
『육도』	○	×	○	○	×	×
『이위공문대』	×	○	○	×	×	×
『손자』	○	○*	○	○	×	○

* 군사력이 약해 공세 이전의 단계에서 실시함을 주장.

적 영토 내로 전쟁을 끌고 가 적을 공격하기 위한 하나의 단계로 상정하고 하고 있음을 염두에 둘 필요가 있다. 또한 7개의 병서는 모두가 자국의 안보를 확보하기 위한 목적에서 적국에 대한 침공을 정당화하고 있으며, 6개의 병서는 이 과정에서 관용을 베풀기보다는 적의 군사력을 철저하게 파괴하는 것이 중요하다고 주장했다. 물론 중국의 군사력 사용 목적이 실제로 적의 정치체제를 붕괴시키고 합병을 추구하는 것인지에 대해서는 견해가 엇갈리고 있으나, 전체적으로 볼 때 중국의 전략문화가 매우 높은 수준의 공세적이고 침략적인 무력사용을 용인하고 있음을 알 수 있다는 것이다(Johnston, 1995: 144~145).

이와 같이 병서들을 분석한 결과에 입각하여 존스턴은 중국의 전략사상에서도 서구의 현실주의에서 나타나는 전쟁추구 또는 강경한 현실주의적 세계관을 발견할 수 있다고 주장했다. 즉, 중국의 전략문화도 서구와 마찬가지로 전쟁을 국가관계에서 나타나는 우연적 요소가 아닌 일상적이고 지속적인 요소로 간주하고 있으며, 적과의 분쟁에서 다투는 이해관계를 제로섬적이고 서로 타협이 어려운 것으로 보는 한편, 폭력 그 자체를 적으로부터의 위협을 다루는 데 매우 효과적인 수단으로 이해하고 있다는 것이다. 중국의 '무경칠서'는 정적인 방어와 포용적 방책보다는 역동적이고 공세적인 전략을 선호하고 있음을 보여준다는 것이다.

물론 '무경칠서'에서 '공자-맹자 패러다임'의 요소들을 배제하고 있는 것은 아니다. 중국의 병서에도 폭력의 사용보다는 화해전략을 높게 평가한다든가, 공격보다 방어를 선호하는 내용이 포함되어 있기 때문이다. 그러나 존스턴은 이를 전략의 정당성을 강변하기 위한 것으로 본다. 즉, 지배층은 그러한 상징적 언어를 만들어냄으로써 그들의 유능함과 정당성을 강변하고 그들의 권위에 대한 도전을 막고자 했다는 것이다. 또한 도덕성을 내세움으로써 적에 대항하기 위한 내부의 결속력을 강화하고 지지를 확보하려는 의도가 있었다는 것이다. 따라서 존스턴은 '무경칠서'에서 나타난 이상주의적인 언어와 평화주의적 논리는 단지 형식적이거나 상징적인 것에 불과하며 중국의 현실주의적 성향과 관계가 없거나 별다른 영향을 주지 못한다고 주장했다(Johnston, 1995: 156~160).

존스턴은 이와 같은 '무경칠서'에 대한 내용 분석을 토대로 명나라의 몽골 및 청에 대한 정책사례를 연구했다. 그리고 그는 명의 전략적 행동이 공자-맹자 패러다임보다는 '무경칠서'에 나타난 바와 같이 전쟁추구 패러다임에 가깝다고 주장했다. 이에 대한 그의 논리는 다음과 같다. 만일 명의 전략문화에 '공자-맹자 패러다임'이 우세하다면 명은 외부의 위협이 어떻게 변하든, 그리고 적과의 군사력 균형이 어떻게 변하든지에 상관없이 항상 방어적이고 비폭력적인 전략을 추구했어야 한다. 전략문화는 지속성을 가져야 하므로 만일 명이 상황변화에 따라 공세적이고 폭력적 전략을 추구했다면 유교적 전략문화를 가진 것으로 볼 수 없다는 것이다. 이러한 가정하에 몽골에 대한 명의 전쟁사례를 분석한 결과로, 그는 명이 몽골에 대해 정당한 전쟁론을 펼치거나 방어적이고 비폭력적인 전략을 추구하기보다는 상대적 군사력을 중시하여 적에 대해 우위에 있을 때는 공세적 전략을 선호했지만 그러한 능력이 감소할 경우에는 덜 강압적인 태도로 전환했다고 주장했다. 즉, 명은 그 세력이 강했던 1500년까지 공세를 취하다가 세력이 약화된 1500년대 중반 이후에야 비로소 고정방어로 전환한 것이다. 이때 명이 초기 몽골에 대해 공세적 전략을 취한 것은 그러지 않을 경우 약하다고 여겨져 몽골이 더욱 공세적으로 나올 것을 우려했기 때문이었으며, 이후 명이 방어로 전환한 것은 세력이 약화되어가면서 공세를 취하기 어렵게 되었기 때문이다. 이렇게 볼 때 명대를 통해 주류는 '공자-맹자 패러다임'적 전략이 아니라 군사력을 앞세운 현실적인 전략이었으며, 말기의 수세적 전략은 단지 그들의 군사력이 약화됨에 따라 취해야 했던 어쩔 수 없는 선택이었다(Johnston, 1995: 215~238). 명의 전략문화는 전통적 유교사상에 입각한 문화라기보다는 현실주의적 성향에 더 가까웠다는 것이다.

따라서 존스턴은 기존의 연구가 중국의 현실적인 측면을 보지 못하고 관념적인 공자-맹자 사상에 경도되어 있다는 비판을 제기하면서, 중국의 전략도 서구와 마찬가지로 구조적 현실주의(structural realism)나 기대효용(expected utility) 이론과 같은 현실주의적 패러다임으로 설명이 가능하다고 주장했다(Johnston, 1995: 248~251).

방어의 신화

'방어의 신화(cult of defense)'는 가장 최근에 이루어진 연구로 앞의 두 패러다임을 절충하여 새로운 시각을 제시한 것이다. 스코벨은 중국 전략문화의 이중성에 주목한다. 그는 중국이 고대에 형성된 평화주의적이고 방어적인 전략문화와 군사력을 전면에 내세운 공세적 전략문화를 동시에 갖고 있기 때문에 단순히 이를 평화적이냐 호전적이냐로 구분하는 것은 바람직하지 않다고 주장했다.[3)]

스코벨은 중국이 전통적인 유교적 신념에 현실주의 논리가 결합한 '방어의 신화'라는 제3의 전략문화를 갖게 되었다고 본다. 즉, 분쟁을 회피하고 방어지향적인 유교문화와 군사적 해결을 적극적으로 모색하는 공세지향적인 현실주의 문화가 결합되어 있다는 것이다. 그 결과 중국은 역설적으로 국가목표를 달성하기 위해 방어적 전략 대신에 공세적 군사작전을 취하게 되는데, 그것은 중국이 방어의 신화에 대한 믿음으로 인해 스스로를 평화적이고 방어적이라고 인식함으로써, 공세적 군사작전이 순수하게 방어적이고 정당한 수단이라는 합리화를 그들의 지도자들이 할 수 있게 하기 때문이다(Scobell, 2003: 38). 즉, 스코벨은 중국이 유교에 기반을 둔 이상주의적 신념에 입각하여 스스

3) 이와 유사한 입장에서 장티에준(Zhang Tiejun)도 중국은 전통적으로 유교적 전략문화를 갖고 있지만 현대에 와서는 문화적이고 이상적인 면보다 물리적 요소를 중시하는 "방어적 현실주의(defensive realism)"를 갖고 있다고 주장했다(Zhang, 2002: 73).

로를 옳다고 믿고 있으며, 그들이 추구하는 현실주의적이고 공세적인 행동을 합리화한다고 주장했다.

중국이 갖고 있는 '방어의 신화'는 세 개의 사상적 요소와 여섯 개의 전략 원칙으로 구성된다. 중국의 군사적 전통을 대변하는 세 개의 핵심적인 사상적 요소는, 첫째로 중국은 평화를 애호하는 민족이라는 것이고, 둘째로 중국은 공세적이지도 팽창적이지도 않다는 것이며, 셋째로 중국은 오직 방어적 목적으로만 군사력을 사용한다는 것이다. 이러한 믿음은 무력사용을 혐오하고 평화적이고 방어적인 문명을 지향하는 유교의 상투적인 가르침과 일치한다(Scobell, 2003: 27). 물론 중국뿐만 아니라 모든 국가들도 스스로의 군사력 사용을 방어적 목적에서 사용한다고 믿고 있는 것이 사실이다. 그럼에도 불구하고 중국인들 사이에서 이러한 믿음은 훨씬 두드러지게 신성불가침한 것으로 여겨지고 있다. 오늘날 중국이 평화가 소중함을 강조한다든가, 강대국으로 부상하더라도 결코 패권을 추구하지 않을 것임을 공언한다든가, 혹은 다른 국가를 먼저 공격하지 않고 공격을 받은 후에만 반응한다는 '후발제인(後發制人)' 원칙을 강조하는 것은 이러한 맥락에서 이해할 수 있다.

그러나 이에 더하여 '방어의 신화'는 대내외적으로 안보상황 및 전략과 관련한 여섯 가지의 원칙을 제시한다. 우선 안보상황과 관련한 두 개의 원칙은 중국이 갖고 있는 '국가통일에 대한 강한 집착'과 '높은 위협인식'이다. 이는 광활한 영토를 갖고 있는 중국이 반복적으로 국가분열과 외부 이민족의 침략을 경험한 데서 기인하는 것으로 볼 수 있다. 또한 대외적 위협에 대한 대응과 관련한 두 개의 원칙으로 '정당한 전쟁' 원칙과 '적극방어'라는 전략적 개념에 충실히 따른다는 점을 제시한다. 전통적으로 중국은 중화세계의 질서를 유지하기 위해 현상타파보다는 현상유지를 추구했기 때문에 이러한 원칙에 충실했던 것으로 이해할 수 있다. 그리고 대내적 위협에 대응하기 위한 두 개의 원칙은 '내부 혼란에 대한 심대한 두려움'이 존재한다는 것과 '개인보다 공동체를 우선시'한다는 것이다(Scobell, 2003: 28). 역사적으로 숱한 내부반란과 봉기에 의해 왕조의 몰락을 경험한 중국으로서는 개인보다 사회질서를 중시할 수 밖에 없었던 것이다.

이렇게 볼 때, 중국의 전략문화는 유교주의적 속성뿐 아니라 현실주의적 성향을 동시에 갖고 있음을 알 수 있다. 사상적 측면에서는 유교적 가르침을 따르고 있는 반면, 중국이 갖고 있는 높은 위협인식과 통일에 대한 강박관념, 그리고 내부 혼란에 대한 두려움 등은 보다 현실주의적 전략을 추구하도록 하고 있다. 그렇다면 중국이 방어적 마인드를 가지고 비폭력적 해결방안을 선호하는 성향은 존스턴이 주장한 것과 달리 단순히 공허한 상징이 아니라 중국인들과 지도자들의 내면에 깊숙이 뿌리내린 신념체계의 일부로 보아야 한다. 즉, 중국의 전략문화는 두 개의 전략적 문화가 상호작용하는 것으로 볼 수 있으며, 한편으로 자국의 이익을 증진하기 위해 공세적으로 전쟁도 불사할 수 있지만 다른 한편으로 그러한 군사행동은 순수하게 자위적인 것으로 합리화될 수 있다(Scobell, 2003: 38).

스코벨의 주장에 의하면 '방어의 신화'는 중국이 주변국과 미래의 전쟁에 휘말릴 가능성을 높여주고 있다. 왜냐하면 이러한 믿음은 중국 지도자들이 군사력 사용을 순전히 방어적인 것이자 마지막 수단으로 합리화하는 가운데 그들의 국가목표를 달성하기 위해 망설임 없이 공세적인 전략을 선택하도록 할 수 있기 때문이다(Scobell, 2003: 15).

2) 기존연구 비판

설명력의 한계

중국의 전략문화에 대한 세 가지의 견해는 나름대로 타당한 논리와 근거를 갖고 있음에도 불구하고 이 가운데 어느 하나의 패러다임으로 중국의 전략문화를 정의하거나 설명하기는 어렵다는 한계가 있다. 즉, '공자-맹자 패러다임'으로 중국의 전략문화를 설명하는 것은 거시적으로 볼 때 나름대로 납득할 수 있는 부분이 있으나, 냉전기 동안 중국이 왜 주변국이나 강대국에 대해 무력 사용을 꺼려하지 않았는지에 대해 설명하지 못한다. 또한 이 시기에 왜 중국이 미국을 제외한 강대국들보다 더 많은 횟수의 군사력을 사용했고, 대외적으로 위기상황에 직면하여 왜 가장 호전적으로 반응했는지에 대해 설명할 수 없다. 물론 전략문화적 접근은 거시적 차원의 분석이기 때문에 일시적으로 발생하는 몇 개의 예외적 사례는 인정할 수 있다. 그렇다고 하더라도 중국이 1949년부터 현재에 이르기까지 정치적 목적을 달성하기 위해 줄곧 군사력 사용을 주저하지 않고 호전적으로 행동했다는 사실은 이러한 패러다임에 명백히 위배된다.

'전쟁추구 패러다임'도 마찬가지로 중국의 전략문화를 설명하는 데 한계가 있다. 비록 존스턴은 명의 사례에서 서구와 같은 현실주의적 전략문화를 발견할 수 있다고 했지만, 이후 청조 말기의 캉유웨이(康有爲), 장즈둥(張之洞), 임칙서(林則徐), 쑨원(孫文) 등 많은 사상가들에게서 찾아볼 수 있는 '전쟁혐오' 성향을 설명할 수는 없다(姜國柱, 2006: 391, 1122~1128; 국방군사연구소, 1996a: 255). 또한 중국의 공산혁명기의 경우 항일전쟁과 국공내전으로 인해 '전쟁추구' 성향이 강했음을 인정한다 하더라도, 냉전 기간에 중국이 주변국에 대해 취했던 '중화적 요소'에 대해서는 납득할 만한 설명을 내놓기 어렵다. 가령 중국이 한국전쟁에 개입하고 두 차례에 걸친 인도차이나 전쟁에서 베트남을 전격적으로 지원한 것이 미국의 군사적 위협에 대해 주변의 완충지대를 확보하기 위한 목적에서 이루어진 현실주의적 결정이었음은 분명하지만, 그 이면에는 북한과 베트남에 대한 '형제국가' 혹은 '동지국가'로서의 '도의적' 배려가 작용한 것도 사실이다.[4] 더구나 1962년 중인전쟁과 1979년 중월전쟁에서는 서

---

4) 마오쩌둥은 한국전쟁 개입 결정과정에서 "이웃이 어려움에 처한 것을 보면서 가만있는 것은 부끄러운 일"이라고 언급했는데, 이는 전통적인 조중관계를 의식한 것으로 볼 수 있다(Hao and Zhai, 1990: 106). 베트남전 때는 "소련이 국제프롤레타리아 혁명의 중심에 위치하고 있지만,

구의 현실주의적 관점으로 이해하기 어려운 '응징' 또는 '징벌'이 전쟁의 명분으로 제시되기도 했는데, 이것도 마찬가지로 중국의 전통적인 중화사상이 투영된 것으로 볼 수 있다. 무엇보다도 중국은 냉전기 동안 주변지역에서의 잦은 군사분쟁에도 불구하고 무력사용을 가급적 최후의 수단으로 신중하게 고려했으며, 전쟁의 규모와 수준을 제한하는 모습을 보여주었다. 즉, 이 시기에 중국은 국가이익을 달성하기 위한 정치적 수단으로 무력사용을 적극적으로 활용한 측면이 있지만, 그 이면에서는 전통적 유교사상에 입각한 전략문화의 성격을 다분히 보여주었던 것이다.

'방어의 신화'의 경우 중국의 전략문화를 이상과 현실의 '조화'로 설명함으로써 절충적 입장에 서 있기 때문에 가장 설득력이 있어 보인다. 그럼에도 불구하고 이러한 관점도 마찬가지로 중국의 전략문화 현실을 정확히 짚었다고 보기는 어렵다. 왜냐하면 현대중국의 전략문화는 '전통'과 '근대성'의 '조화'라기보다는 '부조화'의 측면이 더욱 강하기 때문이다. 예를 들면, 중국의 베트남 공격은 '징벌'을 위한 제한적 군사력 사용이라는 측면에서 유교적 전통을 따르고 있지만, 다른 한편으로 베트남-소련 간의 동맹체제가 발동될 것을 우려하여 그러한 공격을 미리 경고하고 속전속결을 추구했다는 점에서 지극히 현실주의적인 요소를 발견할 수 있다.

이에 대해 방어의 신화라는 관점에서는 중국이 베트남에 대한 '징벌'이 정당하다고 판단했기 때문에 무력동원을 합리화했고, 이에 따라 소련의 개입 가능성을 무릅쓰면서까지 전격적이고 공세적인 군사력 사용을 보여주었다는 설명이 가능할 것이다. 유교적 차원에서 나쁜 행동에 대한 '징벌'이라는 하나의 이상과 현실주의적 차원에서 주변국에 대한 전격적인 공격이라는 하나의

아시아 혁명을 증진하는 것은 중국이 그 주요한 책임을 맡는다"라고 스탈린(Iosif Vissario-novich Stalin)과 합의한 후 본격적으로 지원을 제공했는데, 이는 아시아에 대한 중국의 인식을 반영한 것으로 '중화적 세계관'이 연장선상에 있는 것으로 이해할 수 있다(Chen, 1994: 74).

'현실'이 조화를 이루는 것으로 보는 것이다. 이 같은 관점은 중국의 전략문화에 내재된 유교적 속성과 현실주의적 속성이 하나로 융합된 것이라고 보는 견해라 할 수 있다.

그러나 중국의 전략문화는 '이상'과 '현실'이 하나로 융합되었다기보다는 '혼합'된 상태에서 아직 내면화되지 못한 것으로 보아야 한다. 그것도 두 요소가 불안정하게 뒤섞여 있어 상황에 따라 어느 것이 지배적인 요소로 작용할지 예측하기 어려운 상태에 있는 것으로 보아야 한다. 실제로 중국이 베트남을 공격하기로 결정하기까지의 과정을 보면 이 두 요소가 끊임없이 충돌하고 있었으며, 그 결과 베트남에 대한 중국의 전격적인 공격은 필연적인 것이 아닐 수 있었다. 비록 중국이 베트남 공격의 정당성과 필요성을 인식했다 하더라도 현실적으로 베트남과 소련의 동맹이 존재하는 한 그러한 공격은 사실상 불가능했기 때문이다. 즉, 이러한 공격은 소련과의 군사적 충돌로 이어질 수 있었던 '군사적 모험'으로서 당시 침공을 당한 베트남도 소련과의 동맹에 의지한 채 중국의 공격 가능성을 예측하지 못하고 있었을 정도로 중국의 공격은 예상을 빗나간 것이었다. 비록 방어의 신화라는 관점에서는 중국의 유교적 신념이 현실주의적 행동으로 무리 없이 이어진다고 보지만, 실제로 중국은 그러한 이상과 현실 사이에서 갈등하지 않을 수 없었던 것이다.

중국의 전략을 '이상'과 '현실' — 혹은 '전통'과 '근대성' — 의 조화로 보느냐 부조화로 보느냐 하는 문제는 매우 중요하다. 방어의 신화는 전자의 관점에서 중국의 전략문화가 예측이 가능한 것으로 보는 반면, 본인이 제기하는 후자의 관점은 중국의 전략문화란 예측이 불가능할 뿐 아니라 때로 중국이 극단적인 선택으로 나갈 수 있다고 보는 데 근본적인 차이가 있다.

접근방법의 문제

지금까지 중국의 전략문화에 대한 학자들의 연구는 그 연구 기반이 척박한 상황에서 선구적으로 이루어진 것으로 학문적으로 적실성을 인정받고 있음을 부인할 수 없다. 다만 학자들은 중국의 전략문화를 통시적인 하나의 개념으로 정의하기 위해 전쟁과 전략에 관한 역사적 경험을 '균질화(homogenization)'하고 '과잉일반화(overgeneralization)'하려는 경향이 있었다. 이들은 중국이라는 다민족 국가의 오랜 역사에서 축적된 전략문화를 연구하면서 그 대상이 되는 시기와 분석수준을 어떻게 설정한 것인지에 대한 고민이 없이 전략문화를 포괄적이고 개념적으로, 그리고 통시적인 것으로 규정했다. 이들은 자신들의 연구를 '전략문화'라는 공통된 용어로 포장했지만 서로 다른 언어와 의미를 가지고 각기 다른 논의를 함으로써 유의미한 비판과 건설적 논의를 어렵게 하고 있다. 이에 따라 기존의 연구방법에 대해 다음과 같은 세 가지 측면에서 비판을 제기할 수 있다.

첫째, 고대로부터 현대에 이르는 중국 역사 전체를 연구의 대상시기로 설정함으로써 무리한 일반화를 추구했다. 중국의 역사는 단일민족에 의해 이루어지지 않았다. 중국은 예로부터 한족과 이민족 간의 끊임없는 투쟁을 통해 수차례의 왕조교체를 경험했다. 이 과정에서 중국의 전략문화는 한족을 중심으로 정착생활을 해왔던 농경민족에 의한 방어적 전략문화와 외부에서 침략과 약탈을 일삼던 유목민족에 의한 공세적 전략문화가 서로를 대체하고 융화하는 과정을 경험하지 않을 수 없었다. 즉, 중국의 전략문화는 역사적으로 단일한 것이라기보다는 시대에 따라 방어적 문화가 지배적인 모습을 띠거나 혹은 공세적 문화가 지배적인 모습을 띠거나 하면서 끊임없이 변화해온 것이다. 전체 중국 역사 속에 나타난 이러한 변화를 무시한 채 전략문화를 단일한 것으로 규정할 경우 거시적 차원에서 중국의 전략을 외형적으로 묘사할 수는 있겠지만 중국의 전략에 대한 구체적인 내용은 설명할 수 없다는 한계를 갖는다. 이러한 측면에서 스웨인(Michael D. Swaine)과 텔리스(Ashley J. Tellis)의 연구는 의미가 있다. 이들은 중국의 왕조들이 흥기하는 시기에는 공세적이고 팽창적인 전략을, 쇠퇴하는 시기에는 방어적이고 수세적인 전략을 추구했다고 주장함으로써 각 시대별로 중국의 전략문화가 다를 수 있음을 인정했다

(Swaine and Tellis, 2000: 9~95).

따라서 중국의 전략문화 연구는 역사적으로 연구의 대상시기를 어떻게 설정하느냐에 따라 상이한 전략문화가 우세하게 나타날 수 있다는 점을 고려하지 않으면 안 된다. 모든 국가의 전략문화는 하나가 아닌 여러 개의 서로 다른 전략문화로 구성될 수 있다(Waldron, 1994: 88, 113). 예를 들면, 중국의 경우 역사 전체를 놓고 보자면 유교사상에 입각한 방어적 전략문화가 보편적인 것으로 나타나지만, 특정 시기에서는 현실주의적 전략문화가 두드러질 수 있다. 즉, 공자-맹자 사상에 입각한 전략문화는 중국이 대내외적으로 안정되고 제국으로 흥기할 때 현상을 유지하기 위한 전략문화로 대두될 수 있지만, 반대로 중국이 쇠퇴할 때에는 급격한 현상변화에 적응할 수 있는 현실주의적 전략문화를 필요로 할 수 있다. 또한 전통적 유교사상을 중시하거나 그러한 사상이 흥기할 경우의 전략문화와 이민족이 중국을 정복하고 새로운 왕조를 수립했을 때의 전략문화는 분명히 다를 수 있다. 따라서 전략문화 연구는 그 시기를 어떻게 설정하느냐에 따라 전혀 다른 결론이 도출될 수 있음을 이해하고, 시대를 구분함으로써 그러한 전략문화의 성격을 분석하는 데 주안을 두어야 할 것이다.

둘째, 중국의 전략문화에 대한 기존의 연구방법들은 분석하는 수준에 대한 구분을 명확히 하지 않음으로써 학자들 간의 논의와 비판에 혼란을 야기했다. 한 국가의 전략문화 연구는 분석수준에 따라 그 결과가 달라질 수 있다. 정치적·사상적 수준에 초점을 맞출 경우 대부분의 국가는 전쟁을 혐오하는 문화를 갖는 반면, 군사적·전략적 수준에 초점을 맞출 경우 각 국가는 정치적 목적을 달성하기 위해 군사력을 적극적으로 사용하는 모습을 보이게 될 것이다. 실제로 페어뱅크는 중국의 전략문화를 유교를 중심으로 하여 정치적·사상적 수준에서 분석함으로써 중국이 전쟁을 혐오하는 '공자-맹자 패러다임'을 갖는다고 주장했다. 반면, 존스턴의 경우에는 중국의 고대 병서인 '무경칠서'의 내용을 연구의 출발점으로 설정함으로써 군사적·전략적 수준에 초점을 맞추었으며, 그 결과 중국도 서구와 별반 다르지 않은 '전쟁추구 패러다임' 또는 '현실주의적 전략문화'를 갖고 있다고 주장했다. 존스턴은 전략문화를 전쟁의 역할, 적에 대한 인식, 그리고 군사력의 효용성 인식이라는 세 개의 변수로 접근했으나, 그가 분석 대상으로 삼은 '무경칠서'는 군사전략을 논한 병서로서 도덕적이고 이상적인 요소보다는 전쟁에서 승리하기 위한 현실적 방책을 담고 있다. 따라서 그의 연구에서 중국의 전략문화가 군사력 사용을 중시하고 보다 공세적인 사상을 강조하는 '전쟁추구 패러다임'에 가깝다는 결론을 제시한 것은 너무도 당연한 귀결이라 할 수 있다. 즉, 페어뱅크와 존스턴이 중국의 전략문화를 연구하면서 상반된 연구결과를 제시하고 전혀 다른 주장을 제기하게 된 것은 바로 서로 다른 수준에서 중국의 전략문화에 접근했기 때문으로 이해할 수 있다.

따라서 전략문화 연구는 그 분석수준을 어떻게 설정하느냐에 따라 전혀 다른 결론에 도달할 수 있음을 유념해야 한다. 전략문화란 전쟁 또는 전략에 관해 한 국가 또는 공동체가 갖는 것으로 다른 국가 또는 공동체와 비교하여 명확히 구별되는 신념, 태도, 행동패턴을 의미한다(손드하우스, 2007: 15~16). 따라서 전략문화 연구란 전쟁 또는 전략에 관해 한 국가가 역사적으로 축적해온 사상적 측면, 정치적 측면, 군사적 측면, 사회적 측면 등을 포괄적으로 다루어야 한다. 즉, 중국이 역사적으로 전쟁이라는 문제와 관련하여 자국의 이익을 확보하기 위해 어떠한 사상을 갖고 있었고, 전쟁을 통해 얻고자 하는 정치적 목적은 무엇이었으며, 군사력을 어떻게 인식하고 사용했는지, 그리고 전쟁에서 사회의 역할과 인식은 무엇이었는지 등을 종합적으로 고찰해야 할 것이다.

셋째, 중국의 전략문화가 실제로 존재하며 전쟁에 관련한 정책결정에 영향을 주는지를 과학적으로 검증하는 절차가 제대로 이루어지지 않았다. 즉, 중국의 전략문화에 관한 기존 연구는 역사학적 접근방법을 취했기 때문에 변수들을 엄격하게 통제하기보다는 역사적 문맥을 통해 전략문화를 추론하고 일반화함으로써 객관성을 입증할 수가 없었다. 물론 이러한 비판은 존스턴이나 스코벨보다는 페어뱅크의 연구에 해당하는 것이다. 페어뱅크를 비롯한 학자들은 중국이 전통적으로 유교사상의 영향을 받아 평화적이고 방어적인 전략문화를 형성하게 되었다고 주장했지만 그것은 인과관계를 과학적으로 분석한 것이 아니라 역사적 고증을 통한 선험적 주장에 불과하다. 이러한 연구의 한계는 유교경전의 문맥을 어떻게 해석하느냐에 따라 그 의미가 달라지기 때문에 다분히 주관적일 수밖에 없으며, 따라서 이에 대한 비판이나 논쟁이 이루어질 수 없다는 것이다.

존스턴은 이러한 측면에서 볼 때 전략문화 연구에 국제정치학적 방법을 적용한 선구자라 할 수 있다. 물론 그는 연구를 진행하면서 중국 고대의 병서인 '무경칠서'를 통해 중국의 전략문화를 분석함으로써 전체 연구를 '군사적 틀'에 가두는 오류를 범했으며, 그 결과 누가 연구하더라도 당연히 귀결될 수밖에 없는 '전쟁수행 패러다임'이라는 연구결과를 내놓게 되었다. 스코벨도 존스턴과 마찬가지로 국제정치학적 방법을 적용하여 연구를 진행했다. 다만 그는 '전략문화' 외에 '민군문화'와 '조직문화'라는 개념을 추가하여 후자의 두 문화가 변화하면서 전략문화에 어떠한 영향을 주는지를 분석했다. 그의 연구는 중국의 안보연구나 전략연구 분야에서 민군관계를 잘 다루지 않고 있음에도 불구하고 이러한 분야를 접목시켰다는 데서 가치를 찾을 수 있을 것이다. 그렇지만 그는 전략문화 내에 '민군문화'와 '조직문화'가 포함될 수 있음에도 불구하고 굳이 이를 별도로 분리하여 연구를 진행함으로써 그의 연구가 '중국의 전략문화' 자체를 연구하는 것인지, 아니면 다른 문화가 중국의 전략문화에 주는 영향을 연구하는 것인지가 분명하지 않게 되었다.

이렇게 볼 때 중국의 전략문화 연구는 접근방법에 따라 서로 다른 결론에 도달하고 있으며, 어떤 연구가 적실성을 갖는지, 또 그것이 일관성 있게 적용할 수 있는 주장인지를 판단하기가 어렵다. 이러한 문제는 우선 각 연구자들이 중국의 전략문화를 고대로부터 현대까지 '통시적'으로 묶어 무리하게 단일화하려고 시도했기 때문에 나타나는 현상으로 볼 수 있다. 또한 분석수준을 서로 달리함으로써 그렇지 않아도 시대별로 다르게 나타날 수 있는 중국의 전략문화를 각기 다른 시각에서 바라보게 되고 서로 다른 결론에 도달하는 결과를 낳았다. 그리고 과거 주류를 이루었던 역사학적 연구에서는 사회과학적 연구방법을 적용하지 않음으로써 과학적 논의보다는 선험적 주장을 제기하는 데 그쳤다. 이러한 연구방법상의 문제로 인해 중국의 전략문화 연구는 지금까지 '장님 코끼리 만지기'와 같이 서로 다른 부분을 다루면서 제각기 다른 주장을 펼치는 결과를 낳고 있다.

2. 연구를 위한 분석 틀

학계에서는 아직까지 현대 전략문화 연구에서 어떠한 요소들이 전략문화를 구성하며, 전략문화 연구를 위해서는 어떠한 요소들을 중심으로 분석해야 하는가에 대한 합의가 존재하지 않는다(Gray, 1999: 148). 여기에서는 기존 연구에 대한 앞에서의 비판적 고찰을 바탕으로 내가 이 책에서 논의를 전개하기 위한 새로운 접근방법을 제시하고, 이를 토대로 연구를 진행하기 위한 분석 틀을 구상하도록 한다.

1) 새로운 접근방법 모색

중국의 전략문화 연구는 다음 세 가지 측면에서 새로운 접근방법을 모색할 수 있다. 첫째, 중국의 전략문화는 시대별로 다르게 정의되어야 한다. 그것은 중국이 오랜 역사를 통해 직면했던 시대적 상황과 경험을 통해 전략문화의 성격이 달라지지 않을 수 없었기 때문이다. 중국은 페어뱅크와 존스턴이 제기한 서로 상반된 전략문화를 모두 갖고 있으며, 시대에 따라 각각 다른 패러다임이 우세했던 것으로 가정할 수 있다. 가령 유목민족인 만주족이나 몽골족이 중원을 장악했을 때의 전략적 성향과 전통적으로 유교적 가르침을 따르고 있는 한족이 왕조를 구성했을 때의 전략적 성향은 다를 수 있다. 또한 이민족이 중국 왕조를 구성했다 하더라도 이들이 중국의 전통적 사상에 동화되기 이전의 문화와 이후의 문화는 다를 수 있다. 다만 여기에는 한 가지 상수가 존재한다. 역사적으로 현대에 이르기까지 중국인들의 사상적 기초를 이루고 있는 유교주의가 그것이다. 즉, 중국에서 때에 따라 비유교적이고 현실주의적인 전략문화가 우세했다 하더라도 '공자-맹자'의 가르침은 2000년 넘게 지속적으로 중국의 전반적인 문화에 영향을 주었음을 인정해야 한다. 따라서 중국의 전략문화는 본질적인 측면에서 문화라는 속성이 갖는 '연속성'과 함께 시대상황의 급격한 변동에 의해 강요되는 '변화'라는 측면을 동시에 고려해야 한다. 요약하면, 중국의 전략문화는 기본적으로 유교적 사상으로부터 출발하지만, 그것을 통시적으로 단일한 것으로 파악하기보다는 특정한 시대적 상황에 따라 어떻게 변화했는지를 분석함으로써 올바르게 이해할 수 있을 것이다.

이 연구에서는 중국의 전략문화가 변화한 시대를 크게 근대 이전, 공산혁명기, 그리고 현대로 구분한다. 중국의 역사에서 공산혁명처럼 사상적으로나 정치적으로, 그리고 사회적으로 급속한 변화를 가져온 사건은 많지 않았다. 물론 근대 이전의 시기에도 가령 이민족의 침입과 왕조의 교체와 같이 급격한 정치변동이 있었지만 그것은 공산혁명만큼 이념적으로나 정치사회적 제도면에서 극적인 전환을 야기하지는 않았다. 물론 이 연구를 위해 과거 중국의 역사를 보다 세분하여 구분할 수도 있으나 여기에서는 연구의 간결성을 위해 근대 이전, 공산혁명기, 그리고 현대중국이라는 세 시기의 역사구분을 통해 각 시기별로 전략문화의 특징을 규명하고 어떠한 패러다임이 우세했는지를 볼 것이다.

둘째, 중국의 전략문화 연구는 다차원적으로 접근해야 한다. 모든 전쟁 혹은 전략연구는 수평적 관점에서는 정치적·경제적·군사적·사회적·문화적 차원(dimension)으로, 그리고 수직적 관점에서는 정치적·군사전략적·작전적·전술적 수준(level)으로 다양하게 접근할 수 있다. 일반적으로 볼 때 이 가운데 어느 한 가지 차원 혹은 수준에서 심도 있게 접근할수록 보다 분석적인 연구가 가능한 것이 사실이다. 그러나 전략문화를 연구하는 것은 다르다. 이러한 연구는 코끼리 전체를 보는 것이지 어느 한 부분을 떼어 해부하는 것이 아니기 때문이다. 어느 한 부분만 볼 경우 코끼리의 꼬리만을 가지고 코끼리의 전체라고 주장하는 과잉일반화를 야기하고 왜곡된 연구결과를 낳을 수 있다. 더구나 학자들 간의 분석차원이 다를 경우에는 상반된 주장이 나올 수 있을 뿐 아니라 이들 간의 논의나 비판 자체가 무의미해질 수 있다. 따라서 전략문화 연구는 중국이라는 국가의 온전한 실체를 그릴 수 있는 종합적인 틀 내에서 이루어져야 할 것이다.

이 연구에서는 중국의 전략문화를 네 개의 차원으로 접근한다. 그것은 사상적·정치적·군사적·사회적 차원이다. 우선 사상적 차원은 그 국가사회를 지배하는 가장 근원적 요소이다. 보프르(André Beaufre)가 지적했듯이 군사를 지배하는 것은 정치이고, 정치를 지배하는 것은 철학이다. 당대에 가장 지배적인 사상이 무엇인지를 규명하는 것은 그 국가의 정치와 사회뿐 아니라 전쟁과 군사를 이해하는 데 중요하다. 이 연구에서 사상적 차원은 주로 전쟁에 대한 중국인들의 인식과 견해에 주안을 두고 분석될 것이다. 둘째로 정치적 차원은 국가의 속성에 관한 것이지만 여기에서는 주로 전쟁에서 중국이 추구했던 정치적 목적을 중심으로 다룰 것이다. 셋째로 군사적 차원은 군사력의 효용성에 대한 인식과 전쟁을 수행하는 방식을 중심으로 전개될 것이다. 마지막으로 사회적 차원은 전쟁수행에 있어서 국민의 역할에 초점을 맞출 것이다.

셋째, 중국의 전략문화 연구는 검증가능한 과학적 기법을 적용해야 한다. 전략문화 연구는 속성상 역사적이고 선험적일 수밖에 없다. 그럼에도 존스턴의 연구방법과 같은 국제정치학적 연구가 가능하다. 즉, 변수들에 대한 엄격한 통제하에 인과관계를 도출함으로써 검증가능한 과학적 연구가 이루어질 수 있다. 이런 접근은 '기각될 수 있는(falsifiable)' 이론을 제기함으로써 학자들이 서로 공통의 언어로 소통할 수 있다는 측면에서 반드시 필요하고 유용하다고 할 수 있다. 따라서 나는 중국의 전략문화를 분석하기 위한 독립변수와 종속변수를 설정하고, 이들의 인과관계를 추적하는 데 주안을 둘 것이다.

요약하면, 이 연구는 중국의 전략문화의 변화를 규명하기 위해 분석 시기를 근대 이전, 중국공산혁명기, 그리고 현대로 구분하고, 각 시기별로 사상적·정치적·군사적·사회적 차원에서 접근한다. 그리고 각 시기별·차원별로 변수를 설정하고 이러한 변수를 중심으로 중국의 전략문화를 분석할 것이다.

2) 전략문화의 '핵심변수' 도출

중국의 전략문화를 분석하기 위해 어떠한 변수를 선정할 것인가? 전략문화란 전쟁에 관한 국가 또는 사회의 전략적 선택, 그리고 전쟁수행과 관련하여 나타나는 특별한 성향을 의미한다. 그러나 그에 대한 연구는 단지 '군사' 영역에만 한정되지는 않는다. 그것은 전쟁이 단순히 '군사'에 국한된 문제가 아니라, 한 국가 또는 사회가 갖고 있는 사상적 배경, 정치적 가치, 사회적 속성 등과 불가분의 관계를 맺기 때문이다. 클라우제비츠는 모든 전쟁이 정부, 군, 그리고 국민이라는 '삼위일체'의 상호작용에 따라 카멜레온과 같이 서로 다른 성격을 갖는다고 주장했는데, 이처럼 전쟁은 군사뿐만 아니라 정치와 사회적 요인에 의해서도 지대한 영향을 받는다(Clausewitz, 1978: 89). 따라서 전략문화에 대한 연구는 사상적·정치적·군사적·사회적 측면 모두에서 전쟁에 대한 국가의 인식과 행동을 고찰함으로써 보다 종합적이고 균형 있는 분석이 가능할 것이다(박정수, 2010: 254).

중국의 전략문화 연구를 위한 변수를 도출하기 위해 이와 관련한 논의를 살펴볼 필요가 있다. 우선 랜티스(Jeffrey S. Lantis)와 하울릿(Darryl Howlett)은 전략문화를 형성하는 요소들을 물리적 요소, 정치적 요소, 사회문화적 요소로 구분했다(Lantis and Howlett, 2007: 86~89). 우선 물리적 요소들로는 지리, 기후,

표 2-2 전략문화 형성에 영향을 주는 요소들

물리적 요소	정치적 요소	사회적·문화적 요소
지형 기후 자연자원 세대변화 기술	역사적 경험 정치체계 지도자의 신념 군사조직	신화와 상징 고전의 영향

자원, 그리고 기술을 들 수 있는데, 이들은 수천 년 동안 전략적 사고를 이루는 핵심요소로 오늘날까지도 전략문화의 중요한 원천으로 작용한다. 이 가운데 지리적 환경은 특정 국가가 왜 다른 국가들과 다른 전략방침을 채택하는지를 설명하는 데 가장 빈번하게 언급되는 요소이다.

정치적 요소로는 역사적 경험과 정치체제, 지도자들의 신념, 그리고 군사조직을 들 수 있다. 이 가운데 역사적 경험은 국가의 탄생과 발전, 그리고 국가를 구성하는 전략문화의 형성과 발전에 중요한 요소로 작용한다. 또한 국가의 정치구조 및 국방조직이 갖는 성격도 그 국가와 사회의 문화를 결정한다. 가령 민주주의 정체를 지닌 국가와 전제주의 정체를 지닌 국가 간의 문화는 본질적으로 다를 수밖에 없을 것이다.

그리고 마지막으로 사회문화적 요인으로는 신화와 상징, 그리고 고전의 영향을 들 수 있다. 신화와 상징도 문화를 구성하는 한 부분으로 전략문화의 형성 및 발전에 영향을 줄 수 있다. 역사적으로 전해 내려오는 고전도 마찬가지로 국가행위자의 전략적 사고와 행동에 중요한 영향을 미칠 수 있다. 예를 들면, 고대 중국의 전국시대에 쓰인 손자의 『손자병법』이나 투키디데스(Thucydides)의 『펠레폰네소스 전쟁사(The History of the Peloponnesian War)』, 나폴레옹 전쟁을 모델로 하여 전쟁의 본질과 전쟁수행을 다룬 클라우제비츠의 『전쟁론(On War)』 등이 전략문화 형성에 영향을 줄 수 있다.

비록 이러한 요소들은 매우 다양하고 복잡하게 나열되어 있으나 크게 사상, 정치, 군사, 그리고 사회적 차원으로 재배열될 수 있다. 사실상 **표 2-2**에 정리된 지형으로부터 고전의 영향에 이르기까지 모든 요소들을 일일이 따져가면서 중국의 전략문화를 분석하는 것은 무모한 작업에 가깝다. 다만 이러한 요소들은 더 큰 카테고리로 정리하여 종합적으로 분석하는 것이 연구의 효율성을 기하는 데 유리할 것으로 본다. 여기에서 언급하고 있는 물리적 요소는 중국의 사상, 정치, 군사, 그리고 사회 모두에 반영되어 있는 것으로 보아야 할 것이다. 사람들이 살아가는 기본 환경 자체가 문화를 형성하는 밑바탕이 되기 때문이다. 정치적 요소 가운데 역사적 신념은 특별히 중국의 사상과 정치적 측면에, 정치체계는 중국의 정치 및 사회적 측면에, 그리고 군사조직은 중국의 군사적 측면에 투영되고 영향을 줄 것이다. 마지막으로 사회적/문화적 요소인 신화와 상징은 중국의 사상과 정치, 그리고 사회적 측면에 영향을 줄 것이며, 고전의 영향은 중국의 사상, 정치, 군사, 사회적 측면 모두에 투영될 것으로 볼 수 있다.

한편, 그레이는 민족성(nationality), 지리(geography), 군종·병과·무기·기능(service, branch, weapons and functions), 간결성-복잡성(simplicity-complexity) 여부, 세대(generation), 대전략(grand strategy)이라는 요소들이 전략문화 형성에 영향을 준다고 보았다(Gray, 1999: 148~150). 먼저 '민족성'이란 독특한 역사적 경험에 의해 사람들에게 문화로 축적된 것으로서 국가별로 다르게 나타난다. 사람들은 그러한 전략적 렌즈를 통해 전략적 선택을 하게 되고 그러한 선택이 곧 전략적 행동으로 나타나게 된다. 독특한 '지리적 환경'은 독특한 전략적 태도와 신념을 형성하는데, 가장 단적인 예를 든다면 육군의 경우 전구(theater)라고 하는 매우 지엽적인 범위 내에서 사고하는 반면, 해군이나 공군은 전 지구적 범주에서 사고하는 경향이 있는 것과 마찬가지이다. '군종과 무기'는 보다 구체적으로 각 군 내부의 병과와 그 기능에 의해 각각 다른 전략문화가 형성된다는 것이다. 가령 해군 내에 항해, 해군항공, 잠수함, 정보전문가 등 다른 병과와 기능에 의해 나름의 소문화가 형성되며, 이러한 소문화가 보다 상위의 전략문화에 영향을 준다는 것이다.

'간결성-복잡성'은 전략문제에 대해 개별적 접근을 하느냐 아니면 전체적 접근을 하느냐에 따라 서로 다른 전략문화가 형성될 수 있다는 것이다. 예를 들어 미국의 경우에는 개별 사건을 독립적으로 처리하는 성향이 있는 반면, 소련의 경우에는 개별 사건을 다른 모든 사건과 연관 지어 처리하는 성향이 있다고 한다. '세대'도 전략문화에 영향을 주는데, 그것은 제2차 세계대전이나 쿠바 미사일 위기와 같은 특정 시점에서의 사건을 경험한 세대와 그 이후의 세대가 서로 다른 세계관을 갖기 때문에 나타나는 현상으로 볼 수 있다. 마지막으로 '대전략'의 성향도 전략문화에 영향을 준다. 가령 대전략은 외교, 군사력, 첩자운용과 같은 은밀한 행위, 경제제재 등 다양한 수단을 활용할 수 있는데, 그러한 성향에 따라 특정한 전략문화가 발전할 수 있다.

그레이가 구분한, 전략문화에 영향을 주는 요소들도 마찬가지로 사상, 정치, 군사, 그리고 사회적 측면으로 재분류될 수 있다. 먼저 민족성은 사상과 사회적 영역에, 지리는 모든 영역에 투영되는 것으로 볼 수 있다. 군종과 기능은 당연히 군사적 영역에, 간결성-복잡성 요소는 정치적 영역에 영향을 주게 될 것이다. 그리고 세대는 정치 및 사회적 영역에, 대전략은 주로 정치적 영역에 반영되는 것으로 간주할 수 있다.

이렇게 볼 때 중국의 전략문화를 분석하기 위한 변수의 도출과 관련하여 두 가지 문제를 제기할 수 있다. 하나는 중국의 전략문화는 어느 한 차원만을 보아서는 안 되고 사상, 정치, 군사, 그리고 사회적 차원 모두를 대상으로 해야 한다는 것이다. 다른 하나는 모든 차원에 대한 모든 변수를 모두 선정하여 분석할 경우 전반적인 논리가 떨어지고 취약해질 수 있다는 것이다. 따라서 나는 모든 차원을 다루되 각 차원별로 '핵심적 변수'를 선정하여 이를 집중적으로 분석하는 방법을 취하도록 한다. 핵심변수를 중심으로 한 분석은 중국의 전략문화를 연구하는 데 있어서 기존의 연구가 갖는 단점을 보완할 수 있는 방법으로서, 각 시대별로 나타난 전략문화를 온전하게 통찰하면서도 심도 있는 분석을 가능케 한다는 점에서 장점이 있다고 본다.

전략문화의 차원별 핵심변수를 설정하면 다음과 같다. 첫째로 사상적 측면에서는 중국인의 '전쟁관'에 초점을 맞춘다. 전략사상은 전쟁에 대한 중국인들의 인식을 반영한 것으로 전쟁과 인간, 전쟁과 세상, 전쟁과 질서, 전쟁과 국제관계, 전쟁과 국가이익, 전쟁과 도덕 등에 관한 것으로 이해할 수 있다. 둘째로 정치적 차원에서는 중국이 추구하는 전쟁의 목적에 주안을 둔다. 즉, 중국이 전쟁을 통해 정치적으로 추구하고자 하는 것이 질서를 유지하는 것인지 국가이익을 추구하는 것인지, 혹은 방어적인 것인지 팽창적인 것인지를 규명하는 것이다. 셋째로 군사적 차원에서는 군의 효용성 인식과 역할을 중심으로 분석한다. 과연 군사문제가 중국의 전쟁에서 어떠한 위치를 차지하고 있었고 그것이 중국의 전략문화에 어떠한 영향을 주었는지를 본다. 넷째로 사회적 차원에서는 전쟁을 수행하는 과정에서 백성 혹은 국민의 역할에 초점을 맞춘다. 전쟁의 문제에서 백성 혹은 국민은 어떠한 존재였으며 전쟁결정과 수행에서 어느 정도의 기여를 했는지 고찰한다. 이러한 분석을 통해 과연 중국의 전략문화가 각 시기별로 어떠한 성격을 갖고 있었으며 어떠한 변화를 겪었는지를, 그리고 현대중국 전략문화의 실체를 규명할 수 있을 것이다.

3) 논의를 위한 분석 틀

이 책은 근대 이전으로부터 현대에 이르기까지 중국의 전략문화를 사상적 측면에서 '전쟁관'의 변화, 정치적 측면에서 '전쟁의 목적'의 변화, 군사적 측면에서 '군사력의 역할'의 변화, 그리고 사회적 측면에서 '국민의 역할'의 변화를 중심으로 분석한다.

먼저 전략사상 측면에서 고찰하게 될 중국의 '전쟁관'이란 전쟁에 대한 중국인들의 인식을 의미한다. 즉, 중국이 전쟁을 유교의 가르침에서와 같이 비정상적이고 비도덕적인 것으로서 혐오의 대상으로 보는가, 아니면 서구의 현실주의적 관점과 마찬가지로 정치의 연속으로 간주하여 언제든 발생가능한 정상적이고 일상적인 요소로 보는가 하는 것이다.[5] 유교에서는 전쟁이 백성의 삶을 파괴하고 오로지 군주의 이익만을 위하는 해악이라고 간주한다(샤오공취안, 2004: 148~157). 명과 청의 전쟁관은 이러한 유교의 영향을 받아 기본적으로 전쟁을 혐오하고 그 효용성을 인정하지 않는 것으로 추정할 수 있다. 반면 공산혁명기 중국의 전쟁관은 마르크스-레닌주의와 마오쩌둥 전략사상의 영향을 받아 계급 또는 국가이익 달성을 위해 전쟁이 반드시 필요하고 또한 정당하다는 인식을 반영한 것으로 가정할 수 있다. 그리고 현대중국의 경우 이러한 두 가지의 관점이 혼합되어 있으며, 때에 따라 어느 한 가지가 우세한 모습으로 나타나고 있다.

정치적 측면에서 '전쟁의 목적'이란 왜 군사력을 사용하는가의 문제, 즉 전쟁을 통해 추구하는 것이 무엇인가에 따라 현상유지적(status quo), 혹은 현상타파적(anti-status quo)인 것으로 구별할 수 있다. 유교에서는 질서를 중시한다(탄, 1977: 9~11). 그리고 그러한 질서 – 국내질서이든 국제질서이든 – 는 법과 제도, 그리고 폭력을 사용해 상대를 강압적으로 굴복시키기보다는 도덕적 교화를 통해 (심지어 오랑캐까지도) 동화시킴으로써 유지될 수 있다고 본다(샤오공취안, 2004: 136~137). 따라서 명과 청의 경우 전쟁은 반란단체와 주변국들에 대한 우월한 지위를 확인하고 주종관계를 정립함으로써 안정된 중화질서를 유지하는 데 목적이 있었던 것으로 가정할 수 있다. 이에 반해 중국공산혁명기에 중국이 추구한 전쟁의 목적은 계급이익 또는 국가이익을 추구하기 위한 것으로 추정할 수 있다. 그리고 현대중국은 지역질서, 혁명, 혹은 안보이익을 확

---

5) 클라우제비츠는 전쟁을 "다른 수단에 의한 정치의 연속"으로서 "정치적 목적을 달성하기 위한 수단"으로 보았는데, 이러한 정의는 두 가지 의미를 갖는다. 하나는 전쟁을 국가이익을 달성하는 데 필요한 정당한 행동으로 보는 것이며, 다른 하나는 전쟁이 비정상적인 것이 아니라 언제든 발생할 수 있는 우리 삶의 일부라는 것이다(Clausewitz, 1978: 87).

보하기 위해 때로는 현상타파를 위한, 때로는 현상을 유지하는 전쟁을 추구하고 있다는 가정을 해볼 수 있다.

군사적 측면에서 '군사력의 효용성'은 국가가 정치적 목적을 달성하기 위한 수단으로서의 군사력을 과연 유용하게 인식하는지의 여부를 의미한다. 유교에서는 군사력을 국가정책 목표를 달성하는 데 주요한 수단으로 인정하지 않고 있다. 물론 공자도 법과 형벌, 그리고 군사력의 필요성을 언급함으로써 현실적으로 무력의 사용이 불가피하다는 점을 인정한 것은 사실이지만, 이는 어디까지나 덕(德)의 정치를 구현하는 과정에서 단지 보완적 역할을 수행할 수 있음을 강조한 것이지 무력사용 그 자체로 덕의 정치를 대신할 수 있다고 한 것은 아니었다(공자, 1999: 36, 135; 탄, 1977: 13). 이렇게 본다면 명과 청은 군사력의 효용성을 인정하지 않았으며 다만 내부위협, 즉 한족과 소수민족의 반란을 우려하여 이들의 봉기를 예방하고 진압하는 데 우선순위를 둔 것으로 가정해볼 수 있다(Zhang, 2002: 73~90). 이에 반해 중국혁명기 마오쩌둥이 이끄는 중국공산당은 국민당과 일본이라는 월등하게 강한 적을 상대로 전쟁을 치러야 했으며, 이 과정에서 국가의 생존과 주권을 수호하기 위해 다른 어떤 수단보다도 군사력의 중요성을 인정하지 않을 수 없었던 것으로 추정할 수 있다. 현대중국에는 모순적인 모습이 드러나는데, 일단 인민전쟁을 추구한다는 점에서 군사력의 역할에 대한 한계를 인정하고 있지만, 군사력을 빈번하게 사용한다는 측면에서는 정치적 목적 달성을 위한 군사력의 효용성을 인정하고 있는 것으로 볼 수 있다.

마지막으로 사회적 측면에서 '국민의 지지'는 전쟁이 국민의 지원과 참여 속에서 수행되었는가의 여부를 의미한다. 공자-맹자의 사상은 백성이 정치에 참여하는 '민주(民主)'라는 관념을 포함하지는 않고 있다(맹자, 2008: 409; 샤오공취안, 2004: 158~161). 따라서 명과 청의 경우 전쟁은 왕의 통제를 받는 중앙군에 의해 수행되었을 뿐 백성들은 전쟁의 문제에서 철저히 유리되었던 것으로 추정할 수 있다. 그러나 공산혁명기에 나타난 '인민전쟁론'을 볼 때 인민의 지

표 2-3 공산혁명과 중국의 전략문화 변화

구분	중국의 전략문화 변화		
	근대 이전	공산혁명기	현대중국
사상적 측면 (전쟁관)	전쟁혐오 (도덕적 전쟁관)	전쟁수용 (수단적 전쟁관/ 정당한 전쟁관)	혐오/수용
정치적 측면 (전쟁의 목적)	중화질서 유지 (종주권 유지, 응징)	국가(계급)이익 (혁명, 안보)	질서/(혁명)/안보
군사적 측면 (군의 역할)	부차적 역할	주도적 역할	부차적/주도적
사회적 측면 (국민의 지지)	부차적 요소 (왕의 전쟁)	주요 요소 (인민전쟁)	국가 주도
전략문화	유교적 전략문화	현실주의적 전략문화	혼돈과 갈등의 전략문화

지와 참여는 전쟁의 승리에 결정적 요소를 간주되었음을 알 수 있다. 현대중국의 경우, 비록 인민의 중요성을 언급하고 있지만 이는 인민들의 자발적 참여라기보다는 중앙정부에 의한 동원에 의한 것으로 어정쩡한 입장에 있다.

지금까지의 논의를 토대로 중국의 전략문화 연구를 위한 분석 틀을 **표 2-3**과 같이 정리해볼 수 있다. 이 분석 틀은 중국의 전략문화가 근대 이전의 '유교적 전략문화'로부터 공산혁명기 '현실주의적 전략문화'로, 그리고 현대에 이 두 가지가 혼재하는 가운데 하나로 융화되지 못하고 모순적으로 대립하는 '혼돈과 갈등의 전략문화'로 변화해왔음을 제시하는 가설로 볼 수 있다.[6]

---

6) 그레이는 문화는 변화할 수 있으며, 그 과정에서 모순적인 모습이 나타날 수 있음을 지적하고 있다(Gray, 1999: 142).

제2부

전통적 시기의 전략문화

제3장

중국의 유교적 전략문화

유교는 춘추전국시대로부터 근대에 서구열강들의 영향을 받을 때까지 약 2000년 동안 중국의 정치사상을 지배하는 기본원리로서 중국인들의 도덕성과 문화, 그리고 정치적·사회적 구조의 밑바탕을 이루었다. 비록 초기 유교의 모습은 각 왕조를 거치면서 다른 해석에 의해 조금씩 수정되고 현실에 적응하는 과정을 겪었지만, 공자와 맹자 사상의 핵심적 원리는 오히려 중국의 문화에 더욱 깊숙이 스며들어 갔다. 여기에서는 유교사상에서 찾아볼 수 있는 전쟁관, 전쟁의 정치적 목적, 군사력 효용성 인식, 그리고 백성의 역할에 대한 논의를 살펴보고자 한다.

1. 사상적 측면

춘추전국시대에 중국에서는 유교, 묵가, 도가, 법가 등 다양한 사상이 발달했다. 유교는 전통주의적 관점에서 주 시대에 구축한 종법(宗法)체제 중심의 봉건질서를 옹호하는 입장이었다. "왕은 왕다워야 하고, 신하는 신하다워야 하며, 어버이는 어버이다워야 하고, 자식은 자식다워야 한다"는 '정명(正名, 이름을 바로잡는 일)' 사상은 현 질서 유지의 중요성을 단적으로 보여준다. 반면 묵가는 유교의 전통주의와 달리 공리주의적 입장에서 나라를 부유하게 하고 인구를 증가시키고 국가에 질서를 가져오는 방책들을 주장하면서, 이러한 목적에 도움이 되지 않는 것에 대해서는 거세게 반대했다. 예를 들면, 묵가는 세습을 당연시하는 군주들이 자기보다 뛰어난 인물이 있다면 왕위를 양도해야 한다고 주장했으며, 평민의 관점에서 무거운 세금에 반대하고 종법사회의 계급구조가 갖는 불평등성에 대해 불만을 토로했다. 한편, 법가는 권위주의적이고 현실주의적 입장에서 막 태동하기 시작한 전제주의를 옹호했다. 지극히 현실주의적인 관점을 수용한 법가는 천하를 통일한 진에 의해 수용되었으나 엄중하고 잔인한 형벌을 동원한 악명 높은 통치수단으로 활용되다가 진 멸망 후 쇠퇴했다(샤오공취안, 2004: 36~37; 페어뱅크 외, 1991: 52~70).

기원전 136년 한(漢)이 유교를 국가적 학문으로 채택한 이후로 명과 청에 이르기까지 약 2000년의 역사를 거치면서 유가사상은 봉건제도를 옹호하는 것으로부터 전제정치를 옹호하는 것으로 변화하며 정통학파가 되었다. 유가의 세력이 번성하면서 묵가와 법가의 사상은 자연스럽게 도태되었다. 여기에서는 중국의 사상적 지주가 된 공자와 맹자의 유교사상을 중심으로 중국이 어떠한 전쟁관을 갖게 되었으며 그 내용은 무엇인지를 구체적으로 살펴보도록 한다.

1) 공자-맹자 사상으로 본 전쟁

중국의 역사는 대륙에서 분열된 국가들의 분쟁과 통일의 문제에서 시작되고 발전되었다. 전설적인 성왕인 황제(皇帝)와 요(堯), 순(舜)의 시대, 우(禹)임금의 하(夏)나라, 탕(湯)임금의 은(殷)나라를 거쳐 기원전 1100년경 중원을 차지한 무왕(武王)의 주(周)나라에 이르러 중국에서는 왕과의 혈연관계를 기반으로 종법질서를 구축한 봉건체제가 자리를 잡았다. 군주들은 다수의 제후들에게 권력을 위임했으며, 각 제후들은 성벽으로 둘러싸인 성읍과 그 주위의 근교로 구성된 조그마한 도시국가를 거느렸다. 제후 대부분은 군주의 자제나 인척이었으며, 공신들이나 지방 귀족들도 포함되어 있었다. 이 시기 중국은 대국인 주나라를 천자국으로 하여 각 제후들 간의 견제와 균형을 통해 안정적으로 유지되었다(공자, 1999: 17).

그러나 세월이 흐르면서 각국 제후의 자손들은 상호협력보다는 전쟁을 통한 국력 확장에 몰두했다. 이 과정에서 천자국인 주나라는 공격을 받아 동쪽의 낙양(洛陽)으로 도읍을 옮겨 권위를 상실한 채 겨우 명맥만을 유지하게 되었다. 공자는 이와 같이 불안한 질서가 이미 200여 년간 지속된 때 태어났으며, 그의 노(魯)나라는 비교적 약한 국가로서 패권을 노리는 강대국인 제(齊)나라에 의해 존립을 위협받고 있었다. 제후국들의 내부에서는 상하질서가 무너져갔고, 권력을 잡은 대부들이 국가를 좌우하는가 하면 심지어는 대부의 가신들이 반란을 일으키기도 했다(공자, 1999: 19). 초기 중국의 전쟁은 복종을 시킬지언정 절멸시키지 않는다는 규율이 지켜졌으나, 점차 규모가 확대되고 잔혹해졌으며 정복한 국가를 완전히 폐하고 자국의 행정단위로 편입시켰다(페어뱅크 외, 1991: 49).

이러한 시대적 배경에서 태동한 공자의 사상은 질서의 중요성을 강조하는 것이었다. 봉건 제후들이 패권을 두고 서로 싸우던 세계에 질서를 회복시키고 평화와 안정을 이루기 위한 방법으로서 공자는 '정명', 즉 이름을 바로잡는 일을 주장했다. 여기에서 이름이란 "어떤 특정한 권리나 의무를 내포하는 직책 명칭"을 의미하는 것으로 군주, 신하, 아비, 자식 등 각자의 본분에 충실할 때 사회가 조화를 이루고 갈등과 무질서가 사라질 수 있음을 의미한다(맹자, 2008: 74; 샤오공취안, 2004: 9). 그는 주로 정치이론과 치술(治術)을 제시했는데, 그의 정치사상의 핵심개념은 '인(仁)'이었다. 공자는 '인'의 의미를 일관성 있게 제시하지 않았으나, 대체로 타인에 대한 '배려'를 의미하는 것으로 이해할 수 있다. 가령 그는 '인'에 대해 "사람들을 사랑하는 것"이라거나, "자기가 원하지 않는 일을 남에게 하지 않는 것", 혹은 "남의 입장에 서서 볼 수 있는 것"이라고 언급했다.

한편으로 공자가 제시한 '인'은 개인의 수양이라는 관점에서 본다면 개인의 도덕이 될 수 있지만, 사회에서의 실천이라는 관점에서 보면 곧 사회의 윤리와 정치의 원칙이 된다(샤오공취안, 2004: 102~103). 즉, 그의 사상은 도덕, 인륜, 정치를 하나의 용광로에 넣어 융합시켰으며, 비단 개인의 행동거지를 바르게 하는 것뿐 아니라 이를 통해 국가와 천하에 영향을 주는 것으로 이해할 수 있다. 특히 그는 "수신제가치국평천하(修身齊家治國平天下)"를 주장했는데, 이는 개인의 어진 행동으로부터 가족, 국가, 천하를 관통하는 사상을 제시한 것이었다. 서양에서의 학설이 집단주의를 중시하면서 개인을 경시하거나, 반대로 개인의 권익을 강조하고 국가의 힘을 억제하려는 주장을 통해 개인과 사회와의 융합보다는 대립을 내세우고 있는 데 반해, 공자는 개인과 집단의 경계를 없애고 그들 사이의 조화를 강조한 것이다(샤오공취안, 2004: 103). 이렇게 본다면 비록 공자가 국가를 넘어서는 국제관계에 대해 구체적인 언급을 하지 않았더라도, 공자의 가르침은 비단 개인이나 국가를 넘어 주변국과의 국가관계로까지 유추해서 해석할 수 있다.

공자는 이와 같은 '인'의 사상을 바탕으로 치술을 제시했는데, 그것은 첫째는 돌보아주는 것[養], 둘째는 가르치는 것[敎], 그리고 셋째는 다스리는 것[治]이다. 돌보는 것과 가르치는 것의 도구는 '덕(德)'과 '예(禮)'이며, 다스리는 것의 도구는 '정(政)'과 '형(形)'이다. 여기에서 덕과 예가 근본이고 정과 형은 보조적인 것으로, 공자는 군주가 덕과 예로써 사람들을 '교화(敎化)'시키는 것, 즉 돌봄과 교육을 통해 감화시키는 것을 가장 중시했다(샤오공취안, 2004: 108).

'교화'를 강조한 공자는 올바른 정치를 위해 통치자의 도덕성을 강조했다. 그는 치술에서 가장 근본이 되는 교화의 방법으로 두 가지를 제시했는데, 하나는 자신을 본보기로 삼는 것이고 다른 하나는 도로써 다른 사람들을 가르치는 것이었다. 이 가운데 공자는 '인'을 실천하기 위해서는 먼저 스스로 어진 자가 되어야 한다는 관점에서 첫 번째 요소를 더욱 중시했다. 그는 자기 몸을 바로 하지 못하고서는 남을 바로잡을 수 없으며, "정치란 바르게 하는 것"으로 군주가 바로 거느리면 모두가 바르게 될 것이라고 했다. 이러한 공자의 사상은 근대 서구의 학자들이 정치를 사람과 일을 다스리는 것으로 한정한 것과 달리 올바른 정치란 무릇 사람을 감화시켜야 한다는 측면에서 '다스리는 것'보다는 '교육하는 것'에 가까웠다(샤오공취안, 2004: 112).

공자가 제시한 정과 형은 바로 사람과 일을 다스리는 영역이다. 이는 정부기관의 기능으로서 법령과 제도로 구성된다. 비록 공자는 덕으로 사람을 교화시키고 나라를 다스리는 것이 바람직하다는 이상을 제시했으나, 사람들의 타고난 능력과 성품이 동일하지 않다는 사실을 분명히 알고 있었다. 그렇기 때문에 어떤 사람들은 배우려 하지 않거나 배우고도 동화되지 못하는 경우가 발생할 수 있다고 보았다. 따라서 그는 국가가 법령과 형벌제도를 폐지하는 것은 불가능하다고 했다(샤오공취안, 2004: 113). 군주는 덕과 예로써 백성을 통치해야겠지만, 교화가 되지 않는 사람에 대해서는 정과 형으로써 강제할 필요가 있음을 인정한 것이다.

그러나 공자는 정과 형으로는 부족하다고 보았다. 그는 "법제로 이끌고 형벌로 다스리면 백성은 형벌은 모면하나 수치심이 없게 되고, 덕으로 이끌고 다스리면 수치심을 갖게 되고 또 올바르게 된다"라고 했다(공자, 1999: 36). 이는 공자의 치술이 교화의 효용을 극대화시키고 정형의 범위를 축소하는 경향을 갖고 있음을 보여준다. 즉, 형벌에 의한 통치는 형벌이 무서워 복종하는 듯하지만 내심으로는 따르지 않으므로 백성들은 법을 어기더라도 처벌받지만 않으면 된다고 생각하고 부끄러움을 모르게 된다는 것이다.

공자는 심지어 오랑캐라 하더라도 교화를 통해 동화시킬 수 있다고 보았다. 그는 오랑캐가 중국과 같지 않고 미개하다고 보았다. 그러나 "집에 거처하는 데 공손하고, 공사를 처리하는 데 조심스럽게 하고, 남과 사귀는 데 성실하게 한다는 것은 오랑캐의 땅에 간다 하더라도 버릴 수 없다"라고 함으로써 중국 외의 주변지역에 거주하는 뒤떨어진 무리에 대해서도 덕과 예가 통할 수 있음을 주장했다. 또한 "말이 성실하면 신용이 있고, 행동이 진지하고 조심스러우면 오랑캐의 나라에서도 행해질 수 있다"라고 하여 오랑캐에 대해서도 적용되는 통치원리는 동일하다고 보았다. 심지어 그는 "미개한 족속들이 군장을 받드는 것이 중국에서 임금을 무시하는 것보다 낫다"라고 함으로써 오랑캐의 행동이 때로 중국보다 우월할 수 있음을 지적하기도 했다(공자, 1999: 47, 108~109, 170; 샤오공취안, 2004: 137).

맹자는 공자의 연장선상에서 유교적 원리를 더욱 발전시켰으나, 기본적인 사상은 공자와 유사하다. 그가 살았던 전국시대는 춘추시대의 분열과 혼란의 국면이 한층 더 심화되고 그에 따른 사회적 모순도 더욱 첨예하게 나타났다. 진(晋)나라의 유력한 세 대부인 한씨, 위씨, 조씨가 자신들이 섬기던 제후를 축출하고 권력을 잡은 것이나 제나라의 대부인 전화(田和)가 정권을 탈취해서 제후가 된 것은 전국시대 지배계층 내부의 권력투쟁의 난맥상을 보여주는 사건들이다(맹자, 2008: 22). 전국시대는 전통적 사회질서였던 예(禮)가 권력이라는 새로운 원리에 의해 대체되면서 나타난 분열과 약육강식의 전란 시대였다. 백성들은 관리들의 수탈에 시달렸으며, 흉년에는 죽음을 면치 못하여 굶어죽은 시체가 들판에 나뒹굴었다.

맹자는 이러한 시대적 혼란과 위기상황에서 공자의 가르침을 지키고 그것을 현실에 접목시키려고 했다. 맹자의 사상은 일종의 '왕도사상(王道思想)'으로 볼 수 있다. 그는 군주의 통치방식에 따라 왕도와 패도(覇道)를 구분하여, 힘을 내세우는 패도정치를 비판하고 덕에 기초한 어진 왕도정치를 내세웠다. 왕도는 덕으로 통치하고 사회질서를 유지하며 식량을 비축하여 굶주린 백성에게 베푸는 일종의 중국식 사회계약을 충실히 이행하는 것이며, 패도는 백성에 대해 무력과 강압을 휘두르는 통치이다(Zhang, 2002: 76). 그는 정치를 행함에서 이익이 아니라 인의의 도덕적 가치를 우선시해야 하며, 인의를 내세운

어진 정치를 실행하면 천하에 누구도 대적할 자가 없게 될 것임을 주장했다(맹자, 2008: 31~42). 그리고 그러한 왕도정치의 조건으로 왕의 도덕적 마음, 민생의 보장을 통한 경제적 안정, 현능한 관리의 등용, 적절한 세금의 부과와 도덕적 교화 등을 제시했다(맹자, 2008: 102).

그는 패도를 취하는 것이 옳지 않을 뿐 아니라 천하를 통일하기도 어려운 반면 왕도는 이상에도 가깝고 천하를 장악하는 목적을 달성하기 쉽다고 했다. 이러한 논리하에 그는 다음과 같이 현실주의적 권력정치에 반대했다.

> 힘으로 인을 가장하는 것은 패도이다. 패를 칭하려면 반드시 큰 나라를 지니고 있어야 한다. 덕으로 인을 행하는 것은 왕도이다. 왕도를 펴는 데는 큰 나라여야 할 것은 없다(맹자, 2008: 89~90).

이렇게 볼 때 공자와 맹자 등 유교사상에서는 전쟁을 '예'와 '덕'의 가치와 상치되는 것으로서 국가의 통치와 민생에 해악을 끼친다는 부정적인 관점에서 바라보고 있음을 알 수 있다. 이는 다음과 같이 전쟁혐오의 전쟁관으로 이어진다.

2) 전쟁혐오의 평화사상

유교는 전쟁을 혐오하고 평화를 추구한다. 우선 유교에서는 인의의 도덕적 가치를 바탕으로 정과 형보다 덕과 예에 의한 통치를 강조한다. 따라서 무력의 사용 그 자체는 군주가 통치에 무능함을 드러낸 것으로 제국 전체의 질서에 대한 권위와 정당성을 약화시킬 수밖에 없다(Fairbank, 1974: 7). 이러한 관점에서 중국은 제국의 질서를 유지하기 위해 비록 일부 예외적 사례가 있기는 하지만 공세적이고 과도한 군사력 사용을 통한 강압보다는 유교에서 강조한 예와 덕을 준수하려 했다. 공자가 "평화와 조화가 가장 소중하다"라고 한 것은 이러한 맥락에서 이해할 수 있다. 또한 맹자는 '민귀론(民貴論)'이라는 민생(民生)과 보민(保民)의 민본사상에 입각하여 전쟁은 백성의 삶을 파괴하고 군주에게만 이익을 가져다주는 것으로 보았다(샤오공취안, 2004: 148~157). 그는 심지어 군주의 사욕을 채우기 위해 전쟁에 앞장서는 자들을 배척하여 말하기를 마땅히 "극형을 받도록 해야 한다"라고 했다.

전쟁을 혐오하는 맹자의 모습은 양양왕(梁襄王)과의 대화에서도 나타난다. 양양왕이 맹자에게 장차 누가 천하 통일을 이룰 수 있을 것인가를 묻자 맹자는 "사람 죽이기를 좋아하지 않는 사람이 통일을 이룰 것"이라고 했다. 양양왕이 "누가 그러한 사람을 따르겠는가"라고 묻자 맹자는 만물이 하늘의 이치를 따르듯이 폭력을 휘두르지 않고 덕을 베풀면서 통치하는 군주가 있다면 천하에 따르지 않을 사람이 없을 것이라고 답변했다. 그리고 그는 다음과 같이 언급했다.

> 지금 천하의 왕 중에 사람 죽이기를 좋아하지 않는 사람이 없습니다. 만일 사람 죽이기를 좋아하지 않는 사람이 있다면 천하의 백성들은 다 목을 빼고서 그를 바라볼 것입니다(맹자, 2008: 43~44).

맹자는 전국시대에 수많은 사람이 전쟁을 통해 살육되는 것을 보았다. 그는 이러한 세태를 교정하고자 남에게 잔인하게 하지 못하는 마음에 호소하여 당시 학정의 폐해를 막으려 했고, 이는 반전쟁 성향의 사상으로 나타나게 되었다(샤오공취안, 2004: 154).

맹자는 기본적으로 전쟁이 불필요하다고 보았다. 그는 인애에 의한 정치를 통해 상대를 감화시키면 전쟁 자체가 필요하지 않다고 주장했다. 즉, 어진 군주가 정벌에 나서면 폭력을 사용하기도 전에 백성들이 스스로 복종함으로써 아예 전쟁을 할 필요가 없다고 본 것이다. 그는 다음과 같이 언급했다.

무왕이 은나라를 정벌할 때 병거(兵車)가 300량이었고 날쌘 전사들이 3000명이었다. 무왕이 은나라 백성들에게 "두려워하지 말라. 너희들을 편안하게 해주려는 것이지 너희 백성들을 적으로 삼으려는 것이 아니다"라고 하자 은나라 백성들은 머리가 땅에 닿을 정도로 이마를 조아렸다(맹자, 2008: 402).

맹자는 정벌을 하는 이유가 곧 천하를 바로잡기 위한 것인데, 모든 사람들은 어진 군주가 나타나 질서를 바로잡아 주기를 바라고 있으므로 굳이 폭력을 사용하지 않고 인애를 베풀면서 이러한 목적을 달성할 수 있다고 보았다. 심지어 인을 베푸는 군주가 정벌에 나서면 오랑캐라 할지라도 서로 먼저 자기 지역을 정벌해달라고 애원할 것이라고 했다(맹자, 2008: 402).

공자는 전쟁에 대해 많이 언급하지 않았다. 따라서 전쟁에 대한 그의 견해를 직접적으로 인용하기는 어렵다. 다만 『논어(論語)』 제16편 「계씨(季氏)」에는 예방전쟁을 만류하는 그의 입장이 분명하게 드러난다. 노나라 제후인 계손씨(季孫氏)가 노나라의 속국인 전유(顓臾)를 정벌하려 하자 계손씨의 가신인 염유(冉有)와 자로(子路)가 공자를 찾아가 이를 상의했다. 공자가 전쟁을 준비하는 이들의 잘못을 꾸짖자 염유는 말하기를 "지금 전유는 성곽이 견고한 데다가 계씨의 관할인 비(費)라는 고을에 가깝기 때문이 지금 빼앗지 않으면 반드시 후세에 자손들의 근심거리가 될 것"이라고 전쟁의 이유를 밝혔다. 오늘날의 예방전쟁에 해당하는 것이다. 그러자 공자는 다음과 같이 말했다.

국가를 다스리는 사람은 백성이나 토지가 적은 것을 걱정하지 말고 분배가 균등하지 못한 것을 걱정하며, 가난한 것을 걱정하지 말고 평안하지 못한 것을 걱정하라고 했다. 대개 분배가 균등하면 가난이 없고 서로가 화합을 이루면 백성이 적은 것이 문제될 리 없으며, 평안하면 나라가 기울어질 일이 없다(공자, 1999: 180~182).

이러한 공자의 언급은 곧 대외적인 전쟁을 부인하는 것이다. 비록 상대 국가가 강성해져 위협이 될 우려가 있더라도 도덕적으로 통치하고 국가를 부강하게 하면 아무것도 걱정할 것이 없다는 것이다. 즉, 내부적으로 정치를 바로하고 백성들을 평안하게 하면 외부의 위협을 두려워할 필요가 없다는 것이다. 또한 군주가 덕망을 쌓고 멀리 떨어진 지역의 사람들을 편안하게 해주면 이들이 반기를 들거나 위협을 가하지 않을 것이라고 했다. 그래서 공자는 계손씨가 외부의 사람들은 물론, 자기 나라의 백성들을 따라오도록 하지도 못하는 상황에서 군사를 동원하는 것을 책망하면서 "내가 걱정하는 것은 계손씨의 근심이 전유 땅에 있는 것이 아니라 그 집안에 있다는 것"이라고 했다(공자, 1999: 180~182).

심지어 공자는 '변절'하더라도 폭력을 사용하지 않고 천하를 바로잡는다면 그것을 옳은 것으로 보았다. 제나라 환공(桓公)이 왕권 다툼을 벌이던 이복형제 공자 규(糾)를 죽이고 왕이 되었을 때 규를 추종했던 소홀(召忽)은 그를 따라 죽었지만 그의 편에 섰던 관중(管仲)은 오히려 환공에게 추천되어 재상이 되었다. 이에 대해 사람들은 관중의 변절에 대해 인(仁)하지 않다고 보았다. 그러나 공자는 "환공이 제후들을 규합하면서도 군사력으로 하지 않은 것은 관중의 힘이었다. 그만큼만 인하면 되리라! 그만큼만 인하면 되리라!"라고 했다(공자, 1999: 159). 즉, 그는 관중이 군사력을 사용하지 않으면서 천하를 바로잡는 일에 공헌한 것을 높이 평가했으며 오히려 소홀이 사소한 신의를 지키기 위해 무명의 죽음을 택한 것을 폄하했다(공자, 1999: 159).

3) 정당한 전쟁론의 모습

유교에서 전쟁을 혐오한다고 해서 전쟁을 근절해야 한다고 주장하는 것은 아니다. 공자가 형벌의 필요성을 인정하고 있듯이 유교에서도 전쟁은 필요악으로 간주될 수 있다. 다만 유교에서의 전쟁은 합당한 동기를 가져야 한다는 정당한 전쟁론의 모습을 갖는다. 유교에서는 보편적으로 수용될 수 있는 방어적 전쟁 외에 상대 국가의 잘못된 행동에 대한 교정을 위해 이루어지는 징벌 차원의 전쟁, 그리고 군주가 통치의 정당성을 상실했을 때 이에 대한 혁명의 차원에서 이루어지는 전쟁을 정당한 것으로 인정하고 있다.

우선 징벌 혹은 응징을 위한 전쟁은 유교에서도 수용될 수 있다. 단, 여기에는 교화의 목적이 있어야 한다. 맹자는 다음과 같이 언급했다.

> 『춘추(春秋)』에 실린 것 중에서 의로운 전쟁은 없다. 단지 한 나라가 다른 한 나라보다 상대적으로 나은 경우는 있다. 정벌이라는 것은 윗사람이 아랫사람을 공격하는 것이니, 동등한 제후국끼리 서로 정벌해서는 안 된다(맹자, 2008: 400~401).

맹자는 전통적인 예에 따라 '정벌'이라는 것은 지위가 높은 천자가 지위가 낮은 제후의 잘못에 대해 응징하고 책임을 묻기 위해 행하는 것이라고 본다. 그런데 『춘추』에 기록된 전쟁들은 한결같이 동등한 지위에 있는 제후가 탐욕을 채우기 위해 다른 제후를 친 것으로 예에 어긋날 뿐 아니라 정당성을 인정할 수 없다는 것이다. 이러한 맹자의 언급은 중화적 세계관을 바탕으로 한 것으로, 천자의 정벌만을 교화의 차원에서 정당한 것으로 보고 있다.

또한 유교에서는 혁명전쟁의 정당성을 인정하고 있다. 『맹자(孟子)』에서 제나라 선왕(宣王)은 탕임금이 자신이 군주로 섬기던 걸임금을 축출하고 무왕이 자신의 군주로 섬기던 주임금을 정벌한 사례를 인용하며 신하가 군주를 친 것이 옳은 행위인지를 물었다. 이에 대해 맹자는 군주라 하더라도 군주의 직분을 망각하고 인의를 해치는 학정을 행하게 되면 패덕한 보통 사람일 뿐이므로 두 경우는 모두 신하가 군주를 친 것이 아니라 반도덕적인 사람에 대한 응징이라는 점에서 마땅히 해야 할 일을 한 것에 불과하다고 했다(맹자, 2008: 80). 즉, 왕도정치를 실행하지 않고 백성에게 고통을 주는 군주는 이미 군주가 아니라 패악하고 무도한 사람에 불과하므로 이 경우 혁명을 통한 군주의 교체는 당연하다는 것이다.

유교에서 말하는 이러한 정당한 전쟁은 뒤에서 살펴볼 공산혁명기의 정당한 전쟁과 다르다. 비록 둘 다 정당한 전쟁론을 내세우고 있지만, 유교에서는 기존 질서를 유지하기 위한 무력사용의 정당성을 주장하는 반면, 공산주의에서는 기존 질서를 파괴하기 위한 무력사용을 정당화한다.

4) 최후의 수단으로서의 군사력 사용

유교에서는 비록 전쟁의 불가피성을 인정하고 있지만 무력의 사용은 최후의 수단이어야 한다는 입장을 보이고 있다. 앞에서 언급한, 전쟁에 대한 유교의 혐오 성향은 결국 무력사용을 앞세우는 것이 아니라 비폭력적 수단을 먼저 동원한 후 그러한 수단이 통하지 않았을 때에야 비로소 사용할 수 있음을 의미한다(Fairbank, 1974: 6; Wang, 2011: 15). 공자가 덕과 예를 먼저 행한 후 교화가 되지 않는 사람을 대상으로 정과 형을 행해야 한다고 한 것은 대내외적으로 무력의 사용이 맨 나중에 이루어져야 함을 의미한다. 맹자도 마찬가지로 "조공의 경우 한 번 조공을 오지 않으면 그 작위를 강등하고, 두 번 조공을 오지 않으면 그 영토를 삭감하고, 세 번 조공을 오지 않으면 천자의 군대를 출동시켜 제후를 교체한다"라고 언급했는데, 이 역시 무력은 마지막 수단으로 고려해야 함을 주장한 것이다(맹자, 2008: 343).

실제로 중국의 역사를 볼 때 한 무제(武帝)의 정복사업과 같은 일부 사례를 제외하고 주변국에 대한 대부분의 무력사용은 최후의 수단이었다. 중화제국의 통치자들은 일반적으로 화친과 회유를 통해서, 그리고 경우에 따라서는 문화적 동화와 같은 비폭력적 수단을 통해 주변국을 교화시켰으며, 외부 민족이 조공제도하의 주종관계를 받아들이도록 함으로써 중화세계 질서에 편입시켰다. 이는 분명히 공자와 맹자의 유교사상에 의해 영향을 받은 것이었다(Zhang,

2002: 78).

2. 정치적 측면

1) 국제관계 인식의 형성과 발전

중국은 그 자체로 하나의 천하였고 세상의 중심이었다. 중국은 중원을 넘어 대외적으로 개방적인 문화를 형성하는 데 한계가 있었는데, 여기에는 다음과 같은 세 가지 요인이 작용했다. 하나는 지형의 영향이다. 남쪽과 서남쪽, 그리고 서쪽으로의 경계는 산악지대, 정글, 그리고 고원으로 이루어져 있고, 북쪽과 북서쪽은 불모의 대초원지대와 사막이 형성되어 있다. 이러한 지형적 영향으로 중국은 외부와 단절된 환경 속에서 독자적 문화를 발전시켰다(Zhang, 2002: 74). 둘째는 농업을 주축으로 한 자급자족 사회구조이다. 중국사회는 기본적으로 농경사회였으며 상품경제, 즉 상업을 발전시키지 못했다. 비록 실크로드와 같이 중앙아시아를 잇는 도로가 외부와의 접촉 통로가 되었으나 대외교역은 중국경제에 별다른 영향을 주지 못했다. 해상무역의 경우 12세기 및 13세기경 남송과 15세기의 명을 제외하고는 전혀 활기를 띠지 못했다. 셋째는 주변 이민족들의 위협이다. 역사적으로 중국은 북쪽과 북서쪽의 유목민들로부터 지속적으로 심각한 위협을 받았기 때문에 외부로 팽창하기보다는 장성을 구축하여 내부를 보호하는 데 주력했다. 이러한 결과 중국은 대외적으로 개방적이지 못하고 폐쇄적인 사회로 성장했다(오재환, 1999: 13~14).

따라서 중국은 대외적으로 팽창하기보다는 내부와 주변지역의 질서를 안정적으로 유지하는 데 주력했다. 공자-맹자의 사상으로 보건대 중국의 국제관계는 인(仁)과 예(禮) 중심의 유교적 질서를 주변의 이민족에게 확대하여 적용한 것으로 볼 수 있다(탄, 1977: 9~11). 그리고 그러한 질서—국내질서이든 국제질서이든—는 법과 제도, 그리고 폭력을 사용해 상대를 강압적으로 굴복시키기보다는 도덕적 교화를 통해 (심지어 오랑캐까지도) 동화시킴으로써 유지될 수 있다고 여겨진다(샤오공취안, 2004: 136~137). 물론 유교에서도 폭력의 사용이 제한적이나마 인정될 수 있다는 점을 감안한다면, 그것은 중화질서를 수용하지 않는 주변 오랑캐들에 대해 징벌의 차원에서 이루어질 수 있다(공자, 1999: 184, 189; 오재환, 1999: 31). 즉, 유교적 전통에서 전쟁은 대외적인 팽창이나 정복을 추구하는 것이 아니라 기존의 질서를 유지하기 위해 상대의 교정이 필요한 경우 인정되는 것이었다. 이렇게 본다면, 중국의 국제관계는 주변국들에 대한 우월한 지위를 확인하고 주종관계를 정립함으로써 안정된 중화질서를 유지하는 데 목적이 있었던 것으로 볼 수 있다.

유교의 가르침에 의하면, 국가관계는 위계적이지 않고 상호 조화를 추구한다. 제의 선왕이 "이웃나라와 사귀는 데 지켜야 할 도리가 있습니까?"라고 질문하자 맹자는 다음과 같이 대답했다.

> 오직 어진 사람만이 대국으로서 소국을 섬길 수 있습니다. 그래서 탕왕(湯王)은 갈(葛)을 섬겼고, 문왕(文王)은 곤이(昆夷)라는 작은 나라를 섬겼습니다. 또 오직 지혜로운 사람만이 소국으로서 대국을 섬길 수 있습니다. 그래서 주나라의 태왕(太王)은 훈육(獯鬻)이라는 작은 나라를 섬겼고, 구천(句踐)은 오(吳)나라를 섬겼습니다(맹자, 2008: 61~62).

즉, 맹자는 대국과 소국이 서로 존중하는 것이 하늘의 이치이며, 이러한 이치를 따름으로써 국가는 천하를 보존하고 나라를 유지할 수 있다고 보았다.

물론 이러한 국가관계에 대한 이상이 현실적으로 중국의 대외관계에서 엄격하게 실현되었다고 보기는 어렵다. 다만 중국은 한(漢)으로부터 명(明)과 청(淸)에 이르기까지 지속적으로 조공관계를 발전시키면서 이러한 모습을 투영해나간 것으로 볼 수 있다.

조공관계는 중국 내의 유교적 원리를 국가관계에 확대 적용한 것이다. 유교사상에 의하면, 군주의 모범과 자애는 그의 개인적인 덕에서 비롯되며 백성들을 따르도록 함으로써 통치의 정당성을 부여한다. 이 가치는 중국 내의 백성들은 물론 주변의 국가들에게도 해당된다(Zhang, 2002: 76). 중국은 주변의 국가들, 조선, 월남(越南), 류큐(琉球), 그리고 주변의 이민족들과 조공관계를 체결했는데, 이에 의하면 주변국들은 천자국인 중국에 대해 예를 갖추기 위해 공물을 바치고 중국은 주변국에 대해 공물보다 더 많은 선물을 하사하며 일정 기간 무역을 허용하는 조치를 취했다.

여기에서 중국의 조공체계에 대해 좀 더 부연할 필요가 있다. 우선 한 왕조에서 중국은 주변국과 '책봉체제'의 기초를 마련했는데, 이는 춘추전국시대에 덕치주의를 표방한 유교적 군주관이 황제제도와 결합한 것이다. 이와 동시에 화이사상(華夷思想)과 봉건사상이 결합함으로써 중국 왕조와 이민족 간의 관계양식이 공식적으로 정립된 것으로 볼 수 있다(이삼성, 2010: 96~97). 이후 한 왕조가 망하고 3세기경 위(魏), 촉(蜀), 오(吳)가 다투는 삼국시대와 5호 16국과 동진시대, 그리고 남북조 시대를 거치면서 동아시아에는 중국을 중심으로 한 '조공체계'가 구축되기 시작했다. 이 시기 한반도와 일본에 수립된 고대국가들은 조공관계를 통해 중국 왕조의 비호를 받으려 했다. 당시 중국은 여러 왕조들로 분열되어 황제마다 자신에게 정통성이 있음을 주장하고 있었고, 이들은 이를 과시하기 위해 동방의 여러 나라들로부터 기꺼이 조공을 받아들이고 책봉을 해주었다. 물론 이러한 조공 및 책봉관계로 인해 주변국들은 더 이상 고립될 수 없었고, 중화라는 천하관에 입각한 세계체제의 한 부분으로 존재하게 되었다(이삼성, 2010: 97~98).

이렇게 볼 때 중국의 국제관계는 맹자가 상세하게 설명한 오륜(五倫), 즉 다섯 가지의 인간관계를 확대한 것으로 볼 수 있다(Fairbank, 1968: 2). 오륜이란 군주와 신하, 아버지와 아들, 남편과 아내, 형과 아우, 친구와 친구 사이의 관계를 규정한 것으로 마지막 것을 제외한 나머지는 모두 권위와 복종의 관계를 설정하고 있다. 따라서 중국의 국제관계 인식은 곧 중국을 정점으로 한 위계적 구도 속에서 상하 간의 호혜적 관계를 추구한 것으로 이해할 수 있다.

2) 국가이익 및 침략 목적의 전쟁 배격

유교에서는 국가이익을 추구하기 위한 전쟁을 배격한다. 진(秦)나라와 초(楚)나라가 전쟁을 하려 한다는 소식을 들은 송경(宋牼)이 두 왕을 만나 전쟁을 그만두게 하려 했다. 송경이 두 왕에게 전쟁은 이익이 되지 않는다는 논리로 설득하려 하자 맹자는 인의를 내세우지 않고 이익을 내세워 설득하는 것은 옳지 않은 논리라고 말했다. 만일 이익을 내세워 진나라와 초나라의 왕을 설득시킨다면 진나라와 초나라의 왕은 이익을 좋아하기 때문에 군사를 동원하는 것을 중단하는 것으로 비춰질 것이고, 그러면 일반 백성들은 전쟁을 하지 않아 좋아하겠지만 이익만을 추구하게 될 것이다. 그렇게 되면 신하는 이익을 바라면서 임금을 섬기고 자식은 이익을 생각해서 아비를 섬기게 될 것이다. 따라서 맹자는 다음과 같이 언급했다.

> 선생이 인의를 내세워 진나라와 초나라의 왕을 설득한다면 진나라와 초나라의 왕은 인의를 좋아하기 때문에 삼군의 군사를 동원하는 것을 중단할 것입니다. 그러면 삼군의 군사들은 동원을 중단하는 것을 반기며 인의를 좋아하게 될 것입니다(맹자, 2008: 336~337).

여기에서 맹자는 전쟁을 결정할 때 국가이익이 고려요소가 되어서는 안 된다고 주장하고 있다. 즉, 서구에서는 전쟁을 국가이익을 추구하는 수단으로 간주하는 반면, 유교에서는 이익을 좇아 전쟁에 나서는 것을 반대한다.

따라서 유교에서는 서구에서 일반화된 침략적 목적을 가진 전쟁에 반대한다. 맹자는 노나라가 신자(愼子)를 장군으로 삼아 제나라를 침공하려 하자 "비록 단번에 제나라와 싸워 이겨 빼앗긴 남양(南陽) 땅을 되찾을 수 있다 해도 그렇게 해서는 안 된다"라고 했다. 맹자는 다음과 같이 군주의 사욕을 채우기 위해 침략을 목적으로 하는 전쟁을 금기시했다.

> 땅을 뺏으려고 전쟁을 해서 시체가 들판을 가득 메울 정도로 사람을 죽이고, 성을 빼앗으려고 전쟁을 해서 시체가 성을 가득 채울 정도로 사람을 죽이는데 …… 그 죄는 사형에 처해도 용서될 수 없다. 그러므로 전쟁을 잘하는 자는 극형에 처해야 하고, 합종연횡을 주선하는 자는 그다음의 형에 처해야 하고 …… (맹자, 2008: 204).

이처럼 맹자는 군주가 사욕을 채울 목적으로 추구하는 침략전쟁을 배격했을 뿐 아니라 폭군을 도와 세력을 강화하는 부류의 신하와 장군들을 백성들의 도적이라고 비난했다. 군주가 올바른 도를 향해 가지 않고 인을 추구하지 않는데도, 그를 위해 무리하게 전쟁을 하려는 것은 폭군을 도와주는 것이라고 보았다(맹자, 2008: 348).

3) 전쟁의 목적: 중화질서의 유지

유교에서 제시한 전쟁의 목적은 국가이익이나 군주의 사적 이익을 추구하는 것이 아니었다. 그것은 크게 본다면 대내외적으로 중화질서를 유지하는 것이었다. 보다 구체적으로 이러한 전쟁은 앞에서 언급한 대로 첫째는 적의 침략에 대한 방어, 둘째는 주변 국가의 잘못된 행동에 대한 응징, 그리고 셋째는 주변의 실패한 국가에 개입하여 혁명을 지원하고 질서를 바로잡는 데 목적이 있었다.

『주례(周禮)』는 군주에 대한 아홉 가지의 처벌 대상에 대해 언급하고 있다.

이러한 행위로는 약한 국가를 침략하고, 백성들을 범(犯)하고, 내부적으로 폭력을 행사하고, 외부적으로 다른 국가를 모욕하고, 인을 베풀지 않고, 자국 사람들을 죽이고, 불의를 행하고, 금수처럼 행동하고, 그리고 정치사회질서에 반하는 행위를 하는 경우에 해당한다. 이 경우 정당한 무력이 가해질 수 있는데, 그 방법으로는 그 국가를 정벌하거나, 군주를 귀양 보내거나, 군주를 참수하거나, 침략하여 군주를 굴복시키거나, 도시를 파괴하거나, 타 국가들로부터 고립시킬 수 있다(劉寅, 1955: 9~12; 林品石, 1986: 12). 대체로 이러한 전쟁은 위의 세 가지 전쟁, 즉 방어적 목적의 전쟁, 징벌을 위한 전쟁, 그리고 혁명을 위한 전쟁을 의미한다.

유교사상에서 방어적 전쟁을 합리화하는 구체적 언급은 발견되지 않고 있다. 다만 맹자는 태왕의 사례를 언급함으로써 이러한 가능성을 암시하고 있다. 태왕이 빈(邠) 지역에 거할 때 북쪽 오랑캐가 침입했다. 짐승 가죽을 바쳐 그들을 섬겨도 우환에서 벗어날 수 없었고, 개나 말을 바쳐 그들을 섬겨도 벗어날 수 없었으며, 구슬과 옥을 바쳐 섬겨도 마찬가지였다. 이에 태왕이 장로들을 불러놓고 한낱 땅 때문에 백성을 다치게 할 수 없기 때문에 떠나기로 결심했다며 빈을 떠나 기산(岐山) 아래 성읍을 세우고 거기에 살았다. 그러자 빈나라 사람들은 다시 그를 따라 기산으로 갔다. 그러나 여기에서 맹자는 일단 태왕의 결정을 높이 평가하고 나서, 그렇지만 그가 다른 선택을 할 수도 있었음을 언급했다. 그것은 태왕이 사람들을 불러 모아 이들에게 "대대로 지켜오던 땅이니 나 한 사람의 생각대로 처리할 수 있는 것이 아니다. 죽는 한이 있더라도 떠나지 말고 이 땅을 지켜야겠다"라고 할 수도 있었다는 것이다(맹자, 2008: 82~83). 이러한 언급은 맹자가 방어적 목적에서 치르는 전쟁은 합당하며 전쟁의 정당한 목적이 될 수 있음을 염두에 둔 것이다.

이웃나라를 침공한 적을 징벌하기 위한 전쟁도 가능하다. 제나라의 선왕이 왕도정치를 권유하는 맹자의 언급에 대해 인애의 중요성을 인정하나 "과인은 용맹함을 좋아합니다"라고 하자, 맹자는 진정한 용기에 대해 다음과 같이 언급했다.

> 위대한 용기는 『시경(詩經)』에서 "왕이 불끈 성을 내고서 군대를 정비하여 거(莒)나라를 침략하는 적을 막고 주나라의 복을 두텁게 해 천하 사람들의 기대에 보답했다"라고 한 것과 같은 것이니, 이것이 문왕의 용기입니다. 문왕은 한 번 성을 내어 천하의 백성을 편안하게 했습니다(맹자, 2008: 62).

이러한 맹자의 언급은 군사력 사용의 목적이 어려움에 처한 인접 국가를 도와주고 침략한 국가를 응징하는 것이라면 정당한 전쟁으로 수용할 수 있음을 의미한다.

맹자는 한 걸음 더 나아가 이웃 국가의 혁명을 지원하기 위한 군사적 개입이 가능할 뿐 아니라 심지어 합병도 가능하다고 보았다. 『시경』에는 제나라 탕왕이 정벌을 시작할 때 사방의 백성들이 포악한 군주들의 압제로부터 벗어나기 위해 서로 자신들을 먼저 정벌해주기를 희망했음이 기록되어 있다. 주변국 백성들이 원함에 따라 군사개입이 이루어졌으며, 이를 바람직한 군사력 사용으로 간주한 것이다. 실제로 제나라의 선왕은 연(燕)나라를 공격해 승리했으며, 이후 맹자에게 연을 합병해야 하는지에 대해 물었다. 그러자 맹자는 연나라 백성들의 뜻에 따르기를 권유했다. 그는 연나라 백성들이 대그릇에 밥을 담고 병에 마실 것을 담아서 왕의 군대를 환영하는 것이 바로 고통에서 벗어나기 위한 것으로 보았다(맹자, 2008: 75~76). 합병을 인정한 것이다. 그러나 합병 이후 맹자는 제나라 군인들이 연의 종묘를 허물고, 관리들을 죽이고, 백성들을 포박하며, 귀중한 기물들을 빼앗는 것을 보고 개탄했다. 그리고 다른 제후국들이 연합하여 제나라에 대응할 움직임을 보이자 선왕으로 하여금 연나라 백성들과 의논하여 새 군주를 세워준 후 연에서 떠나도록 했다(맹자, 2008: 77~78). 맹자는 그 여건이 형성될 경우, 그리고 개입 후 왕도를 펼칠 수 있을 경우 군사적 개입이 가능하다고 보았다. 따라서 이러한 군사개입은 도덕적으로 우위에 있는 제후만이 행할 수 있는 것으로, 이웃나라의 재물이나 생명을 빼앗지 않고 단지 패악한 군주를 갈아치우고 폭정에 시달린 백성들을 위로하는 것이어야 한다(맹자, 2008: 127).

이와 같은 전쟁의 모습은 궁극적으로 중화질서를 유지하는 데 목적을 두고 있다. 첫 번째로 언급한 방어적 전쟁은 외부 이민족의 침략으로부터 중국을 방어하기 위한 목적이고, 두 번째로 징벌을 위한 전쟁은 내부 반란 및 주변지역의 불안정 요인을 제거하기 위한 조치이며, 세 번째의 혁명전쟁은 폭정에 시달리는 인접 국가에 대해 정당한 동기를 가진 개입이 가능하다는 의미를 갖는다. 이러한 전쟁은 대내적으로나 대외적으로 모두 중국이라는 제국의 질서를 유지하는 데 목적이 있는 것으로 볼 수 있다. 이는 서구에서 다른 국가를 식민지화하거나 병합 및 팽창을 통해 적극적으로 국가이익을 추구하는 전쟁의 모습과 대비되는 것으로 이해할 수 있다(Fairbank, 1974: 7).

전반적으로 중국은 강했을 때나 약했을 때 모두 주변의 '오랑캐' 국가들에 대해 강압적이지 않은 다양한 방법을 통해 평화와 안정을 유지하려 했다. 이러한 성향은 유교의 '왕도' 사상을 반영한 것으로, 중국과 주변국 간의 '조공관계'를 기반으로 이루어졌다. 중국 왕조들은 조공관계를 국내의 왕도정치가 대외적으로 확장된 것으로 간주했다. 그것은 중심과 주변 간의 위계적 관계로서 일련의 정치적·사회적·문화적·경제적·안보적 목적을 모두 담고 있었다. 첫째로 정치적으로나 사회문화적으로 조공관계는 중국 내의 유교의 위계적 정치사회질서를 주변국으로 확대함으로써 동아시아에서 중국 중심의 세계체계를 유지하는 데 목적이 있었다. 둘째로 이러한 중국 중심의 세계질서는 위계적 경제관계를 통해 강화되었다. 중국은 주변국에게 조공에 대한 대가로 선물이나 기타 경제적 혜택을 부여했다. 셋째로 중국은 주변국에 대해 정치적 복종을 요구하며 안보적 지원을 제공했다. 중국은 조공체계를 통해 천자의 권위를 인정하도록 했으며, 종종 내부 반란이나 외부 침입으로부터 주변국을 보호해주었다. 물론 중국이 필요할 경우에는 이들에게 필요한 군사적 지원을 요구하기도 했다(Zhang, 2002: 77).

3. 군사적 측면

1) 군사의 유용성에 대한 회의적 인식

유교에서는 군사력을 국가정책 목표를 달성하는 데 주요한 수단으로 인정하지 않고 있다. 물론 공자도 법과 형벌, 그리고 군사력의 필요성을 언급함으로써 현실적으로 무력의 사용이 불가피하다는 점을 인정한 것은 사실이지만, 이는 어디까지나 덕(德)의 정치를 구현하는 과정에서 단지 보완적 역할을 수행할 수 있음을 강조한 것이지 무력사용 그 자체로 덕의 정치를 대신할 수 있다고 한 것은 아니었다(공자, 1999: 36, 135; 탄, 1977: 13). 즉, 유교에서는 정치의 수단으로서 군사력 사용이 갖는 효용성에 대해 큰 비중을 부여하지 않고 있다.

공자는 군사력의 유용성 자체에 대해 큰 비중을 부여하지 않았다. 그는 정치에 대해 언급하기를 "식량을 풍족하게 하는 것, 군비를 넉넉하게 하는 것, 백성들을 믿도록 하는 것"이라고 하면서, 이 가운데 하나를 버려야 한다면 그것은 군대라고 했다(공자, 1999: 135). 그는 정치를 올바르게 행하기 위해 폭력을 사용할 필요가 없다고 했다. 계강자(季康子)가 공자에게 정치에 대해 물었다. "만일 무도한 자를 죽여서 올바른 도리로 나아가게 한다면 어떻습니까?" 공자가 대답했다. "선생께서는 정치를 하는 데 어찌 죽이는 방법을 쓰시겠습니까? 선생께서 선해지고자 하면 백성들도 선해지는 것입니다. 군자의 덕은 바람이고 소인의 덕은 풀입니다. 풀 위에 바람이 불면 풀은 반드시 눕게 마련입니다"(공자, 1999: 139).

유교에서는 심지어 보복의 수단으로라도 군사력이 아닌 정치적 수단을 우선시하고 있다. 양혜왕(梁惠王)이 맹자에게 물었다. 예전에는 그의 진(晉)나라가 천하에서 가장 강성했으나 이제는 동쪽으로 제나라에게 패해 그의 큰아들이 죽었고, 서쪽으로 진나라에게 땅을 빼겼고, 남쪽으로 초나라에 패배하여 모욕을 당했다. 양혜왕은 어떻게 하면 수치를 되갚아주고 죽은 사람들을 위해 설욕할 수 있을 것인가를 물었고, 맹자는 인의 정치를 강조하며 이렇게 대답했다.

> 만약 왕께서 백성들에게 어진 정치를 베풀어서 형벌을 감면해주고 세금을 적게 하며, 농지를 깊게 갈고 잘 김매게 하며, 장정들이 …… 아버지와 형을 섬기고 밖에 나가서는 어른들을 섬기게 하면, 몽둥이를 만들어 가지고도 진나라와 초나라의 견고한 갑옷과 예리한 무기에 맞서게 할 수 있을 것입니다(맹자, 2008: 41~42).

이는 전쟁을 보복이나 이익의 수단으로 삼기 전에 어진 정치를 통해 그러한 목적을 달성할 수 있음을 주장한 것으로 볼 수 있다. 즉, 군사력보다는 정치력의 중요성을 우선적으로 강조한 것이다.

앞에서 언급했던 왕도정치의 연장선상에서 맹자도 군사력을 사용하는 것보다는 어진 정치가 중요함을 주장했다. 제나라 선왕과의 대화에서 맹자는 작은 국가의 왕도 천하를 통일할 수 있다고 했다. 그는 "영토를 넓히고 진과 초로 하여금 조공을 바치게 하며, 중국의 중심에 자리 잡고서 사방의 이민족들을 주무르려 하는 것"은 군사력을 키워 대적하는 것이 아니라 근본으로 돌아가 어진 마음을 베풀고 훌륭한 정치를 하는 것으로 가능하다고 주장했다(맹자, 2008: 44~52). 즉, 천하의 왕이 되는 길은 패도가 아닌 왕도이며, 군사력을 사용하는 것이 아니라 인정을 베풀어야 한다는 것이다.

2) 군사목표의 제한

공자와 맹자의 사상에서는 전쟁을 어떻게 수행해야 하는지에 대한 언급을 찾아볼 수 없다. 따라서 그들의 정치사상에서 나타난 문맥을 중심으로 유추하도록 한다. 우선 공자와 맹자가 제기한 정당한 전쟁론의 관점에서 본다면 군사력 사용은 제한적일 수밖에 없다. 평화사상과 정당한 전쟁을 주장하면서 무자비한 폭력을 옹호할 수는 없기 때문이다. 물론 비례의 원칙이라는 측면에서 상대가 최대한의 군사력을 동원해 싸움을 걸어온다면 이에 대응하기 위해서라도 최대한의 무력으로 맞서야 하겠지만, 기본적으로 유교에서는 정도를 넘는 불필요한 군사력 사용은 자제해야 하는 것으로 이해할 수 있을 것이다.

한편, 유교사상에는 군사력 운용에 대한 인식이 드러나지 않기 때문에 부득불 춘추시대 말기의 병법가인 손자의 병서를 살펴볼 필요가 있다. 전쟁과 관련하여 손자의 사상은 다음 두 가지의 특징을 갖는다. 첫째는 제한적인 목표를 추구하는 것이다. 그는 전쟁을 신속하게 끝내는 것이 최선이며, 장기전을 벌이면 사기가 저하하고 공격력이 약화된다고 보았다. 그는 다음과 같이 언급했다.

> 전쟁은 다소 미흡한 점이 있더라도 속전속결해야 한다는 말은 들었어도 교묘한 술책으로 지구전을 해야 한다는 것은 보지 못했다. 대저 전쟁을 오래 끌어 국가에 이로운 것은 이제까지 없었다(손자, 1992: 60).

물론 이는 장기전을 피해야 함을 강조한 것이다. 그러나 여기에서 "다소 미흡한 점이 있더라도 속전속결해야 한다"라는 주장은 적에 대한 완전한 승리를 거둘 필요가 없음을 의미하고, 특히 '속전속결'이란 적국에 대한 대규모 침략이나 합병과 같은 정치적 목적을 달성하기에 부합하지 않음을 고려할 때 손자의 전쟁은 곧 제한전쟁인 것으로 이해할 수 있다.

둘째는 제한된 군사력 운용이다. 손자의 사상은 '부전승'을 추구하는 것이며, 불가피하게 교전이 필요하다면 '최소한의 전투에 의한 승리'를 추구한다. 이는 다분히 유교의 폭력혐오 성향을 반영한 것으로 볼 수 있다. 그는 다음과 같이 언급했다.

> 최상의 전쟁방법은 적이 전쟁하려는 계략을 치는 것이고, 그다음은 적의 동맹관계를 끊어 고립시키는 것이며, 그다음은 적의 군사를 치는 것이며, 최하의 방법은 적의 성을 공격하는 것이다. …… 전쟁에 능한 자는 적의 병사를 굴복시키지만 전투를 감행하지 않으며 …… (손자, 1992: 82~84).

손자는 이렇게 군사력 운용 외의 비군사적 책략, 외교적 간계, 그리고 최소한의 전투를 강조함으로써 군사력의 사용을 가급적 제한하고 있다.

이렇게 볼 때 유교사상은 군사력의 효용성을 낮게 평가하고 있음을 알 수 있다. 전쟁이 불가피할 경우에도 군사적으로 싸워 승리하기보다는 비군사적 방법을 동원하여 싸우지 않고 승리하는 것을 상책으로 간주한다. 그리고 싸워야 할 경우에는 민생의 폐해를 최소화하기 위해 속전속결을 추구한다. 이는 유교사상이 전쟁을 순수하게 군사의 문제로 보지 않고 정치적·사회적 차원과 긴밀하게 연계하여 인식하고 있음을 보여준다.

4. 사회적 측면

공자의 사상에 다소의 민주적 개념이 포함되어 있기는 하지만 그는 백성에 의한 정치를 주장하지는 않았다(탄, 1977: 10). 공자의 사상은 평등하지 않고 위계적이다. 군주는 인격체이며 통치자이고, 백성은 교화의 대상이며 피치자이다. 더구나 사회적으로 '사농공상(士農工商)'이라고 하는 신분적 계급질서가 자리 잡고 있었던 시기에 일반 백성은 정치의 주체가 될 수 없었다.

맹자는 백성을 귀하게 여기고 민의를 중시했다. 당시에는 임금을 귀히 여기고 백성을 천시하는 풍조가 있었음에도, 맹자는 군주와 백성이 대립되는 개념임을 처음으로 암시하고 백성이 주인이고 군주는 종이며, 백성이 바탕이고 국가는 기능이라고 보았다. 그는 다음과 같이 백성의 귀함을 주장했다.

> 백성이 가장 귀하고, 사직은 그다음이고, 임금은 대단치 않다. 그러므로 밭일하는 백성들의 마음에 들게 되면 천자가 되고, 천자의 마음에 들게 되면 제후가 되고, 제후의 마음에 들게 되면 대부가 된다(맹자, 2008: 402).

그럼에도 불구하고 그의 민귀사상(民貴思想)은 백성이 정치에 참여하는 '민치(民治)'라는 관념을 포함하지는 않았다는 측면에서 서구의 근대 민권사상과 다르다(맹자, 2008: 409; 샤오공취안, 2004: 158~161). 근대 서구의 기준으로 본다면 민권사상은 민향(民享), 민유(民有), 민치(民治) — 백성을 위한 정치, 백성의 정치, 백성에 의한 정치 — 의 세 관념을 포함해야 한다. 즉, 국민은 정치의 목적이자 국가의 주체가 되어야 하며, 나아가 국정에 자발적으로 참여하는 권리를 반드시 가져야 한다. 이에 비해 맹자의 민귀사상은 민향에서 시작해 민유에 이르려는 것에 불과하다(샤오공취안, 2004: 161). 즉, 맹자의 사상에서 민의라는 것은 피동적으로만 표현될 수 있고, 정치권력은 전적으로 상위계급에 의해서만 행사될 수 있기 때문에 민치라는 관념은 결여되어 있다. 폭군이 등장하더라도 백성들은 직접 들고 일어나 혁명을 통해 폭정을 뒤집을 권리를 갖지 못한다. 단지 백성들은 폭압에 대해 협조하지 않는 등의 소극적 저항만을 취할 수 있을 뿐이며, 폭군은 반드시 천리(天吏), 즉 천명을 받은 자가 나타나기를 기다린 후 주살할 수 있다(샤오공취안, 2004: 161~162).

손자는 전쟁에서 "군주와 백성이 한뜻이 되어 생사를 같이 할 수 있어야 한다"고 주장했다(손자, 1992: 28). 공자는 "선한 사람이 백성들을 7년간 가르친다면 전쟁에 나아가게 할 수 있다"라고 했으며, 이어 "백성들을 가르치지 않고서 전쟁을 하게 하는 것은 바로 그들을 버리는 것"이라고 했다(공자, 1999: 152). 또한 공자는 다른 곳에서 "오늘날의 완성된 인간이야 어찌 반드시 그러하겠느냐? 이익 될 일을 보면 의로운가를 생각하고, 나라가 위태로운 것을 보면 목숨을 바치며, 오래된 약속일지라도 평소에 한 말들을 잊지 않는다면 또한 완성된 인간이 될 수 있다"라고 했다. 그렇지만 이런 언급은 중국에서의 전쟁이 백성이 주체가 되어 수행되어야 함을 의미하는 것이 아니다. 이 시기 중국에서는 근대의 민족주의라는 개념이 형성되지 않았다. 전쟁은 통치를 전담하는 군주의 전쟁이지 통치의 대상인 백성이 '주체'가 되는 전쟁은 아니었다. 오히려 백성은 군주들이 이익을 얻기 위해 벌이는 전쟁으로 인한 피해자였다.

5. 결론

중국의 유교사상에 입각해서 본 중국의 전략문화는 여러 가지로 서구의 그것과 상반된 면을 보이고 있다. 첫째로 전쟁을 혐오한다. 천자는 '덕'과 '예'로써 백성을 다스릴 뿐 '정'과 '형'은 올바른 수단이 아니라고 주장함으로써 대외관계에서 폭력의 사용은 예외적인 경우에 한해 교정의 목적으로 이루어질 수 있다고 본다. 이는 클라우제비츠가 제기한 "전쟁은 다른 수단에 의한 정치의 연속"이라고 하는 '수단적 전쟁관'과 대조를 이룬다. 서양에서는 전쟁을 정치적 수단으로 간주함으로써 전쟁을 일상적인 요소, 그리고 정치적 목적을 달성하기 위해 필요하다면 언제든 동원할 수 있는 요소로 본다. 그러나 유교에서는 전쟁을 비정상적인 것으로, 필요하다면 최후의 수단으로서만 동원가능한 것으로 본다.

둘째로 전쟁에서 추구하는 정치적 목적은 중화질서를 유지하는 데 있다. 천하의 중심에 서 있는 중국은 주변 국가들과 조공체계를 중심으로 한 '주-종'

의 위계관계를 형성하고 있는데, 이러한 질서가 이민족의 침략이나 세력확대에 의해 위협을 받을 경우 중화질서를 회복하기 위해 군사력을 사용하게 된다. 이는 서구에서 주권이나 국가이익을 확보하기 위해 전쟁을 수행하는 것과 대비된다. 실제로 서구에서는 영토확장이나 경제적 이익을 획득하기 위해 공세적이고 팽창적인 목적하에 전쟁을 수행했던 반면, 중국은 전통적으로 그러한 목적하의 전쟁을 배격했다.

셋째로 군사력의 효용성에 대한 인식이 약하다. 중국은 전통적으로 중화질서를 유지하기 위한 수단으로 무력을 사용하기보다는 비군사적 방법을 선호한다. 가령 중국은 이민족들을 중화질서 내에 편입시키고 정치적으로 통제하기 위해 이들과 조공관계를 맺고 경제적 인센티브를 제공하면서 무력사용은 자제했다. 그리고 전쟁은 최후의 수단으로 사용되었다. 그러나 서구에서는 전쟁과 정복, 그리고 식민지 개척이 국가의 부를 축적하는 유용한 수단이었으며, 따라서 군사력은 그러한 정치적 목적을 달성하는 데 매우 효과적인 기제로 인식되었다.

넷째로 전쟁에서 백성의 역할은 국가와 유리되어 있었다. 비록 손자는 군주와 백성이 하나가 되어 생사를 같이 해야 전쟁에서 승리할 수 있다고 주장했지만, 사실상 공자-맹자 시대의 중국에서 백성은 국가통치의 주체가 아니었다. 비록 백성들이 전쟁에 참여하여 봉사하고 희생할 수는 있지만 이들이 오늘날과 같은 민족주의 의식에서 전쟁에 참여한 것으로 볼 수는 없다. 이는 물론 근대 이전의 서구에서도 마찬가지였다. 서구의 경우 프랑스 혁명 이후 나폴레옹 전쟁을 통해 민족주의가 태동하기 시작했으며, 중국의 경우에는 중일전쟁을 경험하는 과정에서 비로소 민족주의 의식을 가질 수 있었다.

이러한 이유로 중국에서는 전통적으로 로마제국이나 오스만 튀르크와 같은 정복이나 팽창, 그리고 제국적 통치의 사례는 찾아보기 어렵다. 알렉산더나 시저, 나폴레옹과 같은 위대한 황제 겸 장군도 나올 수 없었다. 십자군전쟁이나 이슬람의 정복전쟁과 같은, 신의 분노와 계시에 의한 성전의 역사도 없었다. 주변 이민족에 대한 정벌은 주변지역을 안정시키고 징벌을 가하기 위해 이루어졌을 뿐, 서구와 같이 정복이나 약탈, 그리고 식민지 건설 등을 통해 경제적 이득을 취하려 하지 않았다. 심지어 명대에 이루어진 정화함대의 경우에도 팽창이나 정복을 위한 행위는 없었다. 중국의 전통적 전략문화는 이처럼 무력사용을 혐오하는 가운데 중화질서를 유지하기 위해 꼭 필요한 경우에만 제한적으로 군사력을 사용하는 것으로 이해할 수 있다(Fairbank, 1974: 23~26).

제4장

명의 전략문화

1. 명의 전쟁관

1) 중국 전통문화의 부흥

명은 중국의 전통적 유교문화를 부흥시켰다. 명이 전통적 문화에 집착한 것은 원대의 통치에 대한 반동이었다. 이민족의 통치하에서 한족은 몽골인들에 의해 능멸과 학대를 당했으며, 높은 관직으로 진출할 수 있는 기회를 박탈당하는 등 극심한 차별을 받았다. 몽골인 촌장이나 관리들은 마음대로 한족을 살인하는가 하면 부녀자를 능욕하고 재화를 탈취했다. 일반 백성들은 노예처럼 착취당하고 소나 말처럼 매매되었으며, 목숨을 보존하기도 힘들어 자살하는 경우가 많았다(샤오공취안, 2004: 869). 따라서 명 초기의 문화정책은 이민족의 전제정치에 대한 반감이 반영되어 몽골의 언어, 습관, 의식 등을 금지하고 고대 유가에 입각한 새로운 사상을 토대로 정치 및 사회제도를 재편하는 데 주안을 두었다.

명대의 황제들은 유교를 황제의 지위를 유지하는 수단으로 활용하고자 적극 후원했다. 조정에 한림원(翰林院)을 두고 회시(會試) 합격자 가운데 뛰어난 인물들을 발탁하여 유교 교리를 연구시켰으며, 전국 각지에 300여 개의 사설 학원을 설립하여 학술연구와 편찬사업을 진행했다. 명 태조(太祖)는 학자들의 사상을 엄격히 통제하는 정책을 추진했다. 그는 학교제도를 정할 때 금지사항이 새겨진 비석을 학교 안에 놓아두도록 했는데, 그 가운데는 생원이 정치문제를 논하는 것을 금하는 것이 포함되었다. 또한 과거시험은 시험문제의 출제범위와 답안의 문장형식을 지정하여 응시생들의 자주적 사고를 용납하지 않았으며, 문인들의 자유로운 사상논쟁을 금지함으로써 이들 사이에서 불온한 사상이 태동하는 것을 막았다(판원란, 2009: 350).[1] 명은 영락제(永樂帝)에 이르러 유학에 의한 학문과 사상의 통일을 완성하고 유교를 명 제국의 국가이념으로 확고하게 세울 수 있었다(이춘식, 2005: 443).

전통적 유교사상을 부흥시키려는 복고적인 노력이 이루어지는 가운데 다양한 정치사상이 나타났다. 춘추전국시대의 옛 학문을 부활시키고자 했던 명초의 사상가로는 유기(劉基)와 방효유(方孝孺) 등을 들 수 있다. 이들은 원 말기의 황폐한 정치와 백성의 궁핍한 실정을 목격했기 때문에 맹자사상의 연장선상에서 전제정치를 비판하는 격렬한 주장을 서슴지 않았다. 이들의 정치철학은 민본을 최고의 원칙으로 삼았다는 점에서 중국의 전통사상을 회복하는데 기여했다고 평가할 수 있다. 이와 반대로 명 초기의 장거정(張居正)이나 여곤(呂坤) 등의 학자들은 존군(尊君)사상에 입각하여 왕권을 강화하고 국가를 안정시키는 데 주력했다. 그 결과 이들은 군주 중심의 사회질서를 바로잡고자 했다는 측면에서 이전에 전제정치에 비판적인 입장을 보였던 유기나 방효유보다도 더욱 유가사상에 충실한 모습을 보였다(샤오공취안, 2004: 902).

명 중기에 이르러 유학은 관학화되는 경향을 보였다. 학술과 사상의 정체

1) 영락제에 이르러서는 유기(劉基)의 건의에 따라 과거시험에서 답안을 작성할 때 팔고문(八股文)만을 사용하도록 했고, 시험문제도 사서오경으로 한정했다.

가 초래되고 자유로운 연구와 토론이 제약되면서 유학 연구는 점차 활력을 상실했다. 이에 대한 반발로 등장한 양명학(陽明學)은 주자학(朱子學)이 교조화되면서 지식인들이 도덕적 공담만 중히 여기고 실천을 하지 않았던 시류를 비판했다. 양명학을 창시한 왕양명(王陽明)은 자성적 명상을 통한 정신적 계발과 사회 내에서의 윤리적 행동에 적극적으로 나설 것을 주장함으로써 남송시대 주희(朱熹)가 제시한 정통 주자학 이론을 뛰어넘고자 했다. 이후 양명학은 명 후반기 사상의 주류가 되어 침체되어 있던 유학계에 새로운 활력을 불어넣었다. 그러나 시간이 흐르면서 양명학 내 일부 급진 사상가들은 인심(人心)의 자유와 자율을 극단적으로 강조했고, 양명학은 사회질서를 무너뜨리는 반체제적 사고라는 비판을 받게 되었다. 이에 따라 명 말기에는 순수한 주자학으로의 복귀를 주장하고 경세치용을 내건 실학(實學)이 등장했다. 이러한 학자들로는 황종희(黃宗羲)나 왕부지(王夫之), 그리고 고염무(顧炎武) 등을 들 수 있으며, 이들은 서구의 근세적 학풍을 받아들여 전제정치의 폐단에 대해 엄중하게 공격하기도 했으나 사상의 근본을 여전히 유가에 두고 있었다(샤오공취안, 2004: 867).

이와 같이 볼 때 명대의 정치사상은 중국 전통문화의 부흥이라고 하는 복고적 성격을 갖고 있었다. 황제들은 남송시대 주자학을 중심으로 한 유가사상을 국가이념으로 삼았으며, 이 시대 사상가들의 다양한 논쟁과 새로운 사조의 등장은 명조의 시대별로 부침이 있었음에도 불구하고 근본적으로 유가사상의 테두리를 벗어나지 않았다.

2) 조공체계의 확립

명대는 중국 역사상 가장 중국적인 세계질서를 구축했던 시대였다(이삼성, 2010: 185~186). 이 시기 중국은 정치군사적 패권과 문화적 헤게모니를 장악함으로써 동아시아 국가들과 일원적 위계질서를 형성할 수 있었다. 중화질서라고 부르는 중국적 세계질서는 그것의 제도적 표현인 '조공체계(朝貢體系)'를 통해 안정적으로 유지될 수 있었다.

조공체계는 중국문화의 원천이라 할 수 있는 전통적 문화주의의 표현이었다. 조공국은 정기적으로 중국에 사신을 파견하여 자국에서 생산한 상품을 바쳤다. 사신들은 고두(叩頭)라는 의식을 행함으로써 중국황제에 대한 복종을 맹세하고 가신국으로서의 열등한 지위를 인정했다. 이는 외국의 군주를 높고 낮은 상하관계로 편입시켜 이를 의례적 형식으로 표현한 것으로 중국의 황제가 국내에서 유지하려 한 '유교적 사회질서'를 대외적으로 확대시킨 것으로 볼 수 있다. 조공국의 왕에게는 공식적인 임명장과 함께 그가 공문서에 사용할 인장이 주어졌으며, 이러한 공문서들의 연대는 중국 황제의 연호로 표기하도록 했다. 천자는 조공국 정부에 대해 부모와 같은 관심을 표명하면서 새로운 군주의 즉위를 확인하고, 중국과 교역할 수 있는 혜택을 부여했으며, 때로는 외침으로부터 군사적으로 보호해주었다(페어뱅크 외, 1991: 246).

명대의 조공체계는 주변 국가의 내적 자율성을 보장하면서 중화주의를 공유하려 했다는 측면에서 서구의 제국주의와 근본적으로 다르다. 역사적으로 서구에서는 강대국 중심의 위계질서가 형성될 경우 약소국에 대한 강대국의 정치군사적 지배와 함께 가혹한 경제적 착취를 수반했다. 대표적으로 18세기부터 20세기 전반에 이르기까지 서양 제국주의와 식민지들의 관계가 그러했다. 서양 제국주의는 자본주의와 산업문명에 근거한 근대적 현상으로서 본성적으로 대외적 팽창의 성격을 가졌다. 시장확보와 값싼 노동력 착취를 통한 경제적 착취체제, 그리고 그것을 확립하고 유지하기 위한 치열한 군사적 지배를 동반한 것이다. 그러나 조공체계를 중심으로 한 중국의 지배는 일종의 도덕적이고 문화적인 지배로서 주변 국가의 내정간섭이나 경제적 착취를 수반하지는 않았다(강정인, 2004: 138).

명의 조공체계는 중국 중심의 가장 이상적인 형태의 국가관계를 규정한 것으로, 비폭력적이고 비강압적인 중국의 세계질서를 대변한다. 주변국들은 조공체계에 편입되면서 중국의 우월성을 인정하고 들어가는데, 그러한 우월성은 중국의 권력이 아니라 높은 수준의 문화적 우수성을 의미한다. 중국이라는 제국은 변방을 문명화시킴으로써 확대된 것으로, 중국의 팽창은 무력에 의한 팽창이 아니라 생활방식의 팽창이었다. 중국의 우수한 문명은 마치 자석처럼 주변국들을 유교의 온건한 위계질서 속으로 끌어당겼다(Wang, 2011: 145). 이때 명과 조공관계를 체결한 조공국은 외형상 속국이면서 정치적·경제적 자율성을 갖고 있었다. 서양에서 베스트팔렌(Westfalen) 조약 이후 동등한 주권국가들이 패권체제나 제국주의 체제하에서 자율성을 제약받는 것과는 사뭇 다른 것이었다(이삼성, 2010: 167).

명대의 조공체계는 국제관계 측면에서 다음 세 가지의 의미를 갖는다. 첫째는 중국황실의 정통성을 확보하기 위한 제도였다. 유교에서의 가르침과 마찬가지로 외국 사신들이 몰려와 중국황제에게 조공을 바치는 행위는 온 천하가 천자의 지배를 받아들이는 것으로서 황제의 통치에 대한 정당성을 인정하는 의식이었다. 물론 조공국의 왕도 중국 황제로부터 왕의 책봉을 받음으로써 자국의 통치에 대한 정당성을 내세울 수 있었다.

둘째는 명의 안보를 강화하기 위한 제도였다. 조공제도는 조공을 바치는 주변국들이 스스로를 개화된 민족으로 인식하도록 했고 중국을 종주국으로 인식함으로써 군사적으로 도전하거나 위협을 가하지 않도록 했다. 이러한 문화적 계몽은 외부의 침입으로부터 중국을 보호하기 위한 하나의 '방위 메커니즘'으로 기능했다. 물론 조공국들도 다른 국가들로부터 침략을 받을 경우 종주국인 중국에 도움을 요청함으로써 안보를 공고히 할 수 있었다.

셋째는 중국과 조공국 간의 경제교역을 촉진하는 제도적 장치였다. 조공제도는 중국과 조공국 간의 무역을 허용한 유일한 제도였다. 사신들이 상인들을 대동하고 중국에 가 황실에 대한 예를 갖춘 후 상인들은 정해진 시간과 장소에서 교역활동을 할 수 있었다(Wang, 2011: 146~147). 특히 조공국은 경제적 이윤을 크게 남길 수 있었는데, 그것은 중국황제가 조공국이 바친 상품보다 훨씬 값어치가 있는 비단, 차, 보물 등을 사신에게 하사했기 때문이다. 유교에서 물질적 이익을 추구하는 것은 도덕적으로 낮게 평가되었다. 따라서 황제는 조공관계에서 이윤을 남기기보다는 오히려 조공국이 가져온 것보다 더 많은 것을 하사함으로써 덕을 이행하려 했다.

이렇게 볼 때 조공체계는 일반적인 지배-복종 관계가 아닌 호혜적 관계를 형성함으로써 유교주의에 입각한 조화로운 세계를 구현하는 기제였다. 유교의 오륜(五倫)에 의하면, 군주와 신하, 부모와 자식, 그리고 어른과 아이의 관계는 일방적으로 밑에 있는 사람이 충성과 효도, 그리고 존경을 바치는 것이 아니라 위에 있는 사람도 덕과 예를 베풂으로써 질서를 유지할 수 있다고 한다. 이를 중화세계의 국제관계에 적용해보면 주변국은 열등한 지위를 인정하고 황제에 경의를 표하는 대신 중국황제는 이들에게 상응한 보답을 제공함으로써 서로 통치의 정당성, 안보적 상생, 경제적 호혜를 누리고 국제질서를 안정적으로 유지할 수 있다는 것이다.

그렇다고 명의 조공체계가 모든 조공국과의 관계를 평화적으로 유지하고 중화세계의 질서를 안정적으로 관리하는 데 기여한 것은 아니었다. 동남방의 한반도, 베트남, 그리고 류큐 등과의 조공관계는 매우 안정적이어서 위계적인 평화레짐으로 기능할 수 있었다. 반면 북방의 유목민족과의 관계는 때로는 위계적 질서가 안정적으로 작동했지만 때로는 부단한 역학관계의 변동에 따라 권력정치적 경쟁이 나타나고 위계적 질서양식 자체가 재생산되는 모습을 보였다(이삼성, 2010: 203~204). 전자의 경우 명은 군사력을 사용하지 않고도 순수하게 문화적 권위만으로 중화질서를 유지할 수 있었던 반면, 후자에 대해서는 황제가 직접 군사력을 동원하면서까지 변경의 질서를 바로잡지 않을 수 없었다.

이렇게 본다면 명의 전략문화를 단순히 안정된 조공체계를 중심으로 한 유교적 양식으로 이해하는 것이 불완전할 수 있다. 과연 명이 수행했던 원정과 정벌의 사례는 유교적 전략문화에 부합하는가? 이에 대해서는 다음 절에서 명이 수행한 다양한 전쟁사례를 분석함으로써 답을 얻을 수 있을 것이다.

3) 명의 전쟁관

명조 시기 중국이 갖고 있던 전쟁관은 유가의 정치사상에서 벗어나지 않았다. 즉, 명의 전쟁관은 전쟁을 혐오하는 평화사상으로 귀결되었다. 예를 들면, 유기는 "정치의 유일한 목적이 군주를 세워 인민을 기르는 데 있고, 거기서 중요한 것은 '욕망을 충족시키면서 해악을 제거함'에 있다"라고 함으로써 양민(養民)이 정치의 근본임을 주장했다. 방효유도 "하늘의 뜻은 군주로 하여금 인민을 기르고 가르치도록 하려는 것"이라고 지적했다. 특히 방효유는 치술의 근본은 법제가 아니라 인의와 예악에 있다고 함으로써 형벌에 대한 혐오감을 드러내고 있다. 이러한 사상가들의 언급은 전통적 유교사상의 가르침과 맥을 같이 하는 것으로 전쟁에 대한 거부감과 함께 전쟁이 백성들에게 끼칠 해악을 경계하는 것으로 볼 수 있다.

이지(李贄)의 정치사상은 무력사용에 대한 부정적 인식을 보다 분명하게 드러내고 있다. 그는 명 말기 전제정치가 강화되고 반역적인 환관들이 전횡하는 시대에 태어났기 때문에 그러한 세태에 격분한 나머지 격렬한 주장을 많이 내놓았다. 가령 5대(五代) 시기의 관리였던 풍도(馮道)가 열두 군주를 섬긴 것을 칭찬한 것이라든가, 남녀의 평등을 인정하여 부녀자의 학업을 허락하고 혼인의 자유를 제창함으로써 남녀의 차별을 타파해야 한다고 주장한 것을 들 수 있다. 그는 나라를 다스림에 있어서 인심은 각각이 다르기 때문에 각각이 마땅한 바가 있으며, 따라서 힘으로 표준을 정하고 억지로 일치시켜서는 안 된다고 주장했다.

> 형정은 고르지 않은 것을 고르게 하려 하고, 같지 않은 것을 같게 만들려고 한다. …… 그에 반해 덕예는 인정에 따라 통제하고 만물로 하여금 서로 길러 해치

> 지 않게 한다. …… 다른 것을 같게 하지 않기 때문에 참으로 고르게 됨에 이르고 따라서 인민은 잘 다스려진다(샤오공취안, 2004: 956).

이러한 이지의 주장은 폭력의 사용을 배격하는 것으로 유가에서의 전쟁혐오 사상으로 귀결된다.

한편, 명의 일부 학자들은 이민족에 대해서는 아예 무력을 사용할 가치도 없음을 주장하고 있다. 덕과 예에 의한 교화도 불가능할 뿐 아니라 형과 벌을 가하더라도 이들을 바로잡을 수 없다는 것이다. 거의 오랑캐를 배척해야 한다는 의미를 갖는다. 예를 들면, 방효유는 오랑캐를 물리치는 것은 곧 천리(天理)의 본연이라고 했는데, 이는 오랑캐들이 무력을 사용하는 양태가 인륜에 어긋나는 것이므로 아예 상종할 필요가 없다는 의미로 해석할 수 있다. 그는 다음과 같이 언급했다.

> 중국을 존중하는 것은 인륜을 가졌기 때문이다. …… 저 오랑캐들은 …… 인륜상하의 등급이 없고 의관문물의 아름다움이 없는 것이다. 그래서 옛 성왕은 짐승처럼 기르고 중국의 인민과 나란히 하지 못하게 했다. 구차히 중국의 인민과 나란하게 한다면 천하의 인민을 짐승으로 만드는 것이 된다(샤오공취안, 2004: 900).

이러한 견해는 오랑캐라도 교화가 가능하다고 한 공자의 가르침, 그리고 몽골이 침입했을 때 삼강오상(三綱五常)이 바르기만 하다면 화이(華夷)가 다를 바 없다고 주장한 주학파의 거목 허형(許衡)의 입장과 다르다. 특히 허형은 이민족이라도 중국의 법을 행할 수 있으며, 오랑캐라도 중국의 군주가 될 수 있다고 주장하여 몽골의 중국통치를 정당화한 바 있다(샤오공취안, 2004: 894~895). 이처럼 이민족을 철저히 배제한 방효유의 주장은 다분히 과거 이민족의 지배에 대한 반감을 반영한 것으로 볼 수 있다.

이렇게 볼 때 명은 주변국을 정복하고 약탈함으로써 적극적으로 국익을 추구하기보다는 주변국의 약탈을 방지하고 중화질서를 안정시키기 위해 노력하는 수세적 모습을 보인 것으로 평가할 수 있다. 이는 첫째로 명조가 유교의 영향으로 전쟁을 혐오하고 있었으며, 덕과 예를 통해 주변국을 복속시키려 한 데서도 나타난다. 명의 조공제도는 중화질서를 안정적으로 유지하기 위한 제도적 장치였다. 둘째로 명은 이민족에 대한 반감을 갖고 아예 상종할 필요를 느끼지 못하고 있었을 뿐 아니라 아예 교화가 불가능하다고 보았기 때문에 정형 차원의 군사력 사용에 대해 회의적이었다. 비록 명이 이들에 대한 정벌에 나서더라도, 이는 침략에 대한 방어 또는 징벌의 차원일 뿐 영토확장이나 병합을 통해 제국을 확장하기 위한 목적으로 그렇게 한 것은 아니었다.

4) 방어적 군사제도

명의 군사제도는 전쟁혐오의 전쟁관을 반영하여 방어 중심의 태세를 유지했다. 명의 군사제도는 대도독부(大都督部)를 폐지하고 중, 좌, 우, 전, 후의 5군도독부(五軍都督部)를 두었다. 최고 지휘관은 도독이었고, 부지휘관으로 도독동지(都督同知)와 도독첨사(都督僉事)를 두었다(Hucker, 1998: 99). 병권이 집중되지 않도록 5도독부는 각기 병권을 행사했으며, 도독부는 군대의 이동을 명령할 권한을 갖지 않도록 했다. 황제가 직접 지휘하는 군사를 상십이위(上十二衛)라 하여 수도에 주둔시켰으며, 수도에서부터 외성(外省)과 부(府), 현(縣)에 이르기까지 각기 위소(衛所)를 두었다. 각 지역에는 소(所)를 설치하고 여러 지역의 소가 모여 하나의 위로 편제되었다. 이를 위소제도라 했다. 병사 1120명으로 이루어진 소를 천호소(天戶所)라 했고 112명으로 이루어진 소를 백호소(百戶所)라 했다. 1120명 규모로 편성된 소(所) 5개가 모여 5600명이 되면 위(衛)라고 불렀다(판원란, 2009: 348).

각 성에는 도지휘사사(都指揮使司) 또는 도사(都司)를 두고 각 성의 위소를 통솔하도록 했으며, 각 성의 위소는 각 지역의 도독부에 예속되었다. 1393년에 이르러 명은 중앙에서 장수의 선발, 군대의 배치, 훈련을 담당하는 병부(兵部) 아래에 21개의 도사와 493개의 위를 두고 있었다. 그러나 변방의 군인은 3할이 성을 지키고 7할이 경작을 담당했으며, 내지에 주둔한 군사는 2할이 성을 지키고 8할이 경작을 했다. 따라서 실제로 군사임무를 수행하는 병력은 60만~70만 명 정도였을 것으로 추산할 수 있다. 이들은 내륙아시아의 변경, 연안지방의 전략적 요충지, 대운하와 수도에 주둔했으며, 각 지방의 주둔군으로서의 기능을 수행했지만 지방의 민간 행정부와는 독립적으로 운영되었다(판원란, 2009: 348).[2)]

명의 군대는 병농일치의 자급자족적 군대로서 다수의 병사들은 생계를 위한 농토를 지급받았다. 병사들에게 부여된 군둔(軍屯)은 주둔지 지휘관이 관리했는데, 병사 1명당 일정한 경지와 소, 그리고 농기구를 지급했다. 자손은 대대로 군호에 편입되어 병사가 되어야 했다. 국가에 전란이 생기면 병부에서 위소병을 동원했고 황제가 장군을 총병관에 임명하여 군사를 이끌고 출정하게 했다. 작전이 종결되면 장군은 관인을 반납했고 병사들은 각자의 위소로 복귀했다. 따라서 병사들은 직업군인이었지만 전문적인 직업군인은 아니었다. 이들은 거란이나 여진 혹은 몽골의 군대에 비해 결코 유능하다고 할 수 없었다(판원란, 2009: 348~349, 374).

---

2) 병력규모로 본다면 약 270만의 대군이었다. 기록에 의하면 1392년 명의 군대는 장수가 1만 6489명이고 병사가 119만 8442명이었으나 왕조 말기에는 장수 10만 명에 병사가 400만 명에 이르렀다. 시기별로 편차가 컸음을 알 수 있다(Hucker, 1998: 54 참조).

2. 전쟁사례: 정치적 목적과 군사력 사용

명이 방어적이고 수세적 태세를 유지한 것과 달리 명대에는 많은 대외원정이 이루어졌다. 베트남 합병과 정화함대의 원정, 그리고 몽골에 대한 정벌은 명이 항상 수세적 전략만 추구한 것은 아님을 보여준다. 그렇다면 그러한 원정과 정벌은 과연 유교적 전략문화에 부합한가? 여기에서는 명이 추구한 대외전쟁의 정치적 목적과 군사력 사용이 유교적 전략문화의 범주 내에서 이루어진 것으로 볼 수 있는지에 대해 분석하도록 한다.

1) 베트남 합병

베트남 혹은 안남(安南)은 진(秦), 한(漢), 당(唐) 왕조 시기에 중국에 합병되었다가 10세기에 독립왕국이 되어 송에 조공을 바친 적이 있었다. 1280년대에 원의 침공이 있었으나 베트남의 험준한 지리적 환경과 강력한 저항에 부딪혀 실패했다. 베트남은 이웃 강대국에 굴하지 않고 남쪽의 제국을 유지해왔다는 데 자부심을 가졌으며, 정치적으로 중국의 간섭을 거부했다. 이러한 베트남의 독자성으로 인해 명과의 긴장관계가 조성되는 것은 불가피했다(Chan, 1988: 229).

명이 세력을 강화해나갈 무렵인 1400년 베트남 트란(Tran) 왕조의 르쥐리(Le Qui-ly)라는 신하가 반란을 일으켜 왕과 왕족의 대부분을 죽인 후 명에게 왕이 죽었으므로 왕의 친척인 자신의 아들을 왕으로 책봉해달라고 요청했다. 명은 정확하게 상황을 파악하기가 어려웠으므로 일단 르쥐리의 아들을 왕으로 인정했다. 그리고 얼마 후 트란 티엔-빈(Tran Thien-binh)이라는 왕족이 명 황실에 도착하면서 명은 사건의 진상을 알게 되었다. 명 왕조는 트란이 베트남의 왕으로 임명되어야 한다고 판단했다. 이에 르쥐리는 자신의 왕위찬탈 행위를 인정하고 트란을 새 왕으로 받아들이겠다고 약속했다. 1406년에 명은

5000명의 군사와 함께 트란을 베트남으로 보냈다. 그러나 이들은 국경을 넘자마자 매복에 당했고 트란은 죽고 말았다. 격노한 영락제는 르취리를 징벌하기로 결심했다(Chan, 1988: 229; Wang, 2011: 152~153).

이렇게 시작된 명의 베트남 공격은 여러모로 유교사상에 입각한 정당한 전쟁의 성격을 갖는다. 르취리의 왕위 찬탈과 인접한 참파(Champa, 占城) 지역 정복 등 베트남의 행위는 중국이 동아시아에 구축한 중화적 세계질서를 교란하는 것이었다.[3] 이를 바로잡기 위해 중국은 전쟁의 목적을 베트남 왕가의 왕위를 회복시킨 후 철수하는 것으로 설정했다. 정벌을 떠나는 장군들에게 영락제는 정치적 목적에 대한 구체적 지침을 내리면서 범법자들을 처단한 후 트란 왕가의 자손 가운데 덕이 있는 사람을 골라 왕으로 세우고, 그의 통치를 도운 후 철수하도록 했다(中央硏究院, 1963; Wang, 2011: 153에서 재인용; Whitmore, 1977: 52).

1406년 명은 장보(張輔)의 지휘하에 80만 대군을 동원하여 베트남을 공격했다. 영락제는 이러한 공격이 정당한 전쟁임을 상기시키면서 명군이 베트남의 유적지와 곡창지대를 파괴하지 말 것과, 지주와 여자들을 약탈하지 말 것과, 전쟁 포로를 죽이지 말 것을 각별히 주문했다. 베트남군은 명의 상대가 되지 못했다. 그다음 해 명군은 반란자인 르취리를 사로잡아 남경으로 송환했고 후에 강서지방으로 유배를 보냈다.

그러나 일단 베트남을 장악하자 명의 전쟁목표는 징벌로부터 정복으로 전환되었다. 명의 원정군을 이끌고 있던 장보는 베트남이 고대로부터 중국 영토의 일부였으며 이들이 다시 중국에 편입되고 싶어 한다는 이유를 들었고, 영락제는 이를 받아들여 베트남을 교지(交趾)로 칭하고 중국의 한 지방으로

3) 참파는 2세기 말부터 17세기까지 베트남 중부와 남부에 걸쳐 있던, 인도네시아 참족이 세운 나라였다. 10세기 이후 베트남의 남진을 막지 못하고 남쪽으로 밀리기 시작했으며, 17세기 말 베트남에 멸망했다. 현재 참족은 소수만이 남아 있다.

편입시켰다. 이를 통해 명은 베트남의 곡식과 동물, 그리고 함선을 비롯한 군사무기를 빼앗을 수 있었다. 영락제는 베트남 병합이 정당한 것임을 다음과 같이 강조했다.

> 나는 천하의 모든 사람들의 복지를 도모한다. 황제가 어떻게 전쟁광이 될 수 있으며, 사람들의 땅과 부를 욕심낼 수 있단 말인가! 단지 반란자들은 반드시 처벌해야 하며, 가난한 사람들을 도와주어야 할 뿐이다(中央硏究院, 1963; Wang, 2011: 154에서 재인용).

영락제는 맹자의 시대에 제나라 탕왕이 그러했던 것처럼 핍박받는 베트남의 백성을 도와준 후 이들이 희망한다는 이유로 합병을 해버린 것이다.

그러나 베트남을 다루기는 쉽지 않았다. 명은 베트남이 가진 독립의 전통과 중국의 과도한 통치에 대한 적대감을 과소평가했다. 베트남 국민들은 저항에 나섰다. 명은 압도적 군사력을 가지고 강압적 수단을 통해 약 15년 정도 이들의 저항을 잠재울 수 있었으나, 지속적인 반란은 명에 재정적으로나 군사적으로 부담을 가중시켰다. 설상가상으로 북쪽에서 몽골족이 세력을 강화하면서 변경을 침범하자 이들에 대해 대규모 원정을 준비하지 않을 수 없었다. 1420년이 되면서 명의 군대는 치고 빠지는 베트남 게릴라들에 의해 보급을 제대로 받지 못하게 되었고 군사력을 유지하기조차 어렵게 되었다.

1424년 영락제가 몽골족 정벌 도중 사망하면서 베트남으로부터의 철군 문제가 본격적으로 논의되었다. 장보를 비롯한 강경파는 철군이 20년간에 걸친 노력을 허사로 만들고 중국의 권위를 손상시킬 것이라고 반대하며, 베트남의 반란을 진압하기 위해 더 많은 군사력을 투입해야 한다고 주장했다. 양사기(楊士奇)를 비롯한 온건파는 역사적으로 베트남은 한 왕조 시대에 그러했듯이 중국에 부담만 되었다는 점을 들어 철군에 찬성했다. 선덕제(宣德帝)는 "변경지대의 소국들은 너무 무례하여 통치하기가 어렵기 때문에 정복해선 안 된다"

라는 태조의 유훈을 상기하며 철수에 비중을 두었다. 그는 베트남을 합병한 이후 매년 군사적 충돌이 일어나 무고한 사람들이 죽고 중국이 어려운 상황에 처하게 되었음을 지적하고, 베트남에 다시 조공국의 지위를 부여하려 했다. 철군은 중국과 베트남의 백성들이 평화롭게 살 수 있도록 할 것이라고도 했다(Wang, 2011: 154~155).

이러한 사이에 베트남 반군의 공격이 심각해지면서 명은 2만에서 3만 명의 병력을 잃었다. 1426년 말, 명은 증원군을 파견했으나 이번에는 더 크게 패하고 7만 명의 병력을 잃었다. 이 시점에서 베트남 반군의 수장인 르로이(Le Loi)는 트란의 자손을 찾았다면서 명 왕조에 타협안을 제시했다. 즉, 중국이 베트남의 독립을 인정해주면 트란의 자손을 왕으로 옹립하겠다는 것이었다. 명으로서는 체면을 살리면서 철군의 명분을 얻을 수 있었기 때문에 이를 수용했다.

그러나 이는 르로이의 간계였다. 명의 관리들이 휴전협상을 위해 베트남에 도착했을 때 르로이는 트란의 후손이 이미 죽었다고 하면서 자신을 왕으로 인정해달라고 요구했다. 명은 어쩔 수 없이 이를 승인했지만, 그에게 왕의 칭호를 부여하지 않다가 1434년에 르로이가 죽고 나서 그의 아들이 왕위를 물려받자 비로소 '안남의 국왕'이라는 칭호를 부여했다.

과연 명의 베트남 정복은 유교적 전략문화로 이해할 수 있는가? 이에 대해 왕위안캉(Yuan-kang Wang)은 부정적이다. 그는 트란 왕가의 통치를 회복하기 위해 베트남을 공격한 것은 '징벌'을 위한 것으로 공자-맹자의 사상과 부합하는 것이지만, 그 이후 전쟁의 목적을 확대하여 베트남을 합병하고 철군을 지연시킨 것은 권력에 기반을 둔 구조적 현실주의에 가까운 것으로 본다. 즉, 명은 군사적으로나 외교적으로 아무런 제약을 받지 않은 채 권력을 강화할 수 있는 기회를 최대한 이용하려 했으며, 나중에 베트남에서 철군을 결심한 것은 유교적 도덕보다는 점령에 소요되는 비용이 증가하여 어쩔 수 없이 이루어진 것이라고 본다. 이 과정에서 비록 선덕제와 양사기가 유교의 가르침을 들어 철군의 명분으로 내세웠지만 이는 명 왕조가 직면한 재정적 어려움과 군사적 무능함을 감추기 위한 포장에 지나지 않았다는 것이다(Wang, 2011: 156).

그러나 과도한 폭력을 사용했다고 해서 유교적 성격의 전쟁이 부정되는 것은 아니다. 명의 베트남 정복은 어디까지나 공자-맹자 패러다임의 틀 내에서 설명이 가능하다. 어느 사회든 강경파와 온건파가 대립하는 것은 비정상적인 모습이 아니다. 더구나 명이 베트남에 대해 보여준 초기의 모습은 명이 부과한 지역질서를 거부한 데 대한 징벌적 성격을 갖는 무력사용으로서 유교적 전략문화를 반영한 것이었다. 비록 명의 베트남 합병에는 분명히 침략적 의도가 작용했음이 분명하지만, 그것도 맹자의 가르침을 벗어난 것은 아니었다. 맹자는 피개입국의 백성들이 원할 경우 합병하여 왕도정치를 베풀 수 있으나, 합병의 과정에서 왕도를 베풀지 못하고 백성을 괴롭힘으로써 저항이 있을 경우 즉시 떠나야 한다고 언급한 바 있다(맹자, 2008: 75~76). 앞에서 살펴본 명의 베트남 개입은 이러한 일련의 과정을 보여준 것으로 중화세계의 질서를 바로잡기 위한 개입, 합병, 그리고 철군으로 이어졌다. 물론 이 과정에서 베트남 백성들이 합병을 희망했는지는 알 수 없으며, 아마도 명이 베트남에 대해 침략적 욕심을 가진 것은 사실일 것이다. 그렇지만 초기 베트남 문제에 대한 명의 입장이나, 원정을 시작하면서 영락제가 약탈을 금지하도록 지시했음을 고려할 때 이 전쟁은 여전히 현실주의적 전략문화보다 유교적 전략문화의 속성이 훨씬 두드러진 것으로 볼 수 있다.

군사적 차원에서 명이 유교주의에 입각한 전략을 추구했는지에 대해서는 의문을 제기할 수 있다. 물론 명은 최후의 수단으로 무력을 동원하여 베트남 원정에 나섰으며, 원정에 나서면서도 반란자인 르취리의 세력을 제거하고 새로운 왕을 옹립하는 데 주력했다는 것은 전통적인 유교적 전략문화의 관점에서 이해할 수 있다. 그러나 이후 명은 전쟁목표를 확대하여 베트남을 병합했고, 베트남 백성들을 덕과 예로 통치하지 않고 군사력을 동원하여 탄압함으로써 이들의 광범위한 저항을 초래했다. 또한 합병 과정이나 합병이 이루어진 후 명의 통치는 문화적 수단보다 군사력에 더 의존하는 모습을 보였다. 즉, 군사력이 전쟁수행과 전쟁 이후의 과정에서 주요한 수단으로 사용된 것이다. 이는 중국이 항상 순수하게 유교적 이상만 추구하지는 않았으며, 때로 현실적인 이익에 집착하여 강압적 방법을 사용할 수 있었음을 보여준다.

그럼에도 불구하고 한 가지 흥미로운 사실은 명의 베트남 원정이 여러 부침을 거친 끝에 결국 베트남을 조공관계에 기반을 둔 중화질서 속으로 편입시키는 것으로 종결되었다는 것이다. 즉, 명의 원정은 비록 유교주의라는 중국의 전통적 이상 외에 현실주의적 국가이익이 개입되어 혼란스럽게 진행되었으나, 전체적으로 그 기저에는 유교적 전략문화가 깊게 투영되어 있음을 알 수 있다.

2) 명의 해양원정

명은 1405년부터 1433년까지 일곱 번에 걸쳐 해양원정을 실시했다. 명의 해양원정은 중국 역사에서 유일하게 해외로 국력을 투사했던 장기간에 걸친 대규모 국책 사업이었다. 과연 이러한 원정은 근대 서구의 '포함외교(gunboat diplomacy)'와 같은 현실주의적 목적을 가진 침략행위였는가, 아니면 평화와 조화를 중시하는 유교적 가치의 확산을 위한 문화적 활동이었는가? 즉, 그것은 중화권 이외의 국가들을 무력으로 정복하고 식민지화하려는 시도였는가, 아니면 이들을 조공체계에 편입시킴으로써 중화세계를 확대하기 위한 자애로운 원정이었는가?

명의 해양원정은 정화(鄭和)의 지휘하에 이루어졌다. 정화는 내관이자 이슬람교인으로 영락제가 연왕(燕王)의 자리에 있을 때부터 그의 시중을 들었으며, 내관이 오를 수 있는 최고 관직이었던 내관감태감(內官監太監)을 지냈다. 원정은 영락 3년인 1405년에 시작하여 영락제 사후 선덕 8년인 1433년까지 28년 동안 7회에 걸쳐 이루어졌다. 각각의 원정은 약 2만 7000명의 병력과

그림 4-1 정화의 해양원정

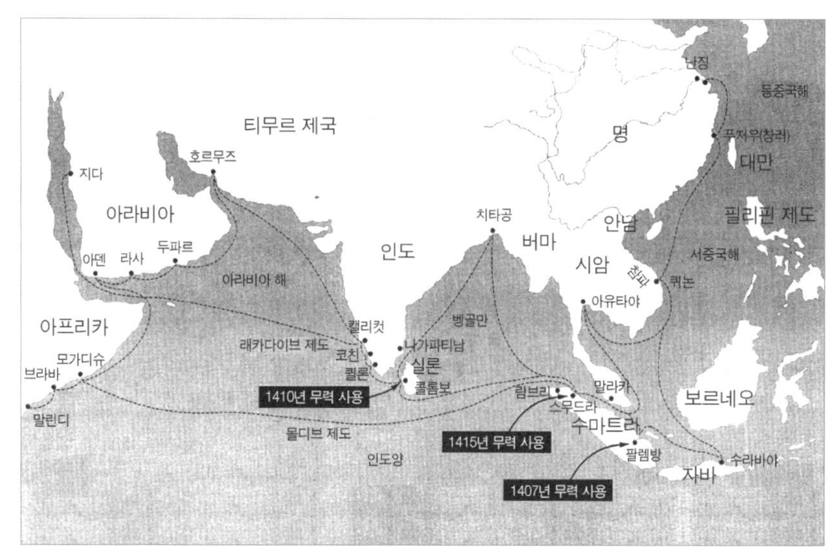

자료: Wang(2011: 158).

250척의 함선을 동원했으며, 여기에는 의사, 통역관, 목수, 그리고 문관 등이 동승했다. 가장 큰 함선은 약 140m의 길이에 60m의 폭을, 가장 작은 함선은 60m 길이에 23m의 폭을 가졌다. 정화의 함대는 대포를 포함한 각종 무기를 구비했으며. 나침반과 해도를 갖추고 항해하여 남중국해, 인도양, 페르시아 만, 홍해, 그리고 아프리카 동해안에까지 이르렀다. 처음 세 차례의 원정에서 정화함대는 인도에까지 도달했으며, 1413년 제4차 항해에서는 아프리카 아덴 만과 페르시아 만의 호르무즈에까지 다다랐다. 제5차 항해 때도 아덴 만까지 갔다. 1431년부터 1433년까지 실시한 제7차 항해에서는 다시 호르무즈에 도달했다. 정화의 원정은 이전에 세계제국을 건설한 원 제국의 세계지도와 각국의 사정을 잘 알고 있던 원대 이슬람인들의 항해술 때문에 가능한 것이었다(Chan, 1988: 229; 이춘식, 2005: 418; 페어뱅크 외, 1991: 249).

이 시기 명의 해군은 세계 어느 국가보다도 뛰어난 해외원정 능력을 갖고 있었다. 대략 1420년을 전후하여 해군력이 최고조에 이르렀을 때 명은 3500척의 함선을 갖고 있었다. 이 가운데 2700척은 해안을 순시하는 전함으로 약 400척이 수도인 남경 인근의 신강구(新江口)에 배치되었다. 명의 해군력은 주변국들에게 경외감을 불러일으킬 정도였으며, 대양을 가로질러 항해한 후 원하는 지역에 대규모 군대를 상륙시킬 수 있는 무력투사 능력을 갖고 있었다(Wang, 2011: 158~159). 중국의 첫 해외원정은 1498년 포르투갈인들이 아프리카를 돌아 인도에 도달한 것보다 거의 1세기 앞선 것이었으며, 1588년 스페인의 무적함대가 영국을 돌아온 짧은 항해로 서양의 역사를 만들었던 것보다 1세기 반이나 앞선 것이었다. 정화의 함대는 중국의 뛰어난 선박건조 기술과 발전된 항해기술을 보여주는 사례로, 이처럼 대규모의 함대와 뛰어난 선박 조종술을 선보인 국가는 일찍이 없었다. 또한 규모 면에서도 정화의 함선은 겨우 27m에 불과한 콜럼버스(Christopher Columbus)의 산타마리아(Santa Maria)호에 비해 다섯 배나 컸다(페어뱅크 외, 1991: 249~251).

해양원정의 목적에 대해서는 아직도 분명하게 밝혀지지 않고 있다. 아마도 원정의 첫 번째 이유는 남해 국가들과의 무역을 장려하려 한 것을 들 수 있을 것이다. 당시 명 황실은 남해의 진기한 물건이나 상품에 대해 관심을 가졌을 수 있다. 명이 이들 국가들에 면직물과 도자기 등을 수출하고 남방의 호초(胡椒)와 염료, 기린과 같은 진기한 동물을 들여온 것이 이를 입증한다. 두 번째 이유는 명 제국의 위용을 과시하고 세력을 확대하기 위한 것일 수 있다. 원정대는 인도와 중동, 아프리카 동부까지 침투하여 중국의 해양교역로를 개척했을 뿐 아니라, 베트남이나 시암(Siam)과 같은 전통적 조공국가들 외에도 50여 개의 새로운 국가를 방문하여 그곳의 군주들을 조공국의 일원으로 받아들였다. 즉, 명은 알려진 모든 세계를 중국의 조공체계 안으로 편입시키려는 정치적 의도를 갖고 원정을 추진한 것이다. 이러한 웅대한 관념은 이전부터 몽골 황제들의 마음속에도 있었고, 천자의 천하지배 개념 안에도 함축되어 있었다(페어뱅크 외, 1991: 250).

문제는 명의 해양원정을 어떻게 볼 것인가이다. 일부 학자들은 이를 중국의 팽창주의적 경로로 이해하고 있다. 가령 왕위안캉은 원정 기간에 있었던 세 가지 무력사용 사례를 들어 이를 입증하려 했다. 그의 주장은 다음과 같다.

첫째, 정화가 맨 처음 원정을 하면서 오늘날 인도네시아 수마트라 섬에 있는 팔렘방(Palembang)에서 진조의(陳祖義) 세력을 친 사례이다. 진조의는 1406년에 그의 아들을 명 황실에 보내 조공을 바치고 하사품을 받는 등 명으로부터 팔렘방에 대한 통치를 인정받고자 했다. 그러나 그는 주변 해역에서 상선을 약탈하는 해적의 두목이어서 정화와 원정군을 맞이하면서 굴복하는 척하다가 비밀리에 정화의 군대를 공격하려 했다. 그러나 그 지역에 거주하고 있던 시진경(施進卿)이라는 중국인이 정화에게 진조의의 정체를 알리고 그가 정화의 함대를 공격할 것이라는 정보를 제공했다. 정화는 진조의의 공격에 대비했고, 진조의가 공격을 해오자 그를 사로잡고 그의 휘하에 있던 5000명의 병력을 죽이고 10척의 배를 불살랐다(Wang, 2011: 159~160).

둘째는 오늘날의 스리랑카인 실론의 왕 알라가코나라(Alagakkonara)가 명의 권위에 불복종했다는 이유로 그를 남경으로 압송한 사례이다. 여기에는 두 가지의 다른 역사가 기록되어 있다. 하나는 정화의 예기치 않은 방문을 알라가코나라가 환대하지 않았다는 것으로, 정화가 첫 항해에서 실론에 도착했을 때 알라가코나라는 중국을 오가는 조공사절단을 공격하고 약탈할 정도로 정화의 함대 방문에 무례하고 불손했을 뿐 아니라 정화를 죽이려는 의도를 갖고 있었다. 정화가 세 번째 항해를 나서 1410년 실론에 갔을 때 그는 5만 명 이상의 병력으로 정화의 퇴로를 막고 배에 선적한 귀중품을 내놓지 않으면 공격하겠다는 위협을 했다. 이에 정화가 2만 군사로 기습작전을 펼쳐 알라가코나라를 생포했다는 것이다. 다른 하나는 알라가코나라가 중국에 조공을 바치는 것을 거부하자 정화가 그를 잡아 본국에 송환했다는 것이다. 어느 것이 사실이든 정화는 공격에 대한 자위적 조치에서, 혹은 명이 부여한 질서를 수용하지 않은 데 대한 조치로 실론의 왕을 압송했던 것으로 볼 수 있다(Wang, 2011: 160).

세 번째는 정화의 함대가 네 번째 원정에서 북부 수마트라에 위치한 사무데라(Semudera)의 내전에 개입한 사례이다. 반군 지도자는 세칸다르(Sekandar)로 일찍이 명에 통치권 인정을 요구했으나 거부당한 채 사무데라의 왕인 자인 알 아비딘(Zain al-'Abidin)에 대항해 싸우고 있었다. 1415년 정화의 함대가 도착하자 명에 반감을 품고 있던 세칸다르는 수만 명의 병력을 동원하여 공격하려 했다. 정화는 원정대와 사무데라의 병력을 통합 지휘하여 세칸다르를 사로잡아 명으로 압송했다. 그는 명에서 처형되었다. 이 사건은 중국 정화의 함대가 명에 우호적인 통치자를 지원하기 위해 내전에 개입한 사례로 기록되고 있다(Wang, 2011: 161).

왕위안캉은 이러한 사례가 명이 지역패권을 추구하고 조공체계 안에서 외국에 대한 권위를 확인하려 한 증거라고 본다. 즉, 중국의 해양원정은 평화적인 탐험이 아니라 정치적 목적을 가진 무력투사의 사례로, 궁극적으로 중국 중심의 조공체계를 강압적으로 확대하고자 했다는 설명이다. 그에 의하면 중국은 군사력과 외교를 조합하여 중국의 이익을 확보하는 데 매우 뛰어났다. 중국함대는 채찍을 가지고 중국의 우월성을 인정하고 굴복할 것을 요구했다. 조공국으로 편입된 국가들에게는 금, 비단, 기타 귀중품이 주어졌으며, 굴복하지 않는 국가들은 무자비하게 무력으로 평정되었다. 즉, 그는 중국의 해외원정이 오늘날 강대국의 약소국에 대한 '강압외교'와 같은 것이라고 주장했다(Wang, 2011: 162~164).

그러나 정화의 해양원정은 서구의 포함외교와는 다른 것으로 중국의 전통적 전략문화로 이해할 수 있다. 우선 정화의 원정은 천하를 평화롭고 이롭게 만든다는 목적을 내세웠다는 측면에서 공자-맹자 사상의 연속선상에 있다. 1431년 원정을 기념하여 유가(劉家) 항에 세운 기념비에 다음과 같은 내용이 새겨져 있다.

> 우리가 외국에 도착하고 나서 교화를 거부하고 황실을 존경하지 않는 야만족

왕은 생포되었고 무모하게 도적질하거나 노략질하는 도당들은 처형되었다. 이로 인해 바닷길은 순하고 평화롭게 되었으며, 외국 백성들은 이에 의지하여 안전하게 생업에 종사할 수 있게 되었다(Dreyer, 2007: 87).

이러한 언급은, 중국이 '천하'라는 의미를 기존의 중화권을 넘어서 다른 세계로 확장한다는 것으로 해양원정을 통해 조공질서를 확대하고 천하를 안정시킨다는 측면에서 충분히 유교적 사고의 틀 내에서 이루어진 것으로 볼 수 있다.

다만 '적극적 조공체계 확산'이라는 측면을 어떻게 규정할 것인가의 문제가 있다. 즉, 중국이 해군력을 내세워 조공체계를 대외적으로 확장한 것을 팽창주의로 볼 수도 있는 것이다. 그러나 중국의 해외원정은 분명히 '병합'이나 '식민지화'를 추구하는 것은 아니었다. '조공체계의 확산' 자체를 어떻게 해석하느냐의 문제가 다시 대두될 수 있지만, 중국이 중화권 내에서 주변 국가들을 대상으로 조공체계를 구축한 것이 패권주의가 아니라면 중국이 그 외의 세계를 향해 조공체계를 적극적으로 확대했다고 해서 패권주의를 추구한 것으로 볼 수는 없을 것이다. 즉, 정화의 해외원정은 근대 서구국가들의 '포함외교' 내지는 '강압외교'와는 근본적으로 성격이 다른 것이었다. 서구열강들은 해외에서 식민지를 개척하고 이권을 획득하는 등 자국의 국가이익을 추구하기 위해 군사력을 사용했지만, 중국의 경우 '조공체계'라고 하는 '위계적 상호질서 구축'을 목적으로 해군력을 동원한 것으로서 이는 물질적 이익을 확보하는 것이 아닌 중화주의적 가치의 확산이라는 측면에서 근본적인 차이가 있다.

한편, 판원란(範文瀾)은 정화의 해양원정이 경제적 이익을 추구하기 위해 이루어진 것이 아님을 분명하게 지적하고 있다. 그는 유럽인들의 항해가 당시 상업자본의 발전에 따른 필요에 부응하기 위해 이루어진 것으로 진보의 의미를 가졌다면, 정화의 항해는 '만국이 조공을 바치게' 하려는 황제의 허영심을 충족시키기 위한 것에 지나지 않았다고 주장한다. 정화가 항해를 통해 얻은 여러 가지 신기한 물건과 보물은 조정의 일시적 즐거움을 충족시켰을 뿐이었고 그것을 구입하기 위해 사용한 황금과 각종 비단과 자기는 중국의 국부를 쓸모없이 유출시켰다. 그 결과 유럽의 항해와 통항은 국익을 추구함으로써 사회가 발전하는 효과를 가져왔지만, 허영에 찬 중국의 항해와 통상은 오히려 백성을 괴롭히고 국가의 재정을 낭비하는 결과를 가져왔다는 것이다(판원란, 2009: 446~447).

실제로 중국은 해외원정을 추구했음에도 불구하고 포르투갈이나 스페인처럼 강한 해군력을 건설하는 데 실패했다. 또한 해외원정을 추진한 영락제 이후 서구와 달리 지속적으로 국력의 쇠퇴를 경험했다. 만일 중국이 서구국가들처럼 원정을 통해 해외에서의 이윤을 극대화했다면, 그리고 이러한 경험을 통해 식민지 개척과 약탈에 더욱 열을 올렸다면 중국은 이후 더욱 강한 국가로 성장할 수도 있었다. 그러나 중국의 해양개척은 국부를 해외로 유출시키고 백성의 부담을 가중시켰으며, 화교들이 해외로 나가 거주하면서 축적한 부를 명으로 가져오지도 않았다(판원란, 2009: 451). 이렇게 볼 때 정화의 해외원정은 중국의 국력 증대에 큰 도움이 되지 않았으며, 근본적으로 명 왕조가 해외원정을 그러한 수단으로 사용하지 않았던 것으로 이해할 수 있다. 이는 명의 의도가 '만국이 조공을 바치게' 하려는 유교적 가치의 범위 내에서 이루어졌음을 의미한다.

해양원정은 선덕왕 8년을 마지막으로 더 이상 이루어지지 않았다. 명의 원정이 갑자기 중단된 이유로서 거론되는 것 중 하나는 몽골에 대한 명대 초기의 전역과 북경 성의 건설이 국고를 고갈시키기 시작하여 엄청난 경비 문제에 봉착했기 때문이라는 것이다. 다른 하나는 북쪽으로부터의 위협이다. 즉, 중국이 몽골의 정복이 반복되는 것을 미리 막아보겠다는 의도에서 전략적 방향을 남쪽에서 북쪽으로 바꾸었다는 것이다. 그러나 또 다른 설명이 보다 설득력을 갖는다. 그것은 페어뱅크가 제기한 것으로 중국의 문화주의가 그 답이라는 것이다. 명은 신유교주의를 국가적인 사상으로 삼아 정통성을 확보하고

자 했고 그것이 고대의 상업 경시 풍조를 비롯한 고전적 가치를 부활시켰다는 것이다. 즉, 명은 반상업주의적 문화를 다시 회복함으로써 해외의 상업적 교류뿐 아니라 식민지 개척 가능성에 대해 무관심하게 돌아섰다는 것이다. 대외교역과 해양원정이 환관들의 손에 맡겨졌다는 사실은 중국 내 관료들이 상업적 이익의 추구를 혐오하고 있었음을 보여준다(페어뱅크 외, 1991: 252).

요약하면, 중국은 서구와 달리 해양세력으로 성장하는 데 실패했으며 제국주의적 팽창을 추구하지도 않았다(페어뱅크 외, 1991: 249~251). 여기에서 하나의 의문을 제기할 수 있다. 중국은 포르투갈이나 스페인과 같이 다른 대륙으로의 팽창을 통해 식민지를 건설하고 자원을 착취함으로써 강대국으로의 발전을 도모할 수 있었는데 왜 그러하지 못했는가? 중국이 스스로 그러한 능력을 갖추지 못했기 때문인가 아니면 스스로 그러한 팽창을 자제했기 때문인가? 물론 북쪽 몽골족의 침략과 남쪽 왜구들의 노략질은 중국이 해양을 개척하는 데 부담으로 작용했을 수 있다. 그러나 분명한 것은 중국이 해양으로 세력을 투사할 수 있는 능력이 충분했음에도 불구하고 그러한 팽창을 자제했으며, 여기에는 상업을 경시하는 유교적 전통, 그리고 중화세계의 보존과 질서의 유지라고 하는 현상유지 성향을 지닌 유교적 전략문화가 작용한 것으로 볼 수 있다는 점이다.

정화의 해양원정에서 나타난 명의 군사력 사용은 제한적이었다. 정화는 원정 과정에서 공격을 받을 경우, 조공체계를 거부할 경우, 확대된 중화세계의 안정을 유지하기 위해서만 무력을 동원했을 뿐, 이민족의 병합이나 경제적 착취를 목적으로 군사력을 사용하지는 않았다. 이는 정화가 군사력의 효용성을 높이 평가하여 이를 극대화하기보다는 '필요악' 정도로 인식하고 있었기 때문으로 이해할 수 있다.

3) 대 몽골 전쟁

건국 초기에 명은 대외관계에서 몽골과의 관계를 안정적으로 관리하는 데 주력하지 않을 수 없었다. 주원장(朱元璋)에 의해 베이징을 포기하고 고비사막으로 물러난 원(元) 황실은 북원(北元)을 유지하며 과거의 원 제국을 재건하려 했다. 명의 몽골 정복은 쉬운 일이 아니었다. 지리적으로 중국의 군대는 사막과 가파른 산악, 그리고 험준한 지형을 따라 매우 먼 길을 오가야 했기 때문에 보급이 어려웠고 역사적으로 북부의 광활한 지역을 정벌하는 것은 어려운 일이었다. 더구나 북쪽의 유목민족은 뛰어난 기마술과 기병술을 가지고 험한 지형을 적절히 활용해 보병 중심의 한족을 유린할 수 있었다(Wang, 2011: 113).

이러한 이유로 인해 명의 태조는 몽골 전체를 복속시키기보다는 그들 부족의 통일을 방해하여 중국에 대해 공격적이고 위협적인 세력이 되지 못하도록

그림 4-2 명의 9변

자료: Wang(2011: 117).

하려 했다. 명은 군사적 공격과 위협, 매수, 혹은 다른 회유 수단을 동원해 이 지역을 안정시킨 후 몽골의 추장들이 변방에 정착한 몽골인들을 다스리도록 위임했고, 칭호와 작위, 보상 및 교역의 기회 등을 부여했다. 또한 중국은 분할 통치의 일환으로 내몽골의 반(半) 유목민들과 동맹관계를 유지함으로써 외부 초원지대의 순수한 유목민들에 대항하고자 했다(페어뱅크 외, 1991: 253).

명이 수도를 베이징으로 옮기자 수도의 삼면이 변경 요새와 가까워졌다. 몽골족의 침입이 점차 늘어나자 황제들은 변경 방어에 각별한 관심을 가지고 동쪽의 압록강에서 시작하여 서쪽의 실크로드와 연계되는 교통의 요지인 가욕관(嘉峪關)에 이르기까지 만 리에 걸쳐 진(陣)의 설치를 늘렸다. 이러한 진이 설치된 지역은 요동(遼東), 계주(蘇州), 선부(宣府), 대동(大同), 섬서(陝西), 유림(楡林), 고원(固原), 영하(寧下), 감숙(甘肅)이었다. 명은 이를 9변(九邊)이라 칭하고 대군을 주둔시키면서 거액의 군비를 소비했으나 끝내 몽골의 침입을 저지하지는 못했다(판원란, 2009: 427).

1369년 칭기즈칸의 마지막 계승자인 정복자 티무르(Timur)가 차가타이한국을 멸망시키고 티무르 왕조를 수립한 후 그의 수도 사마르칸트로부터 페르시아와 메소포타미아, 그리고 인도 북부로 세력을 확대했다. 명이 티무르 제국을 가신국으로 간주한다는 외교문서를 사마르칸트에 보내자 티무르는 1404년 명의 불경(不敬)을 응징한다는 명분을 내세워 중국을 정복하기로 결심했다. 그러나 그는 공격을 준비하는 과정에서 사망했으며, 이후 몽골은 여러 부족으로 분열되어 한동안 중국을 위협하지 않았다(Wang, 2011: 150).

14세기 말까지 몽골은 내부적 갈등으로 혼란에 휩싸여 있었다. 당시 몽골 부족은 쪼개어져, 동부 몽골에 타타르족이 있었고 서부 몽골에는 오이라트족이 있었다. 중국은 이들이 서로 적대적인 관계를 유지하도록 하는 전략을 추구하고 있었다. 15세기 초가 되자 쿠빌라이칸의 후손으로 알려진 부니야시리(Buniyasiri)가 동쪽의 몽골족을 규합하고 세력을 강화하기 시작했다. 그는 타타르 부족을 통일하고 명의 사신을 살해하는 등 명에 대해 적대적 정책을 취

그림 4-3 오이라트와 타타르족의 분열과 대립

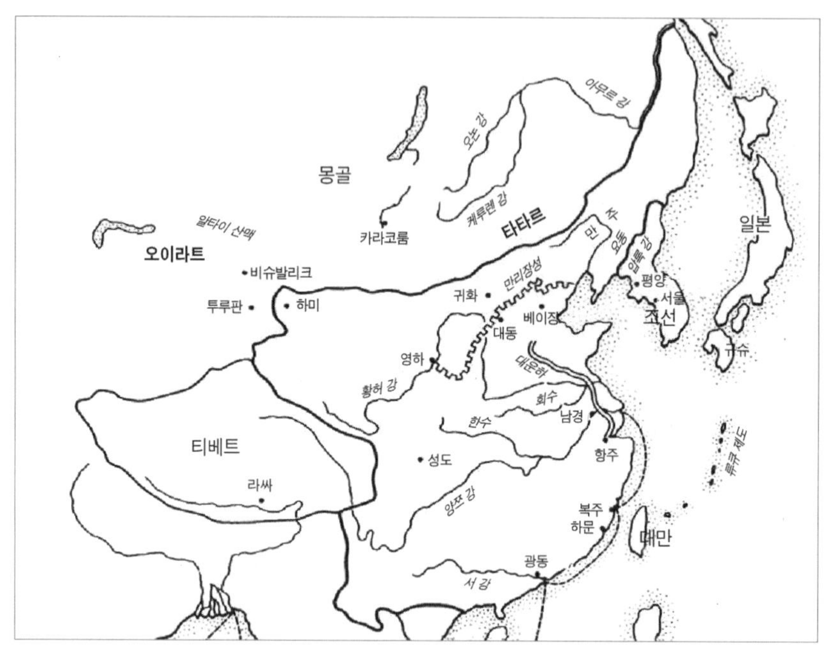

자료: 페어뱅크 외(1991: 247).

하기 시작했다.

이에 영락제는 구복(丘福)에게 10만의 병력을 주어 원정에 나서게 했다. 그러나 1409년 9월 그의 병력은 케루렌 강 부근에서 부니야시리의 휘하 장군인 아루그타이(Arughtai)에게 패배하고 궤멸적 타격을 입었다. 그러자 영락제는 1410년 3월 자신이 직접 13만의 병력을 동원하여 부니야시리 군을 따라잡고 6월 15일 전투에서 승리했지만 부니야시리는 살아남아 서쪽으로 도망쳤다. 영락제는 계속 아루그타이를 추적하여 동쪽으로 진격했으며, 최후의 승리를 거두었으나 그를 완전히 굴복시키지는 못했다.

이 사이에 서북쪽에서 새로운 위협이 등장했다. 영락제의 타타르 부족 토벌로 뜻밖의 득을 본 것은 오이라트 부족이었다. 원수였던 타타르 부족이 궤멸되자 오이라트는 더 이상 명의 비위를 맞출 필요가 없다고 판단했다(진순신, 2011: 33). 이러한 상황에서 1404년 명이 오이라트의 왕으로 책봉한 마흐무드(Mahmud)가 강력한 추장이 되어 명군에 쫓기던 부니야시리를 죽이고, 몽골을 통일하기 위해 동쪽으로 세력을 확대하기 시작했다. 이에 명은 몽골의 두 세력 간에 적절한 균형을 유지하기 위해 1413년 6월 그때까지 적이었던 아루그타이에게 왕의 칭호를 부여하고 조공체계에 편입시키는 파격적인 조치를 취했다. 그해 말 아루그타이가 마흐무드 군이 케루렌 강을 넘어 공격해오고 있다는 정보를 명 왕실에 전했다. 1414년 4월, 수개월 간의 준비를 마친 후 영락제는 다시 군대를 이끌고 몽골의 동북쪽에 위치한 케루렌 강으로 되돌아가 이번에는 대승을 거두고 오이라트 부족을 도랍하(圖拉河)까지 추격했다. 이 원정을 계기로 동쪽의 아루그타이는 굴복하여 수년 동안 명에 조공사절을 파견했다(Chan, 1988: 226~227).

1416년 마흐무드가 사망함으로써 서쪽으로부터의 몽골의 위협은 크게 약화되었다. 영락제는 베이징에 새로운 수도를 건설하는 일에 전념할 수 있었다. 그러나 이 시기에 아루그타이는 서쪽으로 오이라트 부족에까지 영향력을 확대하기 시작했다. 동시에 그는 명 왕조에 조공에 대한 답례가 너무 적다며 1421년 조공사신 파견을 중단하고 변경지역을 약탈하기 시작했다. 이에 대해 배은망덕하다고 판단한 영락제는 1422년 23만 5000명의 대군과 보급용 마차 11만 7000대를 이끌고 세 번째 출병에 나섰다. 아루그타이의 타타르 부족은 서쪽으로 도망쳤으며 이후 1423년과 1424년 재차 원정을 시도했으나 이들을 잡을 수는 없었다(Chan, 1988: 227~228; 페어뱅크 외, 1991: 253~254).

이렇게 볼 때 명의 원정은 몽골의 침입과 도전을 징벌하기 위해 이루어졌음을 알 수 있다. 명은 변방의 이민족을 당근과 채찍이라는 방법을 사용하여 해롭지 않은 존재로 묶어두고자 했다. 예를 들면, 오이라트 부족은 1408년 조공관계를 맺고 거의 매년 사절을 보냈는데, 명 조정은 이에 대해 일종의 역조공이라고 할 수 있는 보조금을 제공함으로써 평화를 지키려 했다. 가장 활발하게 조공이 이루어질 때에는 중앙아시아로부터 매년 2000명에서 3000명의 사절단이 도착했으며, 이들은 중화제국의 손님으로서 숙소와 향연, 그리고 선물을 제공받았다. 오이라트 부족은 조공품으로 그들의 토산품인 말 등을 바쳤으며, 황제의 하사품으로는 주로 비단과 수자 직물이 내려졌다. 유목민들은 수지맞는 교역을 조건으로 전통적 궁정예식인 '3궤9고(三跪九叩)'의 예를 순순히 받아들였다. 명은 이러한 조공무역을 재정적 가치를 가진 것이라기보다는 말썽 많은 이민족들을 조용히 잠재울 정치적 수단으로 간주했다.

심지어는 명의 황제를 포로로 사로잡고 베이징을 침입한 오이라트 부족과도 그 사건 직후 곧바로 조공관계를 체결함으로써 유화적인 정책을 취하기도 했다. 1430년대 말 오이라트 부족의 새로운 추장 에센 타이시(也先太師)는 합밀(哈密)을 복속시키고 동쪽으로 조선에까지 영향력을 확대했다. 1449년 그는 병력을 이끌고 변경을 따라 산서지방의 대동(大同)으로 접근했다. 어린 중국

그림 4-4 **토목보 전투**

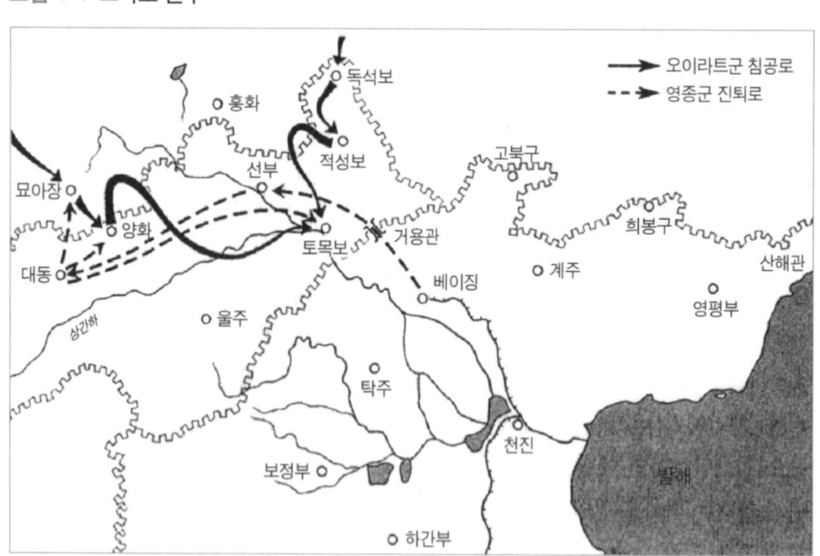

자료: 심규호(2005: 313).

황제 정통제(正統帝)는 무분별하게 환관 왕진(汪振)의 말을 믿고 약 50만의 대군을 이끌고 전장에 나갔다가 길도모르나 사막의 토목보(土木堡)라는 요새에서 사로잡혔고 그의 대군은 에센 타이시의 군대 2만 명에 의해 섬멸되었다. 오이라트 부족은 어린 황제를 앞세워 베이징에 진입했으나 명의 병부상서는 새로운 황제를 즉위시키고 전 황제에 관심을 보이지 않았다. 에센 타이시의 관심은 중국의 영토를 정복하는 것이 아니었으며, 단지 중국과의 사이에서 경제적으로 더욱 유리한 관계를 보장받는 데 있었다(Chan, 1988: 330~331). 며칠 후 오이라트 부족은 몽골로 되돌아갔고, 쓸모없게 된 황제를 되돌려 보냈다. 이에 명은 오이라트 부족에 수지맞는 조공관계를 다시 허용했다. 이후 명은 몽골에 대한 대대적인 원정을 중단했지만, 몽골은 변방침략과 조공사절을 번갈아가며 이득을 취했다(Mote, 1974: 243~272; 페어뱅크 외, 1991: 255~256).

명의 관용정책은 초기의 모습에서도 발견된다. 명은 태조 때부터 동서 교통의 요충지인 합밀에 충순왕을 봉하고 관원을 파견하여 이 지역을 감시하면서 몽골과 서역 사이의 연락을 차단해왔다. 이 지역에는 회족, 위구르족, 합랄회(哈剌灰) 등 세 종족이 살고 있었는데, 이민족이 이들 세력을 규합하여 명에 저항할 수 없도록 한 것이다. 그런데 합밀 서쪽 600km 지점에 위치한 투루판(吐魯番)의 추장 아흐마드가 합밀을 공격하여 명이 정통성을 인정한 충순왕 한신(罕愼)을 죽이고 영향력을 확대했다. 1407년 명은 섬파(陝巴)를 새로운 충순왕으로 세웠으나, 그 이듬해 아흐마드는 또다시 섬파를 잡아갔다. 이에 명은 투루판의 와시(瓦市)를 폐쇄하여 교역을 중단했다. 1412년 경제적으로 궁핍해진 투루판의 추장은 잘못을 뉘우치는 상서를 올리고 충순왕의 직인과 함께 섬파를 돌려보냈고, 이로써 명과 투루판의 관계는 다시 정상화될 수 있었다(판원란, 2009: 423~424).

몽골 정벌에 대해 왕위안캉은 몽골이 방어에 유리했음에도 불구하고 영락제가 무모하게 공세적 전략으로 일관했다고 주장했다. 그에 의하면 영락제는 몽골을 정벌하기 위해 수도를 남경에서 베이징으로 옮겼으며, 이는 북쪽으로 영토를 확대하는 데 이상적인 지리적 이점을 제공했다. 영락제는 다섯 번에 걸친 대규모 원정에서 몽골의 군사력을 직접적으로 파괴하는 전략을 취했으며, 오이라트와 타타르 사이에서 번갈아가며 동맹을 체결하며 다른 적을 공격했다. 그리고 그러한 공격은 몽골족의 심장부인 케루렌 강까지 깊숙이 진격하여 이루어졌다. 이는 명이 무력을 사용하는 데 주저함이 없었으며, 주변 이민족에 대해 무자비한 군사행동을 취한 것임을 지적하고 있다. 이러한 이유로 왕위안캉은 명 왕조가 몽골의 위협에 대해 방어보다 대규모 공세작전을 선호했으며, 명의 전략문화는 유교적 사상보다는 현실주의적 패러다임에 더 가깝다고 주장했다(Wang, 2011: 113~115).

심지어 그는 명의 만리장성 축조에 대해서도 유교적 평화주의를 반영한 것이 아님을 주장했다. 전통적으로, 만리장성은 길게 뻗은 축성으로 외부의 침략을 막기 위한 방어용 축조물로서 중국의 방어적 성향을 보여주는 상징물로 간주되어왔다. 그러나 그는 만리장성 건축을 역사적 맥락에서 보지 않고서는 중국의 전략적 성격을 올바로 규명할 수 없다고 보았다. 왕위안캉의 논리에 의하면 중국의 만리장성 축조는 약화된 명의 군사력을 보완하기 위한 것으로, 오히려 명은 다음 단계의 공세를 취하기 전에 힘을 축적할 목적으로 이 성을 구축했다는 것이다. 또한 만리장성의 축조는 명의 군사력이 약화되면서 본격화된 것으로, 이는 초기에 공세적이었던 명이 힘이 약화된 후에야 비로소 방어적 전략을 모색했음을 보여주는 것으로서 명의 기본적인 전략이 공세적임을 보여준다는 것이다(Wang, 2011: 121~126).

그러나 중국의 몽골정책은 다음과 같은 측면에서 왕위안캉의 주장과 달리 수세적이었던 것으로 평가할 수 있다. 첫째, 대외원정을 주도했던 영락제도 초기에는 군사행동이 아닌 외교적 조치를 중심으로 '분할통치(divide and rule)' 정책을 취했다. 비록 이러한 정책은 현실주의적 성향을 가지고 있으나, 그렇다고 해서 공세적이거나 팽창적이지는 않았다. 둘째, 그가 주도한 대외원정은 영토확장을 위한 것이 아니었다. 정벌에 나선 것은 몽골족이 강성해져 위협을 가했기 때문에 응징을 가하고 방어를 위한 전초기지를 설치하기 위한 것이지, 몽골지역을 병합하거나 중국의 영토로 삼기 위한 것은 아니었다. 셋째, 수시로 적과 연합하는 정책을 통해 한편으로는 현실주의적이지만 다른 한편으로는 적을 포용하는 모습을 보여주었다. 그 대표적인 사례가 명의 황제를 포획했던 에센 타이시나 충순왕을 공격한 투루판의 추장 아흐마드에 대한 관용이었다. 넷째, 만리장성 구축은 어디까지나 방어적인 전략문화를 반영한 것으로 볼 수 있다. 왕위안캉은 명이 만리장성을 구축한 목적이 몽골의 침략을 방어하면서 공격을 위한 준비를 하는 데 있었다고 주장하지만, 전술적으로나 전략적으로 공격을 준비하면서 깊은 참호를 구축하는 법은 없다. 수많은 생명과 자금, 그리고 시간적 노력이 투자된 만리장성은 공격이 아닌 방어적 전략을 반영한 것이었다.

이렇게 볼 때 중국의 전략문화를 공세적이고 팽창적인 것으로 보는 왕위안캉의 주장에는 한계가 있는 것으로 보인다. 명 왕조는 유교사상의 영향을 받은 것이지 그 자체로 공자나 맹자가 통치를 한 것은 아니다. 명의 내부에도 대외적으로 공세적이고 팽창적인 정책을 주장하는 무리가 있을 수 있으며, 실제로 대외정책을 이행하는 과정에서 공세적이고 팽창적인 모습이 나타난 것이 사실이다. 그럼에도 불구하고 명의 대외적인 무력사용은 중화질서를 안정적으로 유지하기 위해 주변국을 회유하고 복속시키고 필요한 경우 징벌 차원의 응징을 가하는 차원에서 이루어졌다. 그리고 이 과정에서 군사력의 효용성에 대해서는 대체로 높이 평가하지 않았다. 비록 명은 몽골을 정벌하기 위해 대군을 동원했지만, 이는 지형적으로 험한 지역에서 군사적 우세를 달성하기 위한 것이었을 뿐 실제로 군사력 사용은 적의 세력을 근절하기보다는 적을 굴복시켜 조공체계를 회복하기 위해 이루어졌다. 때로 명은 토목보 전투 이후 에센 타이시와의 관계에서 보여주는 것처럼 원정 과정에서도 군사력을 직접적으로 사용하기보다는 조공무역을 적절한 수단으로 활용함으로써 주변국과의 관계를 재설정할 수 있었다.

4) 임진왜란 개입

중국의 조공국들 가운데 조선은 가장 모범적인 국가였다. 조선은 중국의 종주권을 받아들였고, 종종 조공사절단을 중국에 파견하여 주종관계를 이행했다. 조공체계는 조선의 안전을 확보하고 경제적 교역과 문화적 교류를 촉진시켰다. 조선의 입장에서는 조공을 바치면서 중국의 간섭을 방지하고 자율성을 확보할 수 있었으며, 왕조의 정통성을 인정받고 중국의 지지를 얻을 수 있었다. 중국의 입장에서는 조공제도를 통해 조선을 충실한 속국으로 묶어둠으로써 대륙의 안보를 공고히 하고 중화세계의 질서를 안정적으로 유지할 수 있었다.

일본과의 조공무역은 15세기 중반부터 수그러들었다. 몽골과 마찬가지로 조공사절에 치러야 할 비용이 너무 컸다. 베이징에 온 수백 명의 관리와 상인들을 먹여주고 운송하고 선물을 주는 데 드는 경비가 그들과의 교역만으로 보상되지 않았던 것이다. 동남아에서 오는 사절의 수는 점점 줄어들어 류큐 제도만이 2년에 한 번씩 정기적으로 해상을 통해 조공을 바치는 나라로 남았으며, 중국과 일본 간 교역의 간접적 통로 역할을 했다.

1590년 도요토미 히데요시(豊臣秀吉)가 일본을 통일하고 아시아 대륙으로 눈을 돌렸다. 그는 1577년 그의 주군인 오다 노부나가(織田信長)에게 일본을 통일한 후 조선에 출병하고 명을 정벌하겠다고 언급한 적이 있다. 그는 지인들에게 자신의 평생 목표가 중국을 합병하는 것임을 공공연하게 밝히기도 했다. 따라서 히데요시에 의한 일본의 통일은 명의 안보에 직접적인 위협으로 작용할 수밖에 없었다. 1590년 히데요시는 중국정벌에 협조하도록 요구하는 서신을 조선의 왕 선조(宣祖)에게 보냈다. 조선에서는 이를 둘러싸고 당파싸움이 벌어졌으며, 결국 히데요시의 요구를 허풍으로 간주하여 일본의 침공에 대비한 준비에 주의를 기울이지 않았다.

1592년 5월 일본은 15만 병력을 동원하여 한반도를 침공했다. 일본군은

그림 4-5 임진왜란 요도

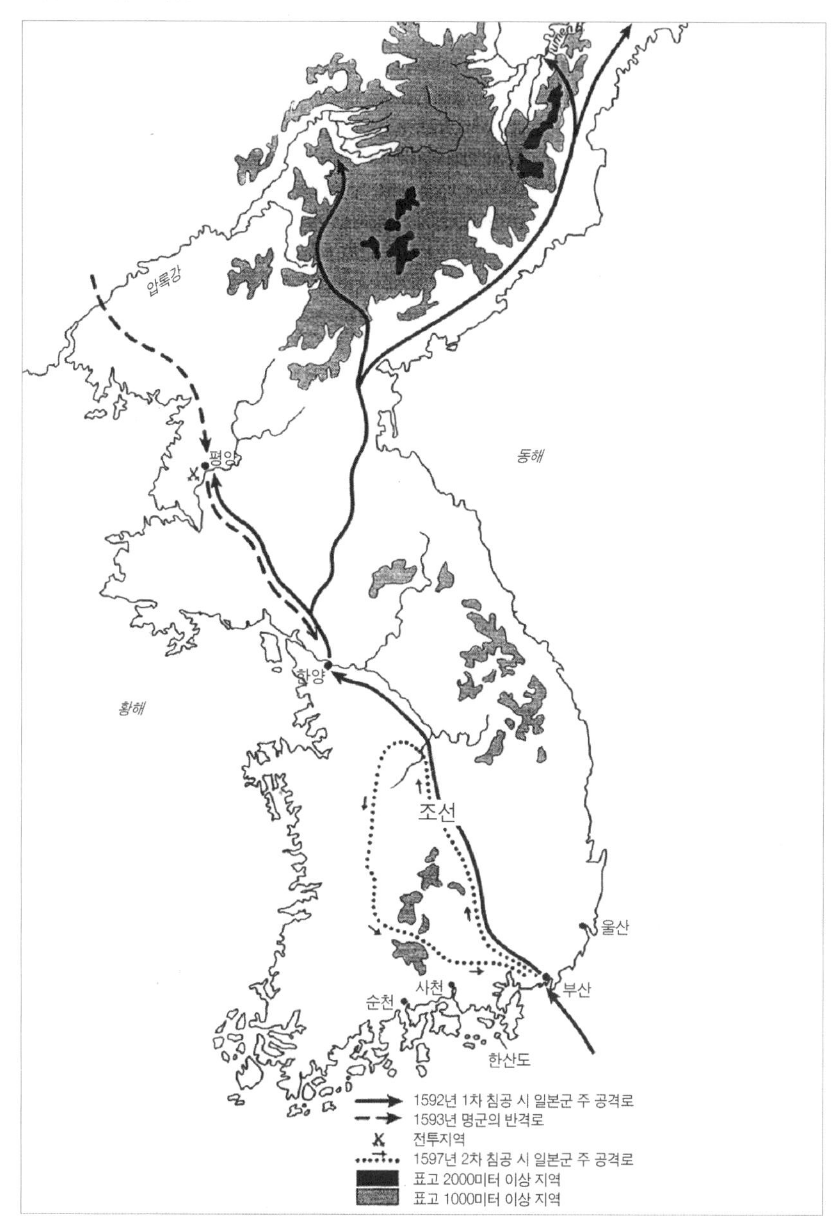

자료: Mote and Twitchett(1988: 569).

전혀 준비가 되지 않은 조선을 상대로 하여 두 달 만에 서울과 평양을 점령했다. 그러나 일본군은 병참선이 과도하게 길어졌고, 후방지역에서 조선 의병들의 저항이 거세지면서 그 이상 진격하기 어렵게 되었다. 그해 7월에는 일본 해군이 한산도에서 벌어진 전투에서 괴멸적 타격을 입는 등 서해를 통해 평양으로 보급을 지원하려는 히데요시의 계획은 이순신이 이끄는 조선 수군에 의해 저지되었으며, 이로 인해 히데요시는 전방 부대에 대한 보급을 위험한 육로를 통해 수행하지 않을 수 없었다.

선조는 일본이 공격을 개시하자 압록강 인근에 위치한 의주로 피신한 후 원군을 요청하기 위해 명에 사신을 파견했다. 명은 일본에서의 첩보활동과 조선 측에서 보내온 정보를 통해 일본이 조선을 경유하여 중국을 침공하려는 의도가 있음을 알게 되었다. 명 조정은 남쪽으로 함대를 보내 일본을 공격할 것인가 아니면 조선의 변경에 군대를 주둔시킬 것인가, 그것도 아니면 평화를 위해 협상할 것인가를 놓고 논란을 벌였다.

이 시기에 명은 남쪽으로는 해안지역에서의 해적문제와 서북쪽으로는 몽골족의 침입에 대처하는 데 골몰하고 있었다. 따라서 한반도에 파견할 병력은 많지 않았다. 명 조정은 파병을 둘러싸고 의견이 나뉘었다. 일부는 파병을 반대하면서 대신 북동쪽의 방어를 강화해야 한다고 했다. 일부는 일본의 조선침략 목적이 명을 공격하기 위한 것이므로 마땅히 파병해야 한다고 주장했다. 명은 일본의 평양함락이 중국의 안보에 미칠 영향을 간과할 수 없었다. 게다가 일본의 선두부대가 압록강과 두만강에 도착했다는 정보가 입수되어 아무런 행동도 하지 않고 기다리기에는 너무 위험했다. 결국 명 황제 만력제(萬曆帝)는 조선을 돕기 위해 병력을 파병하기로 결심했다(Wang, 2011: 175).

조선에 파병된 명군 사령관 송응창(宋應昌)은 파병의 목적에 대해 다음과 같이 언급했다.

> 조선침공은 중국을 겨냥한 것이다. 조선을 구하는 것은 속국을 위한 것만이

아니다. 일단 조선이 강화되면 동북지역 안보가 확보될 수 있다. 우리 수도는 태산처럼 견고해질 것이다(谷應泰, 1933; Wang, 2011: 175에서 재인용).

이러한 언급으로 볼 때 명이 파병을 결심한 데는 두 가지의 이유가 작용했음을 알 수 있다. 하나는 현실적으로 중국의 안보를 확보하기 위한 조치였다. 명의 관리들은 조선을 대륙을 방어하기 위한 완충국가로 '번리(藩籬)', 즉 울타리라고 불렀다. 황제도 "우리는 미래에 변경문제가 발생하지 않도록 즉각 조선을 지원하기 위해 병력을 보내야 한다"라고 했는데, 이러한 명의 입장은 우선적으로 중국의 안보를 우려한 것으로 볼 수 있다(Wang, 2011: 175). 다른 하나는 속국을 보호해야 한다는 일종의 의무감이었다. 송응창은 "조선을 구하는 것은 속국을 위한 것"이라며 중국이 속국인 조선을 지원하는 것은 대국으로서의 도리임을 강조했다. 즉, 명은 일본과의 전쟁을 통해 남만주와 북중국을 방어하려 했을 뿐 아니라, 조선을 원조해야 하는 종주국으로서의 의무를 이행해야 한다는 생각을 가졌던 것이다.

일본군이 평양을 점령한 1592년 6월 15일, 3000명의 명군이 소규모 지원군으로 편성되어 압록강을 건넜다. 그러나 이들은 8월 평양에서 치른 일본군과의 전투에서 크게 패했다. 당황한 명 조정은 시간을 벌기 위해 심유경(沈惟敬)을 보내 일본과 협상을 시작하도록 했다. 명 조정은 그해 말 파병규모를 확대하기 위해 송응창을 최고사령관으로 임명하고 중국 전역에 동원을 명했다. 마침 서북전장인 닝샤(寧下) 지역에서 몽골족 반란이 평정되자 명은 이 지역의 병력을 한반도에 재배치하기로 결심했다. 황제는 10만의 원정군을 보내 조선을 구하고 일본을 공격하도록 하는 칙령을 내렸다. 1593년 1월 대규모의 명군이 압록강을 넘어 진격하여 평양을 곧 탈환하고 계속 남하했다. 그러나 서울에서 일본군의 저항에 부딪혀 패배하자 주력을 평양으로 철수시켰다(Chan, 1988: 568; 판원란, 2009: 435~436).

그해 3월, 이여송(李如松)은 샛길로 군사를 보내 용산에 있는 일본군의 군량창고를 불태웠다. 4월 18일 군량이 부족해진 일본군은 수도를 포기하고 철수했고, 송응창과 이여송은 군대를 정비하여 수도에 입성했다. 이들은 다시 군대를 나누어 일본군을 추격하여 한강 이남의 수백 리를 수복했다. 전력이 약화된 일본군이 부산으로 물러나자, 이여송은 부산 앞바다에 해군을 배치하여 일본군의 보급로를 차단했다(판원란, 2009: 436~437).

시간이 지나면서 일본군은 전쟁수행에 어려움을 겪기 시작했다. 날씨가 추워졌고 보급이 제대로 이루어지지 않았다. 침공에 가담한 전체 병력의 1/3인 5만 명 이상의 일본군이 실종되었는데, 이 가운데 대다수는 기아, 탈진, 그리고 추위로 사망했다. 히데요시는 부산 근처에서 방어진지를 구축하도록 지시했다. 일본군의 군사력이 약화되었으나 명군 역시 이를 파괴할 수 있는 여력이 부족했다. 군사적 교착상태가 지속되면서 중국과 일본은 본격적으로 평화협상에 임했다. 6월에 심유경이 부산에 도착하여 일본 측 대표인 고니시 유키나가(小西行長)와 강화를 논의하기 시작했고, 명 조정은 협상이 타결되기도 전에 주화파의 주장에 따라 명군을 철수시켰다(Chan, 1988: 570~571).

명과 일본의 교섭은 협상에 참여한 양국 대표들 간의 농간에 의해 많은 모순을 안고서 타결되었다. 애초에 명은 일본군의 완전한 철군을 요구했으나 일본은 점령지역을 일본령으로 삼겠다고 주장했다. 평화회담에 참여한 양국 대표는 협상의 책임을 회피하고 자신들의 공을 내세우기 위해 각각 왜곡된 보고를 자국 황실에 올렸다. 명 대표 심유경은 협상 결과에 대해 책임을 추궁당할까 봐 조선에 대한 이익을 인정해달라는 일본의 요구를 황실에 제대로 전달하지 않았다. 그는 단지 일본이 항복했으며 중국의 요구대로 책봉을 받기 원한다고 보고했다. 일본의 대표였던 고니시 유키나가는 히데요시의 인가를 받지 않은 채 일본군의 한반도 철수와 책봉 제안을 수용했다. 그 결과 1596년 명의 사신이 히데요시를 일본의 왕으로 책봉하기 위해 도착했을 때 히데요시는 대노하여 명의 사신을 추방했으며 다시 조선을 공격하기로 결심했다.[4]

1597년 초 히데요시는 제2차 침공에 착수했다. 그는 12만 명의 병력을 추가로 동원해 한반도 남단에 상륙시켜 그곳을 장악하고 있던 일본군 2만 명과 합류토록 했다. 명은 이전에 평화로운 해결을 주장했던 관리들을 처벌하는 한편, 중국 전역에서 7만 5000명의 병력과 수군을 모집했다. 이번에는 일본군의 북상이 순조롭지 않아 서울 남쪽 80km 지점에서 더 올라가지 못하고 교착 상태에 빠졌다. 명은 이 지역에서 조선군을 지원하는 한편, 바다에서도 조선의 수군을 도왔다. 1597년 10월 이순신은 명량(鳴梁)에서 대첩을 거두고 서해상으로 보급을 추진하던 일본 해군을 저지했다. 보급로가 위협을 받고 겨울이 다가오자 일본군은 어쩔 수 없이 남쪽으로 철수하여 울산과 사천을 포함한 남쪽 해안을 따라 약 200km 정도의 요새를 구축했다. 1598년 봄 일본군은 거의 반절에 가까운 병력을 본국으로 돌려보냈다. 일본이 한반도를 점령하겠다는 애초의 목적은 이제 달성하기가 거의 불가능해 보였고, 명을 점령하는 것은 더더욱 그랬다. 1598년 9월 히데요시가 사망하자 전쟁에 지친 가신들은 전쟁을 끝내고 철수하기로 결심했다.

일본의 제2차 침공 시, 명 황제는 여덟 자로 된 밀명을 주었는데, 이는 "양전음화(陽戰陰和), 양초음무(陽剿陰撫)", 즉 겉으로는 싸우면서 몰래 화해를 시도하고, 겉으로는 토벌하면서 몰래 달래도록 하라는 것이었다(판원란, 2009: 438). 당시 명에는 병부상서인 석성(石星)을 비롯한 주화파들이 "우리와 일본은 원수진 일이 없고 우리가 조선을 위해 이미 많은 힘을 썼으므로 지원군을 속히 불러들이고 조선으로 하여금 스스로 국경을 지키게 하는 것이 옳다"는 입장을 견지했다. 다만 송응창을 비롯한 주전파들은 "일본이 조선을 노리는

4) 『명사(明史)』의 기록에 의하면, 일본은 남김없이 철군하고 도요토미 히데요시는 일본 왕으로 봉하되 조공은 허락하지 않으며, 조선을 침범하지 않을 것을 약속한다고 되어 있다. 반면 일본의 역사에 기록된 내용은 명의 공주를 일본 왕에게 시집보내고, 양국은 통상을 하며, 조선은 일본에 복종하고 조선의 왕자와 대신을 일본에 인질로 보내고, 일본군은 점령지에서 물러난다는 것이었다. 히데요시는 협상을 통해 조선을 분할하고, 조선의 왕자를 인질로 잡아두며, 명의 왕자가 일본 공주와 혼인하도록 하는 조치를 기대하고 있었다(판원란, 2009: 437).

것은 그 본뜻이 중국에 있다. 우리가 조선을 구하는 것은 속국의 이익을 위해 하는 것만이 아니다. 조선이 무사해야 하북과 요동에 환란이 없고 그래야 수도도 굳건할 수 있다"라고 주장했다(판원란, 2009: 437). 아마도 황제는 주화파와 주전파 사이에서 중간의 입장에 섰던 것으로 볼 수 있을 것이다.

명은 일본과의 전쟁으로 톡톡한 대가를 치렀다. 전비로 은 780만 냥을 지출했는데, 이는 2년간의 국가수입에 맞먹는 규모였다. 명의 임진왜란 참전은 재정을 고갈시키고 국내외의 산적한 문제를 해결하는 데 필요한 소중한 자산을 엉뚱한 곳에 돌리게 했다. 몽골에 대한 끊임없는 재정지원과 북경 궁성의 재건 등으로 인해 명의 재정은 이미 파산에 가까운 상태였는데, 명의 임진왜란 개입은 명의 경제에 치명타를 가함으로써 17세기 이후 내부적으로 유적떼가 창궐하고 외부적으로 이민족이 침략할 수 있는 기회를 제공했다. 『명사』는 명이 수십만 명의 군사를 잃었고 막대한 재정을 소모했음에도 불구하고 뚜렷한 승리를 거두지 못했음을 지적하고 있다(國防硏究院, 1962; Wang, 2011: 177에서 재인용).

이 전쟁에서 명은 '일본공격'이라는 보다 팽창적인 전쟁목표를 설정했다. 명 황제가 내린 칙령에서 명의 개입 목적이 단순히 한반도에서 현상을 회복하는 것이 아니라 일본을 침공하는 데 있음을 언급한 것이다. 그러나 베트남의 경우와 달리 한반도에서 이러한 팽창은 실제로 이루어지지 않았다. 상대적으로 명은 군사적 열세에 있었기 때문에 전쟁에서 추구하는 정치적 목적을 제약하지 않을 수 없었다. 이 시기 명의 군사력은 영락제 당시의 군사력에 비해 훨씬 약해져 있었으며, 재정적으로도 광범위한 원정을 추진할 만한 여력을 갖추지 못하고 있었다. 또한 내부적으로 민란이 증가한 것도 부담이었다. 명 시대 내부 반란의 80% 이상이 후반기인 1506년에서 1644년까지 발생했다. 명이 한반도에 파병하기 전까지 닝샤의 반란을 제압해야 했던 것도 그러한 이유였다. 요약하면, 불충분한 군사적 능력으로 인해 명은 전쟁 목표를 제한하지 않을 수 없었다.

이렇게 볼 때 명의 임진왜란 개입은 대체로 전통적인 유교사상에 입각한 전략문화의 성격과 일치한다. 명의 개입은 일본의 본토 공격에 대비하여 이루어졌지만 그 이전에 조선이 조공국이기 때문에 군사원조를 제공해야 한다는 인식이 작용했다. 비록 명 황제가 전쟁의 목표를 '일본 공격'으로 설정했지만 이는 일본에 대한 '침략'의 성격보다는 '징벌'의 의미가 더 강하다. 이러한 목표는 쇠퇴하던 명이 가진 국력의 한계로 실행될 수도 없었지만, 설사 명이 일본을 공격할 군사력을 갖고 있었다 하더라도 이는 일본과의 조공관계 재개를 통한 중화질서의 유지를 위해 이루어졌을 것이다. 이러한 과정에서 군사력 사용의 효용성에 대한 명의 인식이 어떠했는지는 분명하지 않다. 임진왜란에 개입하면서 명은 화전양면전략을 내세워 한편으로 군사적 승리를 추구하면서도 다른 한편으로 일본과의 협상에 나섰는데, 이는 군사행동 외에 외교적 교섭을 통해 한반도 문제를 해결하려 했음을 보여준다. 그러나 명이 외교적 협상을 본격화한 것은 군사적으로 결정적 승리가 어려워진 상황에서 가능했던 것으로, 앞에서의 해양원정이나 몽골정벌 사례와 달리 처음부터 비군사적 수단을 동원하여 일본을 굴복시키려는 모습은 발견하기 어렵다.

3. 사회적 측면

명대의 정치사상은 그 근본을 유가에 두고 있었던 만큼 민치라는 개념은 여전히 뿌리내릴 수 없었다. 공자는 말하기를 "백성은 도리를 따르게 할 수는 있지만, 도리를 이해하게 할 수는 없다"고 했다(공자, 1999: 100). 이후로 천년 동안 전통적 유교사상은 인민의 자치능력을 부인하고 군주에게 인민을 가르치고 먹여 살리는 책임을 맡겨왔다. 이는 중국이 전통적으로 정치와 전쟁의 문제에 백성들이 간여할 수 있는 여지를 두지 않았음을 의미한다. 정치적으로 군주전제 정치는 분권적 지방자치를 허용할 수 있지만 백성이 주도하는 자치를 허용할 수는 없다(샤오공취안, 2004: 893).

명 초의 유교 사상가 유기는 민본주의의 입장에서 군주와 인민의 관계를 다음과 같이 주장했다. "하늘이 인민을 낳았으나 인민은 스스로 다스릴 수 없었다. 그래서 하늘은 군주를 세우고 그에게 생살의 권력을 부여했다. 난폭하고 완악한 자를 토벌하고 선량한 자들을 돕게" 했다는 것이다(샤오공취안, 2004: 871). 유기는 양민(養民)이 정치의 근본이라고 보았다. 만약 백성을 가혹하게 다스리고 탐욕을 추구한다면 민심은 흩어지고 결국에는 혁명이 일어나 군주의 지위는 위태롭게 될 것이라고 했다.

방효유도 "하늘의 뜻은 군주로 하여금 인민을 기르고 가르치도록 하려는 것"이라고 보았다(샤오공취안, 2004: 883). 그는 군주도 권리를 누리기만 하는 것이 아니라 마땅히 주어진 소임을 다해야 한다고 하면서, 군주가 이러한 직분을 다하지 못하면 혁명에 의해 쫓겨날 수 있다고 주장했다. 이 부분은 맹자보다도 더욱 과격한 모습을 보인다. 맹자는 '천리(天吏)'라야 폭군을 토벌할 수 있다고 보았다. 즉, 폭군은 한 필부에 불과하니 죽일 수 있지만 민생이 도탄에 빠지더라도 천명을 받은 새로운 사람이 나타날 때까지 기다려야 한다는 것이다. 그러나 방효유는 인민이 반란을 일으켜 폭군에 대항하는 것을 분명히 언급했다. 즉, 그는 "진(秦) 이후로는 인민이 반란을 일으키게 되었다. 후세에서 국가를 망하게 한 것은 대체로 모두가 인민이었다"라고 하면서 정치에서 인민을 수동적 지위로부터 주동적 지위로 격상하여 인식했다.

그렇다고 방효유가 혁명을 고취하거나 인민에게 혁명의 권리를 부여한 것은 아니었다(샤오공취안, 2004: 884). 다만 그는 인민의 역량을 전례 없이 중시하면서 이러한 현상을 방지하기 위해 군주가 마땅히 해야 할 도리를 강조했다. 이는 두 가지로서 하나는 인민을 먹여 살리는 것이고, 다른 하나는 그런 연후에 인민이 본성을 회복하도록 하여 다스린다는 것이다. 이때 다스림에는 법이 있어야 하는데, 법을 쉽게 시행하려면 그에 앞서 인과 예를 가르쳐야 한다고 주장했다.

여곤은 명 말기의 정치적 폐단에 대해 전제정치를 폄하하지 않고 존군과 귀민을 동시에 주장한 사상가이다. 그 또한 유교의 가르침에 따라 도의 중요성을 강조했다. 그는 군주의 권위로 정령을 엄격히 하고 형벌을 무겁게 하면 인민이 억지로라도 따르지 않을 수 없겠지만, 현명한 왕은 자연스럽게 동화시켜 심복으로 만든다고 했다. 이를 위해서는 도를 실천함으로써 인민을 다스리고 동화시켜야 하는데, 그것은 인민을 동화시키지 못하면 복종시킬 수 없으며, 설사 복종한다고 해도 지속되지 않을 것이라는 이유에서였다(샤오공취안, 2004: 921~922).

이렇게 볼 때 명조에서 인민에 대한 인식은 비록 민본사상과 귀민사상을 논의한다 하더라도 백성이 국가의 주인이거나 정치에 주도적으로 참여하는 주체는 아니다. 오직 군주의 통치 대상, 혹은 다스림의 대상인 것이다.

이러한 상황에서 근대 서구에서와 같은 민족주의가 형성될 여지는 없었다. 주원장은 북벌을 준비하면서 민족감정에 호소하는 전략을 사용했고, 이에 대해 일부 학자들은 중국 민족주의의 맹아로 간주하기도 한다. 당시 주원장은 중원의 인민들에게 다음과 같은 격문을 보내 그의 북벌에 호응하도록 유도했다.

> 이적이 중국을 차지하고 천하를 다스리는 도리는 있을 수 없다. …… 하늘이 성인을 내려주어 호로(胡虜)를 쫓아내 중화를 회복하고 기강을 세워 인민을 구제하게 하셨다. 나의 북벌군은 기율이 엄정하여 추호도 인민을 해침이 없을 것이니, 너희들은 의심하거나 두려워하여 가족을 데리고 달아나는 일이 없도록 하라(판원란, 2009: 337).

실제로 이 격문은 대단한 효과를 발휘했다. 원의 몽골인들은 한족 민병에 의존하여 명군을 막으려 했으나 민족감정에 호소하는 격문을 본 민병들은 스스로 해산하거나 성문을 열고 귀순했다. 주원장은 성들을 차례차례 접수한 후 50만 명의 민병을 모을 수 있었다. 주원장이 중원을 수복할 때 명의 군대는 행군만 했지 전투를 할 필요가 없었다. 이는 마치 한족 민족주의가 태동하여 주원장의 승리에 기여한 것처럼 볼 수 있는 대목이다.

그러나 한족의 이 같은 행동을 중국 민족주의의 발로로 받아들이기는 어렵다. 주원장의 격문을 보더라도 중국 혹은 천하의 주인은 백성이 아니라 하늘이 내릴 성인이며, 이 성인의 역할이란 인민을 구제하는 것이다. 명조가 수립된 이후 주원장이 애민정신을 강조한 것처럼 이는 민본사상에 가깝지만 백성을 국가의 주인으로 보고 이들이 전쟁을 포함한 국사를 결정하는 참정의 의미와는 큰 차이가 있다.

결국 명대에는 민권이나 민족주의라는 관념이 형성되지 못했다. 이는 국가의 주인은 백성이 아닌 군주이며, 따라서 전쟁의 주체도 마찬가지로 백성이 아닌 황제가 됨을 의미한다. 즉, 명조에서 백성은 전쟁으로부터 유리되어 있었으며 이러한 전쟁에서 백성의 역할은 부차적인 것으로 간주될 수밖에 없었다. 이는 사회적 차원에서 명의 전략문화가 갖는 전근대적 성격을 보여준다.

4. 결론

사상적·정치적·군사적·사회적 차원에서 명의 전략문화를 종합해보면 다음과 같다. 우선 사상적 측면에서 명의 전쟁관은 전쟁을 혐오하는 도덕적 전쟁관을 견지하고 있었다. 조공체계와 책봉체제는 중국이 주변국과의 국제관계에서 질서를 유지하기 위해 전쟁과 같은 무력적 수단보다는 외교적 수단을 우선시했음을 보여준다. 특히 조공체계는 앞에서 분석한 대로 중국의 정통성을 강화하고 안보를 확보하며 경제교역을 촉진함으로써 중화질서를 안정적으로 유지하는 주요 수단으로도 사용되었다. 군사력보다는 문화적 우월성, 그리고 강압보다는 회유의 방법을 선호한 것이다. 비록 명은 다루기 까다로운 북방의 유목민족을 통제하기 위해 회유와 강압이라는 두 가지 방법을 모두 사용했지만 기본적으로 군사력은 적극적인 회유에 실패했을 경우 동원되었음을 상기할 필요가 있다.

정치적 측면에서 명이 추구한 전쟁의 목적은 중화질서를 유지하는 것이었다. 먼저 명의 베트남 공격은 징벌을 가하기 위한 차원에서 이루어졌다. 비록 그러한 과정에서 베트남을 합병하려는 침략적 의도가 드러났지만 전체적으로 본다면 중화세계의 질서를 바로잡기 위한 군사개입으로 볼 수 있다. 정화의 해양원정은 남중국해, 인도양, 페르시아 만, 홍해, 그리고 아프리카 동해안에 이르기까지 50여 개의 새로운 국가를 중국의 조공체계 안에 편입시켰지만 서구의 포함외교 혹은 식민지 개척과 근본적으로 다르다. 즉, 정화의 원정은 근대 서구국가들이 해외에서 식민지를 개척하고 이권을 획득하기 위해 군사력을 사용한 것과 달리 물질적 이익의 확보가 아니라 중화질서의 공고화 및 가치의 확산에 그 목적을 두고 있었다. 해외원정을 추구했던 영락제 이후 중국의 국력이 지속적으로 쇠퇴한 것은 중국이 해외원정에서 이윤을 극대화하지 않았음을 의미한다.

몽골에 대한 군사력 사용도 수세적인 것으로 간주할 수 있다. 비록 영락제가 이들을 대상으로 대대적인 정벌에 나섰지만, 이는 초기 분할통치에 의한 유화정책에도 불구하고 일부 부족이 강성해져 침략을 일삼았기 때문에 이들을 응징하고 방어용 전초기지를 설치하기 위한 것이었을 뿐 몽골을 병합하려는 것은 아니었다. 특히 중국이 이후 수많은 자금과 인명손실을 감수하고 만리장성을 구축하기 시작한 것은 몽골족에 대한 명의 군사력 사용이 방어적이었음을 보여준다. 또한 임진왜란 개입 사례도 한반도 지역의 현상을 회복하기 위해 이루어진 것으로 볼 수 있다. 비록 명의 황제가 일본에 대한 공격을 언급했으나, 이는 몽골정벌 사례와 같이 징벌적 성격이 강한 것으로 종국에는 일본을 굴복시키고 조공체계에 편입시키기 위한 의도에서 비롯된 것이었다.

군사적 측면에서 명이 인식한 군사력의 역할은 부차적인 것이었다. 물론 각각의 전쟁에서 군사력이 승리를 통해 정치적 목적을 달성하는 데 핵심적인 역할을 했음은 부인할 수 없는 사실이다. 다만 중국은 중화질서 유지라는 목적을 위해 군사력을 때로는 주요한 수단으로, 때로는 부차적인 수단으로 사용하는 모습을 보여주었다. 즉, 명은 베트남 원정의 경우 무력을 앞세웠으나 몽골정복이나 해양원정 사례에서는 군사력을 동원한 정벌이 아닌 문화적 우월성에 입각한 자발적인 조공체계 편입을 유도했다.

사회적 측면에서 백성은 명의 전쟁과 유리되어 있었다. 유교에서 민본사상을 내세우고 있지만 백성은 어디까지나 통치의 대상으로서 전쟁의 주체가 될 수는 없었다. 전쟁의 결정과 수행은 황제의 몫이었다. 중국황제는 자신의 전쟁을 수행하는 데 백성의 의견을 물을 필요가 없었으며, 백성의 지지를 확보할 필요도 없었다. 일반 백성들도 국가의 전쟁에 대해 불만은 있을지언정 이에 대해 저항할 수 있는 의식이나 제도를 갖추지 못했다. 황제가 전쟁을 결심하면 백성은 이에 따라야 했다.

전반적으로 볼 때 명의 전략문화는 유교적 원리에 충실하다. 비록 전쟁수행 과정에서 명은 현실주의적 성격의 강압적 수단과 정책을 동원하기도 했지만, 이는 결국 조공체계의 회복과 강화를 위한 기제였을 뿐 그 이상도 이하도 아니었다. 베트남 원정 과정에서의 병합사례와 몽골원정에서의 무자비한 대규모 무력사용, 그리고 임진왜란 개입에서 보여준 군사력 중심의 사태해결 등은 일부 일탈행위로 볼 수도 있지만, 명의 전쟁수행은 대체로 공자-맹자 사상을 중심으로 한 유교적 전략문화의 관점에서 이해할 수 있다.

제5장

청의 전략문화

1. 청의 전쟁관

1) 청의 세계인식

청(淸)은 만주지역의 이민족이 세운 국가이다. 그럼에도 불구하고 청조는 명의 정치제도와 사회체제를 계승하여 자신들의 전통과 제도로 수용하고 보완했으며, 이를 통해 정치사회 세력 간에 균형을 이룬 중앙집권적 전제국가로 발전했다. 그럼으로써 청조는 강희제(康熙帝), 옹정제(雍正帝), 그리고 건륭제(乾隆帝)의 통치기간 약 100년 동안 '팍스 시니카(Pax Sinica)'라고 할 수 있는 가장 오랜 평화와 번영의 시대를 향유했다. 1650년에 약 1억 5000만 명이었던 인구가 1850년에는 4억 3000만 명으로 증가했으며 몽골, 신장(新疆), 티베트를 정복하고 통치하여 역대 어느 왕조보다도 광활한 영토와 다양한 문화가 공존하는 세계대국의 위치를 점유하기에 이르렀다(임계순, 2004: 13~14).

만주에서 발흥한 여진족은 12세기 초에 이르러 금(金)왕조를 건국하고 송의 북방을 점령하기도 했으나 이후 세력이 약화되어 원과 명의 지배를 받았다. 그러다가 1616년 누르하치가 여진부족을 통일하고 후금을 건국했으며, 1640년에는 명을 무너뜨리고 청조를 세웠다. 이로 인해 청이 과연 문화적 측면에서 중국의 명맥을 잇고 있는가에 대한 의문을 제기할 수 있다. 원래 만주족은 무(武)를 숭상하고 강한 전사를 우대하는 수렵사회의 가치관을 유지했기 때문에 하늘은 힘이 있는 대국 또는 대군을 돕는다는 천하관(天下觀)을 갖고 있었다. 반면 한족은 농경사회의 전통을 이어받아 효를 중시하고 노인을 공경하는 유교적 가치관과 하늘은 중화문화를 수호하고 성인을 돕는다는 천하관을 가졌다. 이러한 점을 고려한다면 청이 가진 문화적 정체성을 중국의 그것으로 동일시할 수 있는가에 대한 문제를 제기할 수 있다.

비록 청이 만주족에 의해 건국되었기 때문에 그 정통성에 대한 논란이 있을 수 있으나 청도 마찬가지로 전통적인 중국의 문화를 계승하고 발전시켰음은 분명하다. 청은 강희제 재위기간의 전반기를 거치면서 유교사상에 입각한 중앙집권적 관료국가로 거듭나게 되었다. 청조는 후금의 수도였던 성경(盛京), 즉 오늘날 심양(瀋陽)에서 베이징으로 천도하기 이전부터 이미 유교를 정치적 지도이념으로 받아들였으며 민중에게도 유가사상을 주입하는 등 유교적 가치관을 고양했다. 그리고 청의 황제들은 "사회통합을 위해 국책으로 유교의 사상, 용어, 양식을 채택하고, 사서오경의 고전을 연구하고, 조상숭배를 권장했으며, 스스로 도덕군자의 덕목을 함양함으로써 황제의 역할"을 다하고자 했다(임계순, 2004: 96). 청의 지도자들은 한족의 문화와 관습을 존중했으며, 사회의 위계질서와 화합을 강조하는 유교적 가치관을 수용하고 유교식의 의례를 준수했던 것이다(임계순, 2004: 95). 비록 원래부터 중국은 아니었더라도 중국이라는 옷을 입게 됨으로써 청은 그와 똑같이 행동하지 않을 수 없었다.

따라서 청의 세계인식은 명이 가졌던 세계인식을 그대로 물려받은 것으로 볼 수 있다. 중국은 원래 '천하=중국'이라는 인식을 가졌다. 중국이 천하를 통치한다는 것이다. 이러한 체제에서 중국은 중국의 외부에 위치한 정치체를 국가로 간주하고 그 정치체의 장을 왕으로 임명해 황제와 군신관계를 설정하는 방식, 즉 책봉 및 조공체계를 형성했다. 청도 명과 마찬가지로 대외관계에서 조공체계를 엄격하게 적용했는데, 이는 명이 가진 천하관을 계승했음을 의미한다(미조구치 유조 외, 2011: 281).

덧붙여 말하면, 청과 같은 이민족에 의한 왕조교체가 중국의 천하관에 위배되거나 그것을 변화시키는 것은 아니다. 청대의 사상가인 고염무는 명나라의 멸망을 받아들여 망국(亡國)과 망천하(亡天下)를 구분하고 전자를 정치체 차원의 흥망, 후자를 사회문화 시스템 전체의 파멸을 의미한다고 했다(미조구치 유조 외, 2011: 281~282). 즉, 중국이라는 천하에서는 왕조교체에 의해 국가가 잇달아 멸망을 거듭하더라도 천하의 멸망이 없으면 중국은 여전히 존재할 수 있다는 것이다. 이는 전통적인 천하관에서 중화가 화(華)인 까닭은 문화적 우월에 있으며, 설령 주변의 오랑캐가 군사력을 앞세워 중국을 침략한 경우에도 그 문화적 우월감은 본질적으로 타격을 받는 일이 없을 뿐 아니라 장기적으로는 오랑캐를 중국문화에 동화시켜 무력화할 수 있다는 인식을 반영한 것이다(미조구치 유조 외, 2011: 286). 이러한 논리와 인식에 의하면, 청도 마찬가지로 이민족에 의해 수립되었지만 중국의 문화적 정통성을 계승하고 중화적 세계질서를 구축한 '중국'으로 간주할 수 있다.

2) 대외관계

청의 대외관계는 명의 그것과 큰 차이가 없었다. 청도 마찬가지로 유교의 삼강오륜에서 제기된 군신·부자·장유 사이의 인간관계를 확대하여 국가관계를 설정했다. 그리고 이러한 연장선상에서 청조는 명대의 조공제도를 답습했다(임계순, 2004: 254~256). 조공제도는 중국의 문화우월주의에서 발생한 화이관을 중심으로 규범화된 대외관을 반영한 제도로서 청과 조공국들은 무역관계 외에 정치적 필요성에 의해 조공관계를 유지해나갔다. 청조는 황제의 권위를 속국에 천명하여 동아시아의 질서를 유지하고자 했고, 주변국들은 중국

황제가 내리는 책봉을 통해 왕조의 정당성을 확보하고 조공을 통해 중국의 우수한 문화를 받아들일 수 있었다.

조공국에 대한 청조의 태도는 고압적이라기보다는 온건한 것이었다. 명과 마찬가지로 청의 조공체계는 중국의 안정과 현상유지를 위해 고안된 방어적 성격이 강했으며, 청조는 조공국들이 황제의 권위를 인정하고 변방에서 소란을 피우지 않는 한 조공국의 외교와 내정에 무관심했다. 이러한 가운데 조선, 월남, 류큐는 중국의 사상과 언어는 물론 달력과 과거제도를 채택하는 등 정치적·문화적 측면에서 청의 영향권에 깊숙이 빨려 들어갔다. 비록 중국은 군사적으로 강압하지 않았지만 주변국들이 스스로 조공체계의 일부로 편입되어 중화세계를 구성하도록 했던 것이다(임계순, 2004: 259).

청은 내륙아시아권의 유목민족들과 러시아에 대해서는 회유와 강경책을 번갈아가며 변방을 지켜나갔다. 유목민들은 내륙아시아로 불리는 서북 변방의 초원지대에 거주했는데, 이들은 중국 왕조에 공포의 대상이었다. 역대 중국 왕조들은 이들을 통제하기 위해 장성을 축조하고 회유정책, 분할정책, 그리고 조공정책 등 다양한 대책을 강구했으며, 그것이 실패할 경우에는 때로 그들에게 정복을 당하기도 했다. 청조는 초기 단계에서는 통혼에 의한 제휴 및 조공관계에 의한 경제적 이익을 제공하면서 이들을 회유했으나, 이러한 회유가 통하지 않을 경우에는 무력을 동원하여 정벌하는 강경책을 병행했으며 그리하여 인근의 몽골족을 복속시킬 수 있었다(임계순, 2004: 277). 러시아는 17세기 초부터 모피를 얻기 위해 동방으로 진출하여 청과 부딪혔다. 청은 러시아와 알바진(Albazin) 지역에서 전쟁을 치른 후 1689년 네르친스크(Nerchinsk) 조약을 체결하고 1693년부터 조공국의 예에 따라 대우하며 교역을 시작했다. 이후 청은 티베트 정벌을 앞두고 1727년 러시아와 캬흐타(Kiakhta) 조약을 체결하여 10만km^2가 넘는 영토를 양보하는 대신 러시아의 중립을 보장받기도 했다(임계순, 2004: 262~266).

청은 변경지역을 안정시키기 위해 이민족을 정복하고 영토를 확장해나갔다. 청의 정복왕으로 불리는 강희제는 명대 오이라트의 잔여 부족이었던 중가르 부족이 강성해져 전 몽골의 통일을 추진하자 친히 병력을 이끌고 원정하여 승리한 후 몽골지역과 티베트, 그리고 청해(青海)지역을 청의 영토로 편입시켰다. 이후 건륭제는 재위 60년 동안 10번에 걸친 대원정을 감행하여 청 제국의 영토를 중국 역사상 유례가 없을 정도로 크게 확장하고 만주, 내외몽골, 신장, 티베트를 직접 통치할 수 있었다. 이 과정에서 중국과 러시아는 신장 및 티베트 지역에서 군사적으로 갈등을 빚었다.

청의 대외관계는 중화질서를 안정적으로 유지하는 데 목적을 두었으며, 조공체계는 명대와 마찬가지로 대외관계에서 중심적인 제도적 장치로 활용되었다. 주변의 이민족들이 조공관계를 수용하고 청과의 상하관계를 받아들일 경우 경제적 혜택을 부여하고 안보적 지원을 제공했지만, 반대로 청의 지배적 지위에 도전할 경우에는 과감하게 무력을 사용하여 기존의 질서를 회복하고자 했다.

3) 전쟁관

청 왕조의 전쟁관을 함축하여 제시하기는 매우 어렵다. 그것은 청 왕조가 아편전쟁 이전까지 문화정책상의 통제를 강화함으로써 명대의 병서에 대한 관심을 두지 않았고, 그 결과 전쟁 및 군사에 관한 논의가 활성화되지 못했기 때문이다(국방군사연구소, 1996a: 205). 초기의 황종희, 고염무, 왕부지 등의 정치사상과 19세기 중반 홍수전(洪秀全)에 의한 태평천국사상 등이 있었으나, 이는 복명(復明) 또는 반청운동과 연계된 것으로 청의 공식적인 전쟁관을 유추하는 데에는 적절치 않다.[1] 무술유신(戊戌維新) 이후 캉유웨이의 변법운동

---

1) 이들의 사상에 관해서는 임계순(2004: 232~241) 참조.

과 량치차오(梁啓超), 장즈둥 등에 의한 자강운동도 정치사상이라기보다는 국가전략 차원의 논의로서 전쟁에 관한 청의 인식을 이해하는 데에는 한계가 있다. 청의 전쟁관은 초기의 내란 극복으로부터 대외정벌, 그리고 후기에 이르러 서구열강의 침탈에 대응하고자 노력했던 모습에 이르기까지 각각의 군주가 처했던 시대상황에 따라 각기 다르게 나타나고 있어 어느 하나로 특정하기가 매우 어렵다.

그럼에도 불구하고 청조의 전쟁관은 다음과 같은 이유에서 대체로 유교적 전통을 따르고 있었던 것으로 볼 수 있다. 첫째로 옹정제와 건륭제의 서역정벌은 대외적으로 팽창을 추구한 사례로 볼 수도 있지만, 건륭제 사망 이후 청에서는 전쟁을 혐오하는 성향이 더욱 두드러졌다. 아마도 청조 초기 순치제(順治帝)와 강희제 재위기간에 한인들을 효과적으로 통치하기 위해 유교를 국가의 통치이념으로 채택했던 것이 영향을 주었을 것이다(임계순, 2004: 94~100). 19세기 초 전략사상가였던 게훤(揭暄)은 『병법백언(兵法百言)』에서 다음과 같이 언급하고 있다.

> 전쟁의 목적은 백성의 안전을 위한 것이지 백성을 해치는 것이 아니며, 폭력을 근절하는 것이지 폭력을 조장하기 위한 것이 아니다. 따라서 전쟁에 임하는 지휘자는 당연히 성을 둘러싼 해자를 돌파하거나 성으로 공격해 들어가 백성을 살상할 필요가 없다. 싸우지 않고 승리한다는 점을 명심하여, 살인하거나 적 공격을 유도하거나 위세를 떨 필요도 없다. 전쟁이 불가피할 경우라면 생명을 해치지 않도록 최선을 다해야 한다(姜國柱, 2006: 358~359).

이는 당시 중국이 갖고 있던 도덕적이고 인본주의적인 전쟁관을 대변한 것으로 전쟁에 대한 신중한 태도를 보여준다. 같은 시기에 임칙서도 마찬가지로 맹자사상의 연장선상에서 '애민(愛民)'에 바탕을 둔 민본주의에 입각하여 대외 침략전쟁에 반대한다는 주장을 내놓았는데, 이것도 마찬가지로 전쟁이 국가와 사회에 미칠 해악을 우려한 것으로 이해할 수 있다(姜國柱, 2006: 391).

유럽국가들과 두 차례의 아편전쟁에서 패하고 난 후 청은 '부국강병(富國强兵)'을 내세우면서 서양을 모델로 하는 근대적 산업발전과 강력한 군사력 건설을 추진했다. 그럼에도 불구하고 중국의 전통적 사고와 유교적 원칙에는 변화를 가져오지 못했다. 그것은 '중체서용(中體西用)', 즉 중국의 학문을 본질적 원리로 삼고 서양학문을 실제적 용도로 삼는다는 양무운동(洋務運動)의 개념에 따라 청이 비록 서양의 선진기술을 도입하더라도 중국의 도덕적 원리와 윤리적 교훈은 여전히 정치사회적으로 근본이 되어야 한다는 믿음이 우세했기 때문이다(Fairbank, 2002: 2). 따라서 이 시기에 이루어진 개혁조치로 인해 청은 영국으로부터 군함을 도입하고 러시아로부터 근대적 무기를 제공받아 신식 부대를 창설할 수 있었으나, 그것이 곧 중국으로 하여금 전쟁을 혐오하는 유교적 전쟁관을 버리고 근대 서구의 '수단적 전쟁관'을 수용하도록 한 것은 아니었다.

청이 일본과의 전쟁에서 패하자 캉유웨이는 보다 과감한 개혁을 주장했다. 그리고 인류의 가장 큰 고통 가운데 하나인 전쟁을 아예 제거하기 위한 보다 과격한 주장을 내놓았다. 그는 국가의 경계선이 존재하는 한 전쟁이 그치지 않을 것으로 보고 대동(大同)과 태평(太平)의 세계를 완성하기 위해 국경을 타파하고 미국이나 스위스 연방과 같이 '태평세의 연합' 체제를 구축해야 한다고 보았다(샤오공취안, 2004: 1122~1128). 국가와 군대의 폐지로 이어지는 캉유웨이의 대동세계 구상은 비록 그 실현 가능성을 의심하지 않을 수 없는 지극히 이상적인 것이었지만 이 시기에 중국에서 우세했던 염전사상을 반영한 것임에 분명하다.

한편으로 전쟁에 대한 혐오감은 쑨원의 사상에서도 발견된다. 쑨원은 전쟁을 '민생(民生)'이라는 관점에서 바라보았으며, 민생주의를 실현하기 위해 전쟁이라는 수단을 사용해서는 안 된다고 주장했다. 그리고 만일 전쟁이 불가피하다면 전쟁 중이라도 민생문제를 해결하는 데 역점을 두어야 한다고 했다. 혁명가였던 그는 영국이나 미국과 같은 국가들의 사회혁명에는 반드시 무력이 사용되어야 했으나 중국이 사회혁명을 하는 데에는 결코 무력이 필요하지 않다고 보았다(국방군사연구소, 1996a: 255). 왜냐하면 유럽국가들은 자본주의가 발달하여 계급 간의 극심한 투쟁이 불가피했으나 중국의 경우 모두가 가난하여 계급투쟁이나 프롤레타리아 독재 자체가 성립할 수 없다고 보았기 때문이다(He, 2008: 493~494).

물론 쑨원은 신해혁명(辛亥革命)이 실패로 돌아간 이후 군사력의 필요성을 절실하게 인식하여 1920년대 중반 중국혁명을 완수하고자 '국민혁명군(國民革命軍)'을 창설하는 등 군사력 건설에 적극적으로 나섰다. 그러나 이 같은 인식의 변화에도 불구하고 그는 기본적으로 무력사용이 정치적 목적을 달성하기 위한 유용한 기제임을 깨닫지 못하고 있었으며, 이는 청조 말기 전쟁에 대한 중국인들의 부정적 인식을 대변하는 것으로 볼 수 있다. 특히 그는 "왕도를 강구하는 것은 인의 도덕을 주장하는 것이고, 패도를 강구하는 것은 공리와 강권을 주장하는 것이다. 인의 도덕을 강구하는 것은 정의와 공리로 사람을 감화시키는 것이고 공리와 강권을 중시하는 것은 총과 대포로 사람을 억압하는 것"이라고 주장했는데, 이는 맹자사상의 연장선상에서 이해할 수 있다(리쩌허우, 2010: 521~522).

이와 같이 청조의 전쟁관은 전통적 유교사상에 입각하여 민본주의를 강조하고 전쟁을 혐오하는 입장에 섰다. 이는 서구에서 태동한 '국가(stato)'와 '국가이성(raison d'etat)'의 관념이 형성되기 이전에 중국이 갖고 있던 '왕조'의 전쟁관으로서 근대 이전의 서구국가들처럼 아직 정치로부터 도덕이 분리되지 않았음을 보여준다. 즉, 청조는 클라우제비츠가 주장한 '수단적 전쟁론', 즉 전쟁이 국가이익을 달성하기 위한 정상적이고 일상적인 수단이라는 인식을 갖지 못하고 있었던 것이다.

2. 전쟁사례: 정치적 목적과 군사력 사용

청의 전략문화가 전쟁관 측면에서 다분히 유교적 성격을 갖는다면 과연 실제로 청이 대내외적으로 수행한 전쟁에서도 그러할까? 여기에서는 청 초기에 있었던 삼번의 난 진압, 중기의 청 러전쟁 및 서역정벌, 그리고 중후반기의 티베트 합병, 아편전쟁, 청불전쟁, 청일전쟁의 사례를 고찰함으로써 청의 전략문화적 속성을 보다 심도 있게 분석해보고자 한다.

1) 삼번의 난 진압 및 대만정벌

청은 베이징을 점령한 후 중원의 평정작업이 완료되자 공이 컸던 명 관료들과 장수들을 청 제국의 황족 서열에 안배하고 양쯔 강 이남 지역의 관할을 맡겼다. 오삼계(吳三桂)는 평서왕으로 운남(雲南)에, 상가희(尙可喜)는 평남왕으로 광동(廣東)에, 그리고 경정충(耿精忠)은 정남왕으로 복건(福建)에 봉했는데, 이들이 바로 삼번(三藩)이었다. 삼번은 각자의 관할구역에서 전권을 행사하며 봉건제후로서 행세했다.

삼번 중에서 가장 세력이 강했던 오삼계는 권력을 확대했다. 그는 운남과 귀주에 자신의 영지를 확보하고 독점무역을 발전시켰으며, 청조의 국고를 이용하여 자신의 군대를 유지했다. 또한 달라이 라마에게 사신을 보내 친선을 도모하고, 경정충 및 상가희와 친분을 쌓았다. 여러 해가 지나자 삼번을 중심으로 한 남중국은 정치적으로나 군사적으로 베이징에 필적할 만큼 세력이 강화되었다. 중앙집권국가를 수립하려 한 강희제가 즉위하여 삼번을 철폐할 것을 결정하자 오삼계는 1673년에 명제국 부흥을 명분으로 반란을 일으켰다. 이에 귀주, 사천, 호남, 광서의 성들이 호응했고, 다음해에는 다른 두 번이 가담함으로써 삼번은 방대한 반란세력을 구축하게 되었다(이춘식, 2005: 464~465).

강희제는 즉각 삼번의 토벌에 나섰다. 초기에는 반군의 세력이 강했으나 청군은 삼번이 합세하지 못하도록 오삼계의 군대를 견제하면서 경정충과 상가희의 군대를 각개 격파할 수 있었다. 홀로 남게 된 오삼계는 전의를 상실한 군대의 사기와 민심을 수습하기 위해 1678년 3월 스스로 황제로 즉위하고 국호를 주(周)라고 내걸었으나 그해 8월에 병으로 사망했다. 이후에 손자인 오세번이 즉위하여 청군과 대치했으나 연달아 패한 끝에 그도 1681년 자살했다. 8년 동안 지속된 난을 평정한 청은 복건, 광주, 형주 등에 군대를 주둔시켜 재발을 방지했다.

이 시기에 대만에서도 반청복명(反清復明) 운동이 전개되고 있었다. 절강의 토호였던 정성공(鄭成功)이 1662년 대만으로 들어가 명 태조의 10세손 노왕(魯王)을 옹립하고 대만정권을 세워 명조 부흥운동을 시작한 것이다. 정성공이 죽은 후에는 그의 아들인 정경(鄭經)이 이어받아 삼번의 하나인 경정충과 연합하여 대륙으로 진출을 시도했으나 여의치 않았다(이춘식, 2005: 467). 정경이 사망한 후 그의 두 아들 사이에 내분이 일어나자 강희제는 많은 뇌물을 보내 대만정권의 신하들을 이간시키면서 1683년 대만정권에서 항복한 시랑(施琅)을 앞세워 대만을 정벌했다(스펜스, 2001: 83~88). 이로써 청은 남방에서의 모든 난을 평정하고 중앙집권적 통치체제를 구축할 수 있었다.

이렇게 본다면 청의 삼번의 난 및 대만정벌은 사실상 '정벌'이 아닌 '진압'에 해당하는 것으로 볼 수 있다. 오삼계가 명제국의 부흥을 내걸며 반란을 일으키지 않았다면, 그리고 대만의 정씨 가문이 청의 통치에 저항하지 않았더라면 청조의 군사력 사용은 이루어지지 않았을 것이다. 청은 중원의 질서를 유지할 목적으로 무력을 사용했으며, 군사력 사용은 난이 발생하고 나서야 최후의 수단으로 이루어졌다.

2) 청러전쟁 및 서역정벌

제정러시아는 17세기 초부터 모피를 얻고자 동방으로 진출하여 1640년대부터 알바진과 흑룡강(黑龍江) 지역 일대를 약탈하기 시작했다. 청은 1654년과 1658년 두 차례에 걸쳐 병력을 보내 알바진 성을 수복하고 흑룡강 중하류 지역을 회복할 수 있었으나, 1665년 러시아인들은 다시 알바진으로 돌아와 요새를 세운 후 10년간 이 지역을 통치했다. 1670년 러시아 사신이 파견되어 황제에게 조공의 예를 갖출 때 청은 알바진에 있는 러시아인들을 철수시킬 것을 요구했다. 그러나 이는 관철되지 않았고 러시아인들은 알바진 인근의 흑룡강 유역을 빈번히 침략하면서 그 범위를 상류에서 중하류 지역으로 확대해나갔다(임계순, 2004: 261). 이에 강희제는 정벌을 준비하기 위해 1680년부터 군대를 파견하여 알바진과 흑룡강 연안의 러시아인에 대한 정찰활동을 시작했다.

1683년 남방에서 대만정벌이 완료되자 강희제는 북방으로 눈을 돌려 본격적으로 알바진에 대한 공격을 준비했다. 강희제는 대만공격에서 살아남은 정씨 가의 일부 군대를 러시아와의 전쟁에 동원했다. 항해술에 능한 정씨 가의 군대는 북방의 강을 항해할 수군을 운용하는 데 탁월한 능력을 발휘할 수 있었기 때문이다. 치열한 전투 끝에 청은 1685년 알바진을 함락하는 데 성공할 수 있었다. 러시아군이 다시는 알바진에 돌아오지 않겠다고 맹세하자 강희제는 이들을 용서하고 러시아로 되돌아가도록 했다. 그러나 그 후 청이 물러가자 러시아인들은 또다시 알바진을 점령했다. 강희제는 1686년에 알바진에 대한 두 번째 공격을 감행했다. 이번에는 러시아의 저항이 거세어 전쟁이 지연되었다. 1687년 청과의 전쟁에서 승리할 가능성이 희박하다고 판단한 러시아는 청에 서신을 보내 협상을 희망한다는 입장을 표명했으며, 청도 멀리 떨어진 지역에서 전쟁이 장기화되는 데 부담을 느껴 이에 응했다. 1689년 선교사의 도움으로 양국은 네르친스크 조약을 체결하고 전쟁을 종결했다.

네르친스크 조약은 양국의 국경선 획정, 러시아가 세운 알바진 요새의 파괴, 양국 백성의 자유무역 허용 등의 내용을 담고 있다(임계순, 2004: 262). 이 조약으로 러시아는 네르친스크에 대한 지배권을 확보하고 약 25만km^2에 이르는 영토를 획득했으며, 국경지역에서 청과 자유롭게 교역할 수 있는 권한을 었었다. 청은 알바진 요새가 사라짐으로써 그 일대의 평화를 회복할 수 있게 되었다.

그러나 청이 정작 러시아와 조약을 체결하려 한 이유는 서부지역 준갈이부(準噶爾部)의 위협 때문이었다. 청조 초기에 서역은 준갈이부와 회부(回部)로 나뉘어 있었다. 즉, 외몽골 서쪽의 천산 이북 지역에는 오이라트 몽골인들이 유목생활을 하며 살고 있었는데, 이들은 호쇼트, 중가르, 두르베트, 토르구트의 4개 부족으로 이루어졌다. 1677년 중가르의 칸 갈단(噶爾丹)이 오이라트의 부족들을 통일하고 1678년 천산남로의 회랑을 정복하면서 세력이 점차 강성해졌다. 중가르 족은 외몽골과 청해지역 등 중국 북서지역의 미개척지를 마음대로 휘젓고 다녔으며, 1670년대 후반에 카슈가르(疏勒), 합밀, 투루판(吐魯番)을 차례로 점령하여 이슬람교도들이 살고 있는 도시들과 중국-지중해 대상로를 거의 장악했다. 이후 오이라트의 지도자 갈단은 동진하면서 적대적인 부족들을 정복했고, 쫓겨난 부족들은 청의 서부지역인 감숙성(甘肅省)으로 밀려들었다(스펜스, 2001: 98). 이러한 상황에서 강희제는 준갈이부가 러시아와 제휴하여 중원을 위협할 가능성에 대해 우려하지 않을 수 없었다. 그가 네르친스크 조약을 체결하여 러시아와의 관계를 정상화한 것은 바로 이러한 가능성을 차단하기 위함이었다(판원란, 2009: 578~579).[2)]

러시아와의 전쟁이 마무리되자 강희제는 준갈이부의 위협에 적극적으로 대처했다. 강희 29년인 1690년에 갈단이 내몽골에 침입하자 청은 군사를 보내 갈단군을 격파했다. 갈단은 도망쳤으나 다시는 내몽골을 침입하지 않겠다고 약속했다. 이듬해에 강희제는 외몽골 지역 족장들로부터 항복을 받고 외

2) 청조는 맹기제(盟旗制)에 의해 몽고지역을 통치했다. 맹기제는 1635년부터 1771년까지 약 130년에 걸쳐 내몽골, 외몽골, 고비사막 지역의 몽골족에 대해 서서히 확대되었다. 기는 산천을 경계로 구분하고 기존의 부족장을 각 기의 장으로 임명했다. 기장은 각 기를 독자적으로 통치했으며 청은 이번원(理藩院)을 통해 필요한 지시를 했다. 맹은 기의 상위조직으로서 맹장이나 부맹장은 이번원에 소속된 관원이었다(임계순, 2004: 279~280 참조).

몽골을 30기로 나누었으며 족장들에게는 왕이나 패륵(貝勒) 등의 작위를 수여하여 청의 속국으로 삼았다(판원란, 2009: 578~579).

1695년에 갈단은 러시아의 조총부대 6만 명의 도움을 받아 보복에 나섰다. 이에 강희제는 직접 8만 명의 군사를 이끌고 고비사막을 넘어 케루렌 강 북부의 준갈이부를 압박했다. 청과 갈단의 전쟁이 길어지는 가운데 이리(伊梨) 지역에 근거하고 있던 갈단의 조카 처안아라부탄(策妄阿拉布坦)이 베이징으로 사절을 보내 갈단을 협공할 것을 제안했다. 궁지에 몰린 갈단은 1696년 자오모도(昭莫多) 대전투에서 패배하고 배신자들로부터 죽임을 당했다. 이후 몽골 지도자들은 청으로부터 친왕(親王)의 작위를 수여받게 되었다.

갈단이 죽었지만 변경의 문제는 해결되지 않았다. 이번에는 갈단의 조카인 처안아라부탄이 준갈이부의 통수권을 장악하고 티베트에까지 세력을 확장했다. 이 과정에서 그는 1716년에 티베트의 라싸(拉薩)를 공격하여 그곳의 정치지도자를 죽이고 달라이 라마를 억류했다. 티베트가 대혼란에 빠지자 강희제는 1717년에 소규모의 군대를 파견하여 질서를 유지시켰다. 1719년에는 달라이 라마 6세를 새로 책봉하여 티베트에 입성시켰고, 1720년에는 본격적으로 청군을 파병하여 장족(藏族)의 전폭적 지지 아래 처안아라부탄을 축출할 수 있었다. 처안아라부탄의 군대는 패해서 이리로 돌아갔으며, 1727년에 그가 죽은 후 아들 갈단처링(噶爾丹策零)이 뒤를 이었다(판원란, 2009: 579).

1729년 청은 다시 준갈이부의 정벌에 나섰으나 실패했다. 그 후 1732년에 갈단처링이 직접 대군을 이끌고 외몽고 울리아수타이(烏里雅蘇台) 동북쪽에 이르렀을 때 청은 그의 군대를 대파했으나 퇴로를 차단하지 못해 놓치고 말았다. 이는 팔기병(八旗兵)의 무능함을 드러낸 것이었다. 청은 1717년에 처안아라부탄과 처음 군사적으로 충돌한 이후 10여 년 동안 전비 7000만 냥을 소모하여 국가재정이 점차 곤란해지자 1734년에 갈단처링과 강화를 체결했다(판원란, 2009: 580). 1739년, 청은 추가 담판에서 준갈이부가 알타이 산(阿尔泰山) 서쪽에서 유목하도록 허용하면서 약 20년 동안 중국변경은 평화를 유지할 수

그림 5-1 청의 준갈이부 정벌

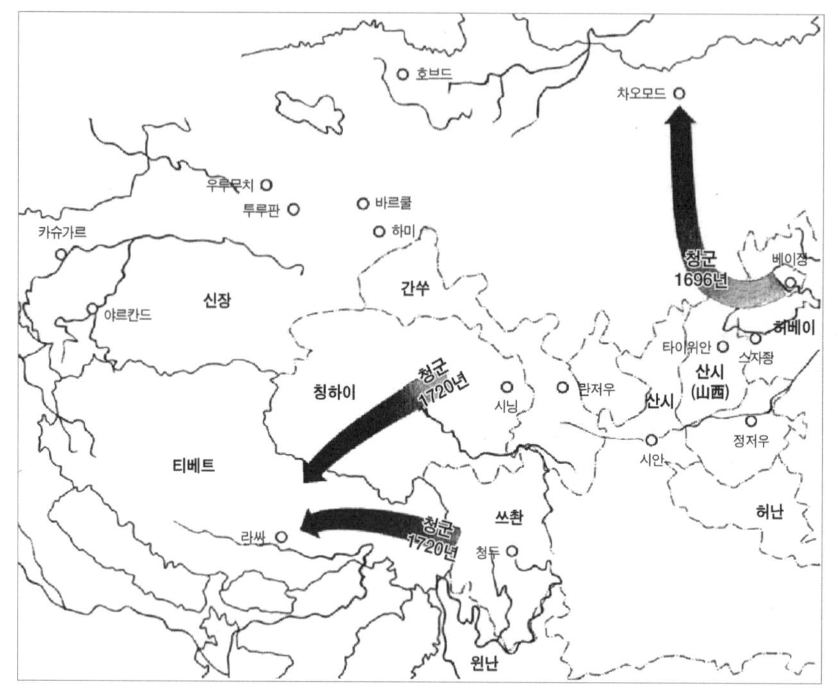

자료: 임계순(2004: 283).

있었다.

1745년에 갈단처링이 죽자 칸의 자리를 놓고 준갈이부 내에 내란이 일어났다. 청은 1755년에 처안아라부탄의 외조카로 청에 투항한 아무르사나(阿睦爾撒納)를 길잡이 삼아 준갈이부를 공격하여 대추장인 다와치(達瓦齊)를 죽였다. 이듬해 아무르사나가 반란을 일으키자 청은 다시 준갈이부를 공격하여 백성을 학살했으며, 아무르사나는 러시아 경내로 달아났다(판원란, 2009: 581). 청이 군사력을 내지로 철수시키자 곧 아무르사나가 다시 반란을 일으켜 정국은 재차 혼란에 빠졌다. 이에 청은 다시 군대를 파견하여 1757년에 아무르사나를 러시아로 축출하고 1759년부터 파미르 고원에 이르는 천산남북로 일대의 악수, 야르칸드(葉爾羌), 카슈가르 및 기타 오아시스들을 완전히 장악했다.

천산남로의 위구르(維吾爾)족은 이슬람교를 믿었으므로 회부(回部)라고 불렀다. 준갈이부를 점령한 후 청은 회부의 여러 족장에게 투항을 권유했으나 대부분 불응했다. 1760년 청은 이들을 제압하고 천산 남북 양로를 합해 '신장(新疆)', 즉 새로운 땅이라 명명했다(임계순, 2004: 286). 청은 회부의 종교와 풍속을 인정해주었으며, 세금도 준갈이부의 1/20만을 거둠으로써 관대하게 대했다.

서역을 정벌하여 복속시킨 것은 건륭제의 가장 중요한 업적으로 간주된다. 이를 통해 그는 중국의 영토를 두 배로 확장했고 마침내 준갈이부의 문제를 해결할 수 있었다. 서역은 중국 서북 변경의 천산 남북에 위치한 전략적 요충지로 동으로는 만리장성, 북으로는 몽골, 남으로는 티베트를 접하고 있어 적대세력이 들어설 경우 직접적으로 중원을 위협할 수 있는 지역이다. 건륭제는 정벌의 과정에서 얻은 수차례의 경험을 통해 몽골족을 통치하는 데 회유정책만이 효과적인 것은 아니라는 인식을 갖게 되었고, 이 지역을 정치적·경제적·군사적으로 강력하게 장악하기 위해 군대와 관리를 파견하여 통치하기 시작했다. 군대는 이리, 탑이색합태(塔爾色哈台), 우루무치(烏魯木齊), 카슈가르 등 네 곳에 주둔했다.

이렇게 볼 때 청이 대외원정에서 추구한 정치적 목적은 기본적으로 변경의 안정이었지 약탈이나 정복은 아니었다. 다만 회교에 대한 공격의 경우는 예외가 될 수 있다. 비록 나중에 관대한 대우를 베풀었지만 당장 이들이 위협을 가하지 않았음에도 굴복을 요구했기 때문이다. 그러나 청의 입장에서는 몽골족이 이 지역은 물론 서역에까지 영향을 미치고 있었기 때문에 회족의 굴복을 요구하지 않을 수 없었다. 준갈이부에 대한 정벌의 일환으로서 회교를 다룬 것이다. 또한 청은 군사력을 사용할 때 최후의 수단으로 활용하는 모습을 보였다. 우선 청은 몽골족에 대해 맹기제도 외에 혼인정책, 우대정책, 그리고 경제적 특혜를 부여함으로써 회유하려 했으며, 이러한 회유에도 불구하고 반기를 들 때는 군사력을 동원하여 정벌에 나서는 모습을 보여주었다. 이러한 측면에서 청의 군사력 사용은 정벌이라기보다는 반란진압 혹은 징벌적 성격이 강했다.

3) 티베트의 제국 편입

티베트는 중국의 서남쪽에 위치하여 라마교를 국교로 하는 독립국가였다. 명대 초기에는 티베트와의 조공관계가 정기적으로 기록되었으며, 특히 영락제는 티베트의 사절을 맞아 관작을 수여하고 책봉을 해주었다(Rossabi, 1997: 243~244). 그러나 명대에 티베트의 라마교에서 개혁운동이 일어나 금욕 및 수도생활을 강조하는 황파(黃派)가 등장했다. 신도들이 입은 예복의 색깔로 구교인 홍파(紅派)와 구별하여 붙인 이름이다. 이로써 청대에는 홍파와 황파 사이의 정치적·종교적 분쟁이 이어졌고, 이러한 혼란 속에서 이민족의 침략이 빈번했다. 청은 티베트를 보호하고자 군사적으로 개입하는 과정에서 티베트에 대한 통제력을 점차 강화해나갈 수 있었다(페어뱅크 외, 1991: 276~277).

청조 초기에 티베트는 라마교의 일파인 황파가 통치하고 있었는데, 이 교파의 최고지도자는 관세음보살의 화신인 달라이 라마 5세로 1652년에 베이징에 초청을 받아 황제를 알현했고, 그다음 해에 청의 책봉을 받아 라마교의 수령 지위를 획득했다. 청의 황제들은 라마교가 몽골에까지 종교적 영향력을 행사하고 있었으므로 달라이 라마와 우호적인 관계를 유지함으로써 몽골 지역을 통치하고자 했다. 실제로 달라이 라마는 청의 변경지대에서 농경을 하던 몽골인들을 초원지대로 돌아가도록 설득한 바 있으며, 1667년 장시 성(江西省)에서 일어난 회교도의 봉기를 진압하는 과정에서 몽골 라마교인들의 지원을 받을 수 있었다(임계순, 2004: 282~283).

앞에서 언급한 바와 같이 강희제 재위 초기에 갈단은 준갈이부를 장악한 후 위구르족이 통치하는 야르칸드 칸국을 정복했다. 그리고 갈단이 러시아의 지원을 받아 수차례에 걸쳐 청해, 티베트, 외몽골 및 내몽골을 침략하자 강희제는 1690년부터 세 차례에 걸쳐 직접 군대를 이끌고 갈단의 정예부대를 격퇴했다. 그러나 보다 직접적으로 청이 티베트를 지원하게 된 것은 이후 갈단의 조카인 처안아라부탄이 준갈이부의 통수권을 장악하여 티베트에까지 세력을 확대하고 달라이 라마를 억류했을 때였다. 강희제는 1719년 달라이 라마를 새로 책봉하여 티베트에 입성시키고 이듬해 군사적으로 개입하여 그곳의 부족민들과 함께 처안아라부탄을 축출했다(임계순, 2004: 283~284; 페어뱅크 외, 1991: 279).

그러나 잇단 준갈이부의 침략과 티베트 내부에서의 반란은 청의 정치적·군사적 개입을 촉발했다. 1723년 중가르 부족이 다시 티베트로 세력을 확대하려 하자 청은 3500명의 병사를 파병한 뒤 달라이 라마를 티베트의 정치적·종교적 최고지도자로 인정하고 세속행정관인 4명의 가룬(噶倫)을 임명하여 달라이 라마의 통치를 돕도록 했다. 그런데 1727년 티베트에서 격렬한 내전이 발발하여 총리 격인 가룬이 암살되는 사건이 발생하자 청조는 두 명의 주장대신(駐藏大臣)을 1만 5000명의 군사와 함께 파견하여 티베트를 간접적으로 통치하기 시작했다. 이로써 달라이 라마의 통치는 청의 황제가 파견한 두 명의 대신과 주둔군의 감독하에 이루어지게 되었다.

그러나 청의 개입은 여기에 그치지 않았다. 1750년 티베트의 귀족 주르모터나무잘러(珠爾默特那木札勒)가 반란을 일으키자 청조는 티베트에 행정기관인 내각회의를 설치하여 개입의 강도를 높였다. 이 회의는 중요한 행정업무와 관리의 임면, 군사출동에 관한 사항을 협의했으며, 그 내용은 달라이 라마와 대신에게 보고하도록 되어 있었다. 1787년 네팔이 티베트를 침입하기 시작하자 1792년에 청은 군대를 보내 세계의 지붕인 파미르 고원을 가로질러 1600km 이상 행군하여 침입자들을 고향으로 내쫓았다(페어뱅크 외, 1991: 300). 네팔의 구르카족(Gurkha)은 그 후 1908년까지 5년마다 한 번씩 베이징에 조공을 보냈다. 네팔의 침입을 계기로 청은 티베트를 보호한다는 명분하에 주

그림 5-2 청의 서역 정벌

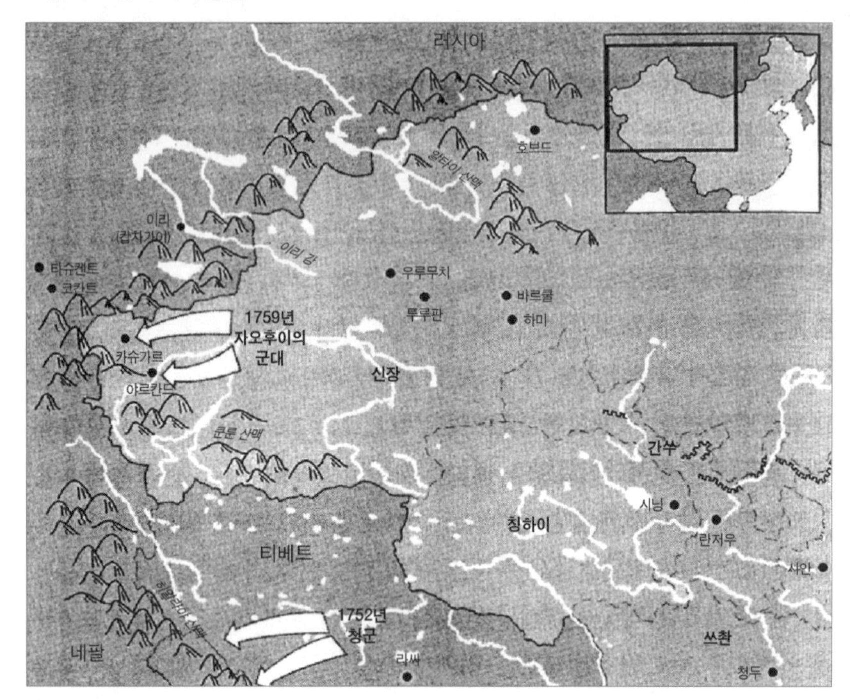

자료: 스펜스(1998a: 132).

장대신의 권한을 더욱 강화하여 달라이 라마의 통치에까지 간섭하도록 했다(임계순, 2004: 284).

이렇게 티베트에 대한 청의 통치는, 처음에는 달라이 라마에게 전적으로 위임했던 것이 외부의 침입과 내부의 반란을 진압하는 과정에서 점차적으로 개입을 강화하여 최종적으로는 주장대신이 달라이 라마를 통해 티베트를 통치하는 것으로 변화했다. 청조가 제정한 규정에 의하면, 주장대신은 달라이 라마와 동등한 지위에서 티베트의 모든 사무를 총괄했으며, 휘하의 가룬 및 기타 관리들은 사안의 경중에 관계없이 모두 대신의 재가를 받아야 했다. 주장대신은 티베트의 군사, 외교, 경제, 무역, 종교 및 인사문제, 심지어 달라이

라마의 후계자 선출 등에 관한 모든 업무를 청 조정으로부터 직접 명령을 받아 처리했다(임계순, 2004: 285). 이로써 티베트의 정치권력은 청 제국의 권력 안으로 확고하게 편입되었다. 비록 청은 대신을 통해 티베트를 강력하게 통치했지만 라마교가 티베트와 몽골을 정신적으로 지배하고 있다는 것을 잘 알고 있었다. 따라서 청은 라마교를 존중하고 라마승들에게 많은 특권을 부여했다. 그리고 라마교 고위 인사들에게 각종 봉호(封號)를 내리고 몽고 각 지역에 라마사원을 건립해줌으로써 이들을 적극적으로 회유했다(임계순, 2004: 285).

요약하면 청의 티베트 장악은 정복 또는 병합으로 볼 수 있다. 조공관계를 벗어나 일체의 내정 및 외교에 직접적으로 간여했기 때문이다. 그러나 정치적 목적은 사실상 정복이라기보다는 주변지역의 안정, 그리고 이를 통해 중화제국의 질서를 유지하는 데 있었던 것으로 볼 수 있다. 티베트는 서장뿐 아니라 몽골세계에까지 정신적으로나 종교적으로 영향력을 갖고 있었기 때문에 외부의 반청세력이나 내부의 반란세력이 장악할 경우 청의 안보를 직접적으로 위협할 수 있었다. 따라서 청은 어떻게든 티베트의 안정을 지키려 했고, 이것이 바로 준갈이부의 침략 및 티베트 내부반란에 대해 청이 개입하지 않을 수 없었던 요인으로 이해될 수 있다.

4) 아편전쟁

1839년부터 1842년까지 진행된 제1차 청영전쟁 혹은 아편전쟁은 해로운 아편의 밀수를 막으려던 청 조정의 노력에 의해 촉발되었고, 영국 전함들의 우세한 화력에 의해 영국의 일방적인 승리로 종결되었다. 이 전쟁은 서구열강의 중국 침탈을 가속화하여 거의 한 세기 동안 중국을 반식민지 상태로 전락시켰다. 중국은 이 전쟁을 계기로 이전과 달리 더 이상 외부세계에 대한 원정이 어렵게 되었으며, 서구열강들의 침략에 대응해야 하는 수세적 입장에 서게 되었다.

아편에 의한 폐해가 극심해지자 1838년 도광제(道光帝)는 임칙서를 황제의 특사 격인 흠차대신(欽差大臣)으로 임명해 광동지역에 파견하고 아편무역을 종식시키도록 명령했다. 임칙서는 포고문을 내려 아편 흡연자에게 아편과 담뱃대를 2개월 내에 관할 담당자에게 반납하도록 명령했다. 모든 아편 흡연자는 처벌되었고 비흡연자들은 5인 단위로 편성하여 아편을 피우지 않겠다고 서약하는 상호책임제를 도입했다. 이를 통해 1839년 5월 중순까지 1600명이 넘는 중국인이 체포되었고 15.7톤의 아편과 4만 3000개의 담뱃대가 압수되었다.

임칙서는 외국인에 대해서도 설득과 강압을 적절히 구사했다. 그는 외국인들이 합법적인 차, 비단, 대황 등의 무역은 계속하되 중국인에게 해를 끼치지 않도록 설득하고자 노력했다. 외국인과 아편무역을 하는 행상들로부터 다시는 아편무역을 하지 않겠다는 각서를 받는가 하면, 외국인이 보유한 아편을 압류했다. 그리고 영국 빅토리아 여왕에게 마약의 판매와 제조를 금지시킬 것을 정중히 요구하는 편지를 보내기도 했다. 그러나 아편은 영국에서 금지되고 있지 않았으며 많은 영국인들이 아편을 술보다 유해하지 않다고 여겼으므로 임칙서의 호소는 받아들여지지 않았다.

영국의 아편상이 보유한 아편을 압수하는 과정에서 충돌이 발생했다. 영국의 아편판매상인 덴트(Lancelot Dent)가 아편을 포기하지 않자 임칙서는 그를 체포하도록 명령했다. 외국인 공동체가 덴트를 넘겨주지 않자 임칙서는 1839년 3월 24일 모든 외국무역을 전면 중단하도록 하는 조치를 취하고, 영국 감독관 엘리엇(Charles Elliot)을 포함하여 350명이 거주하던 광주(廣州)의 외국인 건물을 봉쇄했다. 결국 6주가 지난 후 외국인들은 아편 2만 상자를 포기하는 데 동의했고, 임칙서는 이를 운반한 다음 봉쇄를 풀고 16명을 제외한 외국인 전원을 중국에서 추방했다. 임칙서는 1360톤에 달하는 생아편을 모두 폐기한 후 바다로 흘려보냈다.

1839년 여름에 엘리엇은 중국의 처분에 항의하기 위해 영국정부에 지원을 요청했다. 영국 외상 파머스턴(Henry John Temple Palmerston)은 중국정부에 편지를 보내 중국이 영국인들에게 폭력을 행사했다는 소식에 놀랐으며, 외국에 살고 있는 여왕의 신민이 폭력적인 처사와 모욕을 당하고 부당하게 대우받는 것은 용납할 수 없다고 했다. 영국 아편상들은 중국에 보복조치를 가하고 영국 내 아편무역 반대 움직임을 무력화할 수 있도록 모금운동을 전개하여 의회를 상대로 로비를 벌였다. 영국의회는 중국에 선전포고를 하지는 않았다. 다만 군함을 파견할 것과, 명예를 회복하고 배상금을 받아내기 위해 필요하다면 인도에서 더 많은 군대를 동원하기로 했다(스펜스, 2001: 194).

임칙서는 만일의 사태에 대비하여 광주로 진입하는 항구에 새로운 화포를 설치하여 수로를 요새화하고 운하의 통행을 막기 위해 쇠사슬을 설치했다. 1839년 9월과 10월 홍콩 항과 광주 외곽에서 중국과 영국의 전함 사이에 무력충돌이 일어나 양측에 피해가 발생했다. 중국 선박이 침몰된 이 충돌로 인해 이제 협상을 통한 사태해결을 기대하기 어렵게 되었다. 이 사이에 엘리엇(George Elliot)이 이끄는 영국함대가 1840년 6월 광주에 집결했다. 영국함대는 항구 입구를 봉쇄하기 위해 4척을 남겨두고는 주력함대를 이동시켜 임칙서가 구축한 방어망을 우회하여 북쪽으로 향했다. 영국함대는 7월에 2척의 전함으로 영파(寧波)를 봉쇄한 후 절강(浙江) 해안 외곽에 위치한 주산(舟山)제도의 중심지를 점령하여 절강 연안을 장악했다. 남은 함대는 계속해서 북상하여 천진(天津)을 방어하는 대고(大沽) 요새 근처의 북하(北河) 강 입구까지 항해를 계속했다. 1840년 8월과 9월에 그 지역 총독인 기선(琦善)과 엘리엇 사이에 협상이 이루어졌는데, 여기에서 기선은 영국을 설득하여 일단 광주로 되돌아가도록 하는 데 성공했다. 이로 인해 기선은 임칙서가 담당하고 있던 양광(兩廣) 총독에 임명되었으며 임칙서는 부적절한 대처에 대한 문책으로 이리에 유배되었다(스펜스, 2001: 195~196).

1841년 1월 기선은 홍콩을 할양하고 600만 달러를 배상금으로 지불하며, 영국 상인들이 청 당국과 직접 접촉하는 것을 허락하고 10일 안에 광주에서 무역을 재개하겠다고 약속하는 것으로 협상을 마무리했다. 이에 도광제는 격

그림 5-3 아편전쟁, 1839~1842년

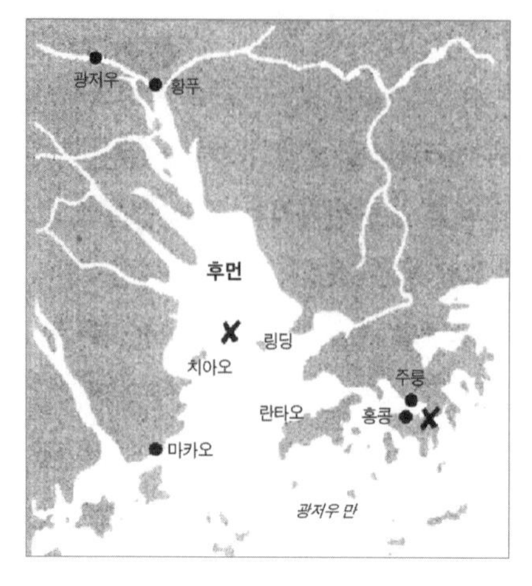

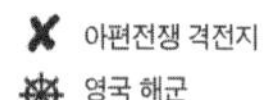

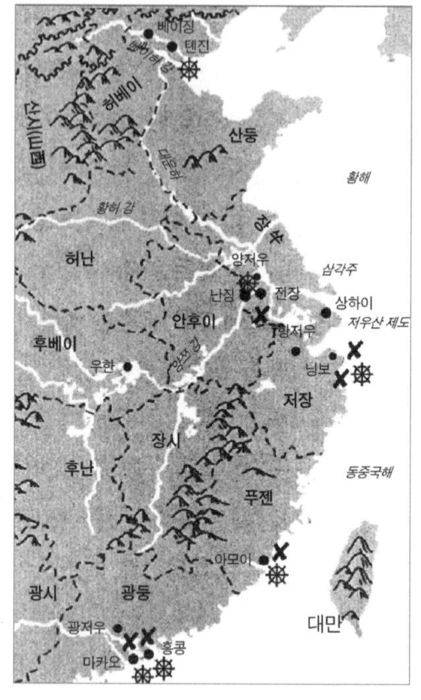

자료: 스펜스(1998a: 193).

분하여 기선을 파면하고 유배시켰다. 영국정부도 엘리엇이 중국에 주산을 넘겨주었을 뿐 아니라 폐기된 아편에 대한 충분한 보상을 요구하지 못한 데 대해 분노했다. 1841년 4월 파머스턴은 엘리엇을 파면하고 새로운 전권대사에 포팅어(Henry Pottinger)를 임명하여 중국과의 협상을 처리하도록 했다. 1841년 8월 말, 포팅어는 영국함대를 이끌고 다시 북상하여 하문(厦門)과 영파를 점령하고 주산을 재차 장악했다. 1842년 늦봄에 인도에서 지원병력이 도착하자 그는 주요 강과 운하를 차단하여 청의 항복을 요구하며 전쟁을 일으켰다. 6월에 상해, 7월에 진강(鎭江)을 장악하고 대운하와 양쯔 강 하류의 수로를 봉쇄했다. 8월 5일 포팅어가 청의 강화요구를 묵살하고 명의 수도였던 남경까지 올라가 공격 채비를 갖추자 청은 평화회담을 제의했고 8월 29일 양측은 남경조약에 서명했다(스펜스, 2001: 197~198).

남경조약은 광동에서 외국 무역에 대한 공행(公行)의 독점을 폐지하고, '협정관세율'을 약속하며, 홍콩을 영국에 할양하고, 영국인의 거주와 무역을 위해 광동, 하문, 복주, 영파, 상해 등 다섯 항구를 개방하는 것을 포함했다. 남경조약은 중국이 외국과 체결한 최초의 개항조약이자 불평등조약이었다. 영국은 중국의 대외관계에서 새로운 질서를 만들어내기 위해 군사적 우세를 적절히 활용하여 성공할 수 있었다. 영국은 홍콩과 같은 통상기지 이외에는 영토에 대한 야망이 없었다. 또한 중국의 평민들을 공격하는 것도 목표는 아니었다. 다만 영국은 중국의 천자가 외국인의 새로운 지위를 인정하도록 하려 했는데, 이는 중국의 조공체계를 붕괴시키는 것을 의미했다.

아편전쟁에서 청의 정치적 목적은 지극히 소극적인 것이었다. 즉, 영국이 아편 밀무역이라고 하는 불법행위를 중단시키는 것이었다. 반면 제국주의 국가로서 영국은 파기된 아편에 대한 배상은 물론 아편무역의 지속과 함께 홍콩의 할양, 5개 항 개방 등 불평등조약을 강요했으며, 무엇보다도 이를 통해 중국의 조공체계를 무너뜨리고자 했다. 군사력 사용에서 청은 지극히 무기력한 모습을 보였다. 임칙서는 광주 인근 해역에서 방어적인 태세로 일관했으며, 영국함대가 주산제도를 장악하고 북해강 및 양쯔 강 일대를 유린하는 데 아무런 저지를 하지 못했다. 그리고 영국함대가 남경을 공격할 채비를 갖추자 제대로 싸우지도 않은 채 회담을 제의했다. 결론적으로 이 전쟁은 중국의 전략문화와 관련하여 뚜렷한 성향을 보여주지 못하고 있다. 다만 전통적인 유교적 전략문화의 타성에 젖은 청의 무기력함만을 보여주고 있을 뿐이다.

5) 청불전쟁

청불전쟁은 아편전쟁과 달리 청조가 중화제국의 질서를 유지하기 위해 무력을 사용한 사례였다. 프랑스는 17세기부터 인도차이나에서 식민지 개척활동을 시작했고 19세기 중반에 이르러서는 이를 더욱 적극적으로 전개했는데, 이로 인해 베트남에 대한 종주권을 고수하려는 청조와 대립하게 되었다. 1873년에 프랑스는 홍강(紅江) 삼각주 지역을 점령한 후 청조와 서공조약(西貢條約)을 체결했는데, 이는 베트남의 남부 지역인 코친차이나(交趾支那)를 프랑스 소유로 인정하고 북부 통킹에서 주강(珠江)까지의 항해권을 프랑스에 양도하는 것이었다. 이후 프랑스는 통킹과 하노이 등지에 수비병을 주둔시키고 방어를 강화했지만 청조는 베트남이 옛날부터 중국의 속국임을 주장할 뿐 적극적으로 대처하지 못했다(임계순, 2004: 501~502).

1880년대 초에 프랑스는 하노이와 하이퐁을 점령하여 식민제국을 확대하고 베트남에 새로운 조계(租界)를 설치하기 위해 중국에 압력을 넣기 시작했다. 1882년 4월, 프랑스 해군대령 리비에르(H. L. Riviere)는 베트남의 통킹에 도착하여 홍강 하류에서 광산을 탐사하는 데 유영복(劉永福)이 이끄는 흑기군(黑旗軍)이 이를 방해했다는 이유로 하노이를 점령했다. 유영복은 태평천국운동에 참가했던 비밀결사조직인 천지회(天地會) 잔당의 지도자로 태평천국운동이 소멸하자 흑기군을 이끌고 베트남과 운남성 국경지대로 이동해 베트남 정부와 협력관계에 있었다.

청은 프랑스군이 하노이를 점령하자 정규군을 파견하여 운남(雲南)과 광서(廣西) 지방에서 국경을 넘어 통킹으로 진군시켰으며, 그곳에서 프랑스군과 조우하여 총격전을 벌이게 되었다. 광동수사(廣東水師)의 군함 20척도 베트남 해역으로 파견했다. 청조는 임오군란이 발생한 조선에도 군대를 파병해야 했으므로 적극적인 무력대응에 대해서는 신중한 입장이었다. 마침 프랑스 내각에서도 온건책을 표방하면서 1882년 말 청국 주재 공사인 부레(F. A. Bouree)와 이홍장(李鴻章) 사이에 타결책이 마련되었다. 이 합의에서 양국은 서로 양보하여 통킹에서 프랑스의 권리를 인정하고 양측 사이에 완충지대를 설정하기로 했다(임계순, 2004: 502).

그러나 1883년 2월 새로 등장한 프랑스의 페리(J. Ferry) 내각은 부레를 소환하고 베트남에 병력을 증강하기로 결정했으며, 하원에서도 전비 550만 프랑의 지출을 가결하는 등 본격적으로 전쟁에 대비했다. 프랑스군이 하노이 입구 홍강 삼각주 지역의 요충지인 남딘(南定)을 점령하고 8월 중순에 중국 흑기군과 치열한 전투를 하면서 베트남의 수도인 후에(順化)를 압박하자 청조는 프랑스와 조약을 체결하기로 결정했다. 1883년 8월 25일, 양국은 순화조약(順化條約)을 체결했는데, 여기에는 프랑스가 베트남에 대한 보호권을 갖고 청조를 포함한 모든 외국과의 관계를 관장한다는 내용이 포함되었다. 이홍장은 중국 해군이 프랑스 해군에 비해 크게 약하다는 사실을 깨닫고 프랑스와 강화를 맺어야 한다고 주장했지만 광서제(光緖帝)는 베트남과의 전통적인 주종관계가 깨지는 것을 받아들일 수 없었으므로 이 조약을 인준하려 하지 않았다(雷劍彩·賴曉樺, 2007: 9; 쉬, 2002: 96~101).

이홍장이 프랑스 측과 협상을 벌이는 사이 청조의 강경파가 주전론적인 여론을 조성했다. 진사나 한림원 출신의 비교적 젊은 세대로 구성된 청류파(淸流派)는 서태후(西太后)를 추종하면서 연로한 자강주의자들을 유화주의자라 공격하고 대외정책에서 호전적이고 비타협적인 방책을 주장했다. 이러한 가운데 1883년부터 1884년까지 청불 간의 무력충돌로 인해 운남성과 화남(華南) 각지에서는 배외의식이 고조되어 반기독교 운동과 반프랑스 운동이 확산되었다.

청의 입장에서는 조공국을 방어하고 전통적 영향력을 유지해야 했지만 열강을 상대로 전쟁을 한다는 것은 커다란 부담이었다. 청은 프랑스가 베트남에서 전면전을 하지 않을 것이라는 정보를 입수하자 이홍장에게 협상을 지시했다. 이 협상에서 이홍장은 북위 20도를 경계로, 프랑스는 22도선을 경계로 양국의 영향권을 분할하자고 주장했으나 이견을 극복하지 못하고 회담은 결렬되었다. 프랑스는 무력으로 베트남문제를 해결하려 했고, 양국 군은 국경지역에서 충돌했다. 청군은 5만 명의 병력을 보유하고 있었으나 1만 6000명의 프랑스군에 패배했다. 청은 일본이 조선에 진출한 상황에서 베트남 문제에 전념할 수 없었으며, 프랑스 역시 국내정치적 불안정으로 인해 대규모 전쟁은 불가능한 상황이었다.

결국 1884년 5월 11일 프랑스 해군 함장인 푸르니에(F. E. Fournier)와 이홍장 사이에 5개 조로 된 간명조관(簡明條款), 일명 '이-푸르니에 협정'이 체결되었다. 이 협정은 중국이 군대를 철수하고 통킹을 통한 프랑스의 교역을 허락하는 대신, 프랑스는 베트남과 그 조약상의 권리를 보장하고 중국에 배상을 요구하지 않을 것임을 규정했다. 이 협정은 베트남에 대한 프랑스의 보호권을 규정한 순화조약을 승인한 것으로 청 내부에서 많은 비난을 받았으며, 청 조정은 종주권의 상실을 받아들일 수 없다며 비준을 거부했다.

협상이 결렬되자 1884년 8월 푸저우(福州)의 프랑스 함대는 공격을 개시했다. 프랑스 함대는 70문의 중포와 수많은 기관총을 실은 전함 8척과 수뢰정 2척으로 구성되었다. 반면 중국함대는 복건함대에 소속된 오래된 전투용 정크와 무장한 거룻배 외에 신설된 남양 자강함대(自强艦隊)에 소속된 11척의 선박 — 2척을 제외하고 나머지는 모두 목선 — 이 전부였다. 이 배들은 주로 소구경화기로 구성된 45정의 신식 총을 탑재하고 있었을 뿐 신형 화포는 보유하지 않고 있었다. 베이징 당국이 5주 동안 결정을 내리지 못한 채 프랑스가 제시한 최후통첩 시한인 8월 23일을 넘기자 프랑스 함대는 발포를 시작했다. 중국의 기함은 전투가 시작된 지 1분 만에 격침되었고, 7분 뒤에는 대부분의 중국 군함들이 프랑스 함포의 포탄에 맞았다. 1시간 내에 모든 중국 함정이 침몰하고 불탔으며 병기창과 부두가 파괴되었다. 프랑스 전사자는 5명이었으나 중국은 521명의 사망자와 51명의 실종자가 발생했다(스펜스, 2001: 266~268).

한편 육상전투에서는 우열이 명확히 갈리지 않았다. 초기에 프랑스인들은 하노이 부근의 삼각주 지역을 장악한 후 북쪽의 광서 변경으로 통하는 주요 통로로 진군하여 진남관(鎭南關) 바로 남쪽의 랑손(Langson)을 점령했다. 하지만 중국인들은 1885년 3월에 이 전략적 요지를 회복하고 그곳에 수립된 프랑

그림 5-4 청불전쟁과 청일전쟁, 1870~1895년

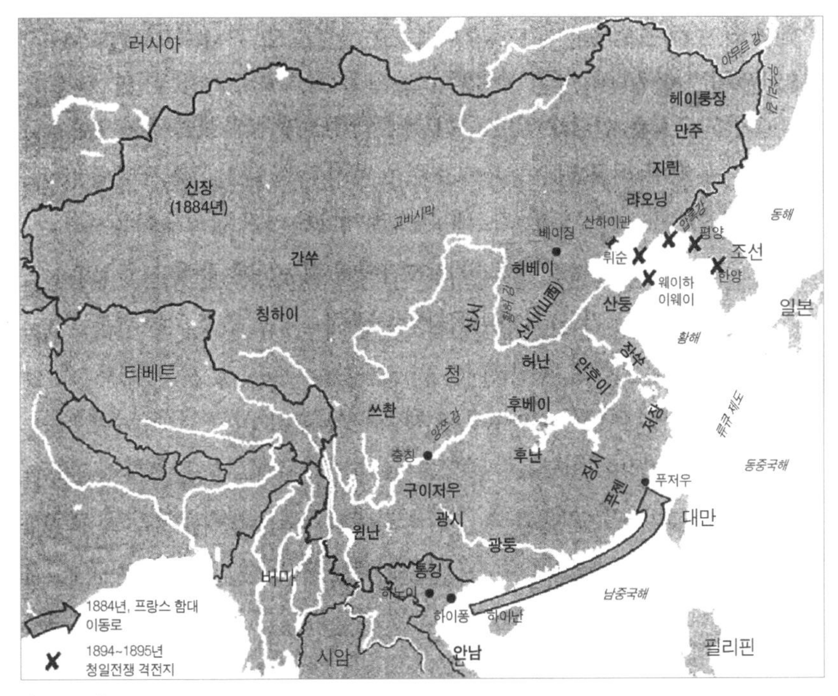

자료: 스펜스(1998a: 269).

스 내각을 무너뜨림으로써 청의 자존심을 약간이나마 세울 수 있었다(페어뱅크 외, 1991: 214~215).

이홍장은 복주의 남양함대를 지원하기 위해 북양(北陽)함대를 파견할 수도 있었지만 역부족이라고 판단하여 그렇게 하지 않았다. 그 대신에 그는 북양함대 전력을 보존하여 더욱 강화하기로 결심하고 그것을 이용하여 자신의 관료적 권력기반을 강화하려 했다. 따라서 그는 북양함대의 거점을 천진에 유지함으로써 조선까지의 해로를 확보하는 데 주력했다.

프랑스 함대가 대만해협을 봉쇄함에 따라 청조는 동남아로부터 곡물을 운반해올 수 없었다. 이런 상황에서 영국, 미국, 독일이 중재에 나서 1885년 6월

9일 이홍장과 프랑스 공사 파트노트르(J. Patenotre) 사이에 회정월남조약(會訂越南條約)이 체결되었는데, 이는 기존의 순화조약을 공식 승인한 것으로 베트남에 대한 청의 종주권은 공식적으로 소멸되었다. 이로 인해 전통적인 중화제국의 질서는 더욱 동요하게 되었다. 청조의 국제적 위신은 추락하고 그로 인해 일본을 비롯한 각국의 청에 대한 도전은 더욱 거세졌다(임계순, 2004: 505).

요약하면 청불전쟁은 청이 전통적인 조공국이었던 베트남에 대한 종주권을 유지하기 위해 치렀던 전쟁이다. 청은 위태로워져 가는 중화질서가 무너지지 않도록 부여잡으려 했으나 그러한 목적을 달성하기 위해 군사력을 사용하는 데는 매우 소극적이었다. 이는 청의 해군력이 프랑스에 비해 열세했을 뿐 아니라 군사력 사용 면에서도 경험이 부족했기 때문으로 볼 수 있다. 그러나 보다 근본적으로는 전통적 유교사상의 영향 때문에 군사력의 효용성을 낮게 평가한 청의 인식에서 그 이유를 찾을 수 있다.

6) 청일전쟁

동북아에서 중화질서를 유지하려는 청의 노력은 일본과의 군사적 충돌로도 이어졌다. 1880년대에 한반도에 대한 일본의 야심이 노골화되자 청은 조선에 대한 종주권을 더욱 강화하고자 했고, 이를 저지하려는 일본과 마지막으로 남은 속국을 지키기 위해 전쟁을 불사했다(미타니 히로시, 2011: 298~302).

1868년 명치유신(明治維新)에 성공한 일본은 급속히 성장하여 그 여세를 몰아 한반도에 진출하고자 했다. 일본은 1876년 조선의 문호를 강제로 개방시키고 세력을 확대해나갔다. 청조에게 조선은 남방의 베트남과는 전혀 다른 의미가 있었다. 조선의 안보는 청조의 안보와 직결되었으며, 조선은 역사적으로 가장 모범적인 조공국으로서 이제 마지막으로 남은 속국이었다. 조선에 대한 종주권을 상실하는 것은 중화질서의 붕괴를 의미했다. 따라서 청은 한양에 총리교섭통상사의(總理交涉通商事宜)라는 새로운 관직을 만들어 위안스카이(袁世凱)를 임명하고 조선의 조정과 우호적인 관계를 유지하여 조선의 '독립'이 결코 중국의 특권적 지위의 약화를 의미하지 않는다는 것을 확실히 하라는 어려운 임무를 맡겼다. 청은 일본이 조선에서 영구적인 기반을 갖지 않기를 바랐던 것이다.

1890년대에 일본이 한반도에 대한 구상을 노골적으로 드러냄에 따라 긴장이 고조되었다. 1884년 조선에서 친일 개혁파에 의해 갑신정변(甲申政變)이 일어나 보수적 대신들을 암살하고 국왕의 신변을 확보했으나 위안스카이가 일본 공사관 경비병들을 물리치고 국왕을 구출함으로써 실패로 돌아갔다. 이 위기는 1885년 이홍장과 이토 히로부미(伊藤博文)가 천진에서 이-이토 조약을 체결하여 해소되었는데, 이 조약은 두 나라가 한국에서 군대와 군사고문단을 철수시키고 문제가 발생할 때는 다시 파병하기 전에 미리 상대방에게 통지한다는 내용이었다.

이러한 협정의 배후에는 일본의 전략적 판단이 작용했다. 당시 일본은 러시아를 주적으로 생각하고 있었다. 그리고 일본은 도쿄에서 국가전략에 대한 대논쟁을 거친 후 해외에서 전쟁에 휩쓸리기 이전에 국력을 더 강화해야 한다고 판단했다. 이토 히로부미는 시간이 일본의 편에 있다고 인식하고 조선을 두고 너무 성급하게 청과 싸우면 러시아만 득을 볼 것이라고 생각했다. 1885년 4월, 영국이 러시아의 남하를 저지하기 위해 거문도를 점령하는 사건이 발생하자 일본은 언젠가 러시아와의 대결이 불가피하다고 판단했다. 1889년에 일본해군은 6년에 걸친 군함 건조계획을 성공적으로 완료하면서 전력이 크게 증강되었다(임계순, 2004: 507).

청은 프랑스와의 전쟁에서 패한 후 10년 동안 해군을 근대화하려는 노력을 경주했다. 그러면서 조선에 대한 종주권을 강화하고 적극적으로 조선의 내정과 외정에 간섭했다. 영국이 거문도를 점령했을 때 이홍장은 영국과 러시아 사이의 중재자로서 1887년 영국군을 철수시키는 데 성공했으며, 조선에서 청의 위치는 더욱 확고해졌다. 조선은 대외적 외교관계에서 청의 통제를 받았으며 중국 이외의 국가로부터 외채를 도입할 수 없게 되었다. 조선 해관(海關)은 중국 해관의 일부로 편입되었고 청의 상인은 개항장뿐 아니라 수도 한성을 비롯한 각지에서 일본과 경합했다(조병한, 2006: 302). 조선에 대한 청의 배타적 종주권 행사는 일본을 자극했으며, 조선을 일본의 보호국으로 만들어야 한다는 논리를 부채질했다(이삼성, 2010: 340; 조병한, 2006: 341).

청과 일본이 군사력을 강화하고 조선에 대한 영향력을 확대하기 위해 경쟁하는 가운데 조선에서 발생한 동학(東學)운동은 청과 일본이 전쟁으로 치닫는 계기로 작용했다. 1894년, 강한 배외적 성향을 가진 대중 종교조직인 동학이 조선 남부에서 민란을 일으켰다. 이에 중국은 조선 왕의 요청으로 3500명의 병력을 아산만으로 파병했다. 일본은 아무런 조치를 취하지 않을 경우 향후 한반도에서 영향력을 상실할 것을 우려하여 6월 12일 자국민 보호라는 명분을 내세워 1만 3800명이라는 압도적인 병력을 인천에 파병했다(McCordock, 1931: 79~80). 6월 22일, 일본 외상 무쓰 무네미쓰(陸奧宗光)는 조선 주재 공사 오토리 게이스케(大鳥圭介)에게 '어떻게 해서든 개전의 구실을 찾으라'는 지령을 내렸다. 일본은 청이 수용할 수 없는 조선의 공동개혁안을 제의했고 청이 이를 거부하자 7월 25일 전쟁을 개시했다(박창희, 2010b: 69).

7월 21일, 청은 1200명의 보충병력을 조선까지 호송해줄 것을 영국 수송선에 의뢰했다. 이 수송선은 일본 순양함에 적발되었으나 항복을 거부하여 포격을 받고 침몰했으며 청의 병력은 200명도 채 살아남지 못했다. 7월 말에 일본 육군은 한양과 평양 부근의 전투에서 중국군을 격파했고 10월에는 압록강을 건너 청의 영토로 진격했다. 11월에는 뤼순(旅順) 항을 점령하고 산하이관(山海關)을 넘어 중국 본토로 진입하기 위한 채비를 마쳤다.

중국 북양함대는 전함 2척, 순양함 10척, 수뢰정 2척으로 구성되어 있었으며, 9월 압록강 입구에서 벌어진 전투에서 일본 해군에게 큰 타격을 입고 산동반도 북쪽의 삼엄하게 방비된 위해위(威海衛) 항으로 퇴각해 있었다. 그러나 1895년 1월 일본은 2만 명의 병력을 투입하여 산동 곶을 가로질러 육로를 통해 진격하여 위해위 항을 점령했다. 일본군은 지상에서 중국 함대에 총격을 가하고 동시에 해상에서는 함정공격을 가하여 전함 1척과 순양함 4척을 파괴했다(스펜스, 2001: 269~270).

1895년 4월 시모노세키 조약이 체결되었다. 중국은 조선의 완전하고 완벽한 독립과 자주를 인정했으며, 일본에 2억 냥의 전쟁배상금을 지불하고 양쯔강 상류에 위치한 네 개의 항구를 개항하기로 약속했다. 또한 일본에 대만 전체와 팽호(澎湖)제도, 그리고 만주 남부의 요동(遼東)을 영구히 할양하기로 했다. 비록 일본은 러시아, 독일, 프랑스의 반대에 부딪혀 요동에 대한 권리를 포기해야 했지만 다른 조항들은 그대로 인준되었다.

이렇게 볼 때 청일전쟁에서 청조가 추구한 전쟁의 목적은 청불전쟁과 마찬가지로 동아시아에서 중화질서를 유지하는 것이었음을 알 수 있다. 즉, 조공체계하에 있는 주변국들에 대한 종주권을 수호하기 위해 전쟁에 나섰던 것이다. 다만 청은 군사적으로 일본에 비해 열세에 있었으며 군사력을 전술적으로 운용하는 데 서툴렀기 때문에 일본과의 전쟁을 통해 이러한 목적을 달성하기에는 역부족이었다. 이는 청이 대외정책을 추구하는 데 있어서 군사력의 효용성을 너무 늦게 인식했음을 보여준다.

3. 사회적 측면

청조의 전쟁은 백성이 아닌 왕의 군대에 의해 수행되었다. 중국 내 민족주의 의식과 주권에 대한 관념이 형성되지 않은 상태에서 일반 백성들은 전쟁에 징집될 수는 있어도 스스로를 전쟁수행의 주체로 인식하고 국가와 민족을 위해 싸우는 것은 아니었다. 즉, 청조의 전쟁은 왕조의 이익을 위한 것으로 '황제의 전쟁'이었지 백성의 이익을 위한 '국민의 전쟁'은 아니었다.

근대 서양의 경우 용병제 대신 징집제가 등장하여 국민군대가 형성되고 국민이 전쟁의 주체가 된 것은 나폴레옹 전쟁으로 확산된 민족주의 의식 때문에 가능했다. 청조에는 이러한 의식이 태동하지 못했다. 비록 임칙서를 비롯한 사상가들이 민본사상과 애국사상을 강조하면서 백성이 국가의 근본이라는 주장을 내놓았지만(姜國柱, 2006: 390), 그것이 곧 백성이 국가의 주인이며 전쟁의 주체가 된다는 의미는 아니었다. 비록 증국번(曾國藩)이 태평천국의 난을 진압하는 데 있어서 성공의 열쇠가 민심이라는 사실을 명확히 인식했다거나 캉유웨이나 량치차오가 '백성'의 주인의식을 강조한 것은 중국 민족주의의 맹아적 사고를 보여준 것이 사실이지만, 그럼에도 불구하고 이들의 주장은 백성이 주체가 되어 전쟁을 결정하고 전쟁에 참여함으로써 승리할 수 있다는 근대적 사고로 발전하지는 못했다(샤오공취안, 2004: 1136~1239).

오히려 백성은 왕조의 첫 번째 견제 대상으로서 민란에 대한 우려가 상존했다. 명 정복 이후 왕조가 안정되어가자 청조는 군을 내부 반란 진압과 경찰 임무 수행에 적합하도록 그 체계를 개편했다. 정예군이었던 팔기군은 대부분 베이징 인근 또는 만주 지역의 요새에 분산 배치되었으며, 나머지는 양쯔 강이나 대운하와 같은 전략적 요충지에 배치되었다. 팔기군은 1700년대에 주로 한족으로 구성되었으나 1800년대에 오면서 반란을 우려하여 만주족으로 대체되었을 뿐 아니라, 초기에 모두가 기병으로 구성되었던 것이 1700년대 중반에 이르러서는 대부분 보병으로 바뀌었다. 기병은 대부분 만주와 수도지역, 그리고 몽골 지역에서만 유지되었다(Lococo, 2002: 122~123). 이와 함께 녹영(綠營)은 18세기에 이르러 팔기군의 세 배에 달하는 60만 명 이상의 대규모 병력을 유지했으나 이들은 주로 지방의 법과 질서를 유지하기 위한 치안임무를 수행했다. 변경지역 침입을 방어하는 군대에서 내륙의 반란 진압을 위한 군대로 전환된 것이다. 이런 상황에서 전쟁은 '왕의 전쟁'이 되었으며, 백성들은 전쟁과 유리되거나 오히려 전쟁의 대상이 되었다.

실제로 아편전쟁 사례를 보면 평민들은 광동의 경우를 제외하면 일반적으로 전투에 대해 무관심하게 구경만 했고, 오히려 노임을 벌기 위해 침략군들의 편에 서서 일하려고 했다(Fairbank, 1991b). 이는 청조가 대외적인 전쟁에서 일반 백성들을 동원하는 데 실패한 것으로, 클라우제비츠가 제시한 전쟁의 삼위일체 가운데 '정부'가 전쟁의 주체였을 뿐 '국민'이라는 요소는 철저히 배제되어 있었음을 보여준다.

4. 결론

청은 비록 이민족이 수립한 국가였지만 전통적 유교사상과 명의 정치체제를 그대로 답습했다. 청도 명과 마찬가지로 주변국에 대한 책봉 및 조공체계를 유지했으며, 이를 통해 중화제국의 질서를 유지하고자 했다. 청은 문화적 우월성을 내세우고 덕과 예를 베풀면서 주변국을 동화시킬 수 있다고 보았으며, 군사력의 사용은 최후의 수단이 되어야 한다고 보았다. 따라서 청의 전쟁관은 이전 중국의 전통적 인식과 다르지 않다. 계훤의 도덕적이고 인본주의적인 전쟁관, 임칙서의 민본주의적 인식, 그리고 캉유웨이의 태평세의 연합에 이르기까지 청조의 전쟁관은 전통적 유교사상에 입각하여 민본주의를 강조하고 전쟁을 혐오하는 입장을 견지했다.

청조가 추구한 전쟁의 목적은 중화질서를 안정적으로 유지하는 것으로, 대외적으로는 조공체계에 도전하는 주변국을 제압하고 대내적으로는 청조의 통치에 저항하는 내부의 반란을 진압하는 것이었다. 명을 정복하고 권력을 강화했던 17세기에 청은 대내적으로 왕조의 정통성에 도전하거나 통치에 위협을 가하는 일부 세력에 대해 무자비한 폭력을 행사했지만, 그 외에는 대부분 도전세력들을 회유함으로써 안정적으로 내부질서를 유지하는 데 주안을 두었다. 대외적으로도 옹정제와 건륭제의 서역정벌 사례를 제외한다면 17세기 후반부터 18세기에 걸쳐 이루어진 러시아, 몽골, 버마, 베트남, 네팔 등과의 전쟁은 사실상 정복전쟁이 아니라 중화질서를 유지하기 위해 주변경계를 획정하거나 반란을 진압할 목적으로 이루어진 것이었다(페어뱅크 외, 1991: 300). 강희제가 1696년 이리 지방을 원정하여 내몽골, 티베트, 그리고 청해 지역을 점령하고 청의 영토로 편입한 것도 변경에서의 위협이 강화되는 것을 저지하기 위한 예방적 조치로 볼 수 있다. 당시 서몽골 지역에서 강성해진 중가르 부족이 이리 지방을 근거지로 동투르키스탄의 투르크인을 굴복시키고 티베트와 청해 지역을 점령하여 몽골의 재통일을 추진하고 있었기 때문에 이를 저지하기 위해 나서지 않을 수 없었던 것이다(Spence, 1988: 153~156).

청조는 정치적 목적의 달성에서 군사력의 역할을 보조적인 것으로 인식했다. 즉, 군사력을 덕의 정치와 외교적 수단을 보완하는 보조적인 것으로 사용한 것이다. 청조에서의 군사력 사용은 대부분 제한적이었으며, 적을 완전히 '파괴'하기보다는 정치적으로 '복속'시키는 데 주안을 두었다. 특히 청조 후반기의 군사력 사용은 대외적 정벌이나 팽창을 통해 그 효용성을 극대화하기보다는 대내적으로 반란을 진압하고 사회질서를 유지하는 데 주력함으로써 그 역할이 크게 제한되었다. 19세기 후반 군사력을 강화하기 위해 양무운동이 전개된 시기에도 군사력 그 자체보다는 도덕적·정신적 요소의 중요성을 강조했다. 특히 정통 유교사상으로 무장한 사상가들은 폭력은 교정수단이 될 수 없다는 유가의 가르침에 따라 전쟁의 효용성을 낮게 평가하고 군사력 건설 노력을 비하하는 경향이 강했다. 청은 두 차례의 아편전쟁과 청불전쟁, 그리고 청일전쟁에서 패했는데, 이는 군사력의 효용성을 무시한 전통적 유교사상의 영향으로 인해 군사력 건설에 미온적이었던 데에서 기인하는 것이었다(Horowitz, 2002: 161~162).

전쟁의 수행에서 백성의 역할은 여전히 제한적이었다. 비록 태평천국의 난에서 민심이 전쟁수행에 영향을 주고 캉유웨이나 량치차오가 백성의 주인의식을 강조함으로써 백성의 역할을 어느 정도 인정했지만 전반적으로 청조의 전쟁은 백성의 전쟁이 아닌 황제의 전쟁이었다. 특히 청조 후기에 접어들면서 백성은 전쟁의 주체이기는커녕 전쟁의 대상으로 전락했다.

이렇게 볼 때 청은 명과 마찬가지로 유교적 전략문화를 유지하고 있었음을 알 수 있다. 비록 청의 티베트 점령은 주변국을 병합한 사례로 침략적 행위임이 분명하지만, 전체적으로 청은 유교주의에 입각한 전쟁관을 견지했고 중화질서를 유지하기 위해 무력을 동원했으며 군사력의 효용성을 높게 평가하지 않았다. 전쟁에서 백성의 역할도 여전히 제한되었다. 이를 고려할 때 청의 전략문화는 공자-맹자 사상의 연장선상에 서 있는 것으로 결론지을 수 있다.

제3부

근대의 전략문화

제6장

중국의 공산혁명과 전략문화

중국의 공산혁명은 청조 말기의 전통적인 '유교적 전략문화'에 어떠한 변화를 가져왔는가? 공산주의 혁명을 통해 얻은 사상, 정치, 군사, 사회적 측면에서의 경험은 이후 중국의 전략문화의 성격을 어떻게 변화시켰는가? 만일 그러한 전략문화를 '현실주의적 전략문화'라고 정의할 수 있다면, 이는 청조 이전의 유교적 전략문화와 어떻게 다른가?

혁명이란 기존 체제와의 '단절(secession)'을 의미한다(Dougherty and Pfaltzgraff, 1981: 314). 중국의 공산혁명은 기존 왕조체제로부터의 정치적 단절과 함께 전통적 이념과 가치의 변화를 야기했으며, 전쟁 및 전략과 관련하여 패러다임적 전환을 가져왔다. 이 장에서는 '공산혁명'과 중국의 '전략문화' 간의 관계를 분석하기 위해 네 개의 요소, 즉 사상적 측면에서 '전쟁관,' 정치적 측면에서 '전쟁의 목적,' 군사적 측면에서 '군사력의 역할,' 그리고 사회적 측면에서 '국민의 역할'을 중심으로 논의를 전개한다. 그리고 이를 통해 중국의 전략문화는 공산혁명을 거치면서 '유교적 전략문화'로부터 극단적 형태의 '현실주의적 전략문화'로 전환되었음을 제시할 것이다.

중국의 공산혁명은 중국의 전통적 전략문화를 근대적인 성격을 갖는 것으로 변화시켰다. 그것은 중국이 비로소 전쟁을 정치적 목적을 달성하기 위한 정당한 수단으로 인식하기 시작했고, 필요시 협상을 배제하고 적을 타도하는 절대적 형태의 전쟁을 추구할 수 있다고 보기 시작했기 때문이다. 특히 중국은 공산혁명을 통해 전쟁이 계급이익 및 국가이익을 확보하기 위한 유용한 기제로 활용될 수 있으며, 이를 위해 군사력과 인민이 전쟁의 승리에 주도적 역할을 할 수 있음을 인식하게 되었다.

1. 전쟁관

1) 마오쩌둥의 전쟁인식: 전쟁의 불가피성

중국의 전쟁관 변화는 단순히 공산혁명이라는 역사적 사건 하나에 의해 이루어진 것은 아니었다. 아편전쟁으로부터 청일전쟁에 이르기까지 서구열강들과의 수차례 무력충돌의 결과로 중국은 엄청난 이권을 양보하고 수탈을 당해야 했으며, 이 과정에서 국가이익을 수호하기 위해 강한 군대를 보유해야 한다는 사실을 뼈저리게 느낄 수 있었다. 청 말기에 일부 선각자들이 '부국강병'을 내걸고 추진했던 자강운동과 변법운동은 비록 실패로 돌아갔지만 이러한 인식을 반영한 것이었다.

그럼에도 불구하고 중국의 전쟁인식 변화에 결정적 영향을 미친 요인은 중국혁명이었음을 부인할 수 없다. 그 가운데서도 마오쩌둥의 전략사상은 전쟁 및 군사력 사용에 대한 중국의 인식에 극적인 전환을 야기했다. 그의 전략사상은 중국의 전통적 군사사상가인 손자는 물론, 마르크스-레닌의 계급적 전쟁관과 클라우제비츠의 '수단적' 전쟁론으로부터 영향을 받았다. 다만 마오쩌둥은 이론가라기보다는 실천가로서 전쟁의 본질에 대한 이론적 분석과 논의보다 혁명전쟁을 수행하는 데 필요한 전략과 전술에 더 많은 관심을 두었다.

따라서 그의 전략사상을 통해 중국의 전쟁관을 이해하기에는 다소 제한이 있는 것이 사실이다. 여기에서는 이러한 한계를 염두에 두면서 그의 저서에 제시된 내용을 중심으로 혁명전쟁 시기 중국이 가졌던 전쟁관을 살펴보기로 한다.

먼저 마오쩌둥은 마르크스-레닌주의의 영향을 받아 공산주의 전쟁관을 견지했다. 마르크스는 전쟁을 강력한 역사진보의 수단으로 인식했다. 그는 프랑스 혁명이 유럽의 역사적 상황을 변화시켰다는 데 주목하고 전쟁이 혁명사상을 전파하고 봉건적 질서를 타파할 수 있다고 보았다(한설, 2003: 23). 레닌(Vladimir Il'Ich Lenin)도 마르크스처럼 전쟁을 역사의 동력으로 이해했다. 나폴레옹 전쟁을 통해 유럽의 낡은 농노제적 봉건제와 절대주의를 붕괴시켰던 사례와 보불전쟁이 러시아의 차르와 나폴레옹 3세라는 두 전제군주의 압제로부터 독일민족을 해방시켰음을 예로 들어 전쟁이 진보적인 사회변화를 초래할 수 있다고 보았다(한설, 2003: 51~52).

마오쩌둥도 전쟁을 이러한 역사발전의 과정으로 이해했다. 중국의 역사상 "대규모의 농민봉기와 농민전쟁이 있었을 때마다 그 결과는 당시의 봉건통치에 영향을 줌으로써 사회적 생산력 발전을 촉진시켰다"라고 보았기 때문이다(Mao, 1967o: 308). 그는 이러한 전쟁의 순기능을 모순해결이라는 관점에서 분석했다. 즉, 전쟁이란 역사가 발전하면서 나타난 모든 계급과 계급, 민족과 민족, 국가와 국가, 정치적 집단과 정치적 집단 간의 모순을 해결하고자 하는 최고의 투쟁형태라는 것이다(Mao, 1967i: 180). 인류역사에서 착취계급과 피착취계급은 노예사회이든 자본주의사회이든 서로 모순된 관계 속에서 오랜 기간에 걸쳐 공존하면서 투쟁해왔다. 이 두 계급의 모순은 평화 속에서 발전하다가 임계점에 도달하면 서로 적대적 형태를 취하며 혁명으로 발전하고 전쟁으로 전환된다. 폭탄 내의 다양한 요소들이 공존하다가 특정 조건에 의해 폭발이 일어나는 것과 마찬가지이다(Mao, 1967f: 343).

실제로 중국의 역사는 이러한 모순에 의한 혁명사례로 점철되어 있다. 농민에 대한 지주 계층의 가혹한 경제적 착취와 정치적 억압으로 농민들은 지주

계층에 반항하여 많은 봉기를 일으켰다. 진나라 때 항우(項羽)와 유방(劉邦)으로부터 시작하여 한나라 때의 황건(黃巾), 당나라 때의 황소(黃巢), 원대의 주원장, 명대의 이자성(李自成), 그리고 청대의 태평천국에 이르기까지 크고 작은 봉기를 합하면 수백 차례에 달했다. 이러한 봉기는 지주계급과 농민계급 간의 모순이 극대화되어 폭발한 것으로 농민의 저항운동이었으며 동시에 농민혁명운동이었던 것이다.

그러면 이러한 계급 간의 모순과 그로 인한 혁명전쟁은 영원히 지속될 수밖에 없는 것인가? 마오쩌둥은 그렇지 않다고 주장한다. 중국의 역사에서 과거의 농민혁명은 단지 지주와 귀족에 의해 왕조를 교체하는 도구로 이용되었을 뿐 진정한 혁명의 목적을 달성하는 데는 항상 실패했는데, 그 이유는 새로운 생산력 및 생산관계, 계급적 역량, 근대적 정당을 갖추지 못했기 때문이다. 즉, 무산계급과 공산당에 의해 영도되지 않았기 때문에 농민혁명은 성공할 수 없었고 또 다른 착취와 봉기가 반복되었던 것이다(Mao, 1967o: 308). 그러나 중국공산당이 주도하는 무산계급에 의한 혁명은 이전의 봉기와 달리 새로운 생산력 및 생산관계, 계급역량, 그리고 근대적 정당을 갖춤으로써 중국의 반봉건 및 반제국주의 세력을 근절할 수 있는 마지막 전쟁이 되리라는 것이 마오쩌둥의 주장이다.

공산주의 이론에 의하면 혁명전쟁은 역사발전 과정에서 필연적으로 발생할 수밖에 없는 불가피한 전쟁이다. 마르크스가 제기한 역사발전 5단계설은 인류의 역사가 원시공산사회로부터 시작하여 고대노예사회, 중세봉건사회, 근대자본주의사회를 거쳐 최종적으로 공산주의로 발전한다는 것으로 진화론적이고 종말론적인 역사관을 반영하고 있다. 이에 의하면 근대의 자본주의가 갖고 있는 모순이 극대화됨으로써 공산주의 혁명은 필연적으로 발생하고 공산주의 세계는 반드시 도래하게 된다. 계급사회에서의 혁명과 혁명전쟁은 이미 예정된 것이다.

그러나 마오쩌둥은 이러한 역사발전의 필연성을 인정하면서도 마르크스-

레닌의 혁명이론과 차별화된 중국혁명론을 제기했다. 사실 공산혁명기의 중국은 자본주의가 발달하지 않은 반봉건적이고 반식민지 상태에 있는 국가였다. 따라서 자본주의적 모순이 극대화될 수 없으므로 혁명의 조건이 성숙되지 않은 것으로 간주되었다. 이에 대해 마오쩌둥은 '신민주주의론'을 제시하면서 중국이 다른 경로의 혁명을 통해 사회주의로 발전할 수 있다고 주장했다. 그것은 크게 보면 2단계의 혁명으로서 1단계는 자산계급을 포함한 다양한 계급의 연정을 통해 신민주주의 사회를 건설하고, 그 후 2단계로서 사회주의 혁명을 완수한다는 것이다. 마오쩌둥에 의하면 제국주의 열강들은 중국을 침략하여 한편으로 중국의 봉건사회 해체를 촉진하고 자본주의를 발생시켜 봉건사회를 반봉건사회로 만들었지만, 다른 한편으로 중국을 잔혹하게 착취하여 반식민지 국가로 전락시켰다. 이러한 상황에서 그는 제국주의와 중화민족 간의 모순, 봉건주의와 인민 대중 간의 모순이 주요한 모순인 반면, 자산계급과 무산계급 간의 모순은 부차적인 것으로 보았다(Mao, 1967o: 312~314). 따라서 마오쩌둥은 먼저 다양한 계급과의 연합을 통한 '유산계급 혁명'으로 신민주주의 사회를 건설해야 하며, 사회주의 세계 건설은 그 이후에 가서 '무산계급 혁명'을 통해 건설해야 한다고 주장했다.

이와 같은 마오쩌둥의 전쟁인식은 곧 전쟁불가피론에 입각하고 있다. 중국이 당면한 반제국주의와 반봉건적 상황은 모순을 극대화시키고 있으며 이러한 모순이 극에 달해 폭발하는 것은 시간문제에 불과하기 때문이다. 비록 그는 신민주주의 이론을 내세우며 정통 마르크스-레닌주의와 다른 독자적인 혁명이론을 제시했지만, 그의 전쟁관 역시 제국주의와 봉건주의에 대항하는 중국혁명전쟁은 피할 수 없다는 전쟁불가피론의 입장에 서 있다.

2) 정당한 전쟁론

마오쩌둥은 전쟁의 목적이 바로 전쟁을 근절하는 데 있다고 주장했다. 그는 전쟁은 인류사회의 발전에 따라 결국은 없어질 수밖에 없는데 그 방법은 전쟁밖에 없다고 했다. 그래서 그는 "전쟁을 이용하여 전쟁을 반대하고, 혁명전쟁을 이용하여 반혁명전쟁을 반대하며, 민족혁명전쟁을 이용하여 민족반혁명전쟁을 반대하며, 계급적 혁명전쟁을 이용하여 계급적 반혁명전쟁을 반대해야 한다"라고 강조했다.

일찍이 레닌은 정당한 전쟁론을 주장했다. 레닌도 전쟁이 다른 수단에 의한 정치의 연속임을 강조했다. 레닌에 의하면 전쟁이 정치의 한 수단이라면 전쟁을 누가 시작했는지는 문제가 되지 않는다. 누구나 선택할 수 있는 정책의 한 유형이기 때문이다. 중요한 것은 전쟁을 수행하는 국가들이 어떠한 정책을 수행해왔고 어떠한 계급에 의해 전쟁이 수행되느냐가 그 정당성을 결정한다는 사실이다. 이때 프롤레타리아, 또는 식민지 국가에 의해 수행되는 전쟁은 당연히 정당한 전쟁의 영역에 속한다. 왜냐하면 피착취계급과 식민지 국가들은 착취자들과 제국주의 국가들로부터 자신들의 임금과 재산을 보호해야 하므로 항상 방어적인 입장에 서 있기 때문이다(Vigor, 1975: 71~73; Lenin, 1964: 398~341). 즉, 레닌에 의하면 사회주의자들에 의한 전쟁은 비록 이들이 먼저 전쟁을 시작한다 하더라도 제국주의 국가 혹은 착취계급에 대항하는 것이므로 언제나 정당한 전쟁이 된다(Lenin, 1975: 185).

마오쩌둥도 전쟁을 정의의 전쟁과 불의의 전쟁으로 구분하고, "모든 반혁명전쟁은 불의의 전쟁이며 모든 혁명전쟁은 정의의 전쟁"이라고 했다. 그는 다음과 같이 언급했다.

> 역사상에는 오직 정의의 전쟁과 불의의 전쟁이 있을 뿐, 모든 반혁명전쟁, 제국주의 전쟁, 반민족전쟁은 불의의 전쟁이며, 모든 혁명전쟁, 반제국주의 전쟁, 그리고 민족전쟁은 정의의 전쟁이다. …… 역사적으로 전쟁은 두 종류로 구분된다. 하나는 정의의 전쟁이고 다른 하나는 불의의 전쟁이다. 우리 공산주의자들은 진보를 저해하는 모든 불의의 전쟁을 반대하나 진보적인 정의의 전쟁은 반대하

지 않는다. 후자에 속하는 전쟁을 우리 공산주의자들은 반대하지 않을 뿐만 아니라 거기에 적극적으로 참가한다(Mao, 1967i: 182~183; 雷劍彩·賴曉樺, 2007: 55).

이러한 이유로 그는 중국공산당이 수행하는 혁명전쟁은 정당한 전쟁임을 강조했다. 혁명전쟁이 핍박을 받는 다수에 의한 전쟁이라고 한다면, 인류가 추구하는 정의의 전쟁은 인류를 구원하는 것이며 중국의 전쟁은 중국을 구원하는 것이다. 따라서 세계와 중국이 수행하는 혁명전쟁은 의심할 바 없이 정의의 전쟁이며, 인류사회가 진보하여 계급이 소멸되고 국가가 소멸되면 그때 가서 모든 전쟁은 사라지게 될 것이다. 중국의 혁명전쟁은 세계 혁명전쟁의 한 부분으로서 모든 전쟁을 없애려는 중국공산당의 의지로부터 출발하고 있으며, 이 점이 바로 공산주의자의 전쟁과 제국주의자 혹은 착취계급의 전쟁을 구분하는 기준이라는 것이다(Mao, 1967i: 182).

이 같은 마오쩌둥의 정당한 전쟁론 인식은 폭력의 사용을 적극적으로 수용하는 것을 의미한다. 각 집단들 간의 모순이 극대화되는 가운데 전쟁이 없이 이러한 모순을 해결할 수 없다면, 그리고 그러한 전쟁이 정의로운 것이라면 폭력의 사용은 정당한 것으로 합리화될 수 있을 것이다.

3) 정치적 수단

마오쩌둥은 클라우제비츠가 근대적으로 정의한 전쟁의 정의, 즉 "전쟁은 다른 수단에 의한 정치의 연속"이라는 주장을 수용했다. 마오쩌둥은 모든 전쟁은 그 자체가 정치적 성격을 띤 행동으로, "정치는 피를 흘리지 않는 전쟁이며 전쟁은 피를 흘리는 정치"라고 했다. 그는 전쟁의 승리는 결코 정치적 목적과 분리될 수 없다고 하면서 만일 전쟁을 정치로부터 고립시키는 사람이 있다면 그는 전쟁 지상주의자가 될 것이라고 경고했다(Mao, 1967h: 153).

마오쩌둥이 클라우제비츠의 '수단적 전쟁론'을 수용한 것은 중국의 전쟁관이 처음으로 근대성을 갖기 시작한 것으로 볼 수 있다. 이는 전쟁이 곧 정치행위로서 전쟁을 지극히 정상적이고 일상적인 것으로 이해하는 것을 의미한다. 이는 고대 중국의 유교사상이나 서구의 평화주의자들이 주장하는 바와 같이 전쟁을 비정상적이거나 근절해야 할 대상으로 보는 견해와 대비되는 것이다. 즉, 전쟁은 없어져야 할 악이라기보다는 우리와 함께 해야 할 삶의 일부라는 해석이 가능하다. 이러한 시각에 의하면 전쟁은 국가이익을 추구하기 위해 언제든 사용할 수 있는 정상적인 수단이 되며, 이러한 측면에서 마오쩌둥의 전쟁관은 서구의 현실주의적 전쟁관을 수용한 것으로 볼 수 있다.

이렇게 볼 때 중국의 '전쟁관'은 공산혁명을 기점으로 '도덕적 관점'에서 '수단적 관점'으로 변화했음을 알 수 있다. 청조 시기에는 유교의 영향으로 인해 전쟁을 비정상적이고 비도덕적인 것으로 간주하여 혐오하는 경향이 있었으나, 공산혁명을 경험하면서 마르크스-레닌 사상에서 나타난 '정당한 전쟁론'과 클라우제비츠의 '수단적 전쟁론'의 영향을 받아 전쟁을 국가 간에, 혹은 사회 내의 계급 간에 나타나는 일상적이고 정상적인 현상으로 간주하게 되었다(Mao, 1967i: 182~183).

2. 정치적 목적

1) 계급이익과 민족이익 달성

중국공산혁명은 20세기 초 중국의 봉건적이고 제국주의적인 질서를 타파하며 반봉건적이고 반제국주의적인 질서를 창출하는 계기가 되었다. 그리고 현대중국이 수행하는 전쟁의 목적을 국제정치적 현실주의에 입각하여 계급이익 및 민족이익을 추구하는 것으로 변화시켰다(서진영, 1994: 218). 즉, 청조가 중화질서를 유지하고 변경을 안정시키기 위해 무력을 사용했다면, 공산혁명기 중국은 전쟁을 계급이익 또는 민족이익을 추구하기 위한 정당한 수단으로 인식한 것이다.

중국혁명은 두 가지 목적을 추구했다. 하나는 대외적으로 제국주의 세력을 축출하는 것이며, 다른 하나는 대내적으로 반봉건세력을 근절하는 것이다. 전자는 민족혁명이고 후자는 계급혁명 또는 민주주의 혁명인 셈이다. 그런데 이 두 가지 목적은 서로 연계되어 있다. 제국주의는 봉건지주 계급을 강력하게 지지하고 있기 때문에 만일 제국주의 통치를 전복시키지 못한다면 봉건지주 계급의 통치를 궤멸시킬 수 없다. 반대로 봉건지주 계급은 제국주의를 중국 통치의 주요한 사회적 기초로 간주하기 때문에 이들을 전복시키지 않는다면 제국주의를 축출할 수도 없다. 즉, 민족혁명과 민주주의 혁명은 서로 구별되는 임무이면서 동시에 깊이 연계된 사안인 것이다.

마오쩌둥은 중국의 혁명을 위해 중국 내 혁명세력과 반혁명세력을 분명하게 구분했다(Mao, 1967o: 318~326). 우선 가장 먼저 혁명의 대상이 되어야 할 반혁명세력은 지주계급이다. 지주계급은 제국주의가 중국을 통치하는 중요한 사회적 기반이며 봉건제도에 의해 농민을 착취하고 억압하는 계급이다. 특히 마오쩌둥은 항일전쟁에서 일본 침략자들에게 투항하여 민족을 반역한 자들과 아직 투항하지 않았지만 동요하고 있는 계층을 반혁명세력으로 지목했다. 다만 중소지주 출신의 향신(鄕紳)들과 약간의 자본주의 색채를 띠고 있는 지주들은 항일운동에 적극적으로 참여하고 있으므로 이들은 혁명세력으로 포용하여 연합전선을 구축해야 한다고 보았다.

두 번째로 자산계급은 매판성을 가진 대자산계급과 민족자산계급으로 구분했다. 매판성을 가진 대자산계급은 제국주의 국가의 자본가들을 위해 직접적으로 종사하는 계급이며 그들이 길러낸 계급이다. 이들은 농촌의 봉건세력과 밀접한 관계를 갖고 있으므로 애초에 중국혁명의 대상으로 간주해야 한다. 이에 비해 민족자산계급은 이중성을 가진 계급이다. 한편으로 이들은 제국주의의 억압과 봉건주의의 속박을 받고 있기 때문에 혁명세력으로 포용할 수 있다. 실제로 이들은 중국혁명사에서 한때 제국주의에 반대하며 관료 군벌정부를 반대하는 입장에 서기도 했다. 그러나 다른 한편으로 이들은 정치경제적으로 약하고 제국주의 및 봉건주의와의 경제적 연계를 완전히 끊지 못하고 있으므로 매판 대자산계급을 따라 반혁명의 기수가 될 수도 있다. 따라서 이들에 대해서는 신중한 정책을 취해야 한다. 다만 1927년 이후 공산당과 비교적 좋은 동맹관계를 유지하고 있는 민족자산계급에 대해서는 지속적으로 포용할 수 있다고 강조했다.

셋째로 농민 이외의 소자산계급, 즉 광범위한 지식인, 소상인, 수공업자 및 자유직업자들은 농민계급의 중농과 유사한 계급으로 중국혁명의 원동력이 될 수 있다. 이들은 모두가 제국주의, 봉건주의, 그리고 대자산계급의 억압을 받아 점차 파산과 몰락의 길로 나아가고 있기 때문이다. 소자산계급은 신분이 다양하고 광범위한 대중을 이루고 있으며 대체적으로 혁명에 참여하고 혁명을 지지하며 혁명의 훌륭한 동맹자가 될 수 있다. 따라서 마오쩌둥은 이들이 혁명적 역량을 발휘하도록 선전 및 조직사업을 진행하는 데 관심을 기울여야 한다고 주장했다.

넷째로 농민계급은 중국 인구의 약 80%를 차지하는 계급이다. 이들은 대략 지주 5%, 부농 5%, 중농 20%, 그리고 빈농 70%로 구성되어 있다. 이 가운데 신뢰할 수 있는 계층은 중농과 빈농으로서 통상적으로 농민이라고 하면 주로 이들을 가리킨다. 부농의 경우 남에게 소작을 주고 가혹하게 착취하는 부류도 있으나 지주계급과는 구별되어야 한다. 즉, 부농은 농민대중의 반제국주의 투쟁을 돕고 지주에 반대하는 토지혁명에서 중립을 지킬 가능성이 있기 때문이다. 따라서 마오쩌둥은 부농을 지나치게 몰락시키는 정책을 추구해서는 안 된다고 보았다.

마지막으로 무산계급은 가장 혁명적인 계급이다. 이들은 제국주의, 자산계급, 그리고 봉건세력으로부터 가혹하게 억압을 받고 있기 때문이다. 그러나 그 수가 농민보다 적고 역사가 짧으며 문화수준이 낮다는 약점을 갖고 있다. 따라서 무산계급의 역량만으로는 혁명전쟁에서 승리할 수 없으며, 반드시 다른 혁명계급 및 계층과 단결하여 통일전선을 결성해야 한다.

그런데 중국공산당은 그들이 가진 역량의 한계로 인해 민주혁명과 계급혁명을 동시에 수행할 수 없었다. 따라서 마오쩌둥은 우선적으로 국민당과의 제휴를 통해 항일전쟁을 먼저 수행하고, 일본이 패망하고 난 후 본격적으로 국민당과의 투쟁에 돌입하려 했다. 두 개의 적에 대한 두 개의 혁명을 완수하기 위해 먼저 일본을 상대로 민족혁명을 달성하고 나서 국민당을 상대로 계급혁명을 달성하고자 했던 것이다.

먼저 항일전쟁과 관련하여 중국공산당은, 만주를 침략하여 만주국이라는 새로운 국가를 세워 지배하고 있던 일본 제국주의에 맞서 싸우기 위해 1936년 12월 시안(西安)사건을 계기로 국민당과 제2차 국공합작을 체결했다. 애초에 국민당은 타도의 대상이었으나 일본 제국주의와의 전쟁에서 승리하기 위해 공산당은 국민당과 함께 항일민족통일전선을 구축한 것이다.

마오쩌둥은 이 전쟁의 목적이 일제를 몰아내고 자유롭고 독립된 새 중국을 창건하는 데 있다고 했다(Mao, 1967j: 81). 1937년 8월, 마오쩌둥은 당중앙 정치국 확대회의에서 항일전쟁을 위한 '10대 구국강령'을 발표하고, 첫 강령으로 '일본제국주의 타도'를 제시했다. 여기에는 "일본과의 국교를 단절하고 일본관리를 축출하며, 일본간첩을 체포하고 중국에 있는 일본재산을 몰수하며, 일본에 대한 채무를 부인하고 일본과 체결한 조약을 폐기하며, 모든 일본 조계지를 회수한다"는 것과 "일본제국주의를 몰아내고 어떠한 동요와 타협도 반대한다"는 내용을 담았다. 아울러 그는 이 강령에서 전국의 육해공군, 즉 전군사력을 동원하여 전국적 항전을 전개하며 전국 인민이 무장하고 항전에 참가할 것을 촉구했다(Mao, 1967e: 25~28).

일본이 패망하고 나서 중국공산당은 국민당과의 내전 가능성에 대비해야 했다. 이는 중국혁명에서 또 다른 목표인 계급혁명 혹은 민주주의 혁명을 완수하는 것으로 제국주의 국가가 아니라 국내 정치세력을 상대로 한다는 측면에서 전혀 다른 성격의 혁명전쟁이었다. 마오쩌둥은 1945년 「연합정부론」이라는 논문에서 신중국 건설을 위한 강령을 발표했는데, 여기에서 그는 중국이 채택해야 할 새로운 국가제도는 "대지주계급·대자산계급이 독재하는 봉건적·파쇼적·반인민적 국가제도여서는 안 된다"라고 하고, "전국의 절대 다수 인민을 기초로 하여 노동계급의 영도하에 통일전선의 민주연합국가제도"를 수립할 것을 촉구했다(Mao, 1967f: 229~230). 즉, 그는 "국민당의 일당독재를 철폐하고 모든 항일당파 및 무소속의 대표들이 망라된 거국일치의 민주연합 임시중앙정부를 수립"하여 신민주주의에 입각한 중국을 건설할 것을 요구했다.

요약하면, 중국혁명에서 중국공산당이 추구했던 정치적 목적은 두 가지였다. 하나는 민족혁명을 완수하는 것으로 중국을 침공한 일본제국주의에 맞서 싸우는 항일전쟁에서 승리하는 것이고, 다른 하나는 민주주의 혁명을 완성하는 것으로 국민당 세력을 중심으로 한 지주계급을 타도하여 새로운 중국을 건설하는 것으로 볼 수 있다. 즉, 공산혁명기에 중국이 추구한 정치적 목적은 민족이익과 계급이익을 달성하는 것이었다.

2) 절대적 성격의 전쟁 추구

클라우제비츠는 그의 저서 『전쟁론』에서 전쟁을 절대전쟁과 제한전쟁으로 구분했다. 절대전쟁이란 전쟁을 수행하는 국가들 사이에 극단으로 치닫는 전쟁으로 상대에게 무조건 항복을 요구하는 전쟁이다. 그러나 이러한 전쟁은 일반적으로 드물다. 전쟁은 정치적 목적을 달성하기 위한 수단이어서 그러한 목적을 달성하면 종결되기 때문이다. 즉, 전쟁은 상대방에게 우리의 의지를 강요하기 위해 무력을 사용하는 행위이므로 상대 국가가 우리의 의지를 수용하게 되면 더 이상 무력을 사용할 필요가 없어진다. 따라서 현실적으로 대부분의 전쟁은 극단으로 치닫기보다는 특정한 수준에서 제한되기 마련이다. 즉, 현실에서의 전쟁은 대부분 제한전쟁이 된다.

그러나 혁명전쟁은 그 성격상 절대적 성격의 전쟁을 추구할 수밖에 없다. 계급 간의 전쟁은 적대계급의 세력을 완전히 근절해야 비로소 종결될 수 있기 때문이다. 그래서 레닌은 혁명이란 무장봉기를 통해 권력을 장악하는 것만으로 성공할 수 없으며, 반드시 부르주아의 국가통치조직을 타도하여 반혁명세력들이 반격해올 가능성을 차단해야 한다고 했다. 이를 위해 혁명세력은 구 군대와 구 경찰을 해체하고, 프롤레타리아 법 체제를 수립하며, 아울러 은행과 산업시설을 국유화하고 반대세력에 대해서는 무력으로 진압할 필요가 있다고 보았다. 즉, 레닌이 추구하는 무장봉기와 혁명은 적의 타도라는 절대적인 목적을 갖는 것이었다. 그래서 레닌은 내전이 없이는 혁명에 성공할 수 없다고 반복하여 말했던 것이다(Sokolovskii, 1963: 213; Vigor, 1975: 84~85).[1]

클라우제비츠의 '제한전쟁' 주장과 레닌의 '절대전쟁' 주장이 엇갈리는 것은 당연한 것으로 보인다. 클라우제비츠가 언급한 정치와 전쟁의 주체는 곧 국가이다. 그러나 레닌은 정치와 전쟁의 주체를 계급으로 보고 있다. 즉, 클라우제비츠가 논하는 전쟁은 국가 간의 이익을 놓고 수행되는 전쟁이지만 레닌의 전쟁은 계급의 이익을 놓고 싸우는 것이다. 클라우제비츠가 제기한 국가 간의 전쟁이 협상을 통해 제한될 수 있는 전쟁이라면, 레닌의 계급 간의 전쟁은 오직 착취계급을 뿌리 뽑아야만 종결될 수 있는 절대적 형태의 전쟁이다. 결국 클라우제비츠와 레닌은 모두 전쟁을 정치적 수단으로 간주했지만 서로 전쟁의 성격을 다르게 보았기 때문에 각기 다른 주장을 내놓은 것으로 이해할 수 있다.

중국공산당이 추구했던 전쟁은 계급이익을 실현하기 위한 혁명전쟁이었다. 중국혁명전쟁 시기에 마오쩌둥은 전쟁의 목적을 반제·반봉건으로 설정하고 일본제국주의와 국민당 세력을 완전히 근절하기 위해 싸웠다. 이러한 전

---

1) 레닌은 한술 더 떠서 반혁명세력이 저항하기를 원했다. 왜냐하면 그것은 무력을 동원하여 그들을 손쉽게 붕괴시킬 수 있는 명분을 제공하기 때문이다.

쟁은 상대가 무조건 항복하거나 완전히 타도되어야 끝나는 전쟁으로 타협이 불가능하다. 그래서 마오쩌둥은 중국혁명전쟁은 정치적 목적이 완전히 달성되어야 종결될 수 있음을 다음과 같이 지적하고 있다.

> 전쟁은 정치의 노정에 가로놓인 장애물을 제거하기 위해 폭발한 것이므로 이러한 장애물이 제거되고 정치적 목적이 달성되어야 종결된다. 만일 장애물이 깨끗이 제거되지 않는다면 중간에 적당한 타협이 이루어졌다 하더라도 전쟁은 계속되지 않을 수 없다. 왜냐하면 장애물이 존재하는 한 그러한 타협에도 불구하고 전쟁은 또 일어날 것이기 때문이다(Mao, 1967h: 153).

실제로 중국에서 반제국주의 혁명의 성격을 띤 항일전쟁은 비록 미국의 참전에 의해 종결되었지만 일본이 '무조건 항복'을 함으로써 종료되었고, 중국내전도 마찬가지로 장제스(蔣介石)의 국민당 세력이 대륙을 떠나 대만으로 도피함으로써 일단락될 수 있었다.

이렇게 볼 때 과거 청조가 중화제국의 질서를 안정적으로 유지하기 위해 현상유지 차원에서 대내외적으로 군사력을 사용했다면, 공산혁명기 중국의 전쟁은 반제국주의 및 반봉건주의 혁명을 위해 일본제국주의 및 국민당을 상대로 현상도전 혹은 현상타파를 추구하는 것이었다.

3. 군사력의 역할

혁명전쟁이 적에게 무조건 항복을 요구하는 절대적 형태의 전쟁인 만큼 군사력의 역할은 혁명의 성공에 결정적이다. 마오쩌둥은 "혁명의 중심과업과 그 최고형태는 무력으로 정권을 탈취하는 것이며 전쟁으로 문제를 해결하는 것"이라고 하면서 이러한 마르크스-레닌주의적 혁명원칙은 보편적 진리라고 했다(Mao, 1967k: 219).

군사력의 중요성에 대한 마오쩌둥의 인식은 초기 혁명경험을 반영하고 있다. 1920년대 후반부터 1930년대 초반까지 중국공산당은 소련의 볼셰비키혁명 경험에 따라 대도시를 중심으로 농민과 노동자를 동원하여 대규모 무장봉기를 추구했다. 그러나 군사적으로 우세한 국민당 군대가 장악하고 있는 대도시에서의 봉기는 번번이 실패로 돌아갔다. 이에 마오쩌둥은 우세한 적을 상대로 한 공격이 무모하다는 사실을 인식하고 먼저 강한 무장력을 갖추기 위해 국민당의 통제가 미치지 않는 징강산(井剛山)에 할거하면서 홍군(紅軍)을 건설하는 데 주력했다(Mao, 1967t: 80). 그리고 적보다 군사력이 약한 상황에서 이루어지는 불리한 결전을 회피하고 전투력을 보존하려 했으며, 유리한 상황이 조성될 경우에만 국민당과의 전투에 임했다.

마오쩌둥은 "권력은 총구에서 나온다"라고 했다(Mao, 1967k: 224). 이것은 물론 군이 당보다 우위에 있다거나 당을 통제해야 한다는 것이 아니다. 이에 대해 마오쩌둥은 분명하게 "우리의 원칙은 당이 총을 지휘하는 것이며 총이 당을 지휘하는 것은 절대로 허용하지 않는다"라고 언급했다. 그러나 그는 무장력의 중요성에 대해 다음과 같이 강조했다.

> 총이 있으면 확실히 당을 만들 수 있다. 팔로군(八路軍)은 화베이(華北)에서 커다란 당 조직을 만들어냈다. 그뿐 아니라 총이 있으면 간부도, 학생도, 문화도, 민중운동도 나올 수 있다. 옌안(延安)의 모든 것은 총이 만들어낸 것이다. 총 끝으로부터 모든 것이 나온다. 국가에 관한 마르크스주의 학설의 견지에서 보면 군대는 국가정권의 주된 구성요소이다. 국가정권을 탈취하고 또 그것을 유지하려면 강력한 군대가 있어야 한다. 어떤 사람은 우리를 '전쟁만능론자'라고 비웃고 있다. 그렇다. 우리는 '혁명전쟁만능론자'이다. 이것은 나쁜 것이 아니라 마르크스주의적인 것이다. 러시아 공산당의 총은 사회주의를 만들어냈다. 우리는 민주주의 공화국을 만들 것이다. 제국주의 시대의 계급투쟁 경험은 노동계급과 노동

대중은 오직 총의 힘으로써만 무장한 부르주아와 지주를 타도할 수 있음을 말해 주고 있다(Mao, 1967k: 225).

마오쩌둥의 이러한 언급은 혁명을 위해 강력한 군사력을 구비해야 하며, 혁명은 무장력을 사용함으로써 성공할 수 있다는 강한 신념을 보여주고 있다. 그는 무력투쟁을 떠나서는 프롤레타리아와 공산당의 지위가 있을 수 없으며 어떠한 혁명임무도 완수할 수 없다고 했다(Mao, 1967k: 222).

그러나 항일전쟁 및 국공내전에 직면하여 중국공산당의 군사력은 크게 미흡했다. 마오쩌둥은 일찍이 「중국혁명전쟁의 전략문제」라는 논문에서 중국혁명전쟁의 특징으로 중국이 반식민지 국가라는 점, 적이 강대하다는 점, 홍군이 약소하다는 점, 그리고 공산당의 영도와 토지혁명이 이루어지고 있다는 점을 들었다(Mao, 1967i: 196~198). 그는 여기에서 적인 국민당이 전 세계의 주요 반혁명국가들의 원조를 받고 있으며, 신식화된 군대와 병력 수, 무기 및 기타 군수물자 측면에서 홍군보다 월등함을 지적하고 있다. 또한 그는 「지구전에 관하여 논함」이라는 논문에서 항일전쟁을 반식민지적·반봉건적 중국과 제국주의 일본 사이에 진행되는 결사적 전쟁으로 표현하고, 일본은 강한 제국주의 국가로서 군사력과 경제력, 정치조직력 측면에서 본다면 동아시아에서 가장 강한 국가라고 평가했다.

결국 중국공산당이 선택할 수 있는 혁명전략은 '속전속결'이 아닌 '지구전'이었다. 국민당과의 내전이건 일본과의 민족혁명전쟁이건 중국공산당 측에서는 힘이 약하기 때문에 신속한 승리를 거두기가 불가능하다. 따라서 중국공산당은 강한 적과 승패를 가를 수 있는 결정적인 전투를 치르지 않고 이를 회피하는 가운데 적의 군사력을 약화시키고 홍군의 군사력을 강화하여 피아의 전투력 균형을 유리하게 조성하려 했다. 이는 마오쩌둥의 지구전 전략으로서 적이 공격해오면 처음에는 전략적으로 후퇴하면서 적을 끌어들이고, 다음으로는 유입된 적을 유격전을 통해 괴롭히고 약화시키며, 맨 마지막으로는 약화된 적에게 반격을 가하여 섬멸하는 것이다.

지구전을 수행하면서 가장 중요한 것은 아군의 세력을 불리는 것이다. 항일전쟁 당시 마오쩌둥은 1936년 7월 스노(Edgar Snow)와의 회견에서 승리를 위한 세 가지 조건을 제시했는데, 그것은 첫째로 중국항일통일전선의 결성, 둘째로 국제항일통일전선의 결성, 셋째로 일본 국내의 인민과 일본식민지 인민의 혁명운동 고양이었다. 이러한 조건은 비단 중국 내에서 항일투쟁을 위한 가용한 모든 무장력을 동원하는 것 외에도 외국의 군사적 지원의 필요성을 제기하고 있다(Mao, 1967h: 117). 즉, 마오쩌둥은 중국과 일본 간의 역량 차이가 너무 크기 때문에 중국은 미국과 소련의 군사적 지원을 얻어야만 일본을 이길 수 있다고 본 것이다(Mao, 1967h: 134~136). 실제로 중국의 항일전쟁 승리는 미국의 참전과 원자탄 사용으로 달성될 수 있었다. 국민당과의 내전도 마찬가지였다. 마오쩌둥은 국민당과의 내전에서 당장은 장제스의 군대가 강하지만 향후 피아 간의 강약 대비에 근본적인 변화가 일어난다면 공산당이 승리할 수 있다고 보았다(Mao, 1967i: 204~205). 그리고 그는 국민당의 공격에 대해 유격전으로 대응하면서 시간을 벌고, 그 사이에 인민대중을 자기편으로 끌어들여 공산당의 무장력을 강화할 수 있었다.

중국공산당에게 무장력은 혁명전쟁을 수행하는 것 외에 정치사회적 측면에서 대중을 선도하는 역할을 담당한다. 즉, 홍군은 싸우기만 하는 군대가 아니다. 적의 군사력을 소멸시키기 위한 전투를 하는 것 외에, 대중에게 선전하고 대중을 무장시키며 대중을 도와 혁명정권을 수립하고, 나아가 공산당 조직을 건립하는 중대한 과업을 수행한다(Mao, 1967g: 106). 즉, 중국공산당이 홍군을 건설하고 인민해방군의 전력을 증강하는 것은 단순히 군사적 능력만을 강화하는 것을 의미하지는 않는다. 마오쩌둥은 홍군을 군대일 뿐만 아니라 인민대중을 정치적으로 교화시키고 공산당 편으로 끌어들이는 역할을 수행하는 혁명의 전위대로 간주했다.

이는 군사력을 부차적인 것으로 보았던 청조의 입장과 다르다. 즉, 마오쩌둥은 홍군 혹은 인민해방군이 전쟁에서 승리하는 데 주역일 뿐 아니라 인민에 대한 정치적 역할을 수행할 수 있다고 봄으로써 혁명전쟁에서 군이 정치사회적으로나 군사적으로 주도적 역할을 담당할 수 있음을 분명하게 인식하고 있었다.

4. 인민의 역할

마오쩌둥은 공산혁명을 위한 방법으로 인민전쟁전략을 추구했다. 인민전쟁전략은 클라우제비츠가 제시한 전쟁의 삼위일체, 즉 정부(government), 군(military), 그리고 국민(people) 가운데 국민의 중요성을 인식했다는 데 의미가 있다. 전쟁은 정부와 군, 그리고 인민이 상호 유기적인 관계를 유지하는 가운데 이루어져야 하며, 그중에서도 인민의 지원을 받아 싸워야 승리할 수 있다는 것이 인민전쟁전략의 핵심이다(Yeh, 1975: 123~124). 마오쩌둥은 전쟁에서 결정적인 요소는 무기가 아니라 인민이며, 따라서 이들로부터 전쟁의 정당성을 확보하고 이들을 정치적으로 동원하며 이들의 지원을 확보할 수 있을 때 전쟁에서 승리할 수 있다고 보았다(중국국방대학, 2001: 88).

인민대중의 중요성에 대해서는 일찍이 중국공산주의의 시조라 할 수 있는 리다자오(李大釗)에 의해 지적된 바 있다. 그는 마르크스주의 이론을 검토하면서 자신의 학생들에게 중국의 농촌으로 파고들어 가 그곳의 생활환경을 조사하라고 독려했다. 그는 농촌의 중요성을 다음과 같이 명확하게 인식하고 있었다.

> 우리 중국은 농업국가이고 대부분의 노동계급이 농민으로 구성되어 있다. 그들이 해방되지 않는다면 우리나라 전체는 해방되지 않을 것이다. …… 나가서 그들을 계발하라. 그들이 자유를 요구하고 자신들이 당하는 고통에 대해 소리 높여

이야기하고, 무지를 타파하며, 스스로 자신의 삶을 계획하는 인민이 되어야 한다는 것을 깨닫게 하라(스펜스, 2001: 362).

그는 지식인들에게 노동을 통해 자신의 존엄성을 체득하고 현장에서 농민들과 더불어 일함으로써 도시생활의 부패한 힘으로부터 벗어나라고 강력히 권유했다. 1920년대 초반에 '평민교육 강연단'을 조직한 베이징대 학생들은 인근의 농촌지역으로 내려가 리다자오 사상을 좇아 살고자 했다.

이러한 사상은 곧 마오쩌둥의 혁명전쟁 수행방식으로 이어졌다. 그는 전쟁의 목적을 달성하는 데 인민의 동원, 참여, 지원이 불가피하다는 점을 다음과 같이 강조했다.

> 항일전쟁은 전 민족적 혁명전쟁으로서 그 승리는 전쟁의 정치적 목적, 즉 일제를 몰아내고 자유롭고 평등한 새 중국을 창건하는 것과 분리될 수 없으며, 항전을 견지하고 통일전선을 견지하는 총체적 방침과 분리될 수 없다. 또 전국 인민의 동원과 분리될 수 없음은 물론 관병일치, 군민일치, 적군와해 등의 정치적 원칙과 분리될 수 없고, 통일전선정책의 훌륭한 집행과 분리될 수 없으며, 문화적 운동과 분리될 수 없고, 국제적 역량 및 적국 인민의 원조를 쟁취하기 위한 노력과 분리될 수 없는 것이다(Mao, 1967h: 152~153).

정치적 동원이란 무엇인가? 그것은 첫째로 전쟁의 정치적 목적을 군대와 인민에게 알려주는 것이다. 병사들과 인민들에게 왜 싸워야 하며 싸움이 그들과 어떠한 관계에 있는지를 분명하게 알려주어야 한다. 그래야만 사람들이 일치단결하여 모든 것을 전쟁에 바칠 수 있게 할 수 있다. 둘째는 정치적 목적을 달성하기 위해 필요한 조치와 정책도 설명해주는 것이다. 이는 항일구국과 같은 강령을 만들어 군대와 인민에게 알려주는 동시에 그것을 실행하도록 그들을 동원하는 것을 포함한다. 명확하고 구체적인 정치강령이 없이는 군대와 인민을 동원할 수 없다는 것이다(Mao, 1967h: 154~155).

이를 통해 마오쩌둥은 인민대중이 강한 정치적 동기를 갖도록 하는 것이 무엇보다 중요하다고 믿었다. 중국공산당은 인민들에게 혁명전쟁의 목적이 무엇인지, 인민들이 왜 싸워야 하고 전쟁이 그들과 어떠한 관계가 있는지, 그리고 중국공산당의 정책이 무엇이고 왜 그것이 옳은지에 대해 알려주었다. 그리고 이들을 정치적으로 교화시키기 위해 연설, 전단 및 포고, 신문과 잡지, 대중교육 확충, 문맹퇴치 운동, 야학 등을 추진했다. 연극과 같이 대중의 혁명의식을 고양할 수 있는 문예활동도 장려했다(서진영, 1994: 245~255). 또한 토지혁명을 추진하여 중국사회의 대다수를 차지하고 있는 농민들의 마음을 얻고 이들을 공산당의 편으로 끌어들이려 했다.

일단 인민대중의 민심을 확보하게 되자 중국공산당은 이들로부터 장기간의 전쟁을 수행하는 데 필요한 모든 것을 얻을 수 있었다. 인민대중들은 군대에 식량을 운반해주고 군인가족을 우대하며 식량이나 물자 등 군대의 물질적 어려움을 해결해주었다. 이들은 유격대, 민병 및 자위군을 조직하여 적에게 기습을 가하고 적의 주요 시설을 폭파하는 등 공산당의 작전에 도움을 주었다. 이들을 통해 국민당 군대에 대한 정보를 얻고 간첩을 색출했으며, 공산당 군대에 필요한 병력을 무한정 충원할 수 있었다(Mao, 1967f: 215~216). 이처럼 중국공산당은 혁명전쟁을 수행하는 과정에서 인민대중을 소중한 군사적 자산으로 활용할 수 있었는데, 이것이 바로 마오쩌둥이 추구한 '인민전쟁'의 본질이다.

인민이 전쟁의 주체가 되는 전쟁이라고 해서 이것이 곧 인간 요소가 정규군 혹은 군사력을 대체한다는 것은 결코 아니다. 마오쩌둥이 인민의 힘을 강조하고 이에 의존한 것은 단지 중국공산당의 군사력이 약하기 때문에 홍군을 건설하고 인민해방군의 능력을 확충하기 위한 기반으로서 대다수인 중국 농민들의 민심을 확보하려는 것이었다. 다시 말해, 군사력이 약하기 때문에 지구전을 수행해야 하는 마오쩌둥의 입장에서 인민전쟁은 장기적으로 군사적 능력을 강화하기 위한 전략적 선택이었던 것으로 이해할 수 있다.

이렇게 볼 때 청조의 전쟁과 혁명 이후의 전쟁 사이에 나타난 국민의 역할에는 뚜렷한 차이를 발견할 수 있다. 청조의 전쟁이 백성과 무관하게 수행되는 전쟁이었다면 공산혁명 이후 마오쩌둥이 발전시킨 '인민전쟁'이란 인민의 지원과 참여를 전제한 것으로 '국민'이 전쟁수행의 주체가 되는 전쟁이었다. 청조의 전쟁이 '왕의 군대'가 주체가 되는 전쟁이었다면 공산혁명 과정에서 나타난 '인민전쟁'은 '인민의 군대'가 주체가 되는 것으로, 전쟁의 사회적 차원에 대한 인민대중의 근대적 의식이 형성되는 시발점을 제공하고 있다(Mao, 1967f: 213~217).

종합하면, 중국의 전략문화는 공산혁명 경험을 통해 유교적 전략문화에서 현실주의적 전략문화로 변화했다. 즉, 청조의 전통적 전략문화가 중국공산혁명을 거치는 동안 서구와 유사한 현실주의적 전략문화로 변화한 것이다. 사상적 측면에서 마르크스-레닌주의와 클라우제비츠 전쟁관을 수용하여 전쟁을 정당한 행위이자 합당한 정치적 수단으로 인식하게 되었다(손드하우스, 2007: 186). 정치적 측면에서는 중화질서를 유지하기 위한 전쟁에서 계급이익과 민족이익을 추구하는 전쟁으로 그 목적이 변화했다. 군사적 측면에서는 군의 역할을 덕의 정치와 외교의 부차적인 수단으로 폄하하던 성향에서 탈피하여 정치적 목적을 달성하기 위한 주요한 수단으로 인정했다. 그리고 사회적 측면에서 중국공산혁명은 인민이라는 존재의 중요성을 새롭게 인식하는 계기로 작용했다. 중국의 공산혁명은 근대적 전략문화의 출발점으로서 극단적 형태의 현실주의적 전략문화를 태동시켰다.

제7장

중일전쟁

중일전쟁은 중국이 처음으로 치른 근대적 전쟁이었다. 이 전쟁은 중국이 국가생존을 확보하고 일본 군국주의 세력을 근절하기 위해 치른 반제국주의 혁명전쟁으로서 명대와 청대에 문화적 우월주의를 바탕으로 중화적 질서를 유지하기 위해 치렀던 전쟁과는 근본적으로 차이가 있었다. 중국의 국민당과 공산당이 항일연합전선을 구축하여 일본의 침략에 대항한 이 전쟁은 장제스가 이끄는 국민당을 주축으로 수행되었으며, 중국공산당은 국민당 군대의 일원으로서 참여했다. 따라서 이 장에서는 국민당이 추구했던 전쟁의 목적과 군사력 사용을 중심으로 논의를 전개하도록 한다.

1. 전쟁의 원인과 전쟁인식

1) 일본의 만주침략

제1차 세계대전 발발 이후 일본의 대중국정책은 많은 변화를 겪었다. 1914년 8월 독일에 선전포고를 한 일본은 독일의 조계였던 산둥반도를 점령하고 위안스카이의 북양정부에 '21개조'를 요구하면서 비타협적인 태도를 보였다.[1] 그러나 1921년과 1922년의 워싱턴 회의에서 일본은 중국에 대한 가혹한 요구들을 철회하고 옛 독일의 재산과 철도를 중국에 돌려주는 등 유화적인 모습을 보였다. 하지만 1924년부터 1927년까지 국공합작으로 중국 내 반일성향이 강화되자 일본은 중국의 중부지역에서 누렸던 교역상의 특권적 지위와 남만주에서의 군사적 우위가 타격을 받을 수 있다는 우려에서 다시 강경대응 방침으로 선회했다(스펜스, 2001: 449).

1928년 5월 국민혁명군의 북벌 과정에서 발생한 중국군과 일본군의 충돌, 그리고 그해 6월 만주지역 군벌이었던 장쭤린(張作霖) 암살사건으로 중일관계는 새로운 국면으로 접어들었다. 1926년 7월 1일 국민혁명군 총사령관으로서 북벌을 시작한 장제스가 1928년 4월 30일 산둥 성 지난(濟南)에 진입하자 일본은 지난에 거주하고 있던 2000명의 일본인을 보호한다는 명분으로 산둥반도에 정규군 5000명을 파견했다. 장제스는 일본군의 철수를 요구했으나 일본군은 이에 응하지 않았고, 양국 군은 5월 3일 대규모 군사적 충돌을 빚게 되었다. 이에 일본정부는 병력을 증파했고, 장제스는 분쟁이 확대되는 것을 피하

1) '21개조'는 일본정부가 위안스카이 북양정부에 대해 산둥반도에 대한 독일의 권익을 일본이 계승하고, 만주에 대한 일본의 이권을 반영구화하며, 남만주와 내몽골 일부를 일본에 조차하는 것 등 21개의 특혜를 포함하고 있다. 이러한 일본의 중국 주권 침해행위는 1919년 5·4운동과 같은 배일운동으로 연결되었고, 이는 일본의 대중정책을 완화하도록 하는 계기가 되었다(Dreyer, 1995: 47).

그림 7-1 장제스의 북벌, 1928년

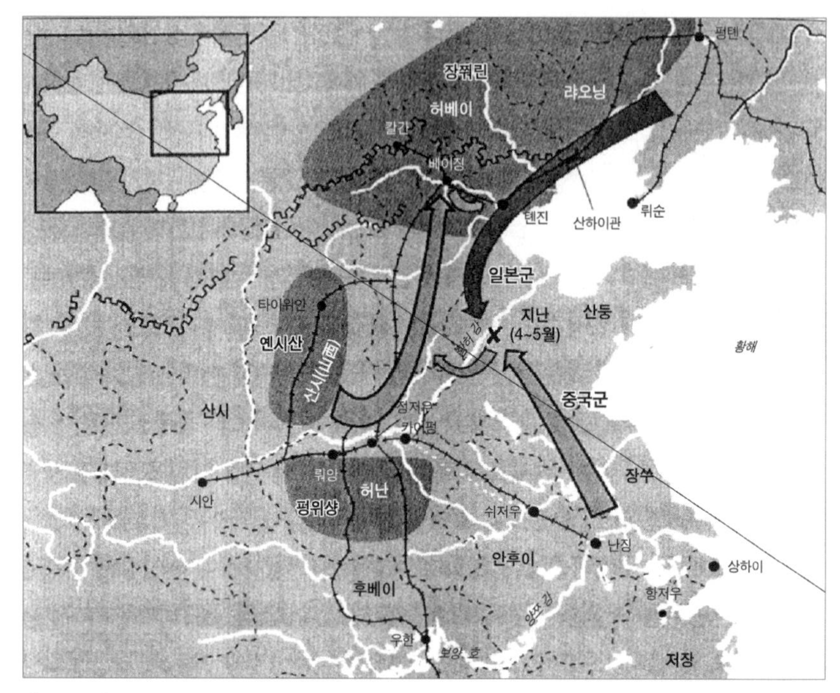

자료: 스펜스(1998a: 22).

기 위해 지난을 우회하여 베이징에 있던 만주군벌 장쭤린을 굴복시키고자 했다. 그때까지 일본은 만주지역의 이권을 확보하는 과정에서 장쭤린과 협력하고 있었기 때문에 그에게 베이징을 포기하고 만주로 돌아갈 것을 권유하면서 장제스의 군대가 산하이관을 통과하지 못하도록 저지하겠다고 약속했다. 그러나 장쭤린은 6월 4일 만주로 향하던 중 그의 만주 복귀에 불만을 갖고 있던 관동군 장교들이 설치한 폭탄이 폭발하면서 열차가 전복되어 사망하고 말았다. 장쭤린이 사망하자 그의 아들인 장쉐량(張學良)이 만주지역의 통치권을 이어받았으며, 일본에 대한 반감을 갖고 12월에 국민당정부에 충성을 서약했다. 이로써 국민당은 장쉐량의 본거지인 펑톈(奉天)까지 세력을 확보하게 되었으며, 장제스는 중국의 통일을 완성하는 것처럼 보였다(스펜스, 2001: 423~424).

부친의 사망으로 군대의 지휘권을 상속한 장쉐량은 만주에서의 세력을 확대해나갔다. 1928년 여름부터 동북 3성을 장악했으며, 일본의 경고에도 불구하고 이 지역과 러허(熱河) 성을 국민당 남경정부로 통합시켰다. 1929년 늦봄에는 하얼빈(哈爾濱) 주재 소련 영사관을 공격하고 그곳에 사는 소련인을 축출하는 한편, 소련이 장악하고 있던 동청철도(東淸鐵道) 전체를 되찾으려 했다. 이 과정에서 소련은 동청철도에 대한 이권을 빼앗기지 않기 위해 1929년 8월부터 11월까지 중국과의 국경지역 일대에서 장쉐량의 군대와 전쟁을 벌이고 북만주에 대한 영향력을 강화할 수 있었다(Elleman, 2001: 182~188). 이러한 상황에서 장제스는 40만의 대규모 군대를 거느린 장쉐량의 기반을 고려하여 동북군의 지휘권을 인정하지 않을 수 없었다(스펜스, 2001: 451~452).

그러나 머지않아 만주에 대한 일본의 침략은 더욱 노골화되었다. 장쉐량의 세력 확대와 국민당에 대한 충성, 그리고 북만주 지역에서 소련의 영향력 확대가 만주에 대한 일본의 야심을 부추기는 요인으로 작용했다. 1931년 9월 18일 밤, 펑톈의 일본장교들은 외곽의 남만주 철도를 폭파하고 이를 장쉐량 휘하의 동북군 소행이라고 발표했다. 이는 일본이 장쉐량 세력을 몰아내고 만주를 통제하기 위한 의도적 도발로 만주사변(滿洲事變)의 시작을 알리는 신호탄이었다. 철도 폭파를 둘러싸고 중국군과 일본군 간의 국지전이 발발하자 일본군은 이를 계기로 장쉐량의 군영인 펑톈을 공격하고 인근의 주요 도시를 점령했다. 그리고 조선에 주둔하고 있던 군대를 국경을 넘어 남만주로 이동시켰다. 장제스는 중국공산당 토벌에 골몰하고 있었기 때문에 일본과의 대규모 전쟁을 지원하기 어렵다고 판단하고 장쉐량에게 군대를 이끌고 만리장성 이남으로 철수하도록 명령했다. 만주사변 직후 일본은 만주지역을 완전히 통치하게 되었으며, 1932년 3월 청의 마지막 황제인 푸이(溥儀)를 내세워 만주국을 집정하도록 했다(스펜스, 2001: 453~454).

그림 7-2 만주사변, 1931년 9월

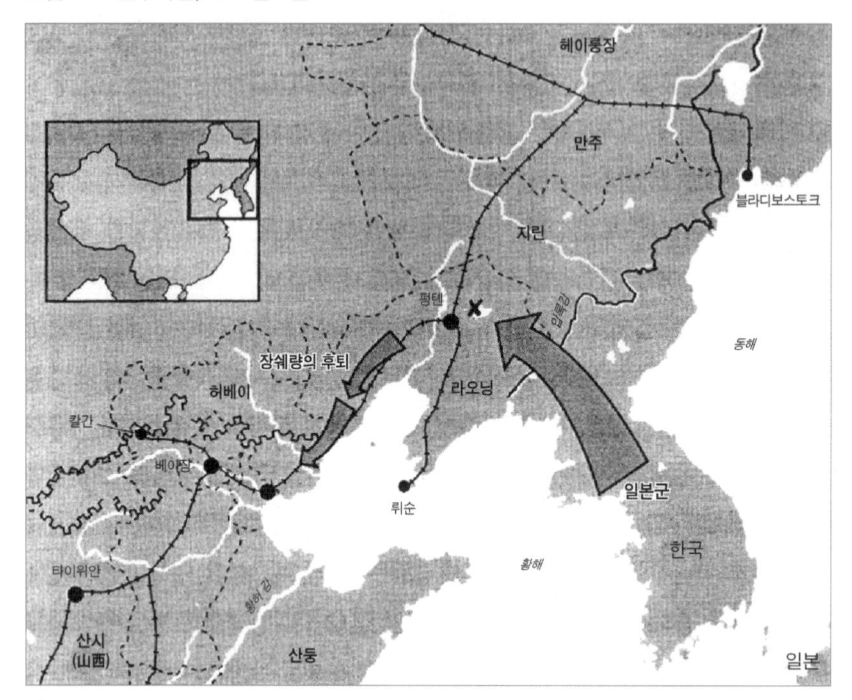

자료: 스펜스(1998a: 452).

만주사변은 중국인 사이의 반일감정을 더욱 부채질했다. 상하이에서는 반일감정이 확산되고 일본상품 불매운동이 대대적으로 전개되었다. 이에 따라 일본은 1932년 1월 28일 상하이에 비상사태를 선포하고 국제협정에 따라 조계지를 방어한다는 구실로 군대를 배치했다. 그날 밤 일본 해병대가 자베이(閘北) 지역에 상륙하여 국민당 군대와 총격전이 벌어지자 일본군은 이를 일본제국에 대한 모욕이라고 주장하며 이튿날 항공기를 동원하여 자베이를 폭격했다. 이른바 상하이사변이 시작된 것이다. 무고한 시민이 다수 희생되면서 이 폭격은 중국군과 일본군 간의 대규모 충돌로 이어졌다. 일본군은 2월 중순에 3개 사단을 파병하여 3월 중순에 중국군을 상하이 부근에서 퇴각시켰다.

이에 국제도시인 상하이에 이해관계를 가진 미국, 영국, 프랑스, 이탈리아 대표들이 중재에 나서 5월 5일 상하이 인근을 중립지대화하는 내용을 골자로 정전협정이 체결되었다(스펜스, 2001: 454~455).

일본은 만주에 대한 통치를 더욱 강화했다. 1932년 8월 일본정부는 푸이의 만주국을 국가로 승인하여 만주를 중국으로부터 분리시키는 한편, 1933년 4월에는 군사력을 파병하여 러허 지역을 장악하고 산하이 관 인근 만리장성의 해안 끝에 위치한 전략적 통로를 확보했다. 그리고 그해 5월에는 다시 공격을 개시하여 중국군을 바이허(白河) 강까지 밀어내고 만리장성 북쪽 지역에서 세력을 구축했다. 일방적으로 밀려난 중국군은 일본군의 세력 확대를 막기 위해 정전을 요청하여 1933년 5월 31일 양국은 탕구(塘沽)협정을 체결했다. 이 협정은 바이허 강 동북선으로부터 허베이(河北) 동북지역까지를 비무장지대로 선언했고 중국 측은 군인이 아닌 경찰만이 순찰할 수 있다고 규정함으로써 중국에 또 한 번의 수치를 안겨주었다. 이후 일본은 푸이에게 황제의 신분을 회복하도록 하여 1934년 3월 1일 만주국의 황제로 등극시켰다(스펜스, 2001: 456~457).

일본이 만주를 침략하고 있는 사이에 장제스는 장시 성 일대에서 중국공산당 세력을 토벌하는 데 주력했다. 그는 "일본의 침략은 피부에 난 종기에 불과하지만 공산주의는 폐부의 암덩어리"라고 하면서 자신의 공산당 토벌을 합리화했다(Elleman, 2001: 194). 그는 1930년 12월부터 다섯 차례에 걸쳐 장시 성을 중심으로 소비에트를 건설하고 있던 공산당 근거지를 공격했다. 공산당은 4차 토벌까지 성공적으로 방어할 수 있었지만 1933년 10월부터 시작된, 약 100만의 대군을 동원한 5차 포위토벌에는 당해낼 수 없었다. 1934년 10월, 약 10만의 중국공산당 주력부대는 장시 성의 거점을 포기하고 국민당군의 포위망을 탈출하여 새로운 거점을 찾아 나서는 대장정(大長征)에 나서게 되었다. 중국공산당은 약 1년에 걸친 대장정 끝에 1935년 9월 산시(陝西) 성에 도착하여 근거지를 마련하게 되었다. 이때 장정을 마친 생존자는 7000명에 불과했다(서진영, 1994: 172).

일본의 만주침략이 본격화되고 일본군이 화베이 지역까지 세력을 확대하고 있었지만 중국은 국민당과 공산당 간의 내분으로 인해 이에 효과적으로 대응하지 못했다. 이는 중국이 외부의 침략으로부터 주권과 영토를 보호해야 한다는 국가안보 차원의 인식이 약했기 때문으로 평가할 수 있다. 장제스는 일본의 침략을 외면하면서 공산당 토벌에만 주력했다. 비록 마오쩌둥이 1933년 이후 적어도 다섯 차례에 걸쳐 국민당에게 항일연합군과 국방정부를 조직하여 공동으로 일본제국주의에 대항할 것을 호소했으나(Mao, 1967u: 35~36), 이는 국가안보 차원의 고려 이전에 장제스의 토벌과 대장정 이후 궁지에 몰린 중국공산당의 위기를 극복하기 위한 의도가 컸다. 즉, 이 시기까지만 해도 국민당이나 공산당 모두의 전쟁인식은 국가의 생존과 주권을 확보하기 위한 차원에서의 고려가 미흡했던 것으로 이해할 수 있다.

2) 시안 사건과 제2차 국공합작

1935년 이후 소련과 코민테른은 일본이 독일과 반소 및 반공 동맹을 결성하고 중국 본토에 대한 침략을 노골화하자 반파시스트 연합을 제창하며 국민당정부와의 관계를 개선하고자 했다. 중국공산당도 항일을 주장하는 국민운동에 적극적으로 부응하고자 중국 내 내전을 중지하고 국민당정부와 협력할 의사를 밝히고 있었다. 이처럼 국내외적으로 내전 중지와 항일전선 결성을 요구하는 압력이 가중되고 있었지만 장제스는 우선 국내적 안정과 통일을 완성한 다음 일본의 침략에 대응한다는 방침을 고수했다.

1936년 7월 국민당 제5기 2중전회에서 장제스는 중국의 영토주권을 포기할 수 없다는 입장을 밝히면서도 항일전쟁의 전제조건으로 공산당의 섬멸을 또다시 강조했다. 그리고 그는 공산당에 대한 또 하나의 대대적인 포위토벌을 계획했다. 그는 만주로부터 철수한 장쉐량의 동북군과 양후청(楊虎城)의 서북군을 동원하여 대장정 이후 산시 성에서 새로운 혁명근거지를 구축하고 있던 공산당 세력에 대해 최후의 포위공격을 실시하도록 했다. 1936년 12월 4일, 장제스는 현지 상황을 파악하고 공산당에 대한 포위공격을 독려하기 위해 장쉐량의 사령부가 위치한 시안을 방문했다.

그러나 장쉐량과 양후청의 군대는 모두 장제스의 직계군대가 아니었고 같은 민족인 홍군과 싸우는 데 대한 불만이 많았다. 특히 만주에서 일본군에 의해 축출된 동북군 내에서는 내전을 중지하고 항일전쟁에 나서야 한다는 분위기가 더욱 강했다. 따라서 이들은 공산당의 홍군에 대한 공격에 소극적이었으며 일부는 공산당 세력과 암암리에 소통하면서 임의로 전투를 중단하기도 했다.

이러한 분위기를 반영하여 1936년 12월 12일 장쉐량은 시안 사건을 일으켰다. 이는 장쉐량이 공산당 토벌을 재촉하는 장제스를 체포하여 구금하고, 국민당정부의 개조, 정치범 석방, 그리고 공산당과의 내전 중지 등을 포함한 8개 항을 요구한 사건이었다(서진영, 1994: 189). 군에서 부하가 최고사령관을 잡아들여 협박하는 초유의 항명사태가 발생한 것이다.

시안 사건이 발생하자 이 사태의 해결을 두고 많은 논란이 일었다. 국민당 내에서는 시안의 장쉐량 군대에 대한 대대적인 무력토벌 주장이 제기되었으며, 공산당 내에서는 장제스의 즉각적인 처단을 요구하고 국민당정권에 대해 즉각 군사적 공격을 개시해야 한다는 의견이 제시되었다. 약 2주 동안 국민당, 공산당, 그리고 동북군 사이에 숨가쁜 조정과 협상이 이루어졌다. 그리고 이들은 내전을 중지하고 항일을 위해 연합해야 한다는 민족적 요구를 수용하여 제2차 국공합작을 실현한다는 암묵적 합의하에 평화적으로 사태를 해결할 수 있었다(서진영, 1994: 189~190).

제2차 국공합작은 곧바로 선포되지 않았다. 중국공산당은 1937년 7월 양당의 합작이 성립되었음을 선포한 중국공산당 중앙위원회 선언을 국민당 측에 통보함으로써 국공합작을 공식화했으나, 국민당은 9월 22일에 가서야 중국공산당의 합법적 지위를 인정한다는 내용을 포함해 국공합작의 성립을 정식으로 인정했다(Mao, 1967u: 37). 공산당은 홍군을 해체하고 국민당의 국민혁명군 제8로군으로 재편되었다. 이로써 국민당과 공산당은 항일민족통일전선을 구축하여 일본의 침략에 공동으로 대응할 수 있게 되었다.

3) 일본의 반발과 최후통첩

중국의 국공합작 결정은 중일 간의 긴장을 고조시켰다. 일본은 국민당과 공산당의 연합 자체보다도 소련의 개입에 대해 우려했다. 대다수의 중국인들이 환영했던 연합전선의 형성은 사실상 소련이 막후에서 조율했기 때문에 가능한 것이었다. 소련은 1931년 일본의 압력으로 북만주에서의 이권을 양보하는가 하면 1935년에는 만주국에 동청철도를 팔아야 했다. 이러한 상황에서 소련은 일본을 견제하기 위해 국공합작을 지지했으며, 중국공산당에 파견된 코민테른 대표를 통해 국민당과의 합작을 종용했다. 이에 전통적으로 소련을 주적으로 간주해온 일본은 국공합작에 개입한 소련의 의도에 대해 의구심을 갖지 않을 수 없었다.

시안 사건이 발생하자 일본은 즉각 소련이 이 사건을 배후에서 조종하고 있다고 비난했다. 일본정부는 주일 중국대사에게 만일 남경정부가 장쉐량의 요구를 수용한다면 일본정부는 가만있지 않을 것이라고 경고했다. 일본정부는 이미 1934년부터 중국정부에 일본과의 전쟁을 회피하기 위한 세 가지 조건을 내걸고 있었다. 그것은 첫째로 중국 내 항일활동을 진압할 것, 둘째로 만주국을 사실상 국가로 인정하고 중일 간의 조화로운 관계를 유지할 것, 셋째로 공산주의를 근절하기 위해 중일 양국이 협력하자는 것이었다. 이러한 상황에서 일본은 장제스가 국공합작을 체결하기로 한 결정을 받아들일 수 없었다. 이는 비단 국민당이 공산당과 함께 일본과의 전쟁을 불사하는 것을 의미할 뿐만 아니라 중국이 소련과 연합하여 일본의 대중정책에 반대하는 것을 의미하기 때문이었다.

일본이 중국대륙에서 소련 공산주의의 확산을 진정으로 우려하고 있었음은 제2차 국공합작이 공식화된 1937년 12월 28일 베이징 주재 독일대사를 통해 중국 측에 전달한 정전조건에서도 확인할 수 있다. 당시 일본정부의 첫 번째 조건은 장제스가 "친공산주의 정책"을 포기하는 것이었으며, 다른 조건으로 "반일 및 반만주국 정책" 포기, 그리고 반공을 위한 중일협력을 제시했다(Elleman, 2001: 204). 이는 일본이 중국정부에 제시한 최후통첩으로서 장제스 정부가 소련과의 관계를 단절하고 반공노선으로 회귀하지 않을 경우 전쟁을 전면적으로 확대하겠다는 경고였다(Dreyer, 1995: 211).

그러나 일본이 제시한 최후통첩은 이미 장제스가 받아들일 수 있는 것이 아니었다. 제2차 국공합작은 항일공동전선의 형성이라는 민족적 요구에 의해 이루어진 것으로 일본의 압력에 의해 이를 철회하는 것은 이미 엎질러진 물을 담는 것이나 마찬가지였다.

이러한 상황에서 1937년 7월 7일 베이징으로부터 약 10km 떨어진 루거우차오(蘆溝橋)에서 일본군 병사가 훈련 중 실종되자 현지의 일본군은 이것이 중국군의 소행이라는 구실로 완핑(宛平)을 공격했다. 양측 간에 소규모 교전이 발생하자 일본은 이를 계기로 분쟁을 확대하여 중국을 군사적으로 압박하고 장제스의 친소반일 노선을 되돌리고자 했다. 일본은 유사한 사건이 발생하지 않도록 대비한다는 명목으로 5개 사단에 동원령을 내렸고, 장제스는 4개 사단을 허베이 남부의 바오딩(保定) 부근에 배치했다. 제2차 국공합작 합의 이후 팽팽한 기싸움을 벌이던 중국과 일본은 루거우차오 사건을 계기로 전쟁에 돌입하게 되었다.

2. 정치적 목적과 전쟁전략

1) 중국의 정치적 목적과 군사전략

중일전쟁은 일본의 만주침략이 본격화된 1930년대 초부터 이미 장제스나 일본정부 모두가 그 가능성을 예견하고 있었던 만큼 양측 모두 이 전쟁에서 추구하고자 하는 정치적 목적은 분명했다. 중국은 일본제국주의 세력을 중국에서 몰아내고 중국의 주권과 영토를 보호하려 했다. 다만 이러한 정치적 목적을 추구한다고 해서 중국이 루거우차오 사건 직후 반드시 일본과의 전면적인 전쟁을 염두에 둔 것은 아닐 수 있다. 그러나 1937년 8월 상하이 지역에서 또 다른 전역이 형성되면서 중일전쟁은 전면전으로 비화되었고, 이후 중국은 일본에 대해 완전한 군사적 승리를 거둬 중국 내 일본제국주의 세력을 축출하려는 의도를 가지고 전쟁을 수행하게 되었다.

장제스는 시안 사건을 계기로 항일민족통일전선을 수용하기로 약속했기 때문에 더 이상 일본의 침략행위를 용인할 수 없는 입장이었다. 1937년 7월 17일, 장제스는 뤼산담화(廬山談話)를 발표하여 "중국은 주권과 영토의 보전을 침해하는 어떠한 타협안도 받아들일 수 없다"라고 선언하고 "만일 우리가 영토를 한 치라도 더 잃는다면 우리는 우리 민족에게 용서받지 못할 죄를 짓는 것"이라고 언급했다(서진영, 1994: 172; 스펜스, 1998b: 21). 중국공산당도 1938년 8월 하순에 산시 성 뤄촨(洛川)에서 열린 중앙정치국 확대회의에서 채택된 '항일구국 10대 강령'에서 전국 군사력의 총동원과 전국 인민의 총동원, 그리고 민족단결을 강조하면서 일본에 대한 전면적 항전을 촉구했다.

일본은 국민당정부의 이 같은 완강한 태도를 굴복시키기 위해 베이징과 톈진(天津)지역에서 중국군에 대한 총공격을 시작하여 7월 31일에 톈진을, 8월 4일에 베이징을 점령했다. 일본의 군사행동은 오히려 중국인들의 항전의지에 불을 질렀고, 중일 양국은 전면전을 불사하며 거국적 항전태세에 돌입했다.

국공합작에서 합의한 대로 1937년 8월 중국공산당 홍군은 국민혁명군 제8로군에 편입되어 국민당정부의 지휘하에 들어갔고, 산시 성 북부의 혁명근거지에 설립된 공산당 소비에트정부도 난징의 국민당 중앙정부에 소속된 산간닝(陝甘寧) 변구정부로 개칭되었다.

중국이 일본과의 전쟁에서 승리할 가능성은 높지 않았다. 비록 병력규모 면에서는 중국군이 우세하다 하더라도 일본군은 첨단무기와 공군력 및 해군력 면에서 월등한 전력을 보유하고 있었다. 따라서 중국은 일본과의 전쟁을 수행하기 위한 군사전략을 구상하는 데 신중하지 않을 수 없었다. 전쟁이 발발하기 전에 국민당 지도부가 가지고 있던 항일전략은 중국의 거대한 인력과 광활한 영토, 그리고 지형적 특성을 최대한 이용하여 지구소모전을 전개하는 것이었다. 1930년대 초부터 장제스는 일본의 대륙침공을 예상하면서 군사적으로 우세한 적의 공격에 직접적으로 대응하기보다는 공간과 시간을 맞바꾼다는 원칙에 입각하여 전쟁을 최대한 지연시킬 계획을 갖고 있었다.

장제스는 일본군이 공격해올 경우 18개의 성 가운데 15개를 내어주더라도 쓰촨(四川) 성, 구이저우(貴州) 성, 윈난(雲南) 성을 확보한다면 결국에는 일본군을 무찌르고 잃어버린 영토를 회복할 수 있다고 보았다(Eastman, 1991: 121). 이 과정에서 심지어는 중국의 수도를 시짱(西藏)으로 옮길 수도 있다는 견해를 피력하기도 했다. 장제스의 전략참모인 바이충시(白崇禧)와 야전지휘관 리쭝런(李宗仁)도 공간을 양보하는 전략을 펼치고 소규모의 승리를 누적시켜 최종적인 승리를 달성해야 한다고 주장했다(Liu, 1956: 104). 독일인 군사고문 팔켄하우젠(Alexander von Falkenhausen)도 중국의 가장 큰 장점인 무한한 인력과 광활한 지형적 여건을 충분히 활용함으로써 승리할 수 있을 것으로 보았다. 또한 마오쩌둥이 이끄는 공산당 측에서도 이와 유사한 지구전 전략을 항일전쟁 전략으로 제기하고 있었다(국방군사연구소, 1998: 107~108; van Slyke, 1991: 182; 中共中央黨史硏究室第一硏究部, 2006: 134).

이와 같이 대다수의 중국 지도자들은 칸나에(Cannae) 스타일의 섬멸전을 추구하는 일본군에 대해 정면으로 맞서는 것이 바람직하지 않다는 견해를 갖고 있었다. 그 대신에 중국군은 일본군의 공격에 대해 전방과 측방에서 기동전을 수행하되 적 후방에서는 유격전 전술을 구사하고, 적에게 도시를 내어주더라도 주력은 보존하는 '지구소모전'을 추구함으로써 일본군을 소진시키고 최종적인 승리를 거둘 수 있다고 보았다.

2) 일본의 정치적 목적과 군사전략

중국을 침공한 일본의 정치적 목적은 앞에서 지적한 바와 같이 분명했다. 즉, 장제스의 국민당정부가 공산주의 세력과의 연대를 파기하고 일본과 반공협력에 나서도록 하는 것이었다. 또한 만주국을 공식적인 국가로 인정하고 중국 내 반일세력을 척결하도록 하는 것이었다. 1937년 8월에 일본정부는 중국이 소련과 불가침조약을 체결하고 양국 간의 정치적·군사적 연계를 강화하기로 합의했다는 정보를 입수했는데, 이는 일본이 무력을 동원해서라도 장제스의 정책을 전환하도록 해야 한다는 인식을 강화했다.

아마도 일본은 장제스에 대한 요구가 관철되기 어려운 것임을 알고 있었을 것이다. 국공합작이 체결되어 항일연합전선이 형성된 마당에 장제스가 이를 파기하고 만주국을 인정하는 반역적 조치를 취하는 것은 불가능했다. 그러나 장제스가 그러한 요구를 수용할 것인지의 여부는 중요하지 않았을 수 있다. 일본의 최후통첩은 장제스를 압박하면서 일본의 중국침략에 대한 명분을 제공해줄 수 있기 때문이다. 즉, 일본의 입장에서는 장제스가 일본의 요구를 수용해도 좋은 것이고, 수용하지 않을 경우에는 군사적으로 중국 전역을 점령하고 항복을 받으면 그만이었다.

일본의 군사전략은 중국군에 대해 신속하게 결정적인 승리를 거두는 것이었다. 7월 27일 루거우차오 일대의 전투를 시작으로 전쟁이 중국북부 전역으로 확대되는 시점에서 일본은 3개월 이내에 승리를 거둘 수 있을 것으로 낙관

그림 7-3 일본의 대륙점령

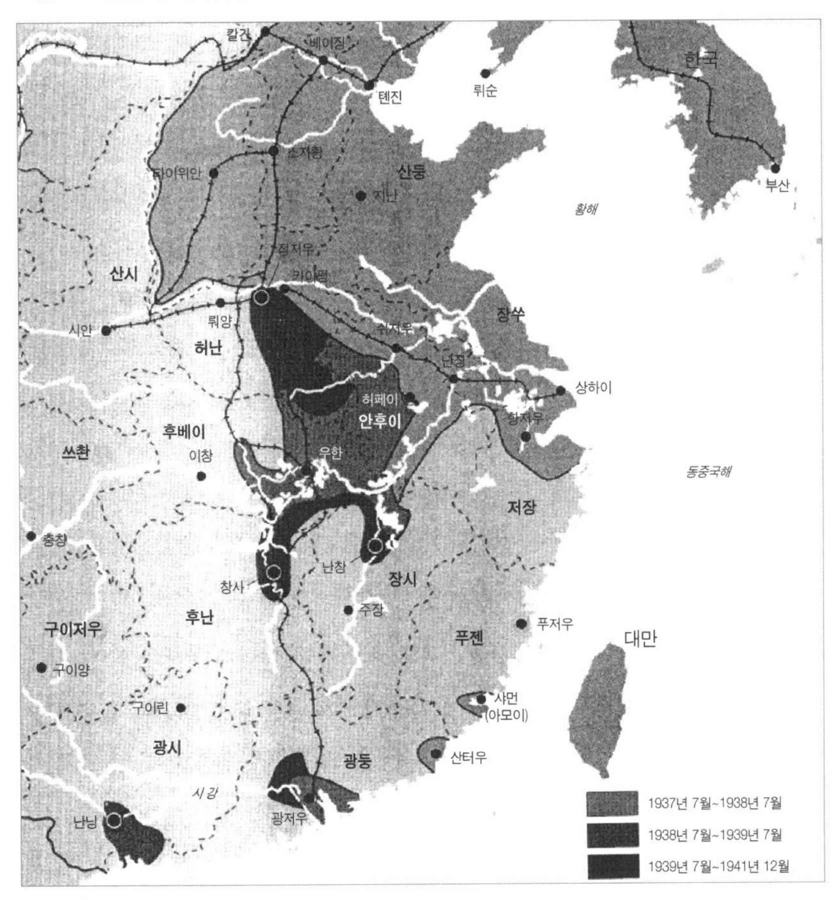

자료: 스펜스(1998b: 20).

하고 있었다. 중국의 전쟁 잠재력이 동원되는 것을 방지하고 소련의 군사적 개입 가능성을 차단하기 위해서라도 전쟁은 짧은 기간 내에 종결하는 것이 바람직했다(Zarrow, 2005: 306). 일본군이 루거우차오 부근의 완핑에서 승리하고 파죽지세로 화베이 지역을 휩쓰는 사이 일본정부는 조기에 전쟁을 승리로 이끈다는 방침하에 기존에 배치된 5개 사단에 더하여 15개 사단을 추가로 파견하기로 결정했으며, 동시에 국민당정부가 위치한 난징과 그 관문인 상하이에 대한 직접적인 공격가능성을 검토하기 시작했다. 7월 27일 일본 해군성은 전쟁의 확대가 불가피하다고 판단하고 중국에 파견된 해군에게 전면전에 대비할 것을 지시했으며, 이튿날 일본정부는 양쯔 강 연안의 교민 2만 9000명에 대해 8월 9일까지 상하이로 철수하라는 훈령을 하달했다(中共中央黨史硏究室第一硏究部, 2006: 123).

이렇게 볼 때 중국과 일본은 모두 상대에 대해 전면전을 추구하면서 완전한 군사적 승리를 거두는 것을 전쟁의 목표로 설정했다. 이 전쟁은 중국에게는 일본세력을 몰아내기 위한 반제국주의 전쟁이었으며 일본으로서는 1940년 7월 국책요강으로 제시될 '대동아공영권(大東亞共榮圈)'의 전초전으로 중국 전체를 식민지화하고 소련 공산주의의 중국 침투를 차단하기 위한 제국주의 전쟁이었다. 이 전쟁에서 중국이 패한다면 대륙 전체가 일본의 통치하에 놓일 것이며, 일본이 패할 경우 일본제국주의 세력이 붕괴하는 결과를 초래할 것이었다. 따라서 중일전쟁에서 양국이 추구한 정치적 목적은 서로가 양보할 수도, 타협할 수도 없는 것이었으며, 이 전쟁은 어느 한쪽이 항복하지 않으면 종결될 수 없는 절대적인 성격의 전쟁으로 치닫게 되었다.

3) 중국의 군사조직 개편과 전력증강

국민당정부가 군사조직 개편을 실시한 것은 만주사변과 상하이 사변이 계기가 되었다. 상하이 사변 직후인 1932년 3월 1일 국민당은 이전에 국민혁명군의 북벌이 완료됨에 따라 폐지했던 군사위원회를 재설치하여 국방과 관련한 모든 업무를 관장하도록 했다. 군사위원회는 참모부, 훈련총감부, 군사참의원과 군정부를 모두 예하에 통합했고, 군법령, 군인사, 군사교육, 군예산 배정, 군사력 건설 등 군사에 관한 최고의결기관이 되었다.

그러나 국민당이 전 군사조직을 중앙집권화하려는 노력에도 불구하고 국민당 군대는 정예화되지 못한 채 많은 문제점을 안고 있었다. 중국군의 상비 병력은 약 170만 명으로, 170개의 사단이 어지럽게 배치되어 있었다. 각 부대의 편제는 복잡하고 통일되지 못했으며, 보유하고 있는 무기의 종류도 제각각이었다. 많은 부대가 장비와 물자를 제대로 보충받지 못하고 있었다. 장병들의 훈련은 제대로 이루어지지 않았고 모집된 병사들의 자질도 의심스러워 효율적으로 작전을 수행할 수 있는 역량을 갖추지 못했다(기세찬, 2013: 42).

국민당의 본격적인 군사력 증강 계획은 1934년 12월 제5차 공산당 토벌이 완료되고 나서 만들어졌다. 장제스는 직접 '60개사 정군계획(60個師整軍計劃)'을 작성했다. 그는 전군을 60개 사단으로 편성하고, 이를 대략 6~8개 기수로 나누어 3~4년 내에 편성과 훈련을 완성하도록 했다. 또한 부대를 개편하여 그동안 통일되지 못했던 전군의 편제를 일사불란하게 유지하고, 사단급 이상의 대부대 수를 축소하되 연대급 이하의 편성을 충실히 하여 일선부대의 전투력을 강화하도록 했다(기세찬, 2013: 42).

부대개편은 1935년 후반기부터 제1기 10개 사단을 대상으로 시작되었다. 처음부터 독일의 신식장비가 도착하지 않아 차질이 발생하자 우선 기존에 보유하고 있던 무기와 장비를 조정하여 개편을 실시하고 후에 신식장비가 도착하면 추가 보충하기로 했다. 1936년 말까지 제2기 10개 사단이 추가로 개편되었으며, 1937년 상반기에 제3기로 10개의 사단이 개편을 완료했을 때 중일전쟁이 발발함으로써 부대개편은 중단되었다. 총 60개 사단 가운데 절반에 해당하는 30개 사단이 개편과 훈련을 마친 것이다. 부대개편을 통해 편제가 일원화되고 다른 병과와 협동작전을 수행할 수 있는 기반을 마련함으로써 국민당 군대는 어느 정도 근대적 전쟁수행 능력을 구비한 군대로 거듭날 수 있었다. 그러나 허무하게도, 중일전쟁이 발발하면서 그때까지 개편된 대부분의 정예부대들은 곧바로 상하이 전투에 투입되어 단기간에 소모되고 말았다(기세찬, 2013: 43~46).

국민당 해군은 국가재정의 부족으로 전력증강에 한계가 있었다. 중일전쟁 발발 시 중국해군은 총 배수량 6만 8000톤 규모의 해군력을 보유했는데, 이는 115만 톤의 일본해군에 비해 턱없이 작은 규모였다. 공군력도 마찬가지로 거의 전무한 상태였다. 1937년부터 장제스의 고문으로 있던 셔놀트(Claire Channault)는 우한(武漢) 함락 이후 미국으로부터 최신 항공기를 도입하도록 설득했으나 중국정부 내에서 찬반 논쟁이 끊이지 않아 제때 구매가 이루어질 수 없었다. 1940년에 중국공군은 노후한 전투기 37대와 낡은 폭격기 31대밖에 보유하고 있지 않았으나, 일본공군은 성능이 우수한 제로센(零戰) 전투기 968대를 중국 내에 배치하고 있었다. 국민당 공군은 1941년에 가서야 미국으로부터 비호(飛虎) P-40전투기 100대를 확보하고 일본군에 타격을 줄 수 있었다(스펜스, 2001: 45).

국민당정부가 전력증강을 위해 쏟았던 노력 가운데 주목할 만한 것은 국민군사훈련을 실시하고 징병제를 도입했다는 사실이다. 장제스는 민중의 군사훈련과 관련하여 다음과 같이 언급했다.

> 민중을 훈련시켜 국민 전체가 항전해야 한다. 앞으로의 전쟁에서는 군대의 결사항전뿐만 아니라 반드시 민중을 훈련시켜 국민 전체를 무장시켜 공동으로 함께 작전해야 한다(기세찬, 2013: 49).

국민당정부는 이러한 장제스의 취지를 살려 학교군사훈련, 사회군사훈련, 그리고 국민체육으로 구분하여 국민군사훈련을 실시했다. 또한 국민당정부는 1933년 6월 병역법을 공포하고 1936년 3월부터 이를 단계적으로 시행해나갔다(기세찬, 2013: 48~49).

이는 국민당정부가 전쟁에서 국민의 역할이 중요하다는 사실에 관심을 갖기 시작한 것으로 전쟁의 주체를 국민의 영역으로 확대했다는 의미를 갖는다. 즉, 청조의 전쟁이 황제의 전쟁이었다면, 이제 중국의 전쟁은 비로소 국민의 전쟁으로 전환되기 시작한 것이다.

3. 전쟁수행 과정 및 결과

1) 장제스의 전략변경: '회피'에서 '사수'로

상하이에서 전운이 고조되는 가운데 장제스는 1937년 8월 3일 국방회의를 소집하여 항일전략으로 지구소모전을 채택하고, 일본군의 진출을 지연시키기 위해 상하이로부터 난징에 이르는 지역에 축차적인 진지를 구축하여 단계적으로 방어작전을 수행하기로 했다(中共中央黨史研究室第一研究部, 2006: 132). 그러나 이러한 장제스의 항일전쟁 전략은 기존의 전략구상과 크게 다른 것이었다. 그의 새로운 전략은 기존에 구상했던 '기동전'에 의한 지구전 전략이 아니라 '진지전'에 의한 지구전 전략이었으며, 적을 유인한 후 기회를 틈타 '약한 적을 포위섬멸'하는 전략이 아니라 '강한 적에 정면으로 대응'하는 전략이었기 때문이다(金玉國, 2002: 315). 즉, 중일전쟁이 발발한 이전의 전략과 이후의 전략은 다 같이 전쟁을 지연시킨다는 점에서 유사한 것으로 볼 수 있을지 몰라도 전자가 '퇴각'을 통한 지연전인 반면 후자는 '사수'를 통한 지연전이라는 점에서, 그리고 전자가 일본이 추구하는 결전을 회피하는 반면 후자는 결전에 임한다는 측면에서 전혀 다른 전략이었던 것이다(中共中央黨史研究室第一研究部, 2006: 133).

사실 장제스는 일본군이 무기와 화력, 그리고 훈련 면에서 중국군보다 훨씬 우세하다는 사실을 인식하고 있었다. 그런데도 그가 진지전을 통해 일본군과 결전을 하기로 결심한 이유는 다음과 같다. 첫째 독일인 참모진에 의한 군대의 개편이 추진됨으로써 어느 정도 군사적인 준비가 된 것으로 판단했다(Eastman et al., 1991: 109). 당시 장제스는 분권화된 군의 지휘체계를 일원화하는 데 성공했으며 특히 30개 사단 약 30만 명의 중앙군은 가장 정예화되어 있었다. 둘째로 1936년 후반기에 푸쭤이(傅作義)가 쑤이위안(綏遠) 일대에서 치른 일본군과의 전투에서 두 차례 승리를 거둠으로써 군의 사기가 높아져 있었다(Liu, 1956: 114). 셋째로 진지전에 대한 믿음 때문이었다. 당시 중국 육군참모대학의 교과과정은 제1차 세계대전 시 출현한 참호전을 현대전의 전투형태로 간주하고 있었다. 특히 프랑스의 마지노선에 대한 믿음이 강화되면서 중국 지도부는 상하이와 난징을 잇는 축차적 방어선을 통해 일본의 공격을 막아낼 수 있을 것으로 보았다(Liu, 1956: 106~107). 마지막으로 장제스는 상하이가 갖는 전략적 효과를 고려했다. 국제적 도시인 상하이를 포기할 경우 국내적 여론의 비난을 감수해야 하지만, 포기하지 않고 방어한다면 최악의 경우 패하더라도 국제적으로 동정적인 여론을 얻을 수 있을 것으로 판단했다(Eastman et al., 1991: 119).

그 결과 그의 전략적 선택은 적의 공격을 회피하면서 전쟁을 지연시키는 것이 아니라 상하이와 난징을 잇는 지역에 축차적으로 마련된 진지에서 일본군의 공격을 '사수'하는 것이 되었다. 장제스는 독일 군사고문단에 의해 훈련된 정예부대인 중앙군 71개 사단 약 50만 명의 병력과 해군함정 40여 척, 그리고 공군기 250여 대를 배치하여 상하이 외곽에 진지를 구축했다. 이에 대해 독일 군사고문단은 화력 면에서 절대적으로 우세한 적에 맞서 고정된 진지에서 완고하게 방어하는 것은 잘못이며, 최악의 경우 주력을 상실하고 회복할 수 없을 정도로 타격을 입을 수 있다고 경고했다(Liu, 1956: 163). 그러나 장제스는 각 제대의 지휘관들에게 사상자는 고려하지 말고 작전에 임할 것과 최후의 한 사람까지 진지를 사수할 것을 명령했다(Dreyer, 1995: 218).

2) 상하이와 난징에서의 결전

상하이 전투는 장개석이 일본군과 무모하게 결전을 추구한 전투였다. 장제스는 북중국에서 이루어지는 일본군의 군사행동을 견제하기 위해 상하이 지역의 일본군을 먼저 공격하는 군사적·전략적 모험을 시도했다. 상하이에서 국민당의 군대는 수적으로 일본군보다 10배 우세했고 이 지역에 대한 일본군의 방어태세는 아직 취약한 상태였다. 8월 14일 장제스는 공군에게 상하이 만에 정박하고 있던 일본 군함들을 폭격하도록 명령했다. 그러나 일본군은 장제스의 비밀전문을 가로채 암호를 해석하고 있었기 때문에 국민당 공군의 기습은 효과를 거두지 못했다(스펜스, 1998b: 22). 국민당 군대의 공격이 이루어지자 그렇지 않아도 이 지역에서 제2의 전선을 형성하려던 일본군은 즉각 상하이 지역의 국민당 군대에 대해 대규모 반격에 나섰다.

이후 본격적으로 시작된 상하이 전투는 제1차 세계대전 시의 베르됭(Verdun) 전투 이후 최대의 격전으로 기록되었다. 그러나 장제스의 판단과 달리 전쟁이 발발한 시점은 중국에 불리했다. 팔켄하우젠의 주도하에 추진된 근대적 무기 도입과 해군 및 공군의 건설이 아직 완성되지 않았기 때문이다(Liu, 1956: 101~102). 반면 일본군은 8월 13일 상하이에 2개 사단을 투입한 데 이어 9월 중순까지 총 6개 사단 약 20만 명의 병력을 투입했으며, 전함 130여 척, 항공기 400여 대, 전차 300여 대, 그리고 포병과 특수부대를 갖추고 있었다(中共中央黨史硏究室第一硏究部, 2006: 123; Dreyer, 1995: 217~218). 일본군은 병력 면에서 열세에 있었지만 해군·공군 화력과 기동력에서는 절대적인 우세를 점하고 있었다.

최초 일주일간은 중국군이 일본군의 공세를 저지하며 성공적으로 방어하는 듯했다. 그러나 일본군은 그들의 증원병력을 상하이 북쪽의 양쯔 강안에 상륙시키는 데 성공했으며 곧이어 함포를 동원하여 중국군의 진지를 초토화하기 시작했다. 비록 국민당 군대가 수적으로 우세하고 높은 정신력으로 무장되어 있었음에도, 보다 우세한 화력과 장비를 갖춘 일본군의 공격을 효과적으로 저지할 수는 없었다. 8월 말과 9월, 그리고 10월 내내 중국군은 일본해군의 중포에 의해 지속적으로 포격을 당했고, 일본 순양함과 항공기의 폭격을 받았으며 중무장한 일본 해병과 육군의 반복된 공격을 막아내야 했다.

장제스는 최후의 한 사람까지 진지를 사수하도록 명령했다. 이에 따라 총력전을 불사한 중국군의 피해는 시간이 지나면서 크게 증가했다. 10월 20일

그림 7-4 중국의 상하이 전투, 1937~1938년

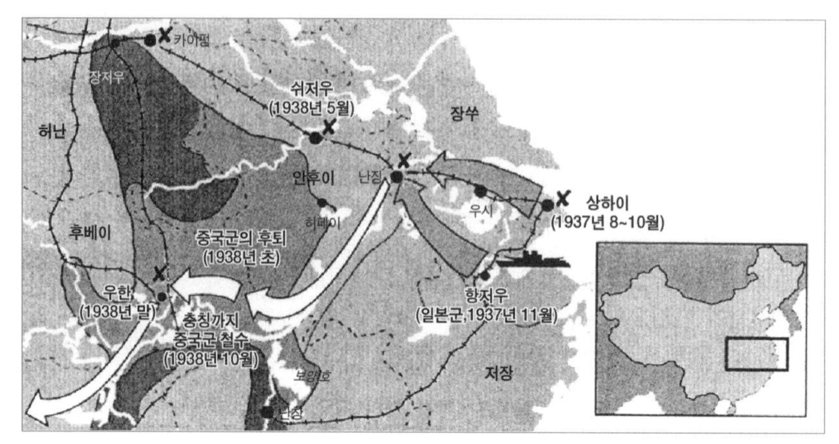

자료: 스펜스(1998b: 25).

까지의 전투 결과 중국군의 사상자는 13만 명에 달했다. 11월 5일 항저우(杭州) 만에 추가로 상륙한 3만 명의 일본군이 상하이 남서쪽 약 20km 지점까지 진출하여 상하이 전선의 우측방과 후방을 위협하자 장제스는 후방이 차단될 것을 우려하여 어쩔 수 없이 난징으로 철수할 것을 명령했다(Dreyer, 1995: 218; Elleman, 2001: 204). 이 과정에서 상하이로부터 난징에 이르기까지 축차적으로 점령하기로 되어 있던 방어진지는 무용지물이 되고 말았다. 국민당 군대가 심리적 공황상태에 빠져 후퇴가 무질서하게 이루어졌을 뿐 아니라 지휘통제가 미숙하여 미처 병력을 배치할 여유를 갖지 못했기 때문이다.

난징에서는 또 하나의 결전이 추구되었다. 국민당 지휘관들은 그들의 수도를 사수하는 데만 골몰하여 중앙군을 또다시 무모하게 투입함으로써 방어에는 별 도움이 되지 못한 채 최정예 전투력만 낭비하는 결과를 가져왔다(Liu, 1956: 199). 결국 12월 중순에 난징은 함락되었다. 일본군은 그들의 공세를 늦추고 난징에서 7주간에 걸쳐 민간인에 대한 대학살을 자행했다. 이는 군사적으로 과도하게 신장될 경우 중국군에 의해 후방을 차단당할 것을 우려한 일본군이 전과의 확대를 자제하는 대신, 잔학행위를 통해 장제스에게 경각심을 일으켜 일본의 요구조건을 수용토록 강요하려는 의도에서 비롯된 것이었다(Dreyer, 1995: 220). 그러나 결과적으로 일본군은 퇴각하는 중국군을 섬멸하고 무방비 상태에 있던 우한과 충칭(重慶)을 점령할 수 있는 절호의 기회를 상실하고 말았다.

난징이 함락되기까지 약 4개월 동안 발생한 사상자 수는 일본군이 4만인데 비해 중국군은 27만에 달했다(Eastman et al., 1991: 120; Zarrow, 2005: 306). 중국군의 사상자 수는 이 전투에 투입된 국민당 군대의 60%에 달하여 장제스의 결전 추구가 얼마나 무모했는지를 단적으로 보여주고 있다. 무엇보다도 장제스는 중국군의 최정예 부대인 중앙군을 투입함으로써 전력에 큰 손실을 입었다. 비록 상하이와 난징에서의 소모적인 전투가 적을 지연시킴으로써 항공기 조립공장이나 무기고와 같은 군수산업 시설을 내륙지역으로 이동할 시간을 벌었다 하더라도 그에 못지않게 귀중한 전투력을 잃게 된 것은 커다란 손실이었다. 바이충시와 팔켄하우젠은 정예군대가 궤멸되지 않았더라면, 그리고 장제스가 병력을 아끼고 결전을 회피하라는 그들의 충고를 따랐더라면 이후 전쟁의 과정은 매우 달라졌을 것이라고 평가했다(Liu, 1956: 106, 165; Dreyer, 1995: 218). 일본 측에도 전략적 실수가 있었다. 즉, 일본은 7주 동안 난징에서 민간인 학살에 열을 올림으로써 중국군의 남은 군사력을 궤멸시키고 전쟁을 신속하게 종결지을 수 있는 기회를 놓쳤다(Eastman et al., 1991: 125; Liu, 1956: 199). 이후의 전쟁이 지연될 수 있었던 것은 장제스의 전략이 성공했기 때문이 아니라 결정적 순간에 일본군의 과감한 전과 확대가 이루어지지 않았기 때문에 가능했다.

3) 중국의 지구전과 일본의 패배

상하이 전투와 난징 전투는 중일전쟁 초기 중국군과 일본군 사이에 이루어진 결전이었다. 장제스가 지휘하는 중국군은 군사적으로 열세였음에도 일본군의 공격에 무모하게 맞섬으로써 결정적인 타격을 입었다. 중국군은 이 전투에서 대부분의 정예군을 상실함으로써 이후의 전쟁에서 일본군에 조직적으로 저항할 수 없었으며, 전쟁은 그로부터 약 8년이 지난 1945년에 가서야 미국의 원자탄 사용에 의해 종결될 수 있었다. 상하이 전투와 난징 전투는 약한 국가의 입장에서 강한 국가가 추구하는 조기결전에 맞서는 것이 얼마나 무모한 일인지를 잘 보여주고 있다.

국민당 지도부의 전략은 이제 '사수 결전'에서 '지연전·소모전'으로 전환하지 않을 수 없었다. 1938년 2월 7일 장제스는 다음과 같이 언급했다.

> 항일전쟁에서 적을 격퇴시키기 위해 우리는 광대한 영토를 이용해야 한다. 우리는 민족생존을 위한 투쟁에서 우세한 인적자원을 활용해야 한다. 이 전쟁에서 승패는 두 가지 요소, 즉 공간과 시간에 의해 결정될 것이다. 적이 중국 전체를 점령할 수 없으므로 공간의 이점은 우리의 것이다. …… 광범위한 영토를 방어하기 위해 우선 시간이 필요하다. 적을 소진시키고 승리를 달성하기 위해 우리는 전쟁을 지연시켜야 한다. 광활한 우리 국토는 적을 극복하기 위해 필요한 시간을 부여해줄 것이다(Chang, 1981: 610).

장제스가 새로 제시한 전략은 직접적이고 값비싼 희생이 요구되는 충돌을 회피함으로서 중국의 주 전투력을 보존하고, 일본군을 중국의 광활한 내륙지역으로 끌어들여 적의 측면과 후방에서 유격전과 운동전을 수행하는 것이었다. 우세한 화력으로 무장한 적 앞에서 오직 애국심만으로 무장한 국민들의 희생을 강요하는 것이 무모하다는 사실을 깨달은 것이다. 그러나 그 시기는 너무 늦은 감이 없지 않았다.

마오쩌둥은 항일전쟁 초기의 전투를 평가하면서 "국민당 군사당국의 주관적 오류로 말미암아 진지전을 주요한 자리에 올려놓았으나 전체적 단계로 보면 진지전은 여전히 보조적인 것"이라고 언급했는데, 이것은 국민당이 진지전을 통해 상하이 전투에서 막대한 피해를 감수하면서 일본군과 결전을 치른 데 대한 비판적 평가로 해석할 수 있다(Mao, 1967h: 137).

상하이 전투에서 승리함으로써 일본은 중국의 대도시 대부분을 점령했고 전 중국의 1/3을 지배할 수 있게 되었다. 투입된 병력은 24개 사단으로 100만 명에 이르렀다. 일본군이 우한을 점령함으로써 이제 국민당의 통치지역은 쓰촨 성, 윈난 성, 광시 성, 구이저우 성 등의 내륙지방으로 축소되었다.

1938년 10월 이후 전쟁은 교착상태로 접어들었다. 우선 일본군의 공격기세가 둔화되고 있었다. 1938년 평균적으로 하루에 5마일을 진격하던 일본은 이듬해에는 2마일, 그리고 그다음 해에는 1마일밖에 진격하지 못했다(Katzenbach and Hanrahan, 1955: 331). 중일전쟁이 소강국면으로 가게 된 데는 다음과 같은 요인이 작용했다. 첫째, 이미 100만의 병력을 투입하고도 승리를 거두는 데 실패함에 따라 일본은 장기전을 예상하고 점령한 지역을 공고화하지 않을 수 없었다. 둘째, 국민당정부가 장기항전의 태세를 굳히고 산악지역으로 이동하여 진지를 구축함으로써 일본군이 가진 포병과 기계화부대를 효과적으로 운용할 수 없었다. 셋째, 후방지역에서 준동하는 게릴라를 소탕해야 했다. 이로 인해 일본은 더 이상 결전을 추구하지 못하고 국민당군의 근거지에 대해 경제적인 봉쇄를 통해 압박해나가는 전략으로 나아갔다(서진영, 1994: 200~201).

충칭으로 근거지를 옮긴 국민당은 일본군과 제대로 싸울 여력을 갖지 못했다. 충칭은 전통적인 도시로서 근대 산업이나 행정을 경험한 적이 없는 매우 낙후한 지역으로 국민당은 애초에 이곳에 지지기반을 갖고 있지 않았다. 1936년에 엄습한 가뭄이 재앙적인 식량난을 초래하여 폭동과 함께 비적 떼가 창궐하는 등, 충칭은 항일전쟁을 위한 근거지로 삼기에는 너무 열악했다. 장제스는 일본군의 공격을 방어하는 것 외에 점령지를 어떻게 통치하고 지역주민들의 충성을 유도할 것인가라는 문제에 부딪혔다. 충칭에 정부를 세웠지만 관료체제가 분열되어 효율적으로 작동하지 않았기 때문에 세입은 참담할 정

그림 7-5 중국의 분열, 1938년

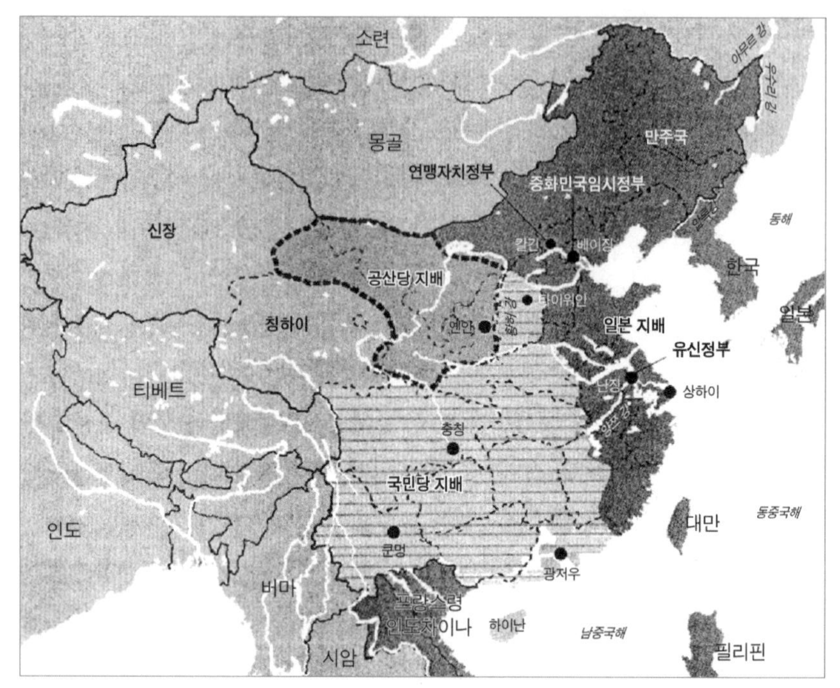

자료: 스펜스(1998b: 27).

도로 줄고 군사비는 치솟아 악성 인플레이션이 나타났다. 다만 그는 버마로 연결된 도로를 통해 군수물자와 석유를 공급하고 이 통로로 일본군이 점령하지 않은 성에 대해 통치력을 유지할 수 있었다(스펜스, 1998b: 35~37).

이러한 가운데 중국공산당은 독자적으로 군사력을 강화해나갔다. 그들은 국공합작에서 합의한 대로 소비에트를 폐지하고 두 개의 변구(邊區)를 설치했다. 하나는 산시, 간쑤(甘肅), 닝샤(寧夏) 성의 경계에 위치한 산간닝(陝甘寧)이었고, 다른 하나는 인접한 산시, 차하얼(察哈爾), 허베이를 지칭하는 진차지(晋察冀) 변구였다. 이들 지역은 1931년부터 공산당이 장악하고 있던 근거지이자 대장정의 기착지로서, 공산당중앙위원회, 항일군정대학, 중앙군사지도부 등 많은 조직들이 옌안을 중심으로 설치되어 있었다(셰노 외, 1977: 303). 당시 이 지역은 험준한 산악지역으로 일본군이 완전히 장악하지 못하고 있었기 때문에 공산당은 정치적 선전과 함께 팔로군의 신병을 모집하고, 심지어 일본군 후방에 대한 파괴공작을 가할 정도로 여유가 있었다. 또한 대장정 기간에 유격작전을 수행하기 위해 중부지역에 남아 있던 공산당 군대의 잔여세력을 신4군(新四軍)으로 재편할 수 있었다. 제8로군은 항일전쟁 이전에 8만 명에 불과하던 병력이 1938년 말에는 16만 명, 1940년에는 40만 명으로 증가했으며, 신4군도 1만 명에서 각각 2만 5000명, 10만 명으로 증가했다(van Slyke, 1991: 189).

이와 같이 일본군 후방지역에서 이루어진 공산당의 군사력 증대는 그 자체로 커다란 위협이 되었으며 이들의 유격활동은 일본군의 작전을 둔화시키는 데 기여했다(Shum, 1988: 131). 1940년 8월부터 12월 초까지 시행된 백단대전(百團大戰)이 그 대표적인 사례이다. 팔로군 총부에서는 일본군 점령지역의 후방에서 대규모의 교통파격전(交通破格戰), 즉 철도나 도로를 파괴하여 적의 후방을 교란하는 작전을 추진했다. 그 결과 철도 474km, 도로 1500km, 교량 및 터널 260개를 파괴 또는 차단할 수 있었다. 이러한 상황에서 일본군은 후방지역의 유격대를 소탕하기 위한 노력을 경주하지 않을 수 없었다. 1940년 6월부터 7월까지 제8로군의 진시베이(晋西北) 근거지에 대해 소탕작전을 펼친 것을 비롯하여 1941년 2월부터 8월까지는 신4군 근거지 소탕작전, 그리고 1941년 11월과 12월에는 제8로군이 장악하고 있던 산둥지역에 대한 소탕작전을 펼쳤다. 이러한 일본의 후방작전은 상대적으로 전방지역 전선에서의 전투력 집중을 방해하는 요인으로 작용했다.

1941년 12월 7일 일본의 진주만 폭격은 미국이 일본과의 전쟁에 전면적으로 개입하게 만들었다. 1943년부터 일본군은 태평양으로부터 동남아시아를 거쳐 인도 국경까지 세력을 확장하며 눈부신 성공을 거두는 듯했지만, 사실은 1942년 6월 미드웨이 해전에서 패배한 이후 미국의 군사력에 밀려 내리막길을 걷고 있었다. 1944년 6월에는 중국 비행장에서 출격한 B-29 폭격기들이 일본 규슈 섬에 폭탄을 투하했으며, 11월에는 마리아나 제도에서 출격한 폭격기들이 도쿄를 집중적으로 폭격했다. 일본은 1944년 여름 '제1호 작전'을 통해 창사(長沙)와 광시(廣西)를 점령하고 구이린(桂林)과 류저우(柳州)의 공군기지를 점령하는 등 전세를 돌리기 위해 강력한 반격에 나섰으나, 미국의 원자탄 투하에 이어 1945년 8월 15일 천황이 무조건 항복을 선언하면서 중일전쟁은 종결되었다.

4) 전쟁의 결과

약 8년에 걸친 중일전쟁은 제2차 세계대전과 시기적으로 겹치면서 국제정치적으로나 국내정치적으로 중국에 많은 변화를 가져왔다. 첫째, 중일전쟁은 국제사회에서 중국의 자주권을 회복시켜주었다. 중국은 아편전쟁 이후 서구열강들의 침탈에 대해 무기력한 반식민지 국가로 전락했다. 이러한 상황은 청조가 붕괴되고 군벌의 시대와 국공내전, 그리고 일본제국주의의 만주침략을 겪으면서도 지속되었다. 그러나 1937년 7월 중일전쟁이 발발한 이후 중국인들이 항복을 거부하고 수많은 희생을 감내하며 8년 동안 보여준 끈질긴 항쟁은 국제사회에서 중국에 대한 인식을 새롭게 했다. 연합국들은 거듭된 논의 끝에 1943년 1월, 중국이 수치스럽게 여겨왔던 중국에서의 치외법권 체제를 공동합의에 의해 폐지했다. 한 세기 동안의 치욕 뒤에 중국은 마침내 모든 외국인을 중국 자신의 법으로 재판할 자유를 얻게 된 것이다. 그리고 1943년 12월 장제스는 카이로 회담에서 루스벨트(Franklin Roosevelt) 및 처칠(Winston Churchill)과 동석했고, 이들은 전쟁 후 만주국과 대만을 국민당 지배하에 귀속시키기로 명문화했다.

물론 이러한 성과에도 처칠은 중국을 신뢰하지 않아 중국을 4대 강국의 하나로 여기지 않았으며, 제2차 세계대전의 종결과 전후질서를 논의하기 위한 얄타회담에 장제스는 참여하지 못했다. 얄타회담에서는 소련이 대일전쟁에 참여하는 조건으로 외몽골의 현상유지, 다롄(大連)의 자유항화와 이 지역에 대한 소련의 우선권, 뤼순 항의 조차, 남만주 철도의 중소 공동관리 등 중국에서의 소련의 특수이익을 인정했다. 그럼에도 불구하고 중일전쟁은 그 이전에 분열되었던 중국을 하나로 통합하고 일본의 침략에 대해 대대적인 저항에 나섰다는 측면에서, 일본제국주의의 압제에서 벗어났다는 측면에서, 그리고 그러한 역할을 국제사회로부터 인정받았다는 점에서 중국이 이전의 반식민적 국가 상태에서 벗어나는 계기로 작용했다. 무엇보다도 중국은 이후 제국주의 열강과 더 이상 불평등한 조약을 체결하지 않았다.

둘째, 중일전쟁의 승리로 중국은 마오쩌둥이 제기했던 중국혁명의 두 가지 과업 가운데 하나인 반제국주의 혁명을 완수했다. 물론 일본제국주의에 승리를 거두기까지는 매우 지난하고도 험난한 과정이었다. 1936년 12월 시안 사건이 발발하기 이전에 중국은 국민당과 공산당 간의 내전으로 분열되어 일본의 침략에 효과적으로 대응하지 못했다. 시안 사건으로 제2차 국공합작이 성립되었으나 장제스는 상하이 전투에서 정예군을 다 소모함으로써 이후 일본군에 반격을 가할 여력을 갖지 못했다. 이 과정에서 신4군 사건이 보여주듯이 국민당과 공산당 간의 내분도 격화되었다.[2] 전쟁은 중국 스스로의 힘으로 일본과 싸워 승리할 수 없었기 때문에 지연되었고, 결국 미국의 개입과 원자탄의 사용으로 종결될 수 있었다. 1945년 8월 15일 일본천황이 무조건 항복을 수락하자 중국은 승전국으로서 중국본토에 주둔하고 있던 일본군의 무장을 해제했고, 소련군은 만주에서 일본의 항복을 접수했다. 비록 다롄과 뤼순, 그리고 남만주 철도에 대한 소련의 이권 문제가 남아 있었지만 중국 내에서 제

2) 신4군 사건은 장제스가 1940년 11월 14일 '황허 이남의 공산 비적을 소탕할 작전계획'을 비밀리에 수립해 1941년 1월에 완난(皖南) 지역에서 국민당 군대 8만 명을 동원하여 매복시킨 후 9000여 명의 신4군을 공격한 사건이다. 신4군은 3000여 명이 전사하고 3600여 명이 사로잡혔으며, 2000여 명이 포위를 뚫고 나왔다. 아군을 공격한 이 사건으로 장제스는 국내외의 비난에 직면했으며, 국민당과 공산당의 합작은 사실상 결렬되어 명목상으로만 존재하게 되었다.

국주의적 영향력은 소멸된 것이나 다름없었다. 중일전쟁의 승리가 중국에서 반제국주의 혁명의 승리를 가져온 것이다.

셋째, 중국공산당은 이제 반봉건혁명이라는 또 다른 과제를 안게 되었다. 마오쩌둥은 1939년 말 중국의 상황을 분석하면서 제국주의와 중화민족 간의 모순, 봉건주의와 인민대중 간의 모순이 주요한 모순인 반면, 자산계급과 무산계급 간의 모순은 부차적인 것이라고 주장한 바 있다(Mao, 1967o: 312~314). 이제 중일전쟁의 승리로 인해 제국주의와 중화민족 간의 모순이 해결된 만큼, 앞으로의 과제는 봉건주의와 인민대중 간의 모순을 해결하는 것이 되어야 했다. 반봉건혁명은 민주주의 혁명으로서 일본 등 제국주의와 결탁해 농민들을 억압해온 지주계급을 대상으로 한다. 이는 정치적으로 노동자, 농민, 소자본가, 그리고 민족자본가로 구성된 계급연합을 통해 제국주의자 및 민족반역자, 반동파를 타도하고, 경제적으로는 제국주의자 및 민족반역자, 반동파의 대자본과 대기업체를 몰수하여 국영으로 만들며 지주계급의 토지를 농민들의 소유로 전환하는 것이다(Mao, 1967o: 326~327).

4. 결론

중국의 전략문화와 관련하여 중일전쟁은 다음과 같은 함의를 갖는다. 첫째, 전략사상 측면에서 중국의 전쟁관은 비로소 근대적 성격을 보이기 시작했다. 명청 시대에 가졌던 전쟁에 대한 인식은 전통적 유교사상에 입각하여 전쟁을 비정상적인 것으로 간주하고 혐오하는 것이었다. 그리고 대외적 전쟁은 주로 문화적 우월주의를 바탕으로 주변 이민족들을 교화시키고 중화질서에 편입시키기 위해 이루어졌다. 그러나 중일전쟁 기간에 국민당이나 중국공산당이 보여준 전쟁인식은 중화적 관점이나 문화적 우월주의와 전혀 관계가 없었다. 오히려 이들은 중국을 반식민지 국가 내지는 반봉건 국가로 간주함으로써 제국주의 국가들에 비해 정치경제적으로나 군사적으로 크게 낙후되어 있음을 인정했다. 이는 중국이 전쟁을 더 이상 중화제국과 이민족 간의 문제가 아니라 민족 대 민족, 혹은 국가 대 국가의 문제로 인식하기 시작했음을 보여준다.

둘째, 정치적 측면에서 중국의 전쟁목적은 클라우제비츠의 '수단적 전쟁론'을 적극적으로 수용했다. 어쩌면 중일전쟁은 명청 시대에 있었던 이민족의 대륙 침입에 대한 대응이라는 관점에서 유사한 것으로 볼 수도 있을 것이다. 그러나 과거 중국이 전쟁에서 추구했던 정치적 목적이 종주권을 수립하고 중화질서를 유지하는 것이었다면, 그래서 이민족들이 현상에 도전할 경우 잘못된 행동을 응징하고 징벌하는 차원에서 군사력을 사용했다면, 중일전쟁에서 중국이 추구한 정치적 목적은 민족의 생존을 확보하고 국가주권 및 영토를 보전하려는 것이었다는 측면에서 엄연히 다른 것으로 볼 수 있다. 즉, 중국이 중일전쟁에서 추구한 정치적 목적은 주권 및 생존이라고 하는 가장 기본적인 국가이익을 확보하기 위한 것이었고, 이런 점에서 중일전쟁은 분명히 근대적 의미의 전쟁이었다.

항일전쟁 직전까지만 해도 전쟁에 대한 중국의 인식에는 주권 및 안보의 확보라는 근대적 측면에서의 고려가 부족했다. 장제스는 일본의 만주침략에도 불구하고 공산당의 토벌에만 주력함으로써 국가안보 차원에서 전쟁을 심각하게 고려하지 않고 있었다. 주권 및 안보라는 근대적 전쟁목표는 공산당을 중심으로 한 중국인들 사이에서 부각되었고, 이러한 인식이 분출하여 나타난 것이 바로 시안 사건이었다. 그리고 제2차 국공합작은 중국이 비로소 전쟁을 주권 및 생존 차원에서의 국가이익을 확보하기 위한 정상적인 수단으로 인식하기 시작한 전환점이 된 것으로 볼 수 있다. 이러한 측면에서 중일전쟁은 인민들에게 항일애국이라는 관점에서 중국민족주의를 태동시킨 원동력으로 작용했다.

셋째, 군사적 측면에서 중국은 군사력의 역할을 매우 유용한 것으로 인식하게 되었다. 명청 시대에 이민족에게 덕을 베풂으로써 이들을 회유하다가 최후의 수단으로 군사력을 사용했던 전통은 국민당이나 공산당에게는 사치였음이 분명하다. 반식민지적 상황에서 일본이라는 제국주의 국가를 상대로 그러한 '덕'을 베풀 여유는 애초에 존재하지 않았다. 중국으로서는 일본의 노골적인 침략과 도발이라는 절박한 상황에 부딪혀 군사적 대응 외에 다른 선택의 여지가 없었다. 무엇보다도 중일전쟁 사례에서 드러난 분명한 사실은 중국이 추구했던 정치적 목적, 즉 주권과 생존 확보라는 민족적 이익을 확보하기 위해 군사력이 부차적인 것이 아니라 핵심적인 것이며 유용한 기제로 인식되었다는 것이다. 비록 중국의 군사력이 근대화되지 못했고 초기 상하이 전투에서의 잘못된 군사력 운용으로 결정적인 군사적 승리를 달성하는 데는 실패했지만, 이러한 사실로 중국이 군사력을 유용한 기제로 인식했음을 부정할 수는 없다.

넷째, 사회적 측면에서 국민의 역할에 대한 인식을 새롭게 했다. 이 시기에 인민전쟁이 보편화되었다고 할 수 있는 것은 아니었다. 장제스는 국민들로부터 신임을 받지 못하고 있었으며, 그의 전쟁은 인민보다는 정규군대에 의존하고 있었다. 마오쩌둥이 지적했듯이 국민당이 주도한 항일연합전선은 단순히 국민당과 공산당 간의 연합이었지 사회 각계각층이 참여하는 범민족적 연대를 형성하는 데에는 실패했다. 그럼에도 불구하고 장제스가 징병제도를 모병제에서 징집제로 전환하고 국민군사훈련제도를 도입함으로써 전쟁의 주체를 국민당의 정규군만이 아니라 국민의 영역으로 확대하려 한 것은 사실이다. 이는 맹아적이지만 국민의 지지와 참여가 전쟁의 승패에 결정적인 요소로 작용할 수 있음을 인식하기 시작한 것으로 볼 수 있다.

사회적 측면에서 인민의 역할에 대한 근본적인 변화는 국민당보다는 중국공산당이 세력을 확대하는 과정에서 두드러지게 나타났다. 마오쩌둥은 항일전쟁을 위한 정치적 동원을 강조하면서 "먼저 전쟁의 정치적 목적을 군대와 인민에게 알려주어야 하며, 개개 병사와 인민에게 왜 싸워야 하며 싸움이 그들과 어떠한 관계에 있는지를 분명히 알려주어야 한다"라고 강조했다(Mao, 1967h: 155). 실제로 그는 옌안 지역을 중심으로 근거지를 구축하면서 인민대중에 대한 연설, 전단 및 포고, 신문, 연극과 영화, 야학 등을 통해 인민대중을 정치적으로 교화시키고 공산당의 편에 서도록 했다. 이는 다음 장에서 살펴볼 인민전쟁론의 시초라 할 수 있으며, 인민대중이 전쟁의 승리에 결정적인 역할을 할 수 있음을 염두에 둔 것으로 볼 수 있다.

요약하면, 중국의 항일전쟁은 중국이 처음으로 유교적 전략문화를 벗어나 현실주의적 전략문화를 수용한 사례로 볼 수 있다. 중국이 일본과의 전쟁에서 추구한 정치적 목적은 '일본의 무조건 항복'을 요구하는 절대적 성격을 갖고 있었으며, 전쟁은 적 세력이 근절될 때까지 수행되어야 했다. 이러한 유형의 전쟁은 과거 전통적 유교주의에 입각한 전쟁수행과 대척점에 서 있는 것으로 클라우제비츠의 '수단적 전쟁론'은 물론, 국가생존과 민족이익을 확보하기 위한 '숙명적 전쟁론'의 성격마저도 갖고 있었던 것으로 보인다.

제8장

중국내전

중일전쟁이 중국이 처음 경험한 현실주의적 성격의 근대적 전쟁이었다고 한다면 국민당과 공산당 간의 중국내전은 '극단적' 형태의 현실주의적 전략문화를 보여준 전쟁이었다. 비록 이 사례는 국가 간의 전쟁이 아니라 중국 내 정치권력을 장악하기 위해 두 개의 정파가 치른 내전이지만 대외적 전쟁 못지않게 중국의 전략문화 변화에 큰 영향을 주었다. 이 장은 국공내전에서 승리하고 현대의 중국을 건국한 중국공산당의 입장을 중심으로 전쟁인식, 정치적 목적과 전쟁전략, 그리고 전쟁수행 과정을 분석함으로써 중국이 어떻게 근대적 전략문화를 갖게 되었는지 살펴보도록 한다.

1. 전쟁의 원인과 전쟁인식

1) 국공협상과 미국의 중재

중일전쟁이 종료되자 미국은 국민당과 공산당의 관계를 개선시켜 중국에서 내전이 일어나지 않도록 중재에 나섰다. 1945년 8월 헐리(P. J. Hurley) 대사는 옌안에서 충칭까지 마오쩌둥을 직접 수행하는 등 공을 들이며 장제스와의 협상을 주선했다. 10월 10일까지 계속된 이 회담에서 마오쩌둥과 장제스는 '쌍십협정(雙十協定)'을 체결하여 "정치적 민주주의, 군사력의 통합 그리고 모든 정당의 동등한 법적 지위의 필요성에 동의"했다. 그리고 개인의 자유를 보장하며, 법의 집행을 적법하게 구성된 경찰과 사법부에 맡기고 '특무기관들'을 폐지하기로 했다. 지방정부 선거의 원칙에도 동의했지만 그 범위와 시기에 대한 구체적 합의는 없었다(스펜스, 1998b: 66).

공산당 통제하의 변구정부에 대해서는 합의에 도달할 수 없었다. 공산당은 허베이 성 북부의 장자커우(張家口)를 점령한 데 만족하여 그들의 군대를 남부에서 철수시키겠다고 공표했다. 그러나 장제스는 중국 전체에 대한 통치를 거듭 주장했고, 11월에는 정예부대를 산하이 관을 통해 만주로 파견하여 그 지역의 공산당을 맹렬히 공격했다. 그는 남부지역에 대한 지배를 공고히 하지 못했음에도 오직 통일이라는 외양을 갖추기 위해 진정한 권력기반을 형성하는 데 소홀했다. 전투가 점점 치열해지자 당시 중재자로 충칭에 머물렀던 저우언라이(周恩來)는 옌안으로 돌아갔고, 헐리 대사는 11월 사임했다(스펜스, 1998b: 66).

미국은 다시 중재에 나서 12월에 마셜(George Marshall) 장군을 중국에 특사로 파견했다. 마셜은 1946년 1월 10일 양측이 정전에 동의하도록 했고, 이에 따라 11일 중국의 각 대표들 38명이 '정치협상회의'를 위해 충칭에 모였다. 38명 가운데는 국민당이 8명, 공산당이 7명, 새로 창당된 국민청년당이 5명,

민주동맹이 2명이었고 나머지는 소규모 정치집단 소속이거나 어느 당파에도 소속되지 않았다. 이 회의에서 대표들은 헌정(憲政), 군사지휘권의 통합, 그리고 기타 핵심사항에 대해 합의했다. 그러나 이러한 합의는 별다른 성과를 거두지 못했는데, 그것은 공산당과 국민당이 여전히 여러 지역에서 군사적 충돌을 벌이고 있었고 국민당이 차후 진행된 중앙집행위원회에서 합의사항을 번복했기 때문이다. 이 번복을 통해 국민당은 공산당 및 민주동맹에 부여한 거부권을 제한하고 새로운 헌법에 명시된 진정한 내각제가 아니라 장제스의 총통권을 강화하기로 했다. 공산당과 민주동맹이 이에 반발하자 국민당은 이들을 배제한 채 1946년 말 국민대회를 소집하여 헌법 초안을 만들고 이듬해 1월 1일 '중화민국헌법'을 공포했다(스펜스, 1998b: 67).

그럼에도 불구하고 마셜은 또다시 공산당과 국민당 간의 중재에 나섰다. 그는 1946년 6월 만주에서 양측이 정전을 선언하도록 하며 화해를 유도했고, 공산당이 국민당 군대의 만주 수송을 저지하기 위해 파괴한 철도를 복구하기로 하는 합의도 이끌어냈다. 그러나 국민당은 휴전이 선언되었음에도 만주를 공격하기 위해 대규모 병력을 집결시키고 있었다. 공산당은 북중국에 있는 변구의 해체를 거부하면서 군대를 인민해방군으로 재조직하고 토지개혁의 중점을 소작료 인하와 재분배에서 완전몰수와 '계급의 적'에 대한 처단으로 전환하며 민주혁명을 본격화했다. 1946년 7월 국민당의 공격이 본격화되자 더 이상 내전을 돌이킬 수 없다고 판단한 마셜은 1947년 1월 초 자신의 임무가 실패했음을 선언하고 물러났다.

2) 만주지역 확보 경쟁

중일전쟁이 종결되면서 국민당과 공산당은 만주로 눈을 돌렸다. 만주는 경제적·군사적·전략적 측면에서 매우 큰 가치를 갖고 있었다. 첫째로 만주는 중국 전체 산업능력의 3/4을 차지하고 있어 '중국의 생명선'이라고 간주될 만큼 중국경제에 매우 중요한 산업지대였다(Gittings, 1967: 4; Gurtov and Hwang, 1980: 28). 예를 들면, 1943년 당시 만주지역은 중국 내 선철생산의 87%, 전력생산의 78%를 차지하고 있었다. 둘째로 일본 관동군의 무기저장고가 만주지역에 위치하고 있어 이를 확보할 경우 군사력을 크게 증강시킬 수 있었다. 셋째로 만주는 공산당에게 훌륭한 근거지를 제공할 수 있었던 반면 국민당에게는 공산당을 협공할 수 있는 이점을 제공하고 있었다. 이러한 이유로 만주를 점령한다면 어느 쪽이든 전략적으로 유리한 고지를 점할 수 있었다(Westad, 1993: 74).

장제스는 만주지역을 선점하기 위해 두 가지 조치를 취했다. 하나는 1945년 8월 14일 스탈린과 중소조약을 체결한 것이다. 이 조약에서 장제스는 스탈린에게 외몽골의 독립을 인정하고 만주의 동만철도, 뤼순, 다롄에 대한 소련의 특별한 권리를 인정했으며, 그 대신에 소련으로부터 중국공산당을 지원하지 않겠다는 약속을 받았다. 특히 만주와 관련하여 소련은 전쟁 종결 후 3개월 이내에 만주에서 철군할 것과 선양(瀋陽)과 창춘(長春) 등 대도시를 공산당에 넘겨주지 않고 국민당에 인계하기로 합의했다. 이후 소련은 국민당 군대의 만주 진주가 지연되자 장제스의 요청으로 철군 시한을 연장했으며, 철군하기 전까지 주요 도시들을 중국공산당 측에 내어주지 않았다.

다른 하나는 중국의 주요 도시에 대한 미국의 군사적 점령과 함께 국민당 군대에 대한 미국의 수송지원을 확보한 것이다. 일본이 항복한 직후 웨드마이어(Albert C. Wedmeyer)와 장제스는 국민당 군대의 전후처리에 미군의 도움이 필요하기 때문에 미군이 중국의 주요 도시 및 항구를 신속히 점령해야 한다는 데 동의했다. 1945년 9월 30일, 미 제1·6해병사단 5만 명이 톈진과 칭다오(靑島)에 상륙하여 공산당 군대가 만주지역으로 이동하는 것을 위협했다. 또한 수송수단이 부족한 장제스 군대의 이동을 돕기 위해 미 제10공군의 다코타 수송기를 동원해 국민당 군대 11만 명 이상을 충칭에서 상하이, 난징, 베이징 등 중국 북부 및 동부로 공수했으며, 해상으로 약 40만~50만의 병력을 수송하여 일본군의 항복을 접수하고 만주로의 진격을 도왔다(Schnabel, 1996: 187; Department of State, 1949: 311~312).

중국공산당도 만주가 갖는 전략적 중요성을 인식하고 있었다. 만주를 점령할 경우 일본 관동군의 무기를 획득함으로써 국민당에 대해 군사적 열세를 만회할 수 있고, 이 일대를 근거지로 삼아 국민당의 공세에 대응할 수 있기 때문이었다. 이에 따라 마오쩌둥은 1945년 8월 10일 기존의 농촌 중심의 전략에서 벗어나 대도시를 점령하는 전략으로 방침을 선회하고 일본군이 항복할 경우 즉각 모든 대도시와 중소도시, 그리고 중요한 수송로를 확보하도록 철저한 준비를 지시했다(Zhang and Chen, 1996: 27). 그리고 중국공산당 정규군은 대도시와 주요 수송로를 확보하되 유격대와 민병대는 소도시를 장악한다는 복안을 세웠다. 1945년 11월 소련군의 만주 철수 시한이 임박해오면서 상대적으로 만주에 더 가까이 위치한 공산당이 만주를 장악하는 것은 시간문제로 보였다.

그러나 스탈린과 장제스가 체결한 중소조약은 마오쩌둥의 이 같은 전략을 이행하는 데 장애물로 작용했다. 이미 스탈린은 이 조약을 통해 장제스에게 중국공산당에 대한 지원을 중단한다는 약속을 한 바 있으므로 만주의 주요 도시를 공산당 군대에 드러내놓고 내어줄 수가 없었다(Elleman, 2001: 212~213). 중소조약 체결 직후 스탈린은 이 같은 내용을 마오쩌둥에게 전달했고, 마오쩌둥은 8월 22일에 이를 고려하여 대도시 점령을 포기하고 주변에서 대도시를 포위하는 것으로 전략을 변경했다.

중국공산당은 선양, 창춘 등 만주의 대도시를 포기하더라도 대도시의 주변 지역, 특히 중소조약에 구속받지 않는 러허 지역, 그리고 차하얼 지역을 완전히 장악하여 국민당과의 협상에서 유리한 고지를 점유하기로 했다. 소련이 중국의 내부문제에 간섭하지 않는다는 중소조약의 조항에 따라 소련이 공산당의 만주 진입을 묵인하고, 또 공산당이 중소조약을 침해하지 않는 범위 내에서 주변 지역을 장악한다면 만주에서 최대한도로 세력을 확대할 수 있다고 본 것이다(Zhang and Chen, 1996: 34). 이때 만주의 소도시와 농촌지역에 대해서는 군대를 비밀리에 잠입시킨 후 민병대를 조직하여 점령하고, 대도시에는 당 간부를 잠입시켜 활동하도록 하다가 소련군대가 철수할 때 즉각 세력을 확대하여 장악하기로 했다.

당시 중국공산당 군대는 제8로군이 약 60만 명으로 중국의 북부와 북서지역에 위치하고 있었고, 신4군은 약 28만 명으로 동부와 중앙지역에 위치하고 있었다. 그리고 약 2만 명의 유격대가 남부지역에 있었다(Gittings, 1967: 2). 마오쩌둥은 일단 산둥의 주력부대 가운데 약 3만의 병력을 이동시켜 허베이, 진저우(金州), 러허를 확보함으로써 소련군이 철수한 후 국민당 군대가 만주로 진입하는 것을 차단하고, 이후 상황을 보아 추가로 병력을 이동시키기로 했다. 장쑤(江蘇), 안후이(安徽), 저장(浙江) 성 일대의 신4군 8만 명은 산둥과 허베이의 동부지역으로 이동하여 이 지역의 방어를 담당하도록 했다. 이로써 양쯔 강 이남의 모든 병력은 강북으로 이동하게 되었다. 이러한 부대배치는 9월 말 미군이 장제스 군대의 베이징·톈진 점령을 지원하기 위해 친황다오(秦皇島), 톈진, 탕구(塘沽) 등에 상륙하겠다고 발표함에 따라 더욱 신속하게 추진되었다(Zhang and Chen, 1996: 35~38).

이때 중국공산당에 대한 소련의 지원이 은밀하게 이루어지기 시작했다. 스탈린은 우선 국민당 군대가 만주지역 항구에 상륙하는 것을 거부했다. 당시 국민당은 10월 중순부터 소련 측에 다롄, 후루다오(葫蘆島), 잉커우(營口), 그리고 탕구에 그들의 군대를 상륙하도록 허가해달라고 요청했다. 스탈린은 그들이 직접 통제하고 있던 다롄 항에 대해서는 국민당 군대의 상륙을 노골적으로 거부했으며, 다른 항구들에 대해서는 상륙할 경우 안전을 보장할 수 없다는 입장을 표명했다. 그러고는 마오쩌둥에게 추가적인 병력을 만주에 보내도록 권고한 후, 이 세 항구를 조용히 공산당 측에 넘겨주었다. 차르 시대부터 만주는 소련에 전략적으로 매우 중요한 지역이었다. 따라서 스탈린은 얄타회담 등에서 공식적으로 표명한 입장과 달리 미국의 지원을 받고 있는 국민당에

만주지역을 쉽게 내주려 하지 않았다(Goncharov et al., 1993: 12; Petrov, 1994: 8).

한편 소련은 비밀리에 공산당과 접촉하여 만주를 점령하도록 종용했다. 10월 초, 만주지역에 위치한 소련 당국은 중국공산당 동북국에 전갈을 보내와 30만의 병력을 산하이 관에 배치하여 국민당 군대의 만주지역 진입을 차단하도록 권유했다. 10월 말에 소련은 다시 중국공산당과 접촉하여 만주지역을 완전히 장악하도록 했으며, 공산당에게 이 지역의 공장, 장비, 산업시설은 물론 주요 도시에 대한 정치적 권력을 이양하겠다는 의사를 밝혔다. 심지어 소련은 공산당의 포병훈련을 지원할 것이며, 장제스 군대가 공격해오면 공산당 군대를 도와 격퇴시키겠다는 약속까지 해주었다(Zhang and Chen, 1996: 43). 12월 말이 되자 린뱌오(林彪)가 이끄는 만주지역의 공산당 군대는 약 20만으로 증가했으며 소련군이 제공한 일본군의 무기로 무장하여 월등한 전투력을 구비하게 되었다(Dreyer, 1995: 324).

소련 측의 비협조적인 태도로 국민당의 만주점령은 지체되었다. 만주지역을 접수하기 위해 동북지역으로 진격하던 국민당 군대는 11월 5일에야 겨우 산하이 관에 도달할 수 있었다. 이러한 상황에서 1945년 11월 14일 웨드마이어는 본국에 보낸 보고서를 통해 소련이 중국공산당을 지원하고 있으며 이는 명백한 중소조약 위반임을 지적했다(Department of State, 1949: 131~132). 장제스와 미국은 이에 대해 항의하며 외교적 압력을 행사했고 소련이 적어도 외형상으로는 공산당에 대한 지원을 단절하도록 하는 데 성공할 수 있었다. 소련은 어쩔 수 없이 국민당의 손을 들어줄 수밖에 없었는데, 그것은 첫째로 제2차 세계대전 후 얻은 이권을 유지해야 했으며, 둘째로 미국의 중국내전 개입을 방지해야 했기 때문이다(Petrov, 1994: 10). 따라서 스탈린은 선양과 창춘 지역에 대한 국민당 군대의 공수를 허가했으며 국민당이 만주지역의 중부와 남부의 대도시를 통제할 수 있도록 했다. 그리고 만주로의 진입이 지체되고 있던 국민당의 요구에 따라 자국 군대의 철수를 미루어 다음해 1월로 연장하는 조치를 취했다. 실제로 만주에서 소련군의 철수는 다시 한 번 늦춰져 1946년

그림 8-1 만주에서의 내전, 1945~1947년

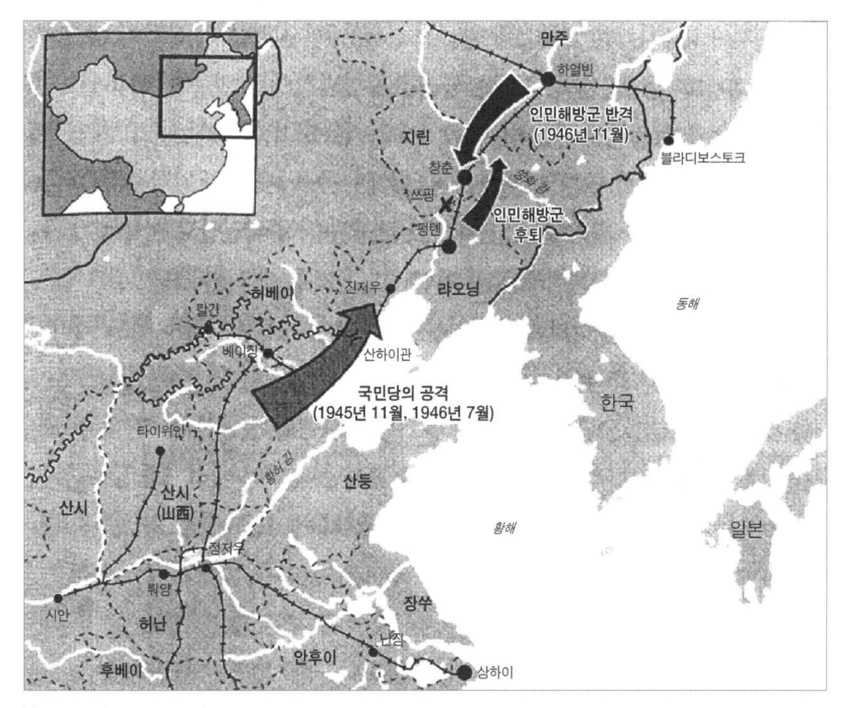

자료: 스펜스(1998b: 69).

4월에 이루어졌다.

비록 중국공산당은 만주지역에서 대도시를 장악하지는 못했지만 동만주, 서만주, 북만주 지역에 공산당 군대의 근거지를 마련하는 한편, 러허와 허베이 지역 동부에서의 활동을 강화했다(Mao, 1967a: 81~85). 국민당이 장악한 대도시와 창춘철도 주변지역에 대한 침투를 강화했고, 중소도시와 농촌지역을 장악하는 데 주력했다. 그 결과 장제스의 만주진입을 막는 데는 실패했지만 그해 겨울 창춘철도 주변지역을 견고하게 확보할 수 있었다.

요약하면, 항일전쟁 이후 국민당은 신중국 건설 과정에서 공산당과의 협상 가능성을 배제하지는 않았다. 그러나 신중국 건설 방식에 대한 양당의 견해가 서로 달랐기 때문에 대립과 충돌이 불가피했다. 마오쩌둥은 모든 당파와 계층을 대변하는 민주적 연합정부를 수립해야 한다고 주장했지만 장제스는 국민당 주도하에 헌정질서를 구축하려 했다. 이에 공산당은 장제스 정부를 대지주와 금융자본가, 매판세력의 이익을 대변하는 정권이라고 비난했으며, 홍군과 해방구를 국민당정부의 편제에 편입시키려 하지 않았다. 1946년 말 국민대회에서 국민당은 공산당을 배제한 채 헌정기 준비작업에 착수함으로써 더 이상 정치적 협상에 미련이 없음을 분명히 했다. 국민당과 공산당은 일본군의 무장을 해제하고 만주지역을 선점하기 위해 무력충돌을 불사했으며, 이 과정에서 내전의 위기가 점차 고조되었다.

3) 국민당과 공산당의 내전준비

마셜의 중재가 점차 교착상태에 빠짐에 따라 장제스와 마오쩌둥은 누가 먼저랄 것도 없이 내전이 발생할 것에 대비하여 만반의 군사적 준비를 갖추지 않을 수 없었다. 항일전쟁이 종결된 지 10개월이 지나 내전 발발이 임박한 1946년 4월의 형세는 항일전쟁이 종결된 시점에서의 상황과 별반 다를 바가 없었다. 공산당은 중국 북부지역을 장악하고 있었고 국민당은 남부와 중부, 그리고 만주의 주요 도시를 통제하고 있었다. 중국공산당의 입장에서 볼 때 국민당은 항일전쟁 당시의 일본군을 대신하고 있었다.

국민당은 군사력 면에서 중국공산당을 압도했다. 1945년 9월 국민당정부의 공식 통계에 의하면 국민당은 병력 370만 명, 소총 160만 정, 야포 6000문을 보유한 반면, 공산당은 병력 32만 명, 소총 16만 정, 야포 600문을 보유하고 있었다. 1946년 7월 내전이 본격화되는 시점에서의 병력을 보면 국민당이 430만인 데 비해 공산당은 120만으로 여전히 국민당이 약 3.5배의 압도적인 수적 우세를 유지하고 있었다(Liu, 1956: 254). 장제스는 이로 인해 군사적 자신감을 갖고 있었으며, 시간이 지체될수록 공산당 세력이 강해질 것을 우려하여 공산당에 대한 군사적 공격을 서둘렀다.

중국공산당의 전력은 1937년 국공합작이 체결될 당시 유격전 부대 중심으로 미약했으나 8년 동안의 항일전쟁 기간에 많은 성장을 보였다. 그럼에도 불구하고 국민당의 군사력에 비하면 병력이나 화력 면에서 크게 열세했다. 다만 중국공산당은 비밀리에 이루어진 소련의 지원으로 일본 관동군의 무기를 획득함으로써 전력을 강화할 수 있었다. 이 무기는 소총 30만 정, 기관총 13만 8000정, 화포 2700문으로 선양 시 근처에 있던 관동군 무기고에서 획득한 것으로서, 소련에 보내기 위해 만저우리(滿洲里)에 보관 중이었는데 중국공산당 측에 인계된 것이다(Liu, 1956: 228).[1] 이를 감안한다면 내전 발발 시 중국공산당이 보유한 무기는 소총 및 기관총 약 60만 정과 야포 3500문 정도로 크게 보강되었음을 알 수 있다. 이 외에도 소련은 전차를 제공하고 다롄에 탄약 제조공장을 비밀리에 건설하여 중국공산당을 지원했다. 이러한 소련의 지원은 공산당 군대의 전투력을 급속히 향상시켰으며, 이제 공산당은 제법 규모를 갖춘 화포와 전차를 동원하여 싸울 수 있게 되었다. 제3야전군 부사령관이었던 쑤위(粟裕)는 내전 말기에 이러한 소련의 지원이 중국공산당의 내전승리를 가져온 제3대 전역 가운데 하나인 화이하이(淮海) 전역에서 승리하는 데 결정적으로 기여했음을 시인한 바 있다(Goncharov et al., 1993: 12).

이렇게 볼 때 국민당이나 공산당 모두 전쟁을 중국의 국가통일을 위한 정당한 수단으로 간주하고 있었음을 알 수 있다. 국민당은 공산당과의 평화로운 해결이 불가능하다고 보고 '반정부 단체'인 공산당 세력을 근절하고자 했으며, 공산당은 국민당을 매판 및 독재, 그리고 반동적 집단으로 규정하여 내전을 중국인민의 평화를 위해 수행하는 정당한 전쟁으로 간주했다.

---

1) 소련군이 노획한 전리품은 비행기 925대, 전차 369대, 장갑차 35대, 야포 1226문, 박격포 1340문, 기관총 4836정, 소총 30만 정, 자동차 2300대, 기타 탄약과 보급물자 742개 동이었다(이종석, 1998: 244). 기관총의 숫자는 Liu(1956)의 계산과 다르다.

2. 정치적 목적과 전쟁전략

1) 국민당의 정치적 목적과 내전전략

국민당의 입장에서 볼 때 공산당은 합법적인 국민당정부에 반기를 든 반정부세력이었다. 따라서 공산당 세력이 무장을 해제하고 그들이 장악하고 있는 해방구를 국민당 행정조직으로 편입시키며, 국민당정부의 통치의 정당성을 인정하지 않는 한 모든 군사력을 동원해서라도 공산당 세력을 근절해야 했다. 즉, 1930년대 초 장시 성 근거지에 대해 다섯 차례에 걸쳐 실시한 포위토벌과 마찬가지로 중국내전에서 국민당이 추구한 정치적 목적은 공산당 세력을 토벌하고 통일된 중국을 이루는 것이었다.

군사력이 절대적 우위에 있다고 자신한 장제스는 공산당과 내전을 수행하면서 정치사회적 차원의 문제를 도외시하고 오직 신속한 군사적 승리를 달성하는 데에만 관심을 가졌다. 그는 국민당 군이 가진 군사적 우위를 바탕으로 3개월 내지 6개월 이내에 공산당 군대를 전멸시키고 공산당이 건설한 해방구를 일소할 것이라고 장담했다(중국사연구회, 1985: 360).

그러나 인민대중의 지지를 획득하는 것은 시대를 막론하고 정치집단이 자기 세력을 굳힐 수 있는 기본적인 조건이다. 더구나 국내정권을 두고 싸우는 내전에서 민심은 전쟁의 승패를 가르는 결정적 요소로 작용한다. 그런데도 장제스는 대중의 지지를 얻기 위한 정치사회적 차원의 노력을 경주하지 않았으며, 그 결과 이전부터 만연했던 정부와 관료들의 부정부패, 지주들의 농민수탈, 그리고 결정적으로 토지개혁의 실패가 민심의 이반을 초래하는 요인으로 작용했다.

국민당은 항일전쟁 직후 일본군으로부터 도시를 되찾고 통일된 중국을 새롭게 재건하는 것처럼 보였다. 그러나 국민당의 부주의, 관료적 비효율성, 그리고 부패는 항일전쟁의 승리로 얻은 대중적 지지기반을 서서히 허물어뜨렸다. 장제스는 단지 공산당의 영역이 확대되는 것을 막는다는 이유로 전쟁 기간에 일본에 공공연히 협력했던 괴뢰정권의 정치가나 군인들을 본래 그 자리에 남아 있게 했다. 1945년 국민당은 '반협력법'을 제정했지만 허점이 많아 일제의 괴뢰정권에 몸담았더라도 약간의 애국적 행동을 보였던 사람에게는 관용을 베풀었다. 그 결과 만주국, 내몽골연방, 그리고 베이징 지역에서 괴뢰정권을 위해 일했던 수많은 장교들을 국민당 요직에 배치함으로써 많은 중국인들의 분노를 샀다(스펜스, 1998b: 64~65).

일본 강점기에 일본에 협력했던 자들의 재산을 환수하는 과정에서도 국민당은 통제력을 상실했다. 업무를 담당하는 기관이 중복되거나 감독이 미흡하여 공장과 창고의 운영이 수 주간 중단되어 수천 명이 실직하고 지역경제가 마비되었으며, 동결된 자산에 대한 약탈행위가 도처에서 발생했다. 심지어 정부부처의 대리인을 자처하는 무리들과 고위급 장교 및 경찰들이 점포에 침입하여 수천 대의 차량을 강탈하고 팔아넘기는 등 횡포를 일삼았다. 또한 국민당은 국가기구를 통해 대부분의 산업시설과 공장을 부당하게 소유했으며, 중앙농업은행을 통해 농촌의 고리대금업에 간여하여 막대한 이득을 취했다. 지주의 횡포와 농민수탈 체계가 강화되면서 농민들은 파산으로 몰렸을 뿐 아니라, 곡물세의 부활과 징병이라는 이중의 부담에 의해 농민들의 삶은 갈수록 피폐해졌다(스펜스, 1998b: 65, 79).

정치사회적 혼란과 함께 경제위기가 발생하자 이에 대한 처방으로 대량의 화폐를 발행하면서 악성 인플레이션이 나타났다. 1945년 9월 상하이 도매물가가 1946년 2월에는 5배로, 5월에는 11배로, 그리고 1947년 2월에는 30배로 상승했다. 급격한 물가상승에 치명적인 타격을 입은 산업노동자들은 격렬하게 저항했다. 전쟁이 끝난 후 국민당이 후원한 노동협회에 소속된 노동자들조차 파업에 나서기 시작했으며, 1946년 상하이에서는 1700건 이상의 파업과 노동분규가 발생했다. 이들은 노동쟁의를 시작하기 전에 공식적인 중재위원회의 조정을 거쳐야 한다는 국민당의 법을 어기고 이루어진 것이어서 탄압을 받지 않을 수 없었다. 이렇게 혼란한 틈을 타 중국공산당은 많은 노동조합에 침투하는 데 성공했고, 향후 국민당 지역에서 반정부 여론을 형성하는 데 막강한 영향력을 발휘했다(스펜스, 1998b: 80).

중국 내 정치세력도 국민당에 등을 돌렸다. 1947년 1월 1일 '중화민국헌법'이 공포되고 4월에 이 헌법에 따라 국민당정부의 개편을 단행하여 청년당, 민사당, 그리고 무당파 인사들이 참여하는 연립정부가 형성되었다. 그러나 이 과정에서 공산당은 물론 민주동맹과 같은 제3의 정치세력을 배제하면서 일방적으로 정치개혁을 강행하고 국민당 일당독재를 강화하게 되자 제3의 길을 모색하던 진보적 정치세력들도 점차 공산당의 입장을 지지하는 방향으로 선회했다. 이처럼 국민당이 정치적 세력을 결집하는 데 실패하고 사회적 혼란이 가중되면서 내전 초기단계에서 거둔 눈부신 군사적 승리는 곧 빛을 잃게 되었다(서진영, 1994: 271).

결정적으로 대다수 농민들이 등을 돌린 것은 토지문제 때문이었다. 자본가들 및 지주들의 지지를 받는 국민당은 농민들의 관심사였던 토지문제의 중대함과 심각성을 깨닫지 못하여 토지개혁을 제대로 추진하지 못했다. 일찍이 쑨원은 토지소유의 균등화와 '경자유기전(耕者有基田)', 즉 농민들은 기본적으로 자신의 토지를 소유해야 한다는 원칙을 민생주의의 근본으로 제기한 바 있으며, 국민당정부도 이에 입각하여 1930년 공산당의 토지혁명에 못지않은 '토지법'을 제정해둔 바 있다(서진영, 1994: 281). 그러나 국민당의 토지법은 당내 보수파와 지주들의 반대에 밀려 제대로 실행되지 못한 채 사장되고 말았다. 토지개혁에 대한 국민당의 미온적인 태도는 적극적으로 지주의 토지를 몰수하여 농민에게 분배한 공산당의 토지혁명과 대조를 이루었으며, 농민대중이 국민당정부에 등을 돌리고 공산당의 편에 서도록 한 주요 요인으로 작용했다.

이러한 이유로 내전 초기에 국민당이 지배하던 지역에서는 반국민당 및 반미성향의 대중운동이 다양하게 전개되었다. 중앙정부의 무능과 부정부패, 그리고 지주들의 착취와 살인적인 인플레이션에 의해 삶이 파괴된 농민들은 내전에 반대하며 국민당의 정책노선에 반기를 들었고, 1946년 12월 미군의 강간사건을 기화로 학생들을 중심으로 한 다양한 세력이 전국적인 규모의 반국민당 및 반미 운동을 전개했다. 국민당 통치구역에서 반정부시위가 확산되면서 중국공산당과 대중운동 세력 간에 모종의 연합이 이루어져 국민당에 대항하는 '제2전선'이 형성되었다. 결국 인민들을 대상으로 하는 정치사회적 전략이 부재했던 국민당은 적대적인 인민대중에 포위되어 정치적으로 고립되었고, 이는 내전패배의 가장 근본적인 요인으로 작용하게 되었다.

요약하면 장제스는 내전을 시작하면서 민심을 읽지 못했다. 그가 생각한 내전전략은 오직 군사력을 사용하여 공산당 군대를 격파하는 것으로 군사적 차원에 머물고 있었다. 그는 압도적인 군사력을 동원하여 공산당 세력을 근절하고 전 중국의 대도시를 장악한 후, 이를 기반으로 중소도시 및 농촌지역으로 통치범위를 확대할 수 있다고 보았다.

2) 중국공산당의 정치적 목적과 군사전략

중국공산당의 정치적 목적은 이전부터 마오쩌둥이 언급한 대로 반봉건적 세력을 척결하고 중국에서 민주혁명을 완수하는 것이었다. 이는 중일전쟁으로 일단락된 반제국주의 혁명에 이어서, 이제는 반봉건주의 혁명을 통해 중국혁명을 완성하는 것이라 할 수 있다. 장제스가 본격적으로 공산당 근거지에 대한 공격에 나선 직후 마오쩌둥은 1946년 7월 20일 "자위전쟁으로 장제스의 공격을 분쇄하라"는 당내 지시를 통해 "장제스의 공격을 완전하게 분쇄한 후에야 비로소 중국인민들은 평화를 되찾을 수 있다"고 언급함으로써 내전의 목적이 국민당 군대의 완전한 무장해제에 있음을 보여주고 있다(Mao, 1967l: 89).

마오쩌둥의 혁명전쟁 전략은 정치사회적 차원과 군사적 차원의 전략이 결합된 것으로 정치사회적 차원에서는 인민전쟁, 군사적 차원에서는 지구전 전략이었다. 우선 정치사회적 차원에서 인민전쟁이란 "인민을 믿고 의지하며,

인민을 동원하고 조직하고 무장시키며, 철저하게 인민의 근본이익을 위해 전쟁을 수행하는 것"이다(중국국방대학, 2001: 88). 그 핵심은 인민대중의 에너지를 조직하고 동원하는 데 있다. 즉, 인민들의 "민심(hearts and minds)"을 얻음으로써 이들이 중국공산당을 지지하게 하는 것은 물론 공산당 군대에 참여하고 후방작전을 지원하며 필요시에는 민병을 조직하여 적과 싸우도록 하는 것이다.

인민들을 중국공산당 편으로 끌어들이기 위해 마오쩌둥은 철저하게 대중노선을 추구했다. 그는 1943년 "영도방법에 관한 약간의 문제"에 대한 정치국 결의에서 다음과 같이 언급했다.

> 우리 당의 실천적 활동에서 올바른 지도노선은 반드시 '대중으로부터 나와서 대중에게로 돌아간다'는 것이다. 이것은 대중들이 분산되고 비체계적인 생각들을 수집하고 그것들을 연구하여 집중적이고 체계적인 생각으로 만들어, 다시 대중에게로 가서 선전하고 설명함으로써 대중이 그것들을 자신의 생각으로 받아들이고 그 생각을 견지하고 행동으로 옮기게 하는 것, 그리하여 그런 생각의 옳고 그름을 대중의 행동 속에서 검증받게 하는 것을 의미한다(Mao, 1967m: 119).

인민대중을 끌어들이기 위해서는 대중을 정치적으로 교화시켜야 한다. 여기에서 마오쩌둥은 인민대중에 대한 교화 이전에 인민들을 교육시킬 공산당원들을 먼저 교육하는 것이 중요하다고 강조했다. 그에 의하면, 우선 당원들이 인민대중을 열렬히 사랑하고 그들의 목소리를 주의 깊게 들을 수 있도록 가르쳐야 한다. 또한 당원들은 항상 어디를 가든지 대중 속에서 대중과 함께 해야 하며, 그들을 노예처럼 부려서는 안 된다는 점을 명확히 인식해야 한다. 이렇게 교육받은 당원들은 일반대중 사이에 침투하여 공산당이 그들의 이익과 삶을 대변하고 있음을 그들이 인식하게 하고, 이를 통해 공산당이 제기하는 더 높은 과업, 즉 혁명전쟁에 관해 이해시켜야 한다. 그럼으로써 인민들이 공산혁명을 지원하고, 혁명을 중국 전역에 확산시키며, 혁명전쟁에서 승리하는 순간까지 공산당의 정치적 투쟁에 호응할 수 있다는 것이다.

마오쩌둥이 인민대중에 의지하고 인간요소를 중시한 것은 중국공산당이 가진 군사적 역량에 한계가 있었기 때문에 이를 보완하기 위한 방편에서였다. 만일 인민대중의 지원을 얻는 데 성공한다면 얼마든지 전투의지로 충만한 대규모의 병력을 충원할 수 있으며, 장기간 전쟁을 수행하는 데 필요한 충분한 식량과 물자를 획득할 수 있다. 특히 중국의 경우에 인간요소의 중요성은 더 클 수밖에 없었는데, 이는 약 10억의 민심은 글자 그대로 매우 두려운 존재일 수밖에 없으며 어떠한 적도 이러한 민심이 갖는 잠재력을 무시할 수 없기 때문이다. 인민대중은 곧 정치적 지지기반일 뿐 아니라 소중한 군사적 자산인 셈이다(Dellios, 1990: 24).

정치사회적 차원에서의 인민전쟁과 함께 마오쩌둥이 군사적 차원에서 추구한 전략은 지구전이었다. 마오쩌둥은 중국공산당이 군사적으로 열세한 상황에서 국민당 군대를 상대로 조기에 승리를 거둘 수 있을 것으로 기대하지 않았다. 따라서 그는 속전속결에 의해서가 아닌 지구전에 의해 승리를 추구해야 한다고 판단했다. 마오쩌둥의 지구전은 전략적 퇴각, 전략적 대치, 그리고 전략적 반격의 세 단계로 이루어진다.

지구전의 제1단계는 적이 전략적 공격을 하고 홍군이 전략적 방어를 하는 단계이다. 이 단계에서 홍군은 적보다 군사적으로 열세에 있기 때문에 전략적으로 퇴각을 단행한다. 전략적 퇴각은 “전력이 열세에 있는 군대가 우세한 군대의 공격을 맞아, 그 공격을 신속히 격파할 수 없다는 것을 느꼈을 때 취하는 것으로 우선 자기의 군사력을 보존했다가 시기를 기다려 적을 격파하기 위해 취하는 하나의 계획적이고 전략적인 조치”이다(Mao, 1967i: 221). 이때 전략적 방어는 별다른 저항이 없이 뒤로 물러서기만 하는 소극적 방어를 지양하고 적에게 부단한 기습을 감행하는 적극적 방어를 추구한다(Mao, 1967i: 207). 소극적 방어는 적을 두려워하여 적에게 어떠한 공격도 가하지 못한 채 퇴각하는 것이며, 심지어는 적의 공격이 없는 경우에도 불필요하게 퇴각하는 것이다. 반면에 적극적 방어는 "공세적 방어라고도 할 수 있으며, 전략적으로는 방어를 취하되 전역이나 전투는 공격성을 지니는 것이다"(국방군사연구소, 1996b: 102). 즉, 퇴각하는 도중에 방어진지를 구축하여 저항하며, 때로 적의 후방을 공격하기도 하고, 때로는 부분적으로는 대담하게 적을 깊이 유인하여 포위·섬멸을 시도하는 방어이다(Mao, 1967h: 137).

제2단계는 전략적 대치단계로서 적이 전략적 수비를 하고 홍군이 반격을 준비하는 시기이다. 제1단계의 말기에 이르면 적은 신장된 병참선을 방어해야 하기 때문에 병력이 부족해질 것이고 또한 홍군의 저항이 증가함으로써 공격이 한계에 도달할 것이다. 따라서 적은 부득이하게 공격을 중지하고 이미 점령한 지역을 방어하는 단계로 전환하여, 전과확대에 나서기보다는 이미 점령한 지역 가운데 전략적 요충지나 거점을 확보하는 데 치중할 것이다. 이때 홍군은 전략적 공세를 취한다. 다만 이러한 공세는 결전을 추구하는 것이 아니기 때문에 확실하게 승리할 수 없는 강한 적에 대해서는 공격하지 않으며, 유격대의 역량으로 제압할 수 있는 적의 일부에 대해서만 집중적인 공격을 가하여 적을 서서히 약화시킨다(Mao, 1967j: 106).

제3단계는 홍군이 전략적 반격을 하고 적이 전략적 퇴각을 하는 단계로서 결전을 추구하는 단계이다. 마오쩌둥은 "오직 결전만이 양군 간의 승패문제를 판가름할 수 있다"라고 했다(Mao, 1967i: 224). 적은 아군이 결전을 회피함에 따라 결정적인 승리를 얻는 데 실패했으며 홍군의 근거지에 깊숙이 들어와 있다. 유격전에 시달리고 피로에 지친 적은 전투의지를 상실한 채 방어에 급급하고 있다. 이때가 반격으로 전환할 수 있는 적기가 된다. 그런데 결정적인 전투는 비정규군에 의해 수행되는 유격전이 아니라 정규군에 의한 정규전을 통해서만 가능하다(Mao, 1967h: 172~174). 따라서 이 단계에서 주요한 전쟁형태는 운동전과 진지전이 될 것이며, 유격전은 운동전과 진지전을 보조하여 전략적 배합을 구성하게 될 것이다(Mao, 1967h: 140).

마오쩌둥 전략의 성격이 방어적이며 전술적으로 유격전을 주요한 형태의 전쟁으로 간주한다고 해서 그의 전략을 시종 방어일변도의 전략으로 보거나 유격전과 동일한 것으로 보는 견해는 잘못된 것이다. 오히려 그는 극단적 유격주의에 대해 적극 반대하고 충분한 군사력을 갖추었을 경우에는 정규전을 통한 결전을 추구해야 한다고 강조했다(Griffith, 1967: 35). 유격전 자체로는 적을 지치게 할 수는 있어도 결정적 성과를 거두기 어렵다는 것을 잘 알고 있었던 것이다.

3. 전쟁수행 과정 및 결과

1) 장제스의 군사적 공세

장제스는 내전의 성격에 대한 이해가 부족했다. 내전이 일종의 혁명에서 비롯된 것이라면 내전의 승리를 위해서는 그러한 혁명적 상황을 야기한 대중의 민심을 장악하는 것이 중요했다. 즉, 정치사회적 차원에서 일반대중의 민심을 확보하는 것이 관건이었다. 그러나 장제스는 눈에 보이는 군사적 승리에만 관심을 가지고 있었으며, 그나마도 군사전략적으로 치명적 결함을 안고 있었다. 장제스가 이끄는 국민당 군대는 공산당 군대를 '격멸'하기보다는 '격퇴'하는 데 주안을 두면서 대도시를 점령하는 데 급급했던 것이다. 민심을 잃고 적 주력을 놓친 국민당 군대는 내전이 발발한 지 1년 만에 급속히 세력이 약화될 수밖에 없었으며, 반대로 공산당 군대는 인민대중의 전폭적인 지지에 힘입어 세력을 강화하고 내전에서 승리할 수 있었다.

1946년 7월 초, 국민당은 200만에 가까운 병력을 동원하여 화베이와 화중 지방의 홍군 근거지를 공격했다. 1946년 9월 말, 이들은 베이징 북서쪽에 위치한 공산당의 중요한 거점도시인 장자커우와 러허 성의 마지막 거점인 츠펑

(赤峰)을 공격하여 10월 10일 점령했다. 10월 25일에는 신의주 건너편에 있는 단둥(丹東)을 점령했고 10월 말까지 압록강에 인접한 남만주의 주요도시들을 장악할 수 있었다. 1947년 중반까지 국민당은 하얼빈을 제외한 만주의 거의 모든 도시를 비롯하여 장쑤 북부의 도시를 점령했고, 옌안마저도 점령했다. 롄윈(連云) 항과 시안을 잇는 철도와 톈진-칭다오 철도를 점령했으며, 만주의 베이징-선양 철도를 장악했다. 장제스의 계획대로 국민당은 중국 전역에서 주요 도시와 철도 및 도로망을 통제할 수 있었다.

이와 같이 내전 첫해에 국민당은 거침없이 진격을 계속하고 있었지만 그것은 공산당의 군사전략에 휘말리고 있는 것에 불과했다(Katzenbach and Hanrahan, 1955: 333). 중국공산당 군대는 국민당 군대와 맞서 싸우려 하지 않고 퇴각했다. 그들은 전력을 보존하기 위해 점령하고 있던 도시를 포기하면서 그들의 근거지인 농촌지역으로 전략적 퇴각을 단행했다. 마오쩌둥은 시간을 얻기 위해 공간을 내주었고, 병력을 보존하기 위해 도시를 내주었다. 1946년 10월에 국민당과 공산당 간의 중재를 담당했던 마셜은 장제스와 현 상황을 논의하는 자리에서 이러한 마오쩌둥의 전략에 대해 칭찬을 아끼지 않았다. 그는 장제스의 면전에서 "공산당은 도시를 잃고 있지만 군대는 잃지 않고 있으며, 어떤 곳에서도 정지하거나 끝까지 싸우려고 하지 않기 때문에 군대를 잃지 않을 것"이라고 언급했다(Department of State, 1949: 202; Hoyt, 1990: 43). 국민당은 별 실효성이 없는 전투를 계속했다. 마오쩌둥은 군사력을 보존하기 위해서라면 수도마저도 기꺼이 포기할 수 있었다(Boorman and Boorman, 1966: 181). 1947년 3월에 국민당은 공산당의 수도였던 옌안을 점령했으나 그것은 상징적인 효과를 가져왔을 뿐 전략적으로는 무의미한 것이었다. 국민당의 옌안공격에 대해 화동(華東)야전군사령관 천이(陣毅)는 다음과 같이 진술했다.

> 정통 군사정책에 의하면 공산당은 수도를 방어하기 위해 군대를 배치해야 했다. 그러나 실제로 우리는 이러한 조치를 취하지 않았다. 그 대신에 우리는 오직

장제스의 군대를 어느 정도 섬멸할 수 있을 것인가에만 관심이 있었다(Katzenbach and Hanrahan, 1955: 333).

그 결과 국민당 군대는 옌안을 점령하는 과정에서 많은 병력을 잃었을 뿐 아니라 병참선과 보급선이 과도하게 신장되지 않을 수 없었다. 험준한 산악 지역에 위치하여 전략적으로 가치가 없었던 옌안 점령에 귀중한 시간을 낭비한 셈이 되었고, 다른 지역에서 유용하게 사용될 수 있었던 병력을 무의미하게 놀리는 꼴이 되었다. 반면 공산당의 정규군은 북만주 지역에서 대부분 손실 없이 보존되고 있었다(Pepper, 1991: 337).

2) 마오쩌둥의 인민전쟁

마오쩌둥은 국민당 군대의 공격에 대해 전략적 퇴각으로 시간을 벌면서 인민전쟁전략을 통해 인민대중의 지원과 지지를 확보하는 데 주력했다. 인민전쟁의 핵심은 혁명근거지 내에서 철저하게 대중노선을 추구함으로써 이들의 민심을 얻는 데 있다. 모든 당간부, 관료, 지식인들은 대중 속에 들어가 대중과 함께 생활하면서 대중이 가지고 있는 애환을 함께 하고, 대중을 위해 헌신하며, 당과 정부가 인민대중을 위해 존재하고 있음을 인식토록 했다. 또한 당과 정부의 정책과 결정이 그들의 이익과 권익을 구현하기 위한 것임을 깨닫도록 했다. 이런 측면에서 옌안정부는 정풍(整風)운동 및 정병간정(精兵簡政)운동을 전개하면서 당간부와 지식인들의 관료주의와 명령주의, 그리고 대중에게 이질감을 주는 행동에 대해 신랄하게 비판했고, 대중 속에 들어가 대중과 함께 노동하고 생산활동에 참여하면서 대중과 함께 생활하는 것을 제도화했다(서진영, 1994: 233, 250).[2]

이와 더불어 중국공산당은 틈나는 대로 인민대중에 대한 정치적 교화를 진행했다. 신문화운동을 전개하여 대중교육 확충, 문맹퇴치 운동, 야학 제공, 신문발행 등을 추진함으로써 공산주의 이념을 주입시켰다. 예를 들면, 일손이 부족한 농번기에 모든 당원과 홍군은 농촌에 내려가 생활하면서 낮에는 농사일을 도왔고 밤에는 야학을 열어 공산당의 정당성을 홍보했다. 또한 문화예술의 대중화 및 혁명화 운동을 전개하여 예술을 위한 예술을 부르주아적 예술이라고 비판하고, 그 대신에 대중의 정서에 부합하고 대중의 혁명의식을 고양할 수 있는 문예활동을 고취하여 은연중에 정치교육을 실시했다. 그리고 이를 통해 이들에게 왜 싸워야 하며 전쟁이 이들과 어떠한 관계가 있는지를 명확하게 알려줌으로써 중국공산당의 정당성을 인정받고 대중의 지지를 확보하고자 했다.

민심을 얻기 위한 가장 결정적이고 효과적인 방법은 토지혁명이었다. 1937년 제2차 국공합작이 이루어진 후 중단된 토지혁명은 내전이 시작되면서 본격적으로 재개되었다.[3] 마오쩌둥은 중국공산당이 점령한 지역에서 지주와 부농의 토지를 몰수하여 모든 계층에 균등하게 분배하는 토지혁명을 추구했다. 중국사회에서 토지소유의 불균형은 심각한 문제였으며, 지주들의 수탈과 착취는 빈농의 삶을 파탄에 이르게 하고 있었다. 1930년대에 장시 지역에서는 6%의 지주와 부농들이 70%의 토지를 보유한 반면, 60%를 차지하는 빈농이 겨우 5%의 토지를 보유하고 있었을 정도로 폐해가 컸다(서진영, 1994: 156). 내전이 전개되던 1940년대 후반 만주지역의 경우에는 농사를 짓는 농민

2) 정풍운동이란 기풍을 바로잡음을 의미하는 것으로, 마오쩌둥은 마르크스주의의 중국화를 골자로 한 학풍, 개인보다 당의 이익을 우선시하는 당풍, 그리고 무책임하고 형식적인 공허한 표현을 삼가는 문풍을 제시했다. 정병간정이란 군대의 정예화와 행정의 간소화를 추구하는 것을 말한다.

3) 중국공산당은 내전이 격화되면서 빈농의 요구를 수용할 수 있는 급진적 토지정책을 추진했다. 1946년 5월 4일 "5·4지시"로 알려진 "토지문제에 관한 지시"를 발표하여 해방구에서의 토지문제를 해결하는 것이 중국공산당이 당면한 가장 역사적인 임무임을 선언하고, 대지주와 친일세력에 대한 토지몰수와 토지분배를 추진했다.

가운데 97%가 토지를 갖지 않고 있었으며, 토지혁명을 통해 1인당 884평의 농지가 분배되었다. 비록 토지혁명을 실시하는 과정에서 여러 문제점이 노출되었다 하더라도 토지혁명 그 자체는 기층농민의 대중적 지지를 확보하는 데 결정적 요인으로 작용했다.

인민대중이 자신들의 편이 되었다고 판단한 중국공산당은 해방구에서의 내부 동원체제를 강화했다. 그리고 내전의 중후반기에 가면서 중국공산당과 인민해방군은 급속하게 성장할 수 있었다. 1945년 4월에 약 120만 명이었던 중국공산당의 당원이 1949년에는 약 네 배로 증가하여 450만 명이 되었다. 인민해방군의 병력도 비슷한 비율로 증가했는데, 1948년 당내 지시에서는 지난 2년 동안 해방구에서 토지를 획득한 농민 가운데 약 160만 명이 인민해방군에 지원했다고 발표했다(서진영, 1994: 274). 힌턴(William Hinton)은 다음과 같이 지적했다.

> 사태의 핵심은 토지문제에 있었다. 토지를 소유하게 된 농민들은 수십만 명씩 정규군 복무를 지원하기도 하고, 수송대나 연락대에 참가하여 전선지원에 나서기도 했으며, 이들이 중심이 되어 해방구 곳곳에서 비정규 전투부대가 조직되었다. 토지소유권의 인정은 전선과 후방의 일반병사와 농민들이 어떠한 힘으로도 깨뜨릴 수 없고 어떠한 역경에도 굴복하지 않는 결연한 의지를 가지게 했다(Hinton, 1966: 200).

이처럼 중국공산당은 토지혁명을 통해 '해방'된 농민들의 에너지를 조직하고 동원하는 데 성공함으로써 전면적인 내전이 폭발한 지 1년 만에 전략적 방어에서 전략적 공격으로 전환할 수 있었다.

국민당과의 내전이 본격화되자 중국공산당은 항일전쟁을 위해 8로군과 신4군으로 편성했던 그들의 군대를 1946년 7월부터 10월까지 5개 야전군으로 개편하고 '중국인민해방군(中國人民解放軍)'으로 개칭했다(국방군사연구소, 1998:

156). 1948년 11월부터는 야전군의 명칭에 숫자를 사용했다. 서북야전군은 제1야전군, 중원야전군은 제2야전군, 화동야전군은 제3야전군, 동북야전군은 제4야전군으로 칭했으며, 화북야전군은 인민해방군 총사령부 직할로 두었다.

국민당의 공격이 한계에 도달한 것으로 판단한 마오쩌둥은 내전의 제2단계가 도래한 것으로 보았다. 그는 1947년 4월 서북야전군의 펑더화이(彭德懷)에게 보낸 전문에서 적극적으로 유격전을 전개하도록 지시했다(Mao, 1967r: 133~134). 또한 1947년 9월에는 "해방전쟁 제2차년도의 전략방침"을 내놓고 전국적으로 반격을 가하되 적지에서 작전을 보다 적극적으로 전개하도록 지시했다. 그것은 전쟁을 국민당 지역으로 끌고 가 해방된 지역에서의 피해를 줄이고 적 지역에서 더 많은 적을 섬멸하겠다는 의도였다. 작전방침은 전과 동일하여, 분산되고 고립된 적을 먼저 치고 집중되고 강한 적을 후에 치는 것이었다. 물론 전략적 방어에서 부분적 반격으로 전환한 마오쩌둥의 전략방침이 국민당에 대해 결전을 추구하는 것은 아직 아니었다(Mao, 1967n: 141). 마오쩌둥은 수비가 약한 거점과 도시를 공략하되 튼튼한 거점과 도시는 내버려두라는 지침을 하달함으로써 아직은 결전에 임할 시기가 아님을 분명히 했다.

1946년 9월 미국의 군사전문가들은 정부군의 공세가 과도하게 신장되어 언젠가는 좌초될 것이라고 예측하면서도 정부군의 인력과 장비가 우수하기 때문에 장기적으로 버틸 수 있을 것으로 보았다. 그러나 이러한 예상은 빗나갔다. 1947년 한 해 동안 국민당 군대와 공산당 군대 사이의 전투력 균형은 예상보다 빠르게 반전되었다. 중국공산당은 보다 많은 소련의 원조를 받을 수 있었고, 농촌을 장악함으로써 이들의 지지를 기반으로 충분한 군대를 확보할 수 있었다. 무엇보다도 전략적인 측면에서 중국공산당은 만주의 대도시들을 잇는 교통의 요지를 장악함으로써 대도시를 점령한 국민당의 병참선을 차단하고 고립시킬 수 있었다(Department of State, 1949: 318). 국민당 군대는 고립된 상황에서 그들이 점령하고 있던 대도시를 잃지 않기 위해 수세로 전환하지 않을 수 없었으며, 공격의 주도권은 중국공산당으로 넘어갔다. 이제 공산당은 주요 도시를 단위로 마치 섬처럼 나뉘어 고립된 국민당 군대에 대해 수적인 우세를 달성하면서 작전을 전개할 수 있게 되었다.

3) 공산당 군대의 반격

1948년 초, 군사력 균형이 유리하게 돌아섰다고 판단한 마오쩌둥은 드디어 국민당 군대를 상대로 결전을 준비했다. 그 대상은 랴오양(遼陽)과 선양의 랴오선(遼瀋) 지역, 베이징과 톈진의 핑진(平津) 지역, 그리고 쉬저우(徐州)를 중심으로 한 화이하이 지역에 배치된 국민당 군대의 주력부대였다. 마오쩌둥은 국민당정부가 위치한 지역으로부터 가장 먼 지역, 그리고 약한 적부터 차례로 격파하는 전략을 구상했다. 공산당이 결전을 추구하려는 움직임을 인식한 장제스는 이미 전세가 기울었음에도 병력을 보존하기보다는 기존에 확보하고 있던 도시를 고수하고자 했다. 그는 만주지역의 병력을 집결시켜 집중적으로 운용해야 한다는 참모진들의 건의를 받아들이지 않았다. 따라서 국민당 군대는 분산된 상태로 방치되어 공산당 군대의 공격에 의해 무기력하게 각개격파를 당했다.

랴오선 전역은 1948년 9월에서 11월 초까지 린뱌오가 만주지역에서 마지막으로 국민당 군대와 치른 전역이었다(Mao, 1967q: 261~266; Pepper, 1991: 343~345). 당시 린뱌오의 군대는 70만 명의 정규군과 33만 명의 예비전력을 보유하고 있었지만 국민당은 예비전력 없이 정규군만 50만 명을 보유하고 있었다. 공산당은 병력을 자유로이 이동시켜 원하는 곳에 집중시킬 수 있었으나 국민당은 선양에 23만 명의 병력을 배치하고 나머지는 진저우(錦州)와 창춘에 나누어 도시를 방어하도록 함으로써 각 지역별로 수적인 열세에 있었다. 첫 타격목표는 진저우로 결정되었다. 그 이유는 진저우를 장악할 경우 나머지 만주지역의 국민당 군대가 본토와 차단되어 완전히 고립될 수밖에 없었으며, 선양에서 증원군을 보내더라도 이를 격퇴하기가 용이하기 때문이었다. 9월

그림 8-2 중국 북부지역에서의 내전, 1948년

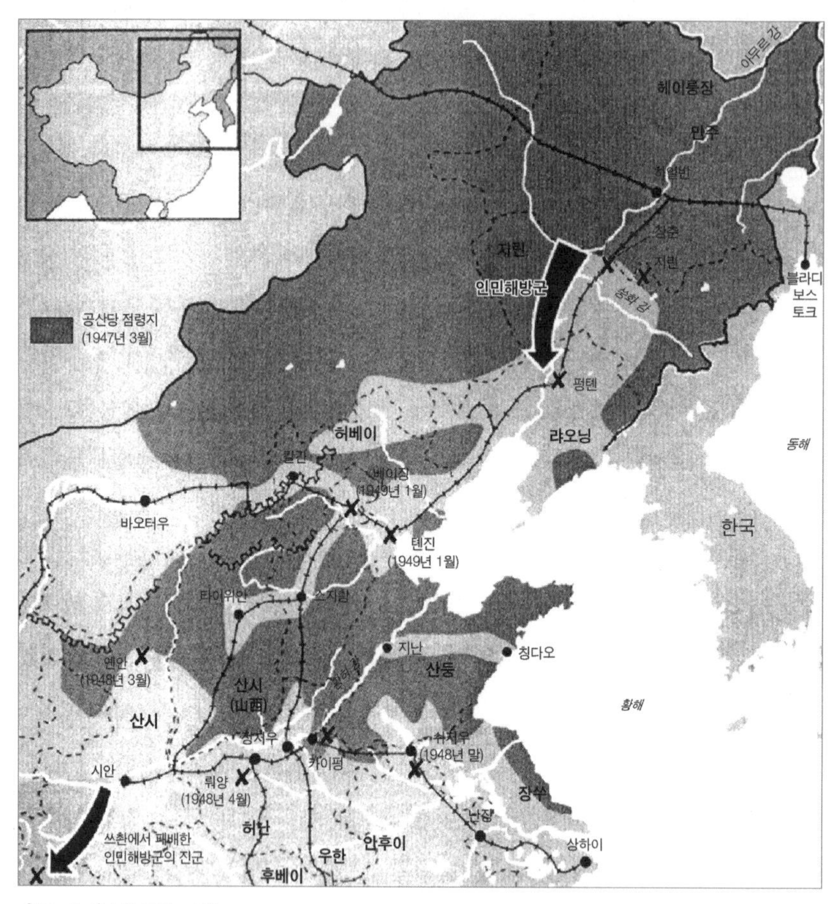

자료: 스펜스(1998b: 86).

12일 진저우를 포위한 공산당은 우세한 병력을 앞세워 일부 치열한 전투를 제외하고는 별 어려움 없이 10월 15일 진저우에 입성할 수 있었다. 이 과정에서 선양으로부터 10만의 병력이 증원군으로 파견되었으나 이미 진저우의 대세는 기울어진 뒤였다. 린뱌오는 복귀하던 증원병력의 퇴로를 차단하고 포위함으로써 10월 28일 항복을 받아낼 수 있었다. 증원병력을 파견함으로써 병력이 반으로 줄어든 선양의 국민당 군대는 소극적인 저항을 보이다가 11월 2일 항복했다. 창춘의 국민당 군대는 공산당 군대의 포위 속에서 아사 직전의 상황까지 도달한 끝에 속속 저항을 포기했다. 이 전역의 결과로 공산당 군대는 산하이 관을 통과하여 북중국 평야를 휩쓸고 핑진 전역과 화이하이 전역에서 승리할 수 있었다.

핑진 전역은 랴오선 전역에서 승리를 거둔 직후 남쪽으로 이동한 린뱌오의 동북야전군이 녜룽전(聶榮臻)이 이끄는 화베이(華北)병단과 공동으로 수행한 전역이다(Mao, 1967s: 289~293; Pepper, 1991: 345~346).[4] 린뱌오는 베이징, 톈진, 장자커우, 신바오안(新保安), 탕구의 5개 지역에서 푸쭤이의 병력을 포위하여 도주를 차단함과 동시에 이들이 남쪽의 화이하이 전역으로 전환되지 못하도록 막으려 했다. 포위가 성공적으로 이루어지자 베이징 북서쪽의 신바오안이 무너졌고, 이어 장자커우의 국민당 군대가 항복했다. 베이징을 방어하던 푸쭤이는 둑을 터뜨려 공산당 군대의 진입을 방해하려 했으나 이미 그의 군대는 곳곳에서 패배하고 있었으며 퇴로는 차단된 상태였다. 그의 군대는 1월 22일 자발적으로 베이징을 넘겨주고 고스란히 인민해방군으로 재편성되었다.

내전의 세 번째 격전이었던 화이하이 전역은 1948년 11월부터 다음해 1월까지 이루어졌다(Dreyer, 1995: 336~339; Mao, 1967p: 279~282; Pepper, 1991: 346~348). 일찍이 쉬저우 일대의 국민당 군대는 공산당이 톈진을 함락하고 안후이성과 후난(湖南) 성을 장악함으로써 포위될 위기에 처해 있었다. 그러나 장제스는 차후 북벌을 추진하기 위해 쉬저우를 확보해야 한다고 판단하고 이를 고수하기로 결심했다. 공산당과 국민당 군대의 전력은 각각 60만으로 비슷했으나, 결정적으로 공산당 측은 인민들의 지원을 얻어 전역에 제공할 군수물자를 보급하는 데 200만의 주민을 추가로 동원할 수 있었다. 첫 작전에서 공산군의

4) 당시 국민당 정부군 푸쭤이의 군대는 50만, 이와 직접 대치한 린뱌오의 군대는 75만이었다.

천이가 지휘하는 화동야전군은 황바이타오(黃佰韜)가 지휘하는 약 15만 명의 국민당 군대를 포위하여 섬멸하는 데 성공했다. 전세가 공산당 측에 유리하게 전개되어가자 국민당은 증원군을 파견했으나 이를 예상한 공산당은 유격부대를 투입하여 증원군을 와해시키고 이들의 지원을 저지했다. 화이하이 전역은 국민당이 쉬저우 지역에 투입한 병력 거의 모두를 잃는 등 내전을 통해 가장 결정적인 전투로 기록되었다. 이 전역에서 승리함으로써 중국공산당은 양쯔 강 이북을 석권했으며, 내전의 승리를 목전에 두게 되었다.

장제스는 중국공산당이 추구하는 최후의 결전을 충분히 회피할 수 있었음에도 승산이 없는 결전에 임함으로써 자멸을 초래했다. 1948년 봄부터 미국 군사고문단은 가망이 없다고 판단하고 산둥 성의 요지인 지난(濟南)에 고립되어 있던 병력을 철수시킬 것을 권고했으나 장제스는 이를 거부했다. 이미 공격이 한계에 도달한 상태에서 피아 전투력의 균형이 불리하게 변화했다는 사실을 인식했음에도, 그는 적이 추구하는 결전이 임박했음을 알고도 대비하지 않았다. 그 결과 국민당 군대는 세 번의 결정적인 전역에서 패배를 당했고 내전의 승리는 공산당 쪽으로 기울어지게 되었다. 만일 국민당 군대가 몇몇 도시를 포기하고 병력을 집중하여 운용했더라면 공산당 군대의 공격에 그렇게 쉽게 무너지지는 않았을 것이다.

중국내전의 3대 전역에서 승리함으로써 중국공산당은 양쯔 강 이북지역을 장악했으며, 국민당 군대는 양쯔 강 이남으로 밀려났다. 이제 중국공산당은 양쯔 강을 도하하여 장제스의 군대를 격멸하고 혁명을 완수하는 일만 남겨두고 있었다. 그런데 양쯔 강 도하를 앞두고 마오쩌둥은 도하 여부를 신중히 검토하지 않을 수 없었다. 그것은 미국의 개입 가능성 때문이었다.

4) 미국의 개입 가능성 우려

마오쩌둥의 인식에 의하면 이미 미국은 국민당 편에 서서 '선전포고 없이'

중국내전에 개입하고 있는 제국주의 국가였다. 그는 1949년 8월 "잘 가시오, 레이턴 스튜어트!(Farewell, Leighton Stuart!)"라는 글에서 다음과 같이 지적하고 있다.

> 미 해군은 칭다오, 상하이, 대만에 기지를 두었으며, 미 육군은 베이징, 톈진, 탕산(唐山), 친황다오, 칭다오, 상하이, 난징에 주둔하고 있었고, 미 공군은 중국 영공을 장악하여 내전에 광범위하게 참여했다. 특히 미 공군은 장제스 군대를 수송한 것 외에도 중국공산당의 순양함 충칭호를 공격하여 침몰시켰다(Mao, 1967c: 434~435).

이러한 사실로 볼 때, 미국이 선전포고는 하지 않았지만 미국 군대가 내전에 직접 참여한 것은(아무리 소규모라 하더라도) 명백하다는 것이다.

사실 마오쩌둥은 내전 초기부터 미국이 언제든 본격적으로 개입할 수 있다고 믿었다. 다만 지금까지 미국이 개입하지 못한 것은 트루먼(Harry Truman)과 마셜이 중국에 대한 침략의도를 갖지 않아서가 아니라 그러한 여건이 미흡했기 때문이라고 보았다. 미국은 이미 1918년 러시아의 볼셰비키혁명을 진압하기 위해 개입했으며, 과거 중국에서 일어났던 1850~1864년의 태평천국의 난과 1900년의 의화단 사건에도 개입한 바 있다. 따라서 마오쩌둥은 중국이 공산화될 경우 미국이 이를 저지하기 위해 군사적으로 반드시 개입할 것으로 전망하고 있었다.

따라서 내전이 중국공산당의 승리로 기울면서 미국의 내전 개입 가능성에 대한 마오쩌둥의 우려는 증폭되었다(Hunt, 1996: 190~192). 1949년 초 마오쩌둥은 러시아 측에 경고하기를 "미국은 일본, 국민당과 군사동맹을 계획하고 있으며, 300만 명의 병력을 동북지역에 상륙시키려 하고 있고, 만주, 극동지역, 시베리아 지역에 선정된 표적에 대해 핵공격을 감행할 것"이라고 했다(Gaddis, 1997: 64; Goncharov, 1991~1992: 51~52). 당시 베이징에서 마오쩌둥과 스탈린 사이의 연락을 담당하던 코발레프(I. V. Kovalev)는 이러한 언급을 스탈린에게 타전했으며, 스탈린은 미국이 추가적인 전쟁을 치를 여력이 없다는 점을 들어 이 정보를 신뢰하지 않았다. 비록 이 같은 마오쩌둥의 주장은 상당히 과장된 것으로 보이지만, 최소한 그가 미국이 중국의 공산화를 가만히 보고만 있지는 않을 것이라고 우려했음을 알 수 있다.

미국의 군사개입 가능성에 대한 우려는 중국공산당이 국민당을 몰아내고 대도시를 점령하는 과정에서 보여준 외국 외교관들에 대한 조심스러운 태도에서도 엿볼 수 있다. 마오쩌둥은 과거 열강들이 중국에 대한 개입의 구실로서 '자국인 보호'를 명분으로 내세웠음을 인식하고 있었다. 1948년 2월 중국공산당 중앙위원회는 외국인을 어떻게 대우할 것인가에 대한 지침을 하달하고 이를 준수하도록 강력하게 통제했다(Zhang and Chen, 1996: 85~87). 그것은 공산당이 대외관계에서 경험이 없었기 때문이기도 했지만 동시에 서툰 외교로 외국인에 대한 잘못된 대우, 상해, 사고를 일으켜 해당 국가가 중국의 내전에 간섭하는 일이 없도록 하기 위해서였다(Chen, 1989: 186).

당시 스튜어트 사건은 마오쩌둥에게 미국의 중국내전 개입 여부를 탐색하기 위한 기회로 작용했다. 1949년 초 공산당의 난징 점령이 임박하자 미국 주중대사 스튜어트(John Leighton Stuart)는 미 국무부의 승인하에 난징에 체류하여 중국공산당 측과 접촉을 시도했다. 중국공산당은 4월 그와 인연이 있는 황화(黃華)를 난징 군사통제위원회 산하기구인 외사국(外事局)의 장으로 임명하여 스튜어트와 접촉할 기회를 주었다. 5월 13일 황화와 스튜어트는 난징에서 만날 수 있었다. 이러한 중국 측의 조치에 대해 일부에서는 마오쩌둥이 미국과의 관계개선을 타진할 의향이 있었다고 주장하고 있다.[5] 그러나 실제 마오쩌둥의 관심은 중미화해가 아니라 인민해방군이 양쯔 강을 도하하려는 시점

---

5) 스튜어트의 베이징 방문이 성사되었다 하더라도 중미 간의 오해와 적대감을 해소할 수 있는 기회가 되지는 못했을 것이라는 견해에 대해서는 Shaw(1982: 74~96) 참조.

에서 미국의 군사개입 가능성 여부를 확인하는 데 있었다(Chen, 1994: 53; Zhang and Chen, 1996: 111~112). 4월 말과 5월 초에 걸쳐 칭다오에 주둔한 미군의 활동이 증가함으로써 마오쩌둥은 미국의 군사적 개입 가능성에 대해 무척 민감하게 반응하고 있었다(Di, 1989: 44). 마오쩌둥은 황화와 스튜어트의 대화에 간여했고 주도면밀하게 지침을 내렸다. 그는 황화에게 중국의 입장에 대해 원론적 수준에서만 언급하도록 했으며, 주로 스튜어트로부터 정보를 입수하는 데 주력할 것을 지시했다. 또한 중미관계 개선과 관련해서는 전제조건으로 미국이 먼저 국민당과의 관계를 단절할 것을 요구함으로써 원칙적인 입장을 고수하도록 했다. 실제로 황화는 스튜어트로부터 "미국은 중국내전에 개입하지 않을 것이며, [미국정부는] 상하이의 미국함대에 전투지역을 벗어나도록 명령을 내렸다"는 사실을 입수했다. 이는 이후 마오쩌둥이 인민해방군으로 하여금 '안심하고' 양쯔 강을 도하하여 본격적으로 대륙 통일을 완성하도록 하는 계기로 작용했다(Chen, 1994: 53; Chen, 1989: 186). 즉, 스튜어트 사건은 마오쩌둥이 미국과 관계개선 여지를 타진한 것이 아니라 미국의 군사개입을 우려한 나머지 그 가능성을 신중하게 탐색하기 위한 것이었음을 알 수 있다.

1949년 초반에 스탈린도 미국이 중국내전에 개입할 가능성을 조심스럽게 전망하고 있었다. 이미 패색이 짙어진 국민당이 중국내전 종전을 중재해줄 것을 요청하자, 스탈린은 1월 10일과 11일 마오쩌둥에게 두 차례의 전문을 보내 국민당과 협상에 임할 것을 권유했다. 이에 대해 머리(Brian Murray)는 소련이 중국의 통일을 저지하려는 의도가 있었다고 주장한다(Murray, 1995). 그러나 양쯔 강 도하문제에 대한 스탈린의 권고는 강압적인 것이 아니었으며, 중국의 통일을 방해하기 위한 의도를 깔고 있는 것은 더욱 아니었다(Mastny, 1996: 86; Macdonald, 1995/1996: 175). 1월 10일에서 15일까지 여섯 차례에 걸쳐 주고받은 전문에 의하면, 최초 스탈린은 마오쩌둥에게 국민당의 협상제의를 거부할 경우 국제적으로 비난을 받고 미국과 서구국가들이 내전에 군사적으로 개입할 빌미를 제공할 수 있다는 점을 지적하고 있다(Westad, 1995: 27~29). 그래서 그는 중국공산당 측이 협상을 수용하되 '전범자의 협상참여 불가'와 같이 국민당이 절대로 수용할 수 없는 조건을 제시함으로써 장제스가 제기한 평화협상을 무산시키고, 결국 그 책임을 국민당 측에 전가시키는 것이 바람직하다는 조언을 전달했다.

그러나 마오쩌둥의 견해는 달랐다. 그는 스탈린에게 전문을 보내 소련이 중국문제에 대한 불간섭 입장을 내세워 국민당이 요청한 내전 중재를 거절해주기를 희망한다는 입장을 피력했다. 자칫 미국과 영국, 프랑스가 중재에 개입한다면 내전이 지연될 가능성이 있다고 보았던 것이다(Chen et al., 1995: 27~28).

마오쩌둥의 협상불가 방침에 대해 스탈린은 재차 '전략적' 접근을 권고했다. 그는 공산당 측이 협상을 거부할 경우 오히려 평화적 해결이 불가능하다는 점을 빌미로 미국이 내전에 개입할 수 있음을 지적하고, 일단 평화협상에 환영의 뜻을 표하되 그 조건으로 외국 대표의 간여 금지, 국민당이 정부가 아닌 당으로서 협상에 임할 것, 협상에서 합의가 이루어지기 전까지 적대행위는 계속되어야 한다는 것 등을 제시하여 국민당이 이러한 조건을 도저히 받아들일 수 없도록 해야 한다고 언급했다. 심지어 그는 어떠한 경우에도 적대행위가 중지되어서는 안 된다고 강조함으로써 협상과 군사행동 중단은 별개의 문제임을 명확히 했다. 즉, 스탈린의 협상 권고는 미국이 중국내전에 개입하는 것을 막기 위한 것이었지 중국공산당의 양쯔 강 도하를 방해하려는 의도는 아니었다.

이에 대해 마오쩌둥은 스탈린의 견해에 전적으로 동의하는 입장을 밝히고, 국민당 측에 장제스 등 전범자 43명의 협상참여를 금지한다는 조건을 포함하여 여덟 개 조항을 협상조건으로 제시했다.[6] 물론 국민당으로서는 이러한 조

---

6) 8개 조항은 ① 모든 전쟁범죄자를 처벌할 것, ② 1947년 헌법은 무효이므로 폐지할 것, ③ 국민당의 법제를 폐지할 것, ④ 국민당군을 재조직할 것, ⑤ 모든 관료자본을 몰수할 것, ⑥ 토지소유제도를 개혁할 것, ⑦ 모든 매국적 조약들을 파기할 것, ⑧ 민주적 연합정부 구성을 위해 완

건을 받아들일 수 없었고, 중국공산당 군대는 양쯔 강을 도하하여 대륙을 석권할 수 있었다. 이렇게 볼 때 스탈린은 노골적으로 중국혁명을 방해하려는 의도를 갖지 않았음을 알 수 있다. 다만 1947년에 있었던 터키 위기 및 그리스 위기에서와 같이 미국이 군사적으로 개입하여 중국의 공산화를 저지할 것으로 믿었기 때문에 개입의 구실을 제공하지 않도록 하기 위해 마오쩌둥에게 이와 같은 조언을 제공했던 것이다(Goncharov, 1991~1992: 48~50). 그는 마오쩌둥이 오해하지 않도록 매우 신중하게 접근했으며, 양쯔 강 도하에 관한 최종 판단을 마오쩌둥에게 맡김으로써 '조언' 이상의 무게를 두지 않았다.

1949년 4월 인민해방군이 양쯔 강을 도하할 무렵 마오쩌둥은 최종적으로 미국의 군사적 개입 가능성을 고려하여 부대를 배치했다. 그는 한 달 전 개최된 제7기 중국공산당 2중전회에서 "전쟁을 계획할 때에는 항상 미국정부가 해안 일부도시를 점령하고 우리와 직접 싸우기 위해 병력을 파견할 가능성을 고려하지 않으면 안 된다. 우리는 이 같은 일이 현실화됨으로써 기습을 당하지 않도록 계속 준비해야 한다"라고 지적한 바 있다. 여기에는 마오쩌둥의 대미 위협인식과 미국의 개입 가능성에 대한 스탈린의 조언이 반영된 것으로 볼 수 있다(Di, 1989: 42).

마오쩌둥은 미국이 중국혁명을 저지하기 위해 영국과 프랑스와 공동으로 중국 북부지역이나 동부지역에서 국민당 군대와 함께 상륙하여 후방을 타격할 수 있다고 전망했다. 그래서 그는 양쯔 강을 따라 서쪽으로 진격하게 될 류보청(劉伯承)의 제2야전군 작전을 보류시키고 대신 이들이 동부지역에서 주요 도시를 점령하기로 되어 있는 천이의 제3야전군 작전을 지원하도록 함으로써 미국의 개입 가능성에 대비하도록 했다. 마오쩌둥은 인민해방군이 상하이와 푸저우, 그리고 칭다오를 점령하게 되면 미국의 개입 가능성은 사실상 사라진

전한 정치협상회의를 소집할 것으로 구성되었다.

것으로 볼 수 있으며, 그때에 가서야 제2야전군이 비로소 서쪽으로 진격할 수 있다고 했다(Zhang and Chen, 1996: 113~114).

중국공산당 지도자들은 1949년 10월 1일 중화인민공화국의 수립을 선포한 후에도 미국이 계속해서 중국의 혁명을 전복하려 한다고 믿고 있었다. 1950년 3월 20일, 저우언라이는 외무부 간부들을 대상으로 행한 연설에서 미국이 유럽에서 제국주의 동맹을 강화한다는 점, 독일과 일본을 재무장시키고 있다는 점, 그리고 언제든 전쟁을 야기할 가능성이 있다는 점을 강조했다(Zhang and Chen, 1996: 144~145). 1950년 중반, 직접적인 군사개입 가능성이 사라졌음에도 불구하고 마오쩌둥은 여전히 미국이 중국의 전복을 시도하고 있는 것으로 인식했다. 마오쩌둥은 대만과 티베트의 해방을 이루지 못한 상황에서 국민당 잔당들이 비밀기관과 첩자를 운용하여 대중들 사이에 유언비어를 유포하고 당과 정부요인들에 대해 암살을 시도하고 있다는 사실을 지적하면서, 이들의 배후에 미국 제국주의가 도사리고 있다고 주장했다(Mao, 1967d: 26~27; Gurtov and Hwang, 1980: 31). 그는 제7기 중국공산당 3중전회 연설에서 이런 미국의 음모에 대한 투쟁을 끝까지 전개할 것을 촉구했다(Mao, 1967b: 34).

중국인민해방군은 양쯔 강을 도하하여 1949년 4월 23일 난징을 아무런 전투 없이 함락하고 곧바로 항저우와 우한을 점령했다. 상하이는 형식적인 저항 끝에 5월 말에 함락되었다. 국민당 정부는 이후 충칭, 광둥, 광시, 윈난 지역에서 공산당 군대를 저지하기 위해 저항했으나 별 효과를 거두지 못했다. 12월에 중국공산당은 대만을 제외한 중국 전 지역을 장악하는 데 성공했다. 12월 10일에 장제스는 50만의 국민당 군대를 이끌고 대만으로 도피했다.

1949년 10월 1일, 마오쩌둥은 베이징 톈안먼 광장에 모인 30만의 군중 앞에서 중화인민공화국의 성립을 선포했다. 이로써 아편전쟁 이후 약 100년간 전개되었던 중국혁명은 공산당의 승리로 막을 내렸다. 그는 1949년 중반에 쓴 「인민민주주의 독재에 관하여」라는 논문에서 새로운 중국은 "노동계급의 지도 아래 국내 통일전선"을 구축할 것이며, 이 통일전선은 노동계급뿐 아니라 농민, 도시 소자본가, 그리고 민족자본가를 포함해서 노동계급이 이끌 인민민주주의 독재의 기반을 형성할 것이라고 했다. 그리고 9월에 소집한 인민정치협상회의에서 장제스의 국민당을 "봉건적·매판적·파시스트적·독재적" 당으로 규정했다.

5) 전쟁의 결과

국공내전은 항일전쟁이 끝나고 나서 국민당과 공산당 간의 협상이 실패한 후 약 3년 3개월 동안 진행되었으며, 국제사회의 예상을 깨고 중국공산당의 승리로 돌아갔다. 중국공산당이 내전에서 승리하고 공산화된 중국을 건국한 것은 다음과 같은 의미를 갖는다.

첫째, 중국공산당이 추구했던 반제국주의 및 반봉건주의 혁명을 완성하는 것이었다. 중국혁명이 일본제국주의를 몰아내는 반제국주의 민족혁명과 중국 내 반동세력을 타도하는 반봉건주의 민주혁명으로 구성되는 것이라면 앞서 항일전쟁의 승리는 중국혁명의 절반을 완성했다는 의미를 가졌다. 그리고 공산당이 거둔 국민당에 대한 승리는 나머지 절반을 채움으로써 중국혁명을 완수했음을 의미했다. 1949년 9월에 열린 인민정치협상회의 제1차 전체회의는 임시헌법이라 할 수 있는 공동강령을 통과시키고 '인민민주주의'를 국가노선으로 공식화했다. 즉, 공동강령은 "중화인민공화국은 신민주주의, 즉 인민민주주의 국가로서 노동자계급이 지도하고 노농동맹을 기초"로 하여 "민주적인 모든 계급과 국내의 각 민족을 결집한 인민민주전정(人民民主專政)을 실행하고 제국주의, 봉건주의 및 관료자본주의에 반대하며 중국의 독립, 민주, 평화, 통일 및 부강"을 쟁취하는 것을 당면 목표로 삼고 있다고 선언했다(서진영, 1997: 27). 이는 마오쩌둥이 중국혁명을 추진하면서 내걸었던 반제국주의와 반봉건주의라는 혁명목표, 즉 '유산계급혁명'('신민주주의론'에서 제시한 1단계 혁명)을 완수했음을 의미한다.

둘째, 국제정치적 측면에서 아시아 지역의 세력균형에 변화를 가져왔다. 중국의 공산화와 마오쩌둥의 대 소련 '일변도(一邊倒)' 외교정책 선언은 국제정치적 냉전구도가 심화되던 1940년대 후반 아시아 지역에서 소련을 중심으로 한 사회주의 세력을 강화하는 계기가 되었다. 비록 미국은 중국의 공산주의 이념이 정통 마르크스-레닌주의와 다르며 민족주의적 성향이 강하기 때문에 유고슬라비아의 티토(Josip Broz Tito)처럼 소련에 등을 돌릴 것으로 보았지만, 1950년 2월 14일 중소동맹조약 체결은 이러한 미국의 판단이 잘못된 것이었음을 보여주었다. 결국 중국의 공산화는 아시아 사회주의 혁명의 기운을 북돋움으로써 동아시아 세력균형을 불안정하게 만들고 주변지역의 공산혁명을 촉진하기 시작했다. 중국은 1946년 11월부터 진행되고 있던 제1차 인도차이나 전쟁에 개입하여 호찌민(胡志明)의 북베트남을 적극적으로 지원했으며, 스탈린은 1950년 3월 김일성을 모스크바로 불러들여 남침을 조건부로 허용하는 조치를 취하게 되었다.

셋째, 장제스 세력이 대만으로 퇴각함에 따라 내전은 완전히 종결되지 않았다. 비록 마오쩌둥은 소련으로부터 해군과 공군을 지원받아 1950년 대만해방을 계획했지만 상륙작전 능력이 부족했기 때문에 이행할 수 없었다. 그리고 미국이 중소동맹조약 체결 이후 대만에 대한 개입을 강화하고 한국전쟁이 발발한 직후 대만을 보호하기 위해 제7함대를 파견하자 사실상 중국의 대만통일은 불가능해졌다. 마오쩌둥이 그토록 우려하던 미국의 내전개입이 현실로 다가온 것이다. 마오쩌둥은 1954년과 1958년 대만포사건을 야기하여 미국의 의지를 시험해 보았지만 대만에 대한 미국의 방위공약은 더욱 확고해졌을 뿐이었다. 즉, 중국공산당의 내전 승리는 불완전한 것으로 향후 동아시아 국제정세 및 안보상황을 불안정하게 하는 요인으로 남게 되었다.

4. 결론

국민당과 공산당 간의 내전은 중국의 전략문화와 관련하여 다음과 같은 의미를 갖는다.

첫째, 사상적 측면에서 중국의 전쟁관은 유교적 틀에서 완전히 벗어나 혁명적 전쟁관, 즉 전쟁은 계급이익 혹은 민족이익을 확보하기 위한 것으로 정당하며 반드시 필요하다는 인식으로 전환되었다. 중국내전은 마르크스-레닌주의의 연장선상에서 수행된 혁명전쟁으로서 계급 간의 모순을 해결하기 위한 최고 형태의 투쟁이자, 중국의 영구적 평화를 달성하기 위해 숙명적으로 치러야 했던 전쟁이었다. 이러한 전쟁인식은 전쟁을 우연적 요소나 혐오의 대상으로 보지 않고 역사발전의 과정에서 필연적으로 나타날 수밖에 없는, 그리고 그러한 역사적 소명을 완수하기 위해 동원해야 할 정당한 기제로 간주한다는 점에서 명청 시기의 전통적 유교사상과 대별된다.

둘째, 정치적 측면에서 전쟁의 정치적 목적은 계급이익 혹은 민족이익을 확보하는 것이었다. 마오쩌둥은 혁명세력으로 노동자, 농민, 소자본가, 민족자본가의 연합을 주장했고, 혁명의 대상이 되는 반동세력으로 지주, 매판세력, 제국주의 동조세력, 착취 및 독재세력 등을 지목했다. 그리고 이러한 전쟁의 목표는 반동세력을 타도하고 노동자와 농민이 이끄는 인민민주주의 독재를 수립하는 것이었다. 이는 명청 대와 같이 중화질서를 유지하기 위한 것이 아니라 계급에 의한 질서를 수립한다는 측면에서, 그리고 기존의 질서를 유지하거나 회복하는 것이 아니라 기존의 질서와 단절된 새로운 질서를 창출한다는 측면에서 이전과는 다른 성격을 갖는다.

셋째, 군사적 측면에서 정치적 목적 달성을 위한 무력사용의 유용성을 인식했다. 물론 마오쩌둥의 인민전쟁 전략은 정규 군사력보다는 인민대중의 지지와 참여에 의존하는 전략이었다. 또한 그가 추구한 지구전 전략은 장제스 군대와의 결정적인 전투를 회피하면서 유격전을 통해 적의 병력을 소모시키고 전쟁을 장기화하는 전략이었다. 즉, 그는 군사적 차원의 전략보다는 정치사회적 차원의 전략에 주력함으로써 군사력의 역할을 주도적인 것이라기보다는 부차적인 것으로 이해한 듯이 보인다. 그러나 마오쩌둥이 인민전쟁과 지구전을 선택한 것은 군사력의 유용성에 대한 인식이 약해서가 아니라 공산당 군대가 가진 전력이 약했기 때문이다. 즉, 그는 국민당 군대와 정규군 간의 직접적인 대결이 승산이 없다고 보고 민심의 확보, 방어적 전략, 유격전 등 비군사적이고 간접적인 전략에 주력했던 것이다.

그러나 마오쩌둥이 전략적으로 퇴각에 이은 적극방어전략, 전술적 차원에서의 유격전, 그리고 정치사회적으로 인민대중의 교화 등을 강조했다고 해서 그가 끝까지 회피하거나 방어하는 전략을 추구한 것은 아니다. 그는 유격전만으로는 결정적인 승리를 거둘 수 없음을 지적하고, 공산당 군대가 충분한 군사력을 갖추고 국민당 군대에 비해 월등한 전력을 구비했을 때에는 즉각 반격에 나서 정규전을 통한 결전을 추구해야 한다고 주장했다. 만일 애초부터 중국공산당이 국민당보다 더 강한 군사력을 보유하고 있었다면 마오쩌둥의 전략은 전략적 방어가 아니라 '전략적 공격'이 되었을 것이며, 농촌으로부터 도시를 포위하는 전략이 아니라 볼셰비키가 그랬던 것처럼 도시에 대한 직접적인 공격이 되었을 것이다. 마오쩌둥은 혁명전쟁에서 군사력의 역할이 결정적이라는 것을 누구보다도 잘 인식하고 있었다. 다만 공산당의 전력이 약했기 때문에 군사적 승리 이전에 먼저 정치사회적 승리를 추구했을 뿐이다.

넷째, 사회적 측면에서 중국은 인민의 역할이 갖는 중요성에 대해 완전하게 이해하기 시작했다. 마오쩌둥은 인민대중의 민심을 획득함으로써 이들의 에너지를 조직하고 동원하는 것이 전쟁의 승리에 요체가 된다고 믿었다. 다만 중국은 반봉건상태를 벗어나지 못하고 있었기 때문에 중국인들은 국민당 세력과 싸워야 할 동기를 갖지 못하고 있었다. 따라서 마오쩌둥은 인민대중을 상대로 왜 싸워야 하는지, 왜 그들의 싸움이 정당한지, 그리고 왜 공산당이 그들의 편인지를 교육함으로써 이들을 정치적으로 교화해나갔다. 그는 정예화된 당원들을 인민대중 사이에 침투시켜 혁명전쟁에 대해 이해시켰으며, 토지혁명을 시행함으로써 이들의 열정을 자극하고 지지를 이끌어낼 수 있었다. 일단 인민대중이 공산당의 편에 서자 마오쩌둥은 이들로부터 국민당에 대한 정보는 물론, 전쟁물자 보충과 병력 충원 등 혁명전쟁 수행에 필요한 모든 지원을 얻을 수 있었다. 그 결과 내전의 2년차에 접어들면서 국민당과의 군사력 격차를 해소하고 유리한 입장에 서게 된 것은 물론, 싸우고자 하는 동기가 충만한 병력으로 인민해방군을 채울 수 있었다.

클라우제비츠는 전쟁의 삼위일체로 정부, 군, 국민이라는 세 가지 요소를 제시했다. 정부는 정치적 목적을 제시하고 전쟁을 수행하는 주체이다. 군은 불확실성과 우연으로 가득 찬 전쟁을 수행하는 주체이다. 그리고 국민은 전쟁을 뒷받침해주는 요소로 '열정(passion)'을 제공한다. 이 가운데 만일 국민들의 열정이 뒷받침되지 않는다면 전쟁은 효율적으로 수행될 수도 없고 지속될 수도 없다. 서양에서 근대 초기 군주들 간의 전쟁은 규모 면에서나 공간 면에서 제한적인 전쟁이었으므로 국민의 영역이 부각되지 못했다. 그러나 나폴레옹 전쟁을 거쳐 19세기 후반으로 오면서 민족주의의 확산과 산업혁명의 영향으로 전쟁은 총력전의 성격을 띠게 되었다. 대규모의 전쟁을 수행할수록 국가는 대규모의 병력을 동원하고 대량의 전쟁물자를 지원해야 했으며, 그 결과 전쟁의 삼위일체에서 국민의 영역은 더욱 확대되었다. 이것이 바로 근대 전쟁이 갖는 가장 큰 특징이다.

마오쩌둥은 중국혁명전쟁, 즉 일본제국주의에 대한 저항이나 국민당과의 내전 모두 절대적인 정치적 목적을 갖는 전쟁임을 인식했고, 이러한 전쟁에서 인민대중의 지지와 참여가 없이는 승리하기 어렵다는 것을 알고 있었다. 그리고 그는 인민과 함께하는 전쟁을 추구함으로써 국민당과의 내전에서 승리할 수 있었다. 국공내전은 중국의 전쟁역사에서 국민의 역할이 가장 이상적으로 발휘된 처음이자 마지막 전쟁이었다.

이렇게 볼 때 중국내전 사례는 중국이 현실주의적 전략문화, 그것도 '극단적'인 형태의 현실주의적 문화를 수용하고 있음을 보여준다. 중국공산당이 보였던 마르크스-레닌주의에 입각한 혁명적 전쟁관과 절대적 목표를 지향한 전면적인 전쟁수행은 전략문화의 스펙트럼상에서 한쪽의 끝에 위치한 유교적 전략문화와는 대척점에 있음을 알 수 있다.

제 4 부

현대의 전략문화

제9장

현대중국의 전략문화: ‘전통’과 ‘근대’의 충돌

1. 현대중국 전략문화의 구조와 배경

1) 전략문화의 구조

중화인민공화국이 수립되고 나서 중국의 전략문화는 어떻게 변화했는가? 현대중국의 전략문화는 공산혁명기의 현실주의적 전략문화를 계속 유지하고 강화했는가, 아니면 공산혁명의 열기에서 벗어나 명청 대의 유교적 전략문화의 성격을 다시 회복했는가? 그것도 아니면 두 가지의 전략문화가 혼재되어 새로운 전략문화를 만들어가고 있는가?

이러한 문제는 공산혁명이 현대중국의 전략문화에 끼친 영향을 보다 냉정하게 평가함으로써 그 해답을 얻을 수 있다. 공산혁명기 중국의 전쟁은 클라우제비츠가 제시한 전쟁의 극단적인 모습, 즉 절대전쟁의 형태를 띠고 있었다. 그러나 클라우제비츠는 이러한 전쟁은 이론으로만 상정이 가능한 전쟁이며, 실제로 국가들 간에 나타나는 현실에서의 전쟁은 극단적인 증오와 적대감이 작용하지 않는 한 정치적 목적을 달성하기 위한 제한전쟁이라고 주장했다

(Clausewitz, 1978: 78~81). 중국도 절대적 형태의 전쟁인 혁명전쟁이 종결된 이후 현대에 와서는 그와 같은 극단적 전쟁을 추구하는 것이 불가능했다. 중국은 중화인민공화국을 수립하고 나서 베트남이나 제3세계에서 이루어지는 혁명을 지원했지만 이 같은 전쟁에서도 혁명이라는 절대적 목적을 추구하기보다는 자국의 안보를 우선시하는 제한적 목적을 추구하지 않을 수 없었다.

이 책의 제2장에서 나는 중국의 전략문화는 통시적인 것도 단일한 것도 아니라고 가정했다. 실제로 현대에 중국은 전통적 전략문화와 혁명적 전략문화라는 이전의 전략문화를 근간으로 하여 다른 성격의 전략문화를 형성해나가고 있는 것으로 보인다. 헤겔의 변증법적 논리와 같이 정(正)-반(反)-합(合)의 흐름에 따라 기존의 전통과 근대성이 결합된 새로운 유형의 전략문화를 만들어가고 있는 것이다. 다만 현대중국의 전략문화는 전통적 전략문화와 이에 대비되는 공산혁명기 근대적 전략문화가 아직까지는 조화롭게 발전하기보다 서로 충돌하고 있는 것으로 보인다.

그렇다면 현대중국의 전략문화는 왜 내부적으로 충돌하고 있는가? 그것은 중화인민공화국이 수립되면서 가졌던 태생적 모순, 즉 중국이 공산혁명을 완수했음에도 반제·반봉건주의를 완전히 청산하지 못한 데서 그 이유를 찾을 수 있다. 비록 중국공산당이 내전에서 승리했지만 장제스의 국민당 정부가 대만으로 건너가 1971년까지 국제사회에서 중국을 대표하는 정치세력으로 남게 됨으로써 중국의 혁명은 완성된 것이 아니었다. 더구나 미국은 한국전쟁이 발발한 직후 대만에 7함대를 파견하고 1954년 12월 대만과 군사동맹조약을 체결함으로써 진행 중이던 중국내전에 공식적으로 개입했다. 물론 중국은 1972년 미국과 관계정상화에 합의하고 1979년 1월 1일 공식적으로 외교관계를 정상화했지만, 미국은 그해 4월 '대만관계법(Taiwan Relations Act)'을 통과시켜 여전히 대만을 보호하는 국가로 남게 되었다. 그 결과 비록 이전의 공산혁명과 그 정도는 다르지만 현대중국의 전쟁인식과 전쟁의 목적은 상당 부분 대만과 미국을 대상으로 한 반봉건·반제국주의 혁명의 성격을 갖지 않을 수 없었다.

이로 인해 현대중국의 전쟁은 혁명전쟁과 국제전 사이에서 혼동과 모순에 빠지게 되었다. 현대중국은 초기 마오쩌둥의 대외정책 노선을 따라 혁명이라는 관점에서 전쟁을 인식했으나, 실제로 중국이 대비하고 수행한 전쟁은 국제전이었다는 측면에서 중국의 전략문화가 무엇인가에 대한 논란이 발생할 수밖에 없는 것이다. 이때 혁명전쟁이란 주변국에 혁명을 지원하고 대만통일을 완수해야 한다는 측면에서 절대적 성격의 전쟁이지만, 국제전이란 미국과 소련 등 강대국들의 위협으로부터 주변국과의 전쟁 가능성에 대비하고 유사시 전쟁을 수행하는 것으로 제한적 성격의 전쟁이다.

혁명전쟁과 국제전은 본질적으로 다르다. 우선 혁명전쟁은 기존의 정부를 전복—또는 특정 계급을 타도—하고 권력을 장악하여 새로운 정권을 수립하는 행위로서(Walt, 1996: 12), 그 목적은 국내적 통일을 달성하여 내부적으로 '영구적 평화'를 수립하는 데 있다(Aron, 1983: 295). 반면 국제전은 적을 타도하기보다는 국가이익 혹은 정치적 목적을 달성하기 위해 적에게 자국의 의지를 강요하기 위한 정치행위의 한 수단이다. 따라서 국제전은 혁명전쟁과 달리 적의 모든 군사력을 섬멸하는 것보다는 협상을 통해 평화조약을 체결하는 것을 목표로 한다(Clausewitz, 1978: 91, 143, 484). 혁명전쟁이 적의 타도를 통해 '영구적 평화'를 추구한다면 국제전은 국가들 간의 관계를 새로운 조건하에서 다시 설정함으로써 '조건부 평화'를 지향한다(Clausewitz, 1978: 78~80, 91). 이 두 가지의 전쟁이 교차하면서 현대중국은 때로 공산혁명과 같이 절대적 목표를 지향한 파괴적인 전쟁을 상정했고, 때로는 정치적 협상을 추구하는 제한적 목적하의 전쟁을 수행했다.

이에 따라 현대중국의 전략문화는 공산혁명기에 수용한 혁명전쟁을 중심으로 한 극단적 형태의 현실주의적 전략문화가 완화되어 국제전을 중심으로 한 서구적 모습의 현실주의적 전략문화로 일부 전환되지 않을 수 없었다. 즉, 중국의 현실주의적 전략문화는 극단적 현실주의와 서구적 현실주의의 특징

표 9-1 현대중국의 전쟁이 갖는 복합적 성격

구분	국제정치학적 접근	전략문화적 접근	
		서구적 현실주의(국제전)	극단적 현실주의(혁명전쟁)
고대	근대 이전의 전쟁 - 전쟁혐오 - 중화질서유지 - 군사력은 부차적 - 백성과 유리		
근대			공산혁명 시기의 전쟁 - 전쟁불가피 - 계급이익 추구 - 군사력은 절대적 - 인민에 절대적 의존
현대		현대의 전쟁 - 전쟁인식: 혁명전쟁, 국제전, 응징전 - 목적: 혁명이익, 국가이익, 질서 - 군사력: 주요 수단, 부차적 수단 - 국민: 주요 역할, 보조적 역할	

을 모두 갖는다.

이에 더하여 현대중국의 전략문화를 더욱 복잡하게 만든 것은 다음과 같이 전통적인 유교적 전략문화의 요소가 중국의 전쟁에 영향을 주었기 때문이다. 첫째, 중국은 스스로를 아시아 혁명의 중심국가로서 자리매김함으로써 주변국에 대해 '중심과 주변' 혹은 '후견국-피보호국(patron-client)'이라는 관계를 설정했다. 즉, 혁명전쟁을 지원함으로써 주변국과 그러한 주종관계를 형성한 것이다. 베트남에 대한 혁명지원이나 한국전쟁에 개입한 사례가 여기에 해당한다. 둘째, 중국은 과거 명청 대에 그러했듯이 중국의 안보에 위협이 되는 주변국에 대해 당근과 채찍을 제공하면서 회유하다가 이들의 도발이 계속되면 군사력을 동원하여 '응징'을 가하는 모습을 보였다. 중인전쟁과 중월전쟁이 대표적인 사례이다. 셋째, 중국은 주변국과 크고 작은 전쟁을 수행했으나 전쟁은 최후의 수단으로 사용되었으며, 그러한 전쟁에서 추구한 정치적 목적은 한국전쟁에서의 일부 시기를 제외한다면 모두가 제한적인 것이었다.

이로 인해 현대중국의 전쟁은 **표 9-1**에서 보는 바와 같이 혁명전쟁을 중심으로 한 극단적 현실주의의 모습, 국제전을 대비한 서구적 현실주의의 모습, 그리고 유교주의에 입각한 전통적 전쟁관이 복합적으로 반영된 것으로 상황에 따라 여러 요소들이 중복되어 투영되기도 한다.

2) 역사적 배경

소련과 마찬가지로 중국에서도 군사교리는 '군사학설' 또는 '군사사상'과 유사한 것으로 정치 및 군사지도부의 최고 수준에서 갖고 있는 전쟁에 대한 인식을 반영한다(Bok, 1984: 7). 즉, 중국에서 군사교리는 싸워야 할 전쟁의 양상을 규정하고, 이러한 전쟁에 어떻게 대비할 것인지에 대한 지침을 제공한다. 현대중국의 전략문화를 분석하기 위해서는 중국의 군사교리가 역사적으로 어떻게 변화되어왔는지를 먼저 들여다볼 필요가 있다.

마오쩌둥 시대 이후 중국군의 교리는 1935년부터 1979년까지 '인민전쟁', 1980년부터 1985년까지 '현대적 조건하의 인민전쟁(現代的條件下人民戰爭)', 1985년부터 1991년까지 '국부전쟁(局部戰爭)', 1991년부터 2004년까지 '첨단기술조건하의 국부전쟁(高技術條件下局部戰爭)', 그리고 2004년 이후 '정보화조건하의 국부전쟁(信息化條件下局部戰爭)'으로 발전했다. 이를 시기별로 크게 구분한다면 1985년까지는 미국과 소련을 적으로 상정한 인민전쟁의 시기였고, 그 이후는 강대국과의 전쟁이 아닌 주변국과의 제한적인 전쟁을 상정한 국부전쟁의 시기였다.

중화인민공화국이 탄생하고 나서 마오쩌둥은 제국주의 국가들과의 전면전을 상정하여 인민전쟁전략을 추구했다. 그는 초기에는 미국과의 전쟁에, 그리고 1960년대에 중소이념분쟁이 심화되자 점차 소련과의 전쟁에 대비하면서 '조타(早打), 대타(大打), 타핵전쟁(打核戰爭)', 즉 핵을 사용한 강대국과의 전면전이 임박한 것으로 인식했다. 그의 인민전쟁은 세 가지의 특징을 갖는다. 첫째는 미국과 소련 같은 강대국과의 전면전을 가정한 것이다. 즉, 인민전쟁 전략은 이들 국가들로부터의 침략에 대비한 방어적 전략이었다. 둘째는 첨단무기보다 인력을 중시하는 것이었다. 중국은 미국이나 소련에 비해 군사적으로 열세하기 때문에 중국혁명전쟁에서와 마찬가지로 인민의 힘에 의존하여 전쟁을 수행하려 했다. 셋째는 인민전쟁을 수행하기 위해 '유적심입 적극방어(誘敵深入 積極防禦)' 군사전략방침을 채택한 것이다. 즉, 인민전쟁은 지구전 개념을 적용하여 광활한 중국대륙으로 적을 깊숙이 끌어들이고 공세적으로 방어함으로써 적을 약화시킨 후 반격을 가하여 최종적인 승리를 거둔다는 전략으로 구체화되었다.

마오쩌둥의 인민전쟁론에 대한 도전이 없지는 않았다. 가령 펑더화이는 한국전쟁에 참전했던 최고지휘관으로서 인민해방군의 적극방어전략은 적을 끌어들이는 종심방어뿐 아니라 전방으로 나가 싸우는 전방방어도 필요하다고 주장했다. 실제로 중국은 1950년 한국전쟁에 개입하고 1965년 베트남전에 병력을 지원함으로써 적을 영토 내로 끌어들이지 않고 나가 싸우는 전략을 수행했다. 그러나 1960년대에 소련과의 관계가 악화되고 1969년 중소국경분쟁 이후 소련의 군사적 위협이 심각하게 증가함에 따라 이러한 '전방방어' 전략은 수용되지 못하고 오히려 인민전쟁을 강화하는 방향으로 나아갔다(Shambaugh, 2002: 63).

그러나 1979년 중월전쟁은 인민전쟁의 유용성에 의문을 제기하는 계기로 작용했다. 중국군이 적을 끌어들이지 않고 국경을 벗어나 싸워야 하는 상황이 조성된 것이다. 이 전쟁이 끝난 후 덩샤오핑은 1980년 3월 12일 가진 중앙군사위원회 확대회의에서 '현대적 조건하의 인민전쟁' 교리를 제시했다. 그는 적을 중국대륙 깊숙이 유인하여 소모적 전쟁을 수행하는 지나치게 방어적인 인민전쟁은 더 이상 적합하지 않으며, 따라서 중국군은 유적심입을 포기하고 전방방어를 추구해야 한다고 주장했다. 그리고 기존에 유지했던 '유적심입 적극방어' 군사전략 방침을 '적극방어'로 전환하여 종심방어 대신 전방방어를 강조했다. 현대적 조건하의 인민전쟁은 '인민전쟁'을 고수함으로써 여전히 소련 혹은 미국을 주적으로 한 전면전을 상정했지만(Shambaugh, 2002: 62), 그럼에도 불구하고 '현대적 조건'을 강조함으로써 인간보다 첨단기술무기의 중요성을 인식했다. 다만 이 시기에 중국은 경제우선의 국가노선을 추구했으므로 국방예산이 제약되어 군을 현대화하는 데는 한계가 있었다.

1985년 5월과 6월에 개최된 중앙군사위원회 확대회의에서 중국은 전쟁인식에 중대한 변화를 보여주었다. 1969년 이후 유지되었던 '조타, 대타, 타핵전쟁' 개념이 철회된 것이다. 덩샤오핑은 1979년 12월 주적이었던 소련이 아프가니스탄을 침공했으나 아프간 반군의 저항에 부딪혀 '더러운 전쟁'에 말려들었을 뿐 아니라, 레이건 행정부 등장 이후 미국과의 군사적 대결이 가열되면서 부담이 가중되고 있다고 평가했다. 이에 덩샤오핑은 소련의 위협이 약화되었다고 판단하고 "우리는 전쟁의 위험이 임박했다는 견해를 바꿔야 한다"라고 주장했다. 즉, 강대국을 상대로 "핵을 사용하는 대규모 전쟁이 임박했다"는 가정을 수정하여 앞으로의 전쟁은 강대국과의 전면전이 아니라 중국의 주변에서 발생하는 주변국과의 소규모 국지전이 될 것으로 전망했다(Vogel, 2011: 547~548).

이로 인해 국부전쟁(局部戰爭) 교리가 등장했다. 이는 전략환경의 변화를 반영하여 앞으로의 전쟁은 국경 주변에서의 제한된 전쟁이 될 것으로 상정한 것이다. 이러한 전쟁은 지리적으로 국부화되어 지역적으로나 세계적으로 확산되지 않을 것이며, 전쟁당사자도 일부 동맹국이 포함될 수 있으나 기본적으로 두 국가 간의 분쟁으로 제한될 것이다. 다만 분쟁의 원인은 인종, 종교, 정치적 요인 등으로 다양할 것이며 일반적으로 분쟁기간은 짧을 것으로 보았다. 이러한 전쟁의 유형으로 중국은 다섯 가지를 상정하고 있는데, 첫째로 국경지역 영토를 둘러싼 소규모 전쟁, 둘째로 영해 및 도서를 둘러싼 분쟁, 셋째로 중국 내 전략적 표적에 대한 기습적인 항공타격, 넷째로 중국영토에 대한 의도적이고 제한적인 공격, 그리고 마지막으로 '응징'을 가하기 위한 반격이다(Godwin, 1997: 203). 중국이 국부전쟁의 한 유형으로 '응징전'을 포함하고 있음은 눈여겨볼 만하다.

1991년 걸프전은 중국의 군사교리에 다시 한 번 수정을 가했다. 걸프전이 발발하기 이전 미국이 군사력을 사우디아라비아에 배치하고 있는 동안 중국의 군사전문가들은 전쟁이 발발할 경우 이라크가 우세하리라고 예상했다. 1980년부터 8년에 걸쳐 이란과의 전쟁경험을 갖고 있는 이라크군이 인민전쟁 방식의 전략을 구사한다면 베트남전에서와 마찬가지로 미국은 성공할 수 없다고 본 것이다. 그러나 막상 전쟁이 시작되자 이라크의 군사력은 미국의 첨단 전력에 의해 삽시간에 붕괴되었다. 걸프전은 인류 최초의 우주전쟁이라 불릴 정도로 역사상 유례없이 첨단기술무기가 동원된 전쟁이었다. 미국은 전자전, 정밀유도무기, 스텔스 기술을 동원하여 민간에 대한 부수적 피해 없이 이라크의 군사표적을 정확히 타격했으며, 육해공군의 통합성을 구현하고 전투력의 시너지효과를 극대화함으로써 미래전쟁의 표준을 제시했다. 중국은 이 전쟁을 목격하면서 큰 충격에 휩싸였는데, 그것은 중국이 1979년 중월전쟁의 실패를 교훈삼아 군을 축소하고 구조를 개편하는 등 대규모의 개혁을 추진했음에도 불구하고 미국과의 전력차가 상상을 초월했기 때문이다.

1993년 3월 장쩌민은 중앙군사위원회 확대회의에서 향후 중국인민해방군은 '첨단기술조건하의 국부전쟁'에서 승리할 수 있는 능력을 구비해야 한다고 강조하면서 이를 새로운 군사교리로 제시했다. 이전까지 중국은 군 현대화에 관심을 가졌지만 예산과 첨단기술에 대한 마인드가 부족하여 실질적인 현대화를 이끌어낼 수 없었다. 그러나 걸프전의 충격으로 중국군은 이제 전자전, 통합된 지휘통제체제, 전장의 가시화, 해공군 전력 강화 등 첨단기술을 근간으로 한 전쟁수행체제를 구비하지 않을 수 없었다(Shambaugh, 2002: 69~70).

21세기에 오면서 미국 주도의 군사혁신(RMA)에 의해 전쟁양상은 다시 한 번 진화했다. 세계가 산업화사회에서 정보화사회로 변화하면서 기계화된 전쟁이 정보화된 전쟁으로 발전한 것이다. 정보화된 전쟁은 정보통신(IT) 기술을 군사분야에 접목한 것으로, 탐지체계와 타격체계, 그리고 지휘통신체계를 네트워크화하여 전장을 가시화하고 정보를 실시간으로 공유하며 적 표적을 실시간에 타격할 수 있는 시스템을 구비하여 수행하는 전쟁이다. 중국도 이와 같은 정보화된 전쟁수행능력을 갖추기 위해 2004년 발간된 『국방백서』에서 "중국인민해방군은 21세기 중반까지 정보화조건하의 국부전쟁에서 승리할 수 있는 역량을 갖춘다"라는 군 현대화의 목표를 제시했다. 그리고 2006년 『국방백서』에서는 군 현대화를 3단계로 나누어 1단계로 2010년까지 정보화의 기초를 마련하고, 2단계로 2020년까지 가시적 성과를 달성하며, 마지막 3단계로 21세기 중반까지 정보화전쟁에서 승리할 수 있는 능력을 구비한다는 방침을 제시했다.

이 같은 정보화전쟁 교리는 중국의 위협인식이 미국을 대상으로 하고 있음을 보여준다. 첨단기술조건하의 국부전쟁의 경우 중국은 대만 및 주변에서의 분쟁에 주안을 두었으나 정보화전쟁은 미국의 군사혁신 노력을 따라잡고 적어도 대등한 능력을 구비하겠다는 의지로 이해할 수 있다. 궁극적으로 중국의 군 현대화는 최근 불거지고 있는 동중국해와 남중국해에서의 해양영토분쟁에서 우세한 군사적 입지를 확보하면서, 아직 해결되지 않은 대만문제와 심화되고 있는 미국과의 전략적 경쟁에 대처하는 데 유리한 여건을 조성하기 위한 것으로 볼 수 있다.

2. 전쟁관: 전쟁의 수용과 혐오

1) 전쟁불가피론 vs. 전쟁가피론

현대중국의 전쟁인식은 제국주의 국가와의 대규모 전쟁이 불가피하다는 혁명적 전쟁관의 연속선상에서 출발했다. 주적은 미국과 일본이었으나 1960년대 후반으로 가면서 중소이념분쟁이 심화되자 소련으로 바뀌었다. 이러한 전쟁은 반제국주의 혹은 반패권주의적인 것으로 혁명전쟁이 갖는 '전쟁불가피론'을 반영한 것이다. 그러나 1985년 이후 덩샤오핑은 세계정세의 변화를 반영하여 강대국과의 전쟁을 회피할 수 있다고 주장했다. 이러한 주장은 전쟁을 가급적 억제하면서 필요한 경우 최소한의 무력을 최후의 수단으로 사용한다는 측면에서 국제전 혹은 전통적인 유교적 전쟁관이 투영된 것으로 볼 수 있다. 즉, 현대중국의 전쟁인식은 전쟁을 숙명적인 것으로 보는 시각과 이를 회피하려는 시각이 교차하고 있음을 알 수 있다.

마르크스-레닌주의에 의하면 전쟁을 위해 군대를 준비하는 것은 제국주의와 패권주의에 의해 야기되는 전쟁을 전제로 한다(Bok, 1984: 7). 마오쩌둥도 이러한 관점에서 미국 및 일본제국주의의 침략 가능성을 염두에 두고 대 소련 일변도의 외교노선을 채택하고 소련과 동맹조약을 체결했다. 그는 1949년 6월 말 "중국인은 제국주의 편으로 기울지 않고 사회주의 편으로 기울 것이며 결코 예외는 없다. 기회주의적인 태도를 취해서는 안 되며 제3의 노선은 없을 것이다"라고 하며 대 소련 일변도의 외교노선을 공식적으로 선언했다. 이는 중국이 볼셰비키혁명 직후 유럽국가들이 러시아에 개입한 것과 같이 중국혁명에 대해 서구열강이 간섭하는 것을 방지하기 위해 소련의 지원과 보호를 확보하려는 조치였다(쉬, 1977: 812). 또한 중국은 1950년 2월 14일 소련과 동맹조약을 체결했는데, 이 조약의 전문에 명시된 다음과 같은 내용은 중국이 반제국주의 혁명의 연장선상에 서 있음을 보여준다.

> 중화인민공화국 중앙정부와 소비에트 사회주의 공화국 연방 최고회의간부회는 중소 간의 우호협력을 강화함으로써 일본제국주의 부활, 그리고 일본 또는 일본과 어떠한 형태로든 연합하여 침략행위에 협력하는 모든 국가의 침략이 재개되는 것을 공동으로 방지할 것을 결의하고 …… (Goncharov, 1993: 260).

마오쩌둥은 1950년대 중반 '제국주의' 국가와의 전쟁을 불사하는 모습을 보였다. 당시 흐루쇼프(Nikita S. Khrushchov)는 핵무기의 가공할 위험성을 인식하여 평화공존론을 주장하며 미국과의 관계를 개선하고자 했다. 마오쩌둥은 소련이 수정주의 노선을 취해 미국과 우호적인 관계를 유지할 경우 대만문제가 영원히 해결될 수 없을 것으로 우려했으며, 소련의 대미정책을 바꾸기 위해 의도적으로 강경한 태도를 취했다. 1957년 8월과 10월에 소련이 처음으로 대륙 간 탄도미사일과 인공위성을 성공적으로 발사한 후 그해 11월 모스크바에서 열린 세계 각국 공산당회의 석상에서 마오쩌둥은 "동풍이 서풍을 제압했다. …… 사회주의의 힘이 제국주의의 힘에 대해 압도적 우세를 점하고 있다"라고 언급했다(베르제르, 2009: 139). 그리고 그는 국제사회주의 혁명을 더욱 강력하게 지원할 것을 요구했으며, 이에 대해 흐루쇼프가 최악의 경우 핵전쟁의 결과로 인류의 절반이 사라질 것이라고 경고하자 "나머지 절반은 살아남을 것이고 …… 전 세계는 사회주의가 될 것"이라고 주장하며 제국주의와의 투쟁에 나설 것을 촉구했다(베르제르, 2009: 139).

이와 관련하여 중국은 사회주의 세계와 자본주의 세계 간의 전쟁이 불가피하다는 마르크스-레닌주의의 전통적 관념을 견지했다. 그리고 전쟁은 세계공산주의 혁명을 촉진할 것이라고 인식했다. 제1차 세계대전으로 소련이 탄생했으며, 제2차 세계대전의 결과 공산당이 지배하는 중국이 수립되었고, 앞으로 제3차 세계대전에서는 공산당이 미국제국주의를 매장시킬 것으로 믿었다. 따라서 마오쩌둥은 중국이 전쟁을 두려워하지 않으며 핵무기로 인한 재앙에 의해 중국인 3억 명이 희생되더라도 서구 자본주의의 상황은 더욱 심각하게 악화될 것이라고 주장했다. 저우언라이는 다음 전쟁 후에는 "2000만 명의 미국인, 500만 명의 영국인, 5000만 명의 소련인, 그리고 3억의 중국인이 살아남을 것"이라고 전망했다(쉬, 1977: 829~830).

1960년대 후반 중소이념분쟁이 격화되면서 중국은 소련과의 전쟁이 임박했다고 믿었다. 1969년 3월, 중국이 우수리 강의 전바오다오(鎭寶島)에서 소련군을 상대로 군사도발을 감행하자 소련은 즉각 반격을 가했다. 그리고 소련은 중국에 대한 보복으로 중국의 핵제조 시설을 '외과수술적'으로 타격하기로 결심하고, 외몽골 지역에 10개의 비행장을 건설하는 한편 핵공격에 대한 미국의 동의를 구했다. 닉슨 대통령은 이에 대해 강력하게 반대했으며, 10월 15일 키신저는 주미 소련대사를 불러 소련이 핵을 사용할 경우 미국은 소련의 도시 130개를 폭격하겠다고 경고했다. 5일 뒤 소련은 중국 핵시설 타격 계획을 취소했다(Whiting, 1969: 2). 그 대신에 소련은 중소국경에 지상군을 대대적으로 증강시키고 핵탄두가 장착된 미사일을 배치하여 중국을 위협했다. 이에 중국은 소련과의 핵전쟁이 임박한 것으로 판단하여 '조타, 대타, 타핵전쟁' 개념을 공식화하고 주요 도시와 해안지역에 배치된 무기공장 및 군수시설을 내륙지역의 제3선에 재배치하기 시작했다.

강대국과의 전쟁이 불가피하다는 견해는 1980년대 중반에 이르러 폐기되었다. 덩샤오핑은 1980년대 중반에 국제정세의 변화에 주목하고 세계 평화역량의 성장이 전쟁역량의 성장을 앞질렀다고 평가했다. 그리고 중국공산당 제11기 3중전회에서 그동안 장기간의 계급투쟁을 강령으로 한 역사를 종식하고 전체적인 당 업무의 중점을 경제건설을 중심으로 한 사회주의 현대화 건설로 전환할 것임을 선언했다. 그의 전쟁인식은 다음과 같이 전쟁가피론(戰爭可避論)의 입장에 서 있다.

> 비록 전쟁의 위험은 여전히 존재하지만 전쟁 발발을 억제하는 요소가 증가했고 전쟁을 억제하는 역량이 만족스럽게 발전했다. …… 대규모의 세계전쟁이 발발하지 않는다는 것은 가능하며, 세계평화를 유지하는 것이 희망적이라는 인식에 도달했다(펑광첸, 2010: 295~297).

이와 같이 덩샤오핑은 시대의 주제가 '전쟁과 혁명'에서 '평화와 발전'으로 전환되었다고 보고 '조타, 대타, 타핵전쟁'의 임전상태에서 벗어나 평화시기의 경제발전에 주력할 것을 주장했다.

중국은 이후 전쟁가피론의 입장을 고수해왔다. 그리고 냉전의 종식은 강대국과의 전쟁 가능성에 대한 논란을 잠재운 계기가 되었다. 덩샤오핑이 제시한 '도광양회(韜光養晦)' 전략방침은 "재능을 감추고 외부로 노출시키지 않는다"라는 것으로 중국 스스로 분쟁의 빌미를 제공하지 않으려는 '적극적 방어주의' 혹은 '소극적 평화주의'로 해석될 수 있다. 이러한 전략방침은 장쩌민과 후진타오 시대에도 유효한 것으로 간주되었으며, 중국은 지속적인 경제발전을 위해서라도 주변지역의 평화와 안정을 가장 중요한 대외정책목표 가운데 하나로 설정하게 되었다.

그러나 중국이 강대국으로 부상하면서 전쟁가피론에 대한 의문이 고개를 들기 시작했다. 그리스 역사학자 헤로도토스(Herodotos)가 "현재 일어서고 있는 대국은 기존의 국제질서에 도전을 제기한다"라고 한 말처럼, 역사적으로 신흥강대국이 부상할 경우에는 기존 강대국과 패권을 다투는 전쟁이 있었다. 21세기에 중국은 '화평굴기'와 '신형대국관계(新型大國關係)'를 제시하며 향후 중국이 평화롭게 부상할 것이며 냉전기에 강대국과 맺었던 관계와 달리 미국과 협력적인 관계를 구축할 것이라고 주장하고 있다. 그러나 이러한 중국의 주장은 다분히 중미 간의 군사적 충돌 가능성을 염두에 두고 이를 예방하는 차원에서 제기된 것으로, 역설적으로 중국은 강대국과의 전쟁 가능성을 완전히 배제하지 않으며 오히려 이를 우려하고 있음을 드러내고 있다.

이렇게 볼 때 현대중국의 전쟁인식은 혁명적 사고에 의한 전쟁불가피론, 전통적 사고에 의한 전쟁가피론, 그리고 현대에 와서는 권력정치에 의한 전쟁 가능성에 대한 우려가 높아지는 방향으로 변화하고 있다고 할 수 있다.

2) 정당한 수단으로서의 전쟁인식 변화

현대중국은 클라우제비츠가 제기한 수단적 전쟁론을 수용했다. 전쟁은 세계혁명을 이행하기 위한 유용한 수단이었다. 국공내전이 압박받는 계층의 혁명을 위한 기제였다면, 세계 혹은 아시아에서의 국제혁명은 이제 압박받는 민족들의 해방을 위한 정당하고도 유일한 수단이었다. 현대중국은 이러한 혁명적 전쟁관의 연장선상에서 전쟁을 정당한 것으로 인식했다. 즉, 혁명전쟁은 피지배계급에 대한 지배계급의 착취를 근절하기 위한 전쟁이며, 전쟁을 종식하기 위한 전쟁이라는 점에서 정의의 전쟁이다. 적어도 마오쩌둥 시대의 중국의 전쟁관은 이러한 인식의 연속선상에 있었다.

중국은 일찍이 중화인민공화국이 수립되기 이전부터 아시아 혁명의 책임을 떠맡았다. 1949년 7월 11일 류사오치(劉少奇)는 대표단을 이끌고 모스크바를 방문하여 스탈린과 회담을 가졌다. 류사오치의 소련방문은 그해 1월 미코얀(Anastas Ivanovich Mikoyan)의 중국방문에 대한 답방 형식으로 이루어졌으나, 사실은 12월 마오쩌둥의 소련 방문을 앞두고 사전 접촉의 성격을 갖는 것이었다. 이 자리에서 류사오치와 스탈린은 "소련이 국제프롤레타리아 혁명의 중심부에 위치하고 있지만, 동쪽 혁명을 증진하는 것은 중국이 그 주요한 책임을 떠맡는다"라고 함으로써 세계혁명은 소련이 주도하지만 아시아 혁명은 중국이 책임을 진다는 데 합의를 보았다(Chen, 1994: 74; Zhang, 1994).

스탈린은 중소 간의 단결이 앞으로 세계혁명에 중요한 영향을 미칠 것이라고 지적한 뒤 다음과 같이 언급했다.

> 서구 유럽의 사회주의 국가들은 마르크스와 엥겔스의 사망 이후 거만함으로 인해 뒤처지기 시작했습니다. 세계혁명의 중심은 서양에서 동양으로 옮겨졌습니다. 이제 그 중심은 중국과 동아시아로 옮겨가고 있습니다. …… 우리 사이에 임무분담이 필요합니다. …… 나는 중국이 식민지, 반식민지, 종속국가에서의 민족운동과 민주혁명운동을 돕는 데 더 많은 책임을 맡아주기 바랍니다. …… 당신들은 동양에서의 과업에 더 많은 책임을 질 수 있고 …… 우리는 서양에서 더 많은 책임을 떠맡을 수 있습니다(Goncharov, 1991~1992: 66~67; Gaddis, 1997: 66~67).

실제로 중국은 아시아 혁명을 주도하는 국가로서 1950년 4월부터 인도차이나 전쟁에 개입하여 북베트남의 호찌민 정권에 군사적 지원을 제공했으며, 1954년 북베트남이 디엔비엔푸 전투에서 승리하고 북위 17도선 이북을 장악하는 데 기여했다. 그리고 이러한 지원은 민족혁명과 계급혁명의 관점에서 정당한 것이었다.

그러나 중국은 혁명전쟁만 수행한 것이 아니다. 중인전쟁과 중소국경분쟁, 그리고 중월전쟁은 인접국가와의 국제전으로 혁명이익이 아니라 국가이익을 추구한 전쟁이었다. 이러한 전쟁은 1985년 국부전쟁론에서 제기한 바와 같이 국경주변에서 외부의 침략으로부터 중국의 이익을 수호하기 위한 '방어적이고 정당한 전쟁'으로 간주할 수 있다. 즉, 중국은 혁명전쟁이든 국제전이든 다 같이 정당성을 주장하고 있으나, 그 내용 면에서 전자가 이념적 차원에서의 정당성인 반면 후자는 주권 및 영토, 그리고 안보와 관련된 국익차원에서의 정당성이라는 차이가 있다.

덩샤오핑은 '정당한 수단으로서의 전쟁'에 대한 인식을 달리했다. 그는 1970년대 후반과 1980년대 이후의 국제정세를 평가하면서 전쟁에 대한 회의적인 시각을 제시했다. 그는 전쟁수단이 발전함에 따라 현대전쟁은 전에 없이 참혹해졌으며, 전쟁의 거대한 소모와 파괴로 인해 전쟁수단으로써는 전쟁 개시자의 목적을 점점 더 실현하기 어렵게 되었음을 지적했다. 또한 "핵확산이 증가하는 추세이기 때문에 일단 전쟁에서 핵무기가 사용된다면 그 결과는 분쟁 당사자는 물론 심지어 전 세계 인류에게 괴멸적인 재난을 가져다줄 것"으로 보았다. 그래서 그는 전쟁수단은 결코 국제분쟁을 해결하는 최선의 길이 아니며, 국제분쟁은 반드시 평화적인 방식으로 해결되어야 한다는 새로운 사고를 제시했다(펑광첸, 2010: 105~106).

나아가 덩샤오핑은 국제분쟁을 평화적으로 해결하기 위한 구체적 방식을 제시했다. 그는 동중국해 및 남중국해 영토분쟁과 관련하여 "쟁의를 보류하고 공동으로 개발하자(擱置爭議, 共同開發)"라고 주장하며 영토분쟁은 우선 주권을 논하지 않고 먼저 공동 개발을 추진함으로써 평화적으로 분쟁을 해결하는 데 도움을 줄 수 있다고 보았다.[1] 또한 인도와의 국경문제와 관련하여 평화적 협상 방법을 제시하고, 곧바로 해결할 수 없는 것은 보류하면서 우선 양국 간의 무역, 경제, 문화 등 각 영역에서 왕래를 통해 화해와 우의를 증진할 것을 제안했다. 특히 그는 국제연합의 역할을 강조하여 국제연합이 국제분쟁을 평화적으로 해결하는 데 더 큰 역할을 해야 한다고 주장했다(펑광첸, 2010: 110~112).

물론 덩샤오핑도 자위적 차원에서의 무력사용 가능성을 배제하지는 않았다. 그는 국제연합 헌장에 명시된 침략에 대한 자위권을 들어 국경지역에서의 자위반격과 영해 및 영공 수호는 전쟁에 반대하는 정당행위라고 주장했다. 즉, 무력사용의 선택을 포기하는 것은 평화적인 방식을 구걸하는 것으로 최종적으로는 평화적인 방식을 상실할 수 있음을 경고한 것이다(펑광첸, 2010: 117). 그럼에도 불구하고 국제분쟁의 평화적 해결을 촉구한 덩샤오핑의 신사고(新思考)는 기본적으로 정치적 목적을 달성하기 위한 유용한 기제로서의 전쟁의 한계를 인식하고 있으며, 무력사용에 대한 부정적 인식을 반영한 것으로 '정당한 수단으로서의 전쟁' 인식과는 큰 차이가 있다.

이후 중국은 장쩌민 시대와 후진타오 시대를 거치면서 전쟁을 경험하지 않았으며, '화평발전' 또는 '화평굴기'를 내세우며 평화롭고 방어적인 성격의 대외정책을 강조했다. 다만 최근 중국은 주권 및 영토문제 등 핵심이익과 관련하여 군사력 사용을 불사하는 발언을 서슴지 않음으로써 방어적 군사력 사용의 정당성을 강변하는 듯한 모습을 보이고 있다. 2012년 11월 제18차 당대회

1) 中華人民共和國外交部, "擱置爭議, 共同開發," http://www.mfa.gov.cn.chn/gxh/xsb/wjzs/t8958.htm '논쟁보류, 공동개발' 방침이 분쟁도서에 대한 중국의 주권을 포기하는 것은 아니다. 중국외교부는 '논쟁보류, 공동개발'의 내용을 네 가지로 제시하고 있는데, 그 가운데 첫째가 '주권은 중국에 있다(主權屬我)'는 것이다.

보고에서 중국 지도부는 해양에서의 권익을 수호해야 한다는 단호한 의지를 과시하면서 "강한 군대를 건설하는 것이 중국의 전략적 임무"임을 역설했다.[2] 제5세대 지도자인 시진핑도 "우리는 평화를 원하지만 어떠한 상황에서도 정당한 국가이익과 핵심이익을 포기하거나 희생시키지 않을 것"임을 분명히 하고 있다.[3]

3. 정치적 목적: 혁명과 안보, 그리고 질서

1) 혁명과 안보의 이중주

현대중국이 전쟁에서 추구하는 정치적 목적은 크게 혁명이익과 국가이익으로 구분해볼 수 있다. 혁명이익이란 아시아 혁명의 책임을 떠안은 사회주의 국가로서 아시아 국가들의 공산혁명을 지원하는 것이었다. 국가이익은 주권 및 영토를 수호하기 위한 안보이익을 확보하는 것으로, 최근 중국은 핵심이익이라는 용어를 사용하여 주권 및 영토문제, 사회주의 체제 유지, 경제발전에 관련된 이익을 타협이나 양보가 불가능한 영역으로 설정하고 있다.

1950년대 초반, 중국공산당은 중국혁명 사례가 반제국주의 투쟁을 하고 있는 아시아 식민지 국가들에게 하나의 성공적인 모델이 될 것으로 자신했다. 1949년 중반 류사오치의 소련방문 및 마오쩌둥과 중소동맹을 체결하는 과정에서 스탈린이 중국에 아시아 혁명의 책임을 부여한 것은 이러한 혁명적 열망을 더욱 부채질했다(Chen, 1969).[4] 1949년 11월 베이징에서 개최된 '아시아·

2) "中國共産黨第十八次全國代表大會開幕 胡錦濤作報告", 人民網, 2012年 11月 8日.

3) 新華網, 2013年 1月 28日, 연합뉴스, 2013년 8월 1일.

4) 영향권(sphere of influence) 분할 또는 퍼센트 합의(percentages agreement)에 대해서는 Petro

오스트레일리아 무역연합회의(Asian and Australian Trade Unions Conference)'에서 소련을 비롯한 몽골, 북한, 북베트남, 타이, 미얀마, 인도네시아, 인도, 실론, 필리핀, 말레이시아, 이란의 대표들은 무역연합을 통해 공산주의 활동을 강화하는 방안에 대해 논의했다. 이 자리에서 류사오치는 중국의 혁명사례가 식민지·반식민지 국가들에게 민족해방을 위한 모델이 될 것이라고 주장했고, 베트남 대표가 이를 적극적으로 지지했다(Gurtov, 1967: 7~8). 실론 대표는 "오늘은 중국, 내일은 실론!"이라고 했으며, 인도 대표도 "우리는 마오쩌둥의 길을 택할 것"이라고 화답했다. 소련대표는 중국식의 혁명을 일반화하는 데에 대해서는 유보적인 태도를 보였지만, 베트남 혁명에 대한 중국의 지원에 대해서는 열렬한 지지를 표명했다(Chen, 1969: 216~220).

중국은 1950년 초부터 북베트남의 전쟁에 개입하여 적극적인 지원을 제공했다. 1950년 1월 말 호찌민은 중국에 군사적·경제적 지원을 요청하기 위해 베이징을 거쳐 마오쩌둥이 머물던 모스크바에 도착했다. 그는 마오쩌둥 및 스탈린과 인도차이나 혁명에 대해 논의했고, 스탈린은 아시아 혁명의 책임은 중국에 있다고 하며 중국이 호찌민을 돕도록 했다. 마오쩌둥은 프랑스 제국주의와 투쟁하는 베트남에 모든 지원을 제공할 것을 약속했다.

중국은 1950년 3월부터 프랑스군과의 본격적인 전투가 시작되는 9월까지 1만 4000정의 소총, 1700정의 기관총, 약 150문의 화포를 지원했고, 2800톤의 곡물, 막대한 양의 탄약, 의료물자, 군복과 통신장비를 제공했다. 그해 4월 중국은 북베트남에 군사학교를 설립해주었으며, 6월에는 호찌민의 요청에 따라 고위급 군사고문으로 천경(陳賡)을 파견했다. 그리고 7월에는 웨이궈칭(韋國淸)을 단장으로 하는 중국군사고문단(CMAG)을 공식적으로 설치했다. 베트남전 기간 중 중국은 북베트남의 군사전략뿐 아니라 군 구조 개편, 작전계획,

and Rubinstein(1997) 참조.

그리고 전술적 문제까지 매우 깊숙이 간여했다(Zhai, 1993: 704~713).[5] 군사고문단을 통해 거의 모든 전역에서의 작전을 통제하는가 하면, 중국혁명에서 입증된 지구전 개념을 실제 작전에 적용하도록 지도했다. 1952년에는 호찌민이 비밀리에 베이징을 방문하여 마오쩌둥과 대전략 수준의 전략계획을 협의하기도 했다(Zhai, 1993: 689~715; Macdonald, 1995/1996: 181~185).

이 전쟁은 중국이 아시아 국가의 혁명을 성공적으로 지원한 대표적인 사례였다. 북베트남은 중국군사고문단의 지원하에 국경전역을 계획했고, 1950년 9월 16일 시작된 국경전역에서 승리함으로써 북부지역의 거점을 확보할 수 있었다. 이후 북베트남은 북서지역으로 근거지를 확대해나갔고, 중국의 조언을 수용하여 라오스 지역으로 세력을 확장하고자 했다. 프랑스군은 이러한 움직임을 저지하기 위해 1953년 11월 디엔비엔푸 지역에 6개 공정대대를 낙하시켜 요새를 건설함으로써 북베트남 군대의 라오스 월경을 차단하고자 했다. 이에 북베트남은 중국군사고문단의 제안에 따라 디엔비엔푸를 포위하여 공격했고, 포위망에 갇힌 프랑스군이 항복하면서 1954년 5월 북베트남과 프랑스 간에 제네바 평화회담이 이루어졌다.

인도차이나 반도에서의 공산혁명이 절반의 성공을 거두는 시점에서 중국의 베트남전 개입 목표는 북베트남의 혁명을 지원하는 것에서 중국의 안보를 확보하는 것으로 수정되었다. 중국은 제네바 회담에 임하면서 베트남의 혁명 완성이라는 최초의 목적을 접어두고 중국의 안보라는 새로운 목표에 집중했다. 인도차이나 전쟁이 북베트남 쪽으로 승세가 기울면서 미국의 개입 가능성이 제기되었기 때문이다. 디엔비엔푸 전투가 치열하게 전개되던 1954년 3월 29일 미 국방장관 덜레스(John F. Dulles)는 외신기자 회견에서 인도차이나 공산주의자들의 승리를 묵인하지 않을 것이라고 경고했으며, 1주일 후 아이

5) 추가적인 군사지원에 대해서는 Chen(1969: 216~220) 참조.

젠하워(Dwight D. Eisenhower) 대통령은 인도차이나에서 공산주의 확산 음모에 대응하기 위해 전략핵무기 사용도 고려할 수 있음을 언급했다.

마오쩌둥은 선택의 기로에 섰다. 미국과의 군사적 충돌 가능성을 감수하면서 혁명을 계속 추구하든지, 아니면 미국과의 충돌을 회피하기 위해 더 이상의 혁명을 제한하든지 결정해야 했다. 그의 선택은 후자였다. 1954년 5월 8일부터 시작된 인도차이나 반도 문제에 대한 협상에서 중국의 최우선 목표는 미국이 이 지역에 개입하는 것을 방지하는 것이었다(바르누앙, 2007: 184). 당시 호찌민의 군대는 베트남의 70% 이상을 장악하고 있었으며 전쟁상황은 북베트남에 결정적으로 유리했다. 그런데도 호찌민은 중국과 소련의 압력에 의해 많은 것을 양보해야 했다. 제네바 회담에서 주요 의제는 국민투표 방식, 정전 분리선 설정, 캄보디아와 라오스에서 북베트남 군대를 철수하는 문제 등이었다. 제네바 회의에서 호찌민은 즉각 휴전을 통해 국민투표를 실시할 것을 주장했다. 그러나 타협이 무산될 것을 우려한 중국은 서구의 입장을 받아들여 베트남을 두 지역으로 분리한 후 2년 내에 국민투표를 실시하기로 했다. 호찌민이 이를 거부하여 회담이 교착상태에 빠지자 저우언라이는 미국의 개입 가능성을 거론하면서 북베트남의 양보를 종용했다. 호찌민은 베트남을 분리하는 안에 동의하지 않을 수 없었고, 대신 16도선을 분리선으로 할 것을 제안했다. 그런데 프랑스의 수상은 자신의 직위를 걸고 17도선을 분리선으로 할 것을 고집했다. 중국으로서는 16도선이냐 17도선이냐는 중요하지 않았다. 인도차이나에서 중국의 완충지대로 작용할 북베트남 정권을 세우면 그것으로 충분했다(Chen, 1993: 110). 저우언라이는 프랑스가 제시한 17도선 분리 제안을 받아들였고 이는 차후 중국과 베트남 사이에 갈등의 불씨로 남게 되었다. 완충지대 확보라는 전략적 목표를 달성한 중국으로서는 오직 서구와의 타협을 통해 미국과의 직접적인 충돌 가능성을 방지하는 데 관심이 있었을 뿐, 베트남의 혁명 추구에는 유보적인 입장을 취했다. 이에 더하여 북베트남은 캄보디아와 라오스에서 군대를 철수시켜야 했다.

이렇게 볼 때, 비록 마오쩌둥은 호찌민에게 아낌없는 군사적 지원을 제공하여 제1차 인도차이나 전쟁을 승리로 이끄는 데 기여했으나, 애초에 설정했던 전쟁의 정치적 목적은 크게 흔들렸다. 처음에 중국은 인도차이나의 혁명을 지원했지만, 디엔비엔푸 전투 이후 미국의 개입 가능성을 우려하여 인도차이나 북부의 완충지대를 확보하는 선에서 전쟁을 마무리하려 했다(Zhai, 2000: 53~54).

혁명과 안보의 이중주는 제2차 인도차이나 전쟁에서도 마찬가지였다. 마오쩌둥은 1963년부터 북베트남의 인도차이나 혁명을 적극 후원하기 시작했다. 그는 북베트남 팜반동(Pham Van Dong) 총리에게 제국주의와 투쟁을 벌이고 있는 동남아 인민들을 지원하는 것을 최고로 엄숙하고 또 정당한 의무라고 생각하고 있으며 무조건적인 지원을 아끼지 않겠다고 약속했다. 또한 미국에 대해 전쟁의 수위를 높인다면 중국은 전투부대를 파병하여 베트남 인민들과 함께 나란히 싸울 것이라는 메시지를 보냈다. 그리고 인민해방군의 지대공 미사일 부대와 방공부대, 공병부대를 파병하여 베트남의 전쟁수행을 후방에서 지원했다(바르누앙, 2007: 251~253). 그러나 1969년 3월 중소국경분쟁 이후 중소관계가 악화되고 소련으로부터의 위협이 심각하게 증가하자 미국과의 관계 개선을 위해 베트남에 파병된 중국군을 철수시켰다. 북베트남에 대한 군사적 지원도 1970년 7월 마지막 부대가 철수하면서 급격히 감소했다. 이는 중국이 혁명을 지원하기 위해 북베트남을 군사적으로 지원하다가, 안보적 고려에 의해 지원을 철회한 사례로 중국의 정치적 목적이 혁명에서 안보로 전환되었음을 보여준다.

2) 질서유지와 응징

혁명과 안보라는 정치적 목적 외에 중국은 또 다른 독특한 정치적 목적을 추구했다. 그것은 중국의 전통적 전략문화의 연장선상에 위치한 것으로 '질서

유지'와 '응징'이라는 개념으로 볼 수 있다. 먼저 '질서유지'는 과거 중국이 우월한 문화를 수단으로 주변국에 조공관계를 요구한 문화주의를 연상케 한다. 중국은 중국혁명전쟁을 통해 마오쩌둥이 걸어온 길이 곧 수많은 식민지와 반식민지 국가들이 민족독립과 인민민주주의를 쟁취하기 위해 반드시 걸어야 할 길이라고 생각했다. 그리고 중국의 오늘은 바로 베트남, 미얀마, 스리랑카, 인도, 그리고 다른 수많은 아시아 식민지 및 반식민지 국가들의 내일이라고 주장했다(쉬, 1977: 824~825). 중화인민공화국은 초기에 스스로를 아시아 혁명의 중심국가로서 자리매김하고 주변국과의 관계를 '중심과 주변' 혹은 '후견국-피보호국(patron-client)'으로 설정한 것이다. 특히 중국은 1951년 7월 1일 중국공산당 창당 30주년 기념대회에서 "제국주의 국가들의 고전적인 혁명유형은 10월 혁명이지만 식민지와 반식민지 국가들의 혁명의 고전은 중국혁명"이라고 하면서 중국이 아시아 혁명의 중심이 되는 지도국가임을 강조했다. 이러한 관점에서 중국의 대외혁명 지원은 아시아에서 배타적 영향력을 확보하고 주변 국가들을 중국의 영향권으로 편입하기 위해 이루어진 것으로 이해할 수 있다.

또한 중국은 '응징'이라고 하는 정치적 목적을 달성하기 위해 전쟁을 수행하기도 했다. 응징전은 적에게 교훈을 주기 위한 것으로, 잘못된 행동에 대한 징벌의 성격을 갖는다. 중국은 과거 명청 시대와 같이 안보에 위협이 되는 주변국의 행동에 대해 당근과 채찍을 제공하면서 회유하다가 이들이 계속해서 도발을 멈추지 않으면 군사력을 동원하여 전격적으로 '징벌'을 가했다. 이는 덕과 예로써 상대를 교화시키되, 이것이 통하지 않을 경우 형과 벌로써 다스린다는 유교적 가르침의 연장선상에 있는 것으로 이해할 수 있다. 이러한 전쟁은 참여한 부대의 수와 전쟁의 범위가 제한된 '국부전쟁'으로서, 주변국에 교훈 혹은 가르침을 준다는 유교적 특성을 반영하고 있다. 중국의 응징전은 군사적 강압의 성격을 갖고 있기 때문에 국경이나 적의 일부 영토를 대상으로 하며, 속전속결과 단기전의 전략방침을 견지한다. 중국은 중인전쟁과 중월전쟁에서 이러한 정치적 목적을 추구했는데, 이러한 전쟁은 30일을 넘지 않았으며 중국은 전쟁의 개시나 종결, 그리고 군사력 철수를 일방적으로 결정했다(황병무, 1995: 136~137).

이러한 응징전은 페어뱅크가 지적하듯이 공산주의 이념의 영향이 아니라 중국의 역사적 전통에서 비롯된 것으로 볼 수 있다. 즉, 1792년 네팔공격, 1766년 북버마, 1788년 북베트남 침공 등은 중국이 정복을 시도한 것이 아니라 이들 국가와 중국 간의 적절한 질서를 회복하기 위해 실시한 제한된 군사적 강압행위였으며, 이러한 맥락에서 중국이 현대에도 응징을 위한 전쟁을 수행하고 있음을 알 수 있다(Fairbank, 1969: 453).

4. 군사적 역할

1) 현대화된 군사력 건설의 제한

인민전쟁에서는 비록 인민의 요소를 중시하나 군사력의 역할을 주요한 것으로 간주한다. 인민전쟁론은 비록 군사적으로 약하기 때문에 인민대중의 힘에 의존하는 전략이지만 궁극적으로 이를 통해 군사력을 강화하고 피아 전투력 균형을 유리하게 이끈 다음 정규군에 의한 결정적 승리를 추구한다. 따라서 초기에는 군사적 역할이 미미할 수밖에 없지만 종국에는 군사력이 전쟁승리에 결정적으로 중요한 역할을 한다. 중국의 국공내전과 북베트남의 인도차이나 전쟁은 이러한 모델을 적용하여 승리할 수 있었다.

현대중국이 탄생하면서 중국은 이와 같은 군사력의 중요성을 명확히 인식하고 있었다. 마오쩌둥은 1949년 10월 대만을 공격하기 전에 진먼다오(金門島)와 덩부다오(登步島)에 대한 공격을 실시했지만 이 공격은 각각 9000명과 1500명의 사상자를 내며 내전 중 국민당과 치른 전투 가운데 가장 참담한 실패로 돌아갔다(Zhang, 1995: 53). 대만공격을 위해 해공군의 건설이 중요하다고 인식한 마오쩌둥은 이후 소련과 동맹조약을 체결하는 과정에서 중국의 해공군력 건설을 위한 소련의 지원을 요청했다. 조약을 체결한 당일 마오쩌둥은 소련으로부터 586대의 항공기를 구매하기로 하고, 이튿날 628대를 추가로 판매해줄 것을 요청했다. 중국은 소련으로부터 받은 항공기를 이용하여 1950년 10월에 2개 사단, 11월에 1개 사단, 도합 3개의 항공사단을 창설할 수 있었다. 1953년에 이르러 중국은 소련에서 파견된 해군고문 1000명과 공군고문 2만 5000명, 그리고 육군고문 1만 명의 지원을 받아 군 현대화를 추진하고 있었다(쉬, 1977: 813). 이는 중국이 대만통일 및 아시아 혁명, 그리고 중국의 안보를 위해 정예화된 군사력이 중요하다는 인식을 갖고 있었음을 보여준다.

그러나 1960년대 이후 인민전쟁론에서 군사력이 차지하는 비중은 크게 약화되었다. 중소이념분쟁이 심화되면서 소련은 1960년 중반 중국에 대한 경제적·기술적·군사적 지원을 철회했으며, 중국의 군사력 현대화 사업은 중도에 좌초하게 되었다. 이후 중국은 '무기에 대한 인간의 우월성'을 더욱 강조하며, 첨단무기보다는 인력에 의존하는 전쟁을 추구했다. 1960년대 중반에 중국은 미국과 소련 모두를 적으로 두게 되면서 기존의 '적극방어' 전략방침을 '유적심입 지구작전' 전략방침으로 전환하여 항일전쟁 및 국공내전에서와 같이 적을 끌어들여 섬멸하는 전략을 추구했다(彭光謙, 2006: 86~100). 군사적 능력이 미약한 상황에서 인민대중의 힘에 더욱 의존하지 않을 수 없었던 것이다. 설상가상으로 중국군은 1966년부터 1976년까지 10년에 걸친 문화혁명의 소용돌이에 휘말리면서 정예화된 군사력을 건설하는 데 필요한 추진력을 한층 더 잃고 말았다.

덩샤오핑이 권력을 장악하고 나서도 군사력 증강은 요원해 보였다. 중월전쟁이 끝난 지 3일 후인 1979년 3월 19일 열린 과학기술장비위원회(科學技術裝備委員會) 회의에서 덩샤오핑은 앞으로 10년 이내에 대규모 전쟁은 일어나지 않을 것으로 전망하고 국방분야 현대화에 대한 비중을 줄이되 농업, 공업,

과학기술 분야의 현대화에 주력하기로 결심했다. 4개 현대화 분야로 제시된 농업, 공업, 과학기술, 국방 가운데 국방분야만 우선순위에서 밀린 것이다. 덩샤오핑은 인민해방군의 병력 수가 너무 많으므로 줄여야 하며, 모든 분야를 준비하지 말고 몇 개의 사업을 골라 집중할 것을 요구했다. 그는 장기적인 관점에서 2000년까지 현대화를 이루면 된다고 주장했다. 이에 대해 고위급 군 지도자들은 불평했다. 이들은 1950년대부터 현대화된 군장비를 획득하고자 했으나 이는 대약진운동과 소련의 지원 중단, 그리고 문화혁명에 의해 좌절되었으며, 이제는 덩샤오핑의 경제발전 우선 노선에 의해 미루어지게 되었다. 덩샤오핑은 군 지도자들이 집단으로 반발하지 않도록 경제발전을 우선해야 한다는 당위성을 반복해서 설명해야 했다(Vogel, 2011: 540).

1985년에 중국은 미래의 전쟁양상을 강대국과의 전면전이 아닌 주변국과의 국부전쟁으로 상정함으로써 인민대중보다는 정예화된 군사력의 역할에 더 큰 비중을 부여했다. 중국군은 국경지역으로 나가 한정된 지역에서 신속하고 결정적인 승리를 추구하는 전쟁을 수행해야 하기 때문에 기동력과 화력, 그리고 합동작전 능력을 구비한 정예 전투력을 구비해야 했다. 인민의 지원과 참여에 의한 지구전이 아니라 그야말로 짧은 시일 내에 발휘되는 첨단 군사력에 의해 전쟁의 승패가 결정되는 것이다. 비록 주적이 바뀌고 전쟁규모가 축소됨으로써 중국군은 1988년까지는 국방비를 확보하는 데 어려움을 겪었지만, 이러한 교리의 변화로 인해 1989년부터는 매년 전년대비 10% 이상의 국방비 인상을 달성할 수 있었다.

1991년 걸프전은 중국이 첨단군사력 건설의 중요성을 깨닫게 했으며, 본격적으로 현대화된 전력을 도입하도록 하는 계기가 되었다. 다만 중국은 1989년 천안문사태로 인해 유럽연합으로부터 군사용으로 전환할 수 있는 첨단기술에 대한 금수조치를 당하게 되었다. 미국 및 유럽국가들로부터 첨단군사기술을 도입하기 어렵게 되자 중국은 러시아로 눈을 돌려 군사협력을 강화하고 필요한 무기 및 장비를 도입하기 시작했다. 1999년 코소보전쟁, 2001년 아프가니스탄 전쟁, 그리고 2003년 이라크전쟁은 중국의 전쟁양상 인식을 다시 한 번 바꾸면서 정보화된 군사력 건설의 중요성을 재삼 깨닫도록 했다.

요약하면, 중화인민공화국 수립 초기에 중국은 혁명전쟁의 연속선상에서 전쟁의 정치적 목적을 달성하는 데 군사력이 결정적인 역할을 하는 것으로 인식했음을 알 수 있다. 그러나 1950년대 말부터 중소관계 악화, 대약진운동, 문화혁명, 그리고 경제발전 우선의 국가정책으로 인해 군사력 건설에 한계를 보였다. 그 결과 중국은 전쟁수행에서 군보다 인민의 힘에 의존하는, 그래서 결국 군의 역할을 부차적인 것으로 인식하는 모습을 보였다. 이러한 인식은 1980년 중반 국부전쟁론이 등장하고 현대전이 걸프전과 같이 짧고 치열한 양상을 보이면서 바뀌었다. 21세기에 중국은 군사적 건설의 중요성을 인식하여 향후 30년 후 미국과 대등한 군사적 능력을 구비하기 위해 국방 및 군 현대화에 박차를 가하고 있다.

2) 군사력의 효용성 인식

현대화된 군사력을 건설하는 데 한계가 있었음에도 현대중국은 정치적 목적을 달성하기 위해서는 군사력 사용을 주저하지 않았을 뿐 아니라, 군사력을 효율적으로 사용하고 그 효과를 극대화하려 했다. 다음 장에서부터 다루는 사례에서 볼 수 있듯이 현대중국은 냉전기에 한반도, 대만해협, 인도차이나, 서남아시아, 심지어는 소련과의 국경에서 주변국들을 상대로 군사분쟁 혹은 전쟁을 치렀는데, 이를 통해 주변국의 안보를 지원하고, 상대국의 의도를 탐색하며, 적대국에게 정치적 메시지를 전달하고, 때로는 결정적 승리를 달성하는 등 전쟁을 정치적 목적 달성을 위한 유용한 기제로 활용했다. 심지어 마오쩌둥은 미국 및 소련과 같이 강대국을 상대로 한 군사적 충돌을 불사함으로써 군사력이 약함에도 불구하고 이를 적절히 사용한다면 원하는 정치적 목적을 달성할 수 있음을 보여주었다.

다만 현대중국은 덩샤오핑 시대에 오면서 군사력의 효용성에 대해 다른 시각을 갖게 되었다. 덩샤오핑은 "과거 전쟁시대의 싸워서 이기는 방식에서 싸우지 않고도 이기는 방식으로 반드시 전환되어야 한다"라고 하며 일종의 '부전승' 개념을 강조한 것이다. 이는 마치 손자로부터 이어 내려오는 중국의 전통적 군사사상을 연상케 한다. 싸우지 않고 상대를 굴복시킨다는 의미에 대해 덩샤오핑은 다음 두 가지를 제시했다. 첫째는 군사력으로 적을 위협함으로써 전쟁의 발발을 미연에 방지하거나 억제하는 것이며, 둘째는 소규모 혹은 중급규모의 국부전쟁에서 승리함으로써 더 큰 전쟁 혹은 전면전쟁을 방지하는 것이다(국방군사연구소, 1996b: 495). 이는 정치적 목적 달성을 위한 적극적인 군사력 사용을 자제하는 것으로, 군사력의 효용성을 부인하는 것으로 보인다. 즉, 그는 정치적 목적은 비군사적 수단을 통해 달성해야 하며, 각종 분쟁도 마찬가지로 전투수단이 아닌 평화적 수단으로 해결할 것을 주장함으로써 유교적 전략문화의 연속선상에 서 있는 것으로 보인다.

1979년 중월전쟁 이후 중국은 대외적 전쟁에 휘말린 적이 없다. 1988년 남사군도에서 베트남과의 교전이 있었을 뿐이다. 이는 중국이 덩샤오핑 시대 이후 군사력 사용을 자제하고 분쟁의 평화적 해결을 추구하고 있음을 보여준다. 그러나 중국의 이러한 평화적인 모습이 자국의 경제발전에 유리한 여건을 조성하기 위한 어쩔 수 없는 선택이었는지, 아니면 실제로 전통적 전략문화의 영향에 의한 것인지는 분명하지 않다. 이에 대해서는 이어지는 장들에서 현대중국의 전쟁사례를 분석해봄으로써 답을 얻을 수 있을 것이다.

5. 인민의 역할: 참여에서 지지로

인민전쟁은 중화인민공화국이 수립된 이후 현대중국의 주요한 전략사상으로 확고하게 자리 잡았다. 1950년 10월에 마오쩌둥은 한국전쟁에 개입하기로 결정하면서 대대적인 인민동원을 통해 '항미원조(抗美援朝)' 전쟁에 대한 대중의 지지를 확보하고자 했다. 그리고 냉전기에 미국과 소련의 위협에 대응하기 위해 '유적심입'과 '적극방어' 개념을 중심으로 전 인민이 참여하는 인민전쟁전략을 공식화했다(彭光謙, 2006: 89~97). 1977년 건군 50주년 연설에서 예젠잉(葉劍英)은 인민전쟁 원칙에 대해 언급했다. 그는 "우리 군대에는 모든 것에 통하는 하나의 원칙이 있다. 그것은 인민과 굳게 하나가 되는 것이며 전심전력을 다해서 인민에 복무하는 것이다. …… 군대가 인민의 눈으로 보아서 자기들의 군대가 된다면 이 군대는 천하무적"이라고 주장했다(최영, 1983: 204~213). 21세기에도 중국은 『중국국방백서(中國的國防)』를 통해 "인민전쟁의 내용과 형식을 혁신하고, 인민대중의 참전과 전쟁지원의 새로운 경로를 모색해야 한다"라고 언급하면서 인민전쟁이 여전히 유효함을 강조하고 있다(中華人民共和國 國務院新聞辦公室, 2009).

그러나 인민전쟁에 대한 화려한 수사에도 불구하고 그 내용과 성격은 중국의 군사교리 변화에 따라 달라질 수밖에 없었다. 그리고 인민대중의 역할도 변화가 불가피했다. 현대중국이 초기에 미국의 군사적 위협에 대해, 그리고 1960년대 말 이후에는 소련의 위협에 대응하기 위해 인민전쟁전략을 채택함으로써 인민대중은 전쟁의 주체로서 전쟁을 수행하는 주도적 세력으로 여겨졌다. 이 시기에 중국 지도자들은 인민의 거대한 잠재력을 전쟁역량으로 전환시켜 최후의 승리를 쟁취할 수 있다고 믿었다. 군의 현대화가 제한되었던 마오쩌둥 시대의 전쟁에서 인민이 전쟁의 주역이었음은 논쟁의 여지가 없다.

전쟁에서 인민의 역할에 대해 의문이 제기된 것은 국부전쟁론이 등장하면서이다. 새로운 국제상황을 반영하여 전면전쟁 대신에 제한적인 국부전쟁을 대비하면서 인민전쟁 개념이 유효한지에 대한 논란이 일어난 것이다. 이에 대한 대다수의 견해는 인민전쟁은 여전히 유효하다는 것이었다. 그 이유는 중국이 인민의 전체 역량을 전쟁의 버팀돌로 삼지 않는다면 평화시기에 중국은 전략적 우세를 달성하기 어려우며, 또한 대규모 전쟁이 임박했을 때 대비태세에 허점이 나타나게 된다는 것이었다. 즉, 인민전쟁의 문제는 국부전쟁에 한정된 것이 아니라 전체 국면을 내다보는 대국적 견지에서 고려되어야 한다는 것이었다(국방군사연구소, 1996b: 527~528).

걸프전 이후 '첨단기술조건하의 국부전쟁' 교리가 등장했지만 인민전쟁의 유효성에 대한 인식은 오히려 강화된 듯하다. 중국의 주장에 의하면, 과학기술의 발전에 따라 인민의 자질과 역량이 발전하는데, 이것이 첨단기술조건하에서의 인민전쟁에서 승리하는 데 기초를 제공할 수 있다. 즉, 위성과 TV, 그리고 인터넷 등 현대의 발달한 정보기술은 인민군중을 동원하여 전쟁을 수행하고 전쟁을 지지하게 하는 데 효과적인 방식을 제공할 수 있다. 또한 현대 첨단기술의 군민겸용성은 인민의 첨단기술을 통해 군을 지원할 수 있고, 민간영역에서의 교통수단은 군사 수송수단을 보완할 수 있다. 그리고 인민들은 경제정보전, 문화정보전, 적의 컴퓨터망을 파괴하는 사이버전에 참여하여 적 후방에 깊숙이 침투하고 적 사회를 교란시킬 수 있다. 비록 전쟁이 국부화되고 기간이 짧아졌지만 인민전쟁의 개념은 여전히 유효하다는 것이다(장완넨, 2002: 255~256).

이렇게 볼 때 현대중국은 전쟁에서 인민의 역할의 중요성을 평가절하하지 않고 있다. 다만 인민의 역할은 혁명전쟁에서와 같이 전쟁의 주체로서 주도적으로 참여하는 것에서, 국부전쟁 시기에는 직접 참여하기보다는 전쟁을 지지하는 역할로, 그리고 최근에는 비군사적 분야에서 전쟁을 보조하는 역할로 변화했음을 알 수 있다. 이는 명청 대에 소외되었던 인민들이 혁명전쟁을 통해 전쟁의 주체로서 절대적 역할을 담당했다가, 현대중국에 오면서 점차 클라우제비츠가 제기했던 '열정(passion)' 차원의 역할 수행자로 변화한 것으로 볼 수 있다. 즉, 현대중국의 전쟁에서 인민은 인민전쟁 시기에는 주도적 역할을 담당했으나 덩샤오핑 시기 이후에 부차적 역할(전쟁에 참여하기보다는 정부의 전쟁결정 및 전쟁수행을 지지하는 역할)을 담당하는 쪽으로 변화한 것이다.

그럼에도 불구하고 중국이 주장하는 인민전쟁의 효용성에 대해 의문을 제기하지 않을 수 없다. 근대 이전까지 중국의 전쟁에서 인민의 역할은 피동적 지위를 벗어나지 못하다가 공산혁명기에 이르러 전쟁수행의 주체로 등장했다. 현대에 오면서 중화인민공화국 초기의 인민은 공산혁명기와 같이 인민전쟁을 수행하는 주체였음에 분명하다. 그러나 덩샤오핑 시대에 군사교리가 국부전쟁으로 전환되면서 인민의 역할은 '참여'에서 '지지'로 변화되었다. 이는 물론 제한전인 현대전의 성격상 서구 국민의 경우에도 마찬가지라고 볼 수 있다. 그러나 중국과 서구국가들 간에 인민의 역할은 분명히 다르다. 서구의 국민들은 비록 전쟁에 참여하지는 않지만 전쟁을 결정하고 전쟁수행에 영향을 줄 수 있는 반면, 중국의 인민들은 전쟁결정은 물론 전쟁수행에도 거의 영향을 줄 수 없기 때문이다. 오히려 중국의 인민들은 한국전쟁이나 중인전쟁에서와 같이 상부의 전쟁결정을 합리화하기 위한 선전 및 선동의 대상이 될 수 있다는 점에서, 인민의 역할은 서구에 비해 크게 제한적인 것으로 볼 수 있다.

제10장

중국의 한국전쟁 개입

1. 한국전쟁 개입 배경과 전쟁인식

1) 동아시아 정세

1949년 10월 1일 중화인민공화국이 선포될 무렵 동아시아에는 세 지역에서 각기 다른, 그러나 본질적으로 유사한 위기가 조성되고 있었다. 첫째는 한반도에서의 위기로 남북 분단에 따른 전쟁 가능성이 고조되고 있었다. 남한은 1948년 5월 10일 유엔한국임시위원단(UNTCOK)의 감독하에 국민투표를 실시하고 8월 15일 대한민국 정부 수립을 공식적으로 선포했다. 북한에서는 김일성이 5월 1일 헌법을 제정하고 8월 25일 '최고인민위원회'의 대의원선거를 실시했으며, 9월 7일에는 '조선민주주의인민공화국'을 수립했다. 한반도에 세워진 두 개의 정부는 각기 민족통일을 이루기 위해 몰두했다. 김일성은 1949년 3월 모스크바를 방문하여 스탈린과 남침문제를 논의하면서 남한 내의 혁명열기가 높기 때문에 38선에 총검을 들이밀기만 해도 쉽게 승리할 수 있다고 장담했다. 스탈린은 미국의 개입 가능성을 우려하여 당장 남침을 승인하지 않았지만 북한에 6개 보병사단, 3개 기계화부대, 150대의 전투기가 무장할 수 있도록 4000만 달러 상당의 무기를 공급했다.[1] 반면 남한의 이승만은 '북진통일론'을 제기하며 무력으로라도 통일을 달성하겠다는 의지를 보였으나 미국으로부터 군사원조를 제대로 받지 못했다. 이승만의 호전성을 우려한 미국은 군사적 지원에 소극적이었으며, 이로 인해 한반도에는 남북 간에 군사적 불균형 상태가 초래되었다.

둘째는 대만해협에서의 위기가 고조되고 있었다. 국민당 정부가 1949년 12월 8일 대만으로 도피하면서 중국에도 두 개의 정부가 존재하게 되었다. 1949년 말부터 마오쩌둥은 대만해방을 내전 종식을 위한 마지막 전역으로 간주하고 1950년 여름을 목표로 군사적 준비에 나섰다. 심리전을 통해 대만 내 국민당 군대의 이탈을 부추기는 한편, 대만 공격에 필요한 해공군을 건설하기 위해 소련으로부터 대규모 지원을 제공받았다. 그러나 1949년 10월 대만해방의 전초전이라 할 수 있는 진먼다오와 덩부다오에 대한 공격이 참담하게 실패하자 마오쩌둥은 상륙작전의 어려움을 인식하여 대만공격에 매우 신중한 태도를 취하지 않을 수 없었다. 그리고 중국군의 해공군 건설이 지연되자 한국전쟁이 발발하기 직전 대만공격 시점을 그다음 해 여름으로 연기했다. 비록 준비는 지연되고 있었지만 중국은 대만공격을 위해 군사력을 건설하며 기회를 엿보고 있었다(Chen, 1994: 99~100).

셋째는 인도차이나에서의 위기로 북베트남과 프랑스 간의 제1차 인도차이나 전쟁이 본격화될 움직임을 보이고 있었다. 1945년 8월 일본이 항복함에 따라 인도차이나 반도에서는 위도 16도선을 기준으로 남부는 영국군, 북부는 중국군이 일본의 항복을 접수하게 되었다. 베트남독립연맹, 즉 북베트남을 이끌고 독립운동을 주도해온 호찌민은 중국군이 도착하기 전에 공백상태를

---

1) 한국전쟁 발발 당시 북한은 한국군에 비해 병력 1.4배, 화기 1.5배, 전차 8배, 항공기 4배의 우세를 유지하고 있었다(와다 하루키, 1999: 31).

틈타 무장봉기를 일으켜 하노이를 장악하고 바오다이(保大) 황제를 폐위시킨 후 1945년 9월 2일 '베트남민주공화국'을 수립했다. 이 사이에 프랑스는 영국군의 도움으로 베트남 남부에 진출하고 장제스와의 합의하에 군사력을 투입하여 북부지방도 장악할 수 있었다. 이에 호찌민의 북베트남은 1946년 11월 프랑스군을 상대로 제1차 인도차이나 전쟁을 일으켰다. 1949년 6월 14일 프랑스는 프랑스연방으로서 베트남의 독립을 인정하는 협정을 체결하고 바오다이를 국가원수로 하는 '베트남공화국'을 세웠다. 이로써 베트남에도 두 개의 정권이 존재하게 되었다. 중월국경지역에서 근근이 세력을 유지하던 호찌민은 중국혁명이 완료되자 중국의 지원을 얻기 위해 1950년 1월 베이징으로 갔고, 거기에서 다시 모스크바로 가서 마오쩌둥을 만나 베트남 혁명지원을 약속받을 수 있었다(Chen, 1994: 103~104). 이제 호찌민은 중국의 지원을 등에 업고 본격적으로 프랑스와의 전쟁에 나설 수 있게 되었다.

이처럼 한국전쟁 발발 직전 아시아 안보상황은 한반도, 대만, 그리고 인도차이나에서 내전의 기운이 고조되고 있었다. 그리고 1949년 10월 1일 중화인민공화국 탄생에 이어 1950년 2월 14일 체결된 중소동맹조약은 아시아지역의 세력균형에 근본적인 변화를 야기함으로써 잔뜩 긴장상태에 있던 주변 국가들의 공산혁명 또는 민족혁명을 촉진했다.

2) 중소동맹 체결

1949년 12월 16부터 두 달 동안 마오쩌둥은 모스크바에 체류하면서 스탈린에게 중소조약 체결을 종용했다. 당시 마오쩌둥의 가장 큰 관심사는 중국의 안전을 확보하는 것, 사회주의 국가로서 정통성을 인정받는 것, 그리고 국가재건에 필요한 경제적·군사적 지원을 얻는 것이었으며, 소련과 동맹조약을 체결함으로써 이 모든 요구를 동시에 충족할 수 있다고 판단했다. 스탈린이 1945년 8월 장제스와 체결했던 기존의 중소조약을 폐기하고 마오쩌둥과 새로운 조약을 체결한다면, 이는 같은 사회주의 국가들 간의 연대를 구축한다는 것 외에 신생중국의 정통성을 인정받을 수 있다는 점에서도 매우 큰 의미를 갖지 않을 수 없었다.

중소동맹을 체결하자는 마오쩌둥의 제안에 대해 스탈린은 부정적인 반응을 보였다(Petrov, 1994: 16). 그것은 기존에 장제스와 체결한 조약이 미국과 영국의 동의하에 이루어졌으므로 소련이 공산화된 중국과 새로운 조약을 체결한다면 미국과 영국은 얄타회담에 의해 소련이 획득한 쿠릴 열도와 남부 사할린에 대한 이권에 대해 이의를 제기할 수 있기 때문이었다.[2] 따라서 스탈린은 기존 조약을 그대로 둔 상태에서 중소 간의 협력을 강화하는 방안을 선호했다(Chen et al, 1995: 5).

그러나 1950년 1월 스탈린은 기존의 입장에서 선회하여 새로운 중소조약을 체결하겠다는 의사를 밝혔다. 그가 갑자기 마음을 바꾼 동기에 대해서는 명확히 밝혀진 바가 없으나 아마도 중국이 서구국가들과의 관계를 개선할까 우려했기 때문으로 추정된다(Mastny, 1996: 89~90). 영국은 1950년 1월 6일 공식적으로 중국을 인정한다고 발표했고 류사오치, 리리싼(李立三), 저우언라이 등 중국 내의 친서구적 지도자들이 미국, 영국 등 서구와 즉각 수교하는 방안을 검토하고 있다는 정보가 입수되었다(Goncharov, et al. 1993: 240~241). 이러한 상황에서 스탈린은 1950년 1월 트루먼과 애치슨(Dean G. Acheson)이 대만

2) 스탈린은 대일전 참가의 대가로 쿠릴 열도와 남부 사할린 등 러일전쟁에서 상실한 영토와 이권을 회복해줄 것을 요구했고, 이 요구는 얄타회담에서 받아들여졌다(Keylor, 1996: 246). 1945년 8월 14일 서명한 중소우호동맹조약은 얄타협정의 결과 이루어진 것으로 그 내용은 ① 외몽골의 독립과 자치를 승인하고, ② 동북 창춘철도를 공동으로 경영하며, ③ 다롄을 자유항으로 하고 창춘철도에 의한 소련의 수출입 물자는 관세를 면제하고, ④ 뤼순을 양국이 공동으로 사용하는 해군 근거지로 한다는 것이다. 동시에 소련은 ① 국민당 정부에 대한 군수품과 그 밖의 원조를 제공하고, ② 중국 동부에서 영토와 주권의 완전성을 승인하며, ③ 일본군 항복 후 3개월 이내에 완전히 철수한다는 것이었다(Department of State, 1949: 116~118).

을 포기하는 정책을 발표하자 중미관계가 개선될 가능성에 대해 크게 우려하지 않을 수 없었으며, 이로 인해 그때까지 중소동맹에 대해 유보적이었던 입장을 바꾸어 중국을 끌어안기로 작정했던 것이다(Goncharov et al., 1993: 211).

1950년 1월 22일부터 중소조약을 체결하기 위한 마오쩌둥과 스탈린의 회담이 이루어졌다. 이 자리에는 몰로토프(Vyacheslav M. Molotov), 말렌코프(Georgy M. Malenkov), 미코얀(Anastas I. Mikoyan), 비신스키(Andrey Y. Vyshinsky), 로신(N. V. Roschin), 저우언라이 등이 참석했다. 우선 소련군의 뤼순 항 주둔과 관련해서는 소련이 일본과 평화조약을 체결할 때까지 뤼순 항에 주둔하되 늦어도 1952년 말까지 철수하는 것으로 합의가 이루어졌다(Goncharov et al., 1993: 262). 다롄에 대해서는 중국이 행정권을 가지며, 모든 재산은 양국이 합동위원회를 구성하여 1950년 말까지 중국에 이양하기로 했다. 창춘철도에 관해서는 중국이 철도행정을 일임할 것인지를 두고 이견이 있었으나, 그 뒤 이루어진 최종합의에서는 소련이 철도에 관련한 모든 재산을 포함하여 일체의 행정권을 중국정부에 이양하되 그 시기는 소련이 일본과 평화조약을 체결하는 시점으로 하고 늦어도 1952년 말까지는 이양을 완료하기로 했다. 이 외에 외몽골에 대해서는 독립을 허용하기로 했으며, 소련은 중국에 3억 달러의 차관을 제공하는 데 합의했다.[3] 3억 달러의 규모는 마오쩌둥이 정한 것으로, 그는 대외 채무가 너무 커질 것을 우려하여 가급적 많은 차관을 얻으려 하지 않았다.

무엇보다도 중소조약의 핵심은 중국의 안보를 공고히 하는 데 있었다. 1950년 2월 14일 체결된 '중소 우호, 동맹, 상호지원 조약'의 제1항은 어느 한 측이 일본 또는 그 동맹국으로부터 공격을 받아 전쟁상태에 돌입하게 될 경우 다른 측은 "군사적 지원을 비롯한 다른 모든 지원을 제공하기 위해 전력을 다해야 한다"라고 규정했다. 중소동맹은 신생중국의 대외 위협을 억제하는 기

3) 중소우호동맹의 상호지원 조약과 기존에 체결된 우호동맹조약의 내용과 차이점에 대해서는 Wei(1956: 269-277), Beloff(1953: 70~78), Stueck(1995: 39) 참조.

능을 하면서 최악의 경우에는 미국과의 전면전 가능성에 대비한 최후의 보루였다. 중국은 외부의 위협에 대해 인민의 동원을 통해 모든 인민이 전사가 되어 대규모 정규군, 지방군, 민병에 의해 전투를 수행하는 인민전쟁전략을 추구했다(Powell, 1968: 243). 이러한 가운데 중소동맹은 중국의 억제가 실패하여 미국이 본토를 공격할 경우 소련으로부터 군사적 지원을 받을 수 있는 제도적 장치를 제공하게 되었다. 즉, "소련과 함께 하는 인민전쟁"이 가능하게 된 것이다(Powell, 1968: 243).

3) 미국의 대중정책과 대만문제

중국이 공산화되기 이전부터 미국은 마오쩌둥의 이념적 성향에 대해 '희망적 사고'를 갖고 있었다. 즉, 마오쩌둥은 공산주의자라기보다는 민족주의자이며, 중국의 이념은 소련의 그것과 본질적으로 다르기 때문에 중국은 언젠가 소련에 등을 돌릴 것으로 판단했다. 1949년 말부터 미국은 중소분열을 조장하기 위해 중국에 대해 유화정책을 펴기 시작했는데, 대만은 미국의 대중 유화정책을 위한 유용한 미끼가 되었다.

애치슨은 12월 29일 합참과의 특별회의를 개최하여 대만에 대한 미국의 지원은 중소관계를 강화시키고 중미관계를 악화시킬 것이라고 지적했으며 트루먼은 전적으로 애치슨과 같은 입장에 서 있었다(Chang, 1990: 60~62; Gaddis, 1989: 161). 1950년 1월 5일 트루먼은 중국에 대한 유화정책의 일환으로서 미국이 "현재로서는" 대만에 군사기지를 설치하거나 이권을 얻으려 할 의향이 없음을 공식적으로 발표했다. 이어서 1월 12일에 애치슨은 기자회견을 통해 대만이 미국의 "도서방위선(Defense Perimeter)"에서 제외되었음을 밝히고 미국은 중국의 내부문제에 간여하지 않을 것임을 분명히 했다. 베이징 주재 총영사 클럽(Edmund Clubb)은 마오쩌둥의 모스크바 체류가 장기화되는 것에 대해 중소 간의 이념적 갈등이 있을 것이라고 전망함으로써 쐐기전략의 성공 가

능성을 부풀리기도 했다(Chang, 1990: 64; Foot, 1985: 50).[4]

이러한 노력에도 불구하고 중소동맹조약이 체결되자 미국은 충격에 빠졌다. 중소분열을 노린 미국의 쐐기전략은 실패했으며, 중소관계는 예상보다 공고한 것으로 드러났다. 이제 미국은 중국에 대해 유화정책을 포기하고 강경정책으로 선회해야 했다. 미국은 대만의 지정학적 가치를 재평가하지 않을 수 없었고, 중국대륙이 소련의 영향권에 떨어진 상황에서 대만마저 내줄 수는 없다는 결론에 도달했다. 즉, 중소분열을 노린 미국의 '대만 포기정책'은 중소동맹 체결을 기점으로 '대만 고수정책'으로 선회한 것이다. 중소동맹 체결이 중국에게 대만해방을 위한 유리한 여건을 제공해주었던 만큼, 역으로 미국은 대만의 공산화를 막기 위해 더 많은 노력을 기울이지 않을 수 없었다.

5월 19일 미 국무부 정보평가보고서는 유사시 제7함대를 파견하여 대만을 중립화하는 방안을 고려하고 있었다(Poole, 1998: 199). 제7함대를 파견하여 대만을 중립화하자는 방안은 1950년 1월 3일 놀런드(James E. Noland)와 태프트(Robert A. Taft) 상원의원에 의해 제기된 바 있다. 러스크(Dean Rusk)도 마찬가지로 5월 30일 애치슨에게 제출한 비망록을 통해 대만 중립화 방안을 제의하고 나섰다. 그는 미국이 중국문제에 대해 불간섭 입장을 고수해왔지만, 지금은 안보상황이 변화했기 때문에 대만이 공산화되지 않도록 단호한 태도를 견지해야 한다고 주장했다. 그는 안보상황이 변화한 예로서 첫째로 중소동맹 체결, 둘째로 중국이 호찌민 정부를 인정한 사실을 지적하고, 이는 공산주의가 아시아 지역으로 팽창할 징조라고 주장했다(Rusk, 1950: 560~565, 576).

맥아더는 보다 전략적인 관점에서 대만의 중요성을 제기했다. 그는 5월 29일 국방부에 보낸 비망록에서 소련의 공군기가 중국의 상하이와 베이징으로 이동하여 배치된 것은 곧 대만을 공격하기 위한 사전 조치라고 평가하고, 소

4) 한편 중국은 미국의 유화적 태도를 일종의 연막으로 간주하고 있었다(Gurtov and Hwang, 1980: 40).

련이 대만을 통제하게 될 경우 말레이 반도, 필리핀, 일본에 이르는 항로를 차단할 것이며 일본을 고립시킬 것이라고 전망했다. 또한 그는 전쟁 시 대만의 가치는 "침몰하지 않는 항공모함(unsinkable aircraft carrier)"이자 해상의 함선 정비소와 같으며, 대만이 소련의 전략적 목적 달성을 방해하고 극동의 동부 및 남부지역에 대한 공격을 저지하기에 이상적인 위치를 차지하고 있다고 주장했다(Whiting, 1991: 110; Lowe, 1986: 152). 이러한 분위기를 반영하여 미 국무부는 1950년 5월에는 제7함대를 파견하여 대만을 중립화시키려는 안을 마련했으며, 제7함대가 파견될 경우 대통령이 대외적으로 발표할 완성된 성명서까지 준비했다.[5]

4) 김일성의 남침과 미국의 개입

1950년 1월 말 스탈린은 김일성에게 남침에 대해 논의할 용의가 있다는 전문을 보냈다. 그리고 4월 초 모스크바에서 김일성과 가진 회담에서 스탈린은 국제환경이 유리하게 변화하고 있음을 언급하고 김일성의 남침을 승인했다(Weathersby, 1995: 4). 이러한 결정에는 북한이 남한에 대해 신속한 승리를 거둘 수 있을 것이라는 판단과 함께, 미국이 개입하지 않을 것이라는 가정이 결정적으로 작용했다.[6] 그러나 이 과정에서 스탈린은 김일성에게 마오쩌둥의 동의를 받도록 요구했다. 남침문제에 대한 최종결정은 중국과 북한에 의해 공동으로 이루어져야 하며, 만일 중국 측이 동의하지 않는다면 새로운 합의가

---

5) Department of State, "Consequences of Fall of Taiwan to Chinese Communists, Intelligence Estimate No. 5, May 19, 1950, 국방군사연구소(1997: 578~588)에서 발췌.

6) 변화된 국제정치 상황 가운데 가장 중요한 요인은 미국의 개입문제였다. 이에 관해서는 Weathersby(1995) 참조. 미국 불개입 가정이 중대한 오판이었다는 마오쩌둥의 진술에 대해서는 Heizig(1996: 240) 참조.

이루어질 때까지 전쟁을 미루어야 한다고 했다.

마오쩌둥은 1950년 5월 김일성으로부터 남침의사를 직접 듣기 전에 이미 그가 남침을 준비하고 있다는 사실을 인지하고 있었다. 1949년 5월 마오쩌둥은 조선족 부대의 귀한(歸韓)을 요청하러 중국을 방문한 북한 정치국장 김일에게 북한은 언제든지 전쟁을 수행할 준비를 갖추고 있어야 한다고 강조하고 "최악의 경우 북한을 돕기 위해 중공군을 파견할 수도 있다"는 의견을 피력한 바 있다.[7] 그리고 1949년 7월부터 시작된 조선족 부대의 귀한은 김일성의 요청에 의해 이루어진 것으로서 북한이 무력으로 통일을 추진하고 있다는 사실을 인지하기에 충분한 사실이었다.

마오쩌둥은 김일성의 남침 계획에 동의하지 않을 수 없었다. 이미 스탈린이 깊숙이 간여하여 북한의 남침을 승인한 상황에서 이를 반대하는 것은 감당하기 어려운 부담이었을 것이다. 마오쩌둥이 김일성의 계획을 반대할 경우 중소 간의 사회주의적 연대감을 약화시킬 수 있고, 그에 대한 스탈린의 오해와 불신이 증폭될 수도 있었다. 그러나 그러한 부담에 앞서 마오쩌둥은 김일성의 남침에 대해 공산혁명전쟁이자 민족해방전쟁으로서 그 정당성을 인정할 수밖에 없었을 것이다. 특히 1950년 4월 초에 마오쩌둥은 주중대사 이주연에게 "평화적 수단으로 한반도를 통일하는 것은 불가능하기 때문에 오로지 군사적 수단만이 필요하다"라고 언급했는데, 이는 그가 북한의 남침을 원칙적으로 불가피한 것으로 인식하고 있었음을 보여준다(쑤이, 2011: 73). 아마도 마오쩌둥은 중국의 대만해방이나 북한의 무력통일을 같은 맥락에서 보고 있었을 것이다.

한국전쟁 발발 직후 미국의 즉각적인 군사개입은 마오쩌둥의 전략구도에 예상치 못한 큰 파장을 불러일으켰다. 트루먼은 6월 27일 성명을 발표했는데

---

7) "6·25 진상", ≪조선일보≫, 1994년 7월 21일 자.

여기에는 한반도에 대한 조치 외에 동아시아 전체에 파급영향을 미치는 조치가 포함되었다. 그의 성명은 첫째로 한반도에 대한 군사지원, 둘째로 대만을 보호하기 위해 미 7함대를 파견하여 대만해협을 중립화하고 필리핀에 대한 군사지원을 강화하는 것, 그리고 인도차이나에서 전쟁 중인 프랑스군에 대한 군사지원을 강화하는 것을 골자로 했다. 한국전쟁에 대한 미국의 개입은 어느 정도 예상된 것이었다. 그러나 미국의 즉각적인 한반도 개입과 동시에 이루어진 대만해협의 중립화 및 인도차이나에 대한 조치는 마오쩌둥뿐 아니라 스탈린의 예상을 크게 빗나간 것이었다. 마오쩌둥의 입장에서 한국전쟁 발발은 일순간에 한반도에 국한된 사태가 아니라 동아시아 전체의 위기로 확대되었으며, 자칫 중국을 전략적으로 커다란 곤경에 빠뜨릴 수 있는 위협으로 다가오고 있었다.

무엇보다도 트루먼이 제7함대를 파견하여 중국과 대만 사이의 무력충돌을 방지하기 위해 대만해협을 중립화하기로 한 결정은 당장 중국의 안보에 심각한 위협으로 작용했다. 대만해방이 지연될 수밖에 없는 상황에서 마오쩌둥이 가장 우려했던 바가 현실로 나타난 것이다. 즉, 미국이 그동안 개입하지 않았던 중국내전에 직접 개입한 것이다. 중국 지도자들은 미국이 한국전쟁에서 승리할 경우 대만해방이 불가능해질 것이라고 보았다. 한반도 전역이 미국의 영향권에 들어갈 경우 미국은 중국의 대만점령을 기정사실화하고 장제스 정권을 보호하려 할 것이 확실했다. 한국전쟁의 결과는 대만해방을 통해 혁명을 완수하려는 중국에 사활적인 문제로 떠올랐다.

이와 함께 중국은 미국의 한국전쟁 개입이 아시아 전체에 미칠 파장에 대해 우려하지 않을 수 없었다. 저우언라이는 6월 28일 미국이 한국전쟁에 개입한 목적은 "대만, 필리핀, 베트남을 공격할 구실을 만드는 데 있다"라고 했으며(Heo, 1990: 323), 8월 26일 중앙군사위원회 확대회의에서 "미국은 한반도를 진압한 다음 틀림없이 베트남과 다른 식민지 국가들에게로 방향을 돌려 억압하려 할 것"이라고 언급했다(Zhang and Chen, 1996: 158). 10월 말 가오강(高崗)

도 미군이 한반도 전역을 차지할 경우 "국민당을 무장시켜 조선·인도차이나를 점령하고 나아가 중국까지 공격할 것"이라고 경고했다.[8] 중국은 미국이 한국전쟁을 통해 한반도 전체를 장악할 경우 대만과 인도차이나 지역에서 전략적으로 포위됨은 물론 양면 또는 삼면에서 협공을 당할 수 있는 불리한 입장에 처하게 될 것으로 인식했다. 따라서 중국은 이제 미군이 개입한 한반도 전쟁상황에 촉각을 곤두세우면서 예의 주시하지 않을 수 없었다.

중국지도부는 이와 같은 인식을 가지고 유사시 한국전쟁에 개입하겠다는 의사를 공공연하게 표명했다. 저우언라이는 7월 2일 주중 소련대사 로신에게 중국지도부가 작성한 한반도의 정치·군사 상황에 관한 평가를 소련정부에 전달하도록 요청했다.[9] 그는 여기에서 군사적 조언을 제공했는데, 거기에는 서울을 방어하기 위해 인천 등 인접지역의 방어를 강화해야 한다는 것과 미국이 38선을 넘어올 경우 북한군으로 가장하여 전투에 참가하겠다는 내용이 포함되어 있었다. 한편 마오쩌둥은 8월 4일 중국공산당 정치국회의에서 만일의 경우 군사적으로 개입해야 할 필요성에 대해 다음과 같이 언급했다.

> 만일 미국제국주의자들이 전쟁에서 이기게 된다면 그들은 더욱 건방진 태도를 보일 것이고 우리를 위협하게 될 것이다. 북한을 지원하지 않으면 안 된다. 우리는 그들에게 지원군을 보내 도움을 주어야 한다. 그 시기는 후에 결정될 것이지만 이에 대한 대비를 해야 한다(Zhang and Chen, 1996: 157).

또한 마오쩌둥은 8월 19일 소련 외교관 유딘(P. F. Yudin)과 가진 회담에서도 미군이 30개 이상의 사단을 추가로 투입할 경우 중국의 지원이 필요할 것이며, 그렇게 하여 미군을 분쇄해야만 제3차 세계대전을 막을 수 있다고 함으

8) "[중국군의 대공세] 6·25내막/모스크바 새 증언: 16", ≪대한매일≫, 1995년 6월 23일 자.
9) "[중국의 개입] 6·25내막/모스크바 새 증언: 16", ≪대한매일≫, 1995년 6월 14일 자.

로써 북한에 대한 군사적 지원 가능성을 시사했다.[10)]

9월 15일 실시된 인천상륙작전은 한반도의 전황을 역전시켰다. "크로마이트 작전(Operation Chromite)"으로 명명된 이 작전은 미 제10군단이 주축이 되어 인천에 상륙한 다음 경인지구를 확보하고, 이후 경춘 도로를 따라 진격하여 적의 병참선 및 퇴로를 차단한다는 계획하에 진행되었다(육군사관학교, 1984: 202). 인천교두보를 확보한 유엔군은 18일 김포, 19일 영등포를 장악하고 수원방면으로 진격하여 서울을 수복하고 적 퇴로를 차단하기 위한 작전에 돌입했다. 이로 인해 한반도 전세는 완전히 뒤집어졌으며 전쟁의 주도권은 유엔군이 장악하게 되었다. 인천에서의 작전과 함께 미 제8군도 낙동강 전선에서 북한군에 대한 총반격에 나섰다. 9월 28일 유엔군은 서울을 수복했고 38선 이남의 북한군은 후방이 차단되어 궤멸될 위기에 처했다.

김일성과 박헌영은 30일 스탈린에게 군사적 지원을 요청하는 편지를 보내 "적이 38선을 돌파할 경우 소련으로부터 직접적인 군사적 지원을 받고자 하며" 만일 소련의 군사적 개입이 불가능할 경우 중국과 다른 사회주의 국가들이 국제지원군을 결성해 도와주게 해달라고 호소했다(Chen, 1994: 172). 김일성의 암호전문은 9월 30일 23시 30분에 도착하여 10월 1일 새벽 12시 35분에 해독되었고 1시 45분에 타이핑되어 2시 50분에 스탈린의 별장에 도착했다. 스탈린은 이 전문을 보고 나서 새벽 3시 정각에 마오쩌둥과 저우언라이에게 중국의 개입을 요청하는 전문을 발송했다. 스탈린은 이 전문에서 만일 가능하다면 "즉시 5개 내지 6개 사단을 38선 근처로 보내서 북한 동지들이 중국군의 보호하에 38선 이북에서 전투 예비대를 재조직하고 편성할 수 있도록 해줄 것"을 당부했다(Mansourov, 1995: 99).

이제 북한의 운명은 중국의 손으로 넘어갔다. 중국은 10월 2일부터 한국전

---

10) "[중국의 개입] 6·25내막/모스크바 새 증언: 16", ≪대한매일≫, 1995년 6월 14일 자.

쟁 개입 여부를 논의하기 위한 고위급 회의를 갖고 10월 5일 개입을 결정했다. 그러나 이후 소련의 공군지원 거부로 인해 두 차례의 보류 과정을 거친 끝에 18일에 가서야 최종적으로 개입을 결정하게 되었다.

2. 정치적 목적: 혁명과 안보의 갈등

과거 화이팅(Allen Whiting)을 비롯한 대부분의 학자들은 중국의 한국전쟁 개입 동기를 '안보'라는 패러다임으로 설명해왔다. 중국은 미군이 38선을 돌파하자 위협을 느껴 어쩔 수 없이 개입했다는 것이다.[11] 그러나 1980년대 후반부터 중국과 러시아에서 공개한 비밀해제 자료에 입각하여 이루어진 1990년대 이후의 연구들은 기존의 연구와 달리 그 동기를 '혁명'에서 찾고 있다. 대표적으로 천지앤(Jian Chen)은 중국이 8월부터 만주지역에 대규모 병력을 배치하여 한국전쟁에 개입할 준비를 하고 있었으며, 중국의 개입은 안보차원을 넘어 '혁명적 민족주의(revolutionary nationalism)'라는 보다 야심찬 목적을 추구한 것이라고 주장한다. 크리스텐슨(Thomas J. Christensen)은 심지어 미군이 38선을 돌파하지 않았더라도 중국군이 개입했을 것이라고 주장한 바 있다(Christensen, 1992: 122~154). 여기에서는 중국의 한국전쟁 개입을 둘러싼 고위급 지도자들의 정책결정 과정을 중심으로 중국의 개입에 혁명과 안보라는 두 가지 목적이 충돌하고 있었음을 보도록 한다.

11) 대표적인 연구로는 Whiting(1968), Gurtov and Hwang(1980), Farrar-Hockley(1984: 284~304), Spurr(1988), Pollack(1989).

1) 혁명적 민족주의

마오쩌둥은 한국전쟁 개입을 중국혁명의 연장선상에서 아시아 공산혁명을 지원하는 프롤레타리아 국제주의의 신성한 임무로 간주했다. 마오쩌둥과 중국의 지도자들은 중국혁명을 러시아 볼셰비키혁명에 의해 시작된 세계 프롤레타리아 혁명운동의 한 부분으로 간주했다. 그러나 그들은 중국혁명이 러시아혁명과 다른 방식으로 성공했다는 점에서 그들 혁명이 갖는 의미에 대해 남다른 생각을 갖게 되었다. 즉, 중국혁명은 민족해방을 위해 투쟁하고 있는 다른 민족들에게 일반적으로 적용될 수 있는 모범사례를 제공할 수 있을 뿐 아니라, 아시아와 세계의 압박받는 인민들에게 새로운 혁명운동의 큰 물결을 일으키고 있다는 것이다(Chen, 1994: 21). 이러한 인식하에 마오쩌둥은 중국이 세계혁명을 증진하기 위해 다른 국가들의 공산혁명과 민족해방운동을 지원하는 것을 일종의 의무라고 믿게 되었다.

1949년 5월 김일이 중국을 방문하여 조선족의 귀한을 요구했을 때 마오쩌둥은 "북한은 중국과 소련이 있으므로 크게 걱정할 필요가 없으며, 만일 사태가 악화된다면 중국은 북한군을 돕기 위해 한반도에 군사력을 투입할 것"이라고 약속했다. 그리고 그는 중국군의 파병 조건으로 중국공산당의 혁명완수, 미국이 일본군을 한반도에 파병하는 경우 등 몇 가지 조건을 제시했는데, 이는 그가 김일성의 남침을 중국의 반제국주의 혁명의 연장선상에서 보고 있음을 보여준다. 마오쩌둥은 실제로 10월 5일 한국전쟁 개입여부를 결정하는 회의석상에서 이웃이 어려움에 처해 있는 것을 보면서 가만있는 것은 부끄러운 일이라고 하면서, 그렇게 되면 중국이 위험할 때 소련이 가만있을 것이고 결국 "국제주의는 헛소리가 될 것"이라고 했다(Hao and Zhai, 1990: 106; Elleman, 2001: 246). 1964년에도 그는 중국이 북한을 돕지 않았다면 "우리는 실수를 범한 것이며 더 이상 공산주의자가 아니었을 것"이라고 언급했다. 이는 중국의 한국전쟁 개입에 이념적 요인, 즉 프롤레타리아 국제주의에 대한 의무감이 반영되어 있었음을 보여준다.

마오쩌둥이 10월 2일 작성하고 소련 측에 보내지 않은 전문을 보면 그가 한국전쟁 개입에 대해 어떠한 생각을 갖고 있었는지를 볼 수 있다. 다음은 그 전문을 요약한 것이다.

> 마오쩌둥은 미군과 한국군에 대항하여 싸우는 북한 동지들을 돕기 위해 지원군이라는 이름하에 중국군을 파견하기로 결정했다. 여기에는 두 가지 문제가 제기되는데, 하나는 미군을 섬멸해야 한다는 것이며 다른 하나는 미국이 중국에 선전포고를 할 가능성에 대비해야 한다는 것이다. 일단 한반도의 미군 — 특히 미 제8군 — 을 섬멸할 수만 있다면 전반적인 문제는 쉽게 해결이 될 수 있다. 비록 미국이 패배를 인정하지 않고 선전포고를 한다고 해도 전쟁이 대규모로 확산되지는 않을 것이며 그렇게 길게 가지 않을 것이다. 그러나 미군을 섬멸하지 못하고 전선이 교착될 경우에는 문제가 커질 수 있다. 또한 미국이 중국에 선전포고를 할 경우에는 더욱 심각해진다. 중국은 경제재건에 곤란을 겪을 것이며 민족부르주아의 불만이 팽배해질 것이다. 현 상황에서 중국은 이미 남만주 지역으로 이동한 12개의 사단을 북한지역으로 보낼 것이지만 최초 단계에서는 소련의 무기지원을 기다리면서 방어전술을 사용할 것이다. 현재로서는 미군 전체를 즉각 섬멸할 수 있다는 확신이 없다. 그러나 중국은 적보다 4배의 병력과 1.5배 내지 2배의 화력을 동원하여 적 부대를 완벽하고 철저하게 파괴하도록 할 것이다. 12개 사단 외에 중국은 다른 24개 사단을 투입하여 제2제대와 제3제대를 구성할 것이다(Chen, 1994: 175~177).

이 전문에 의하면 마오쩌둥은 한반도에서 미군을 섬멸함으로써 미국에 대한 완전한 승리를 거두는 것을 목표로 하고 있으며, 이는 한반도 전체의 공산화를 추구하고 있음을 보여준다. 즉, 중국이 단순히 한반도 북부 지역을 완충지대로 확보함으로써 안보를 공고히 한다는 목적을 넘어서 미국 제국주의에 반대하고 북한의 민족혁명을 지원하기 위해 한국전쟁에 개입하려 했음을 알려준다.

이에 더하여 천지앤은 '혁명' 외에 중화민족주의를 또 하나의 개입 목적으로 제시하고 있다. 중국혁명은 반봉건 및 반제국주의를 지향하는 것으로 그 근원은 1840년 아편전쟁 이후 100년 동안 중국이 경험했던 치욕의 시대를 청산하고 중국이 다시 강대국의 위상을 회복하는 것이다. 중국의 굴기는 아시아와 세계혁명을 증진함으로써 현실화될 수 있다. 공산혁명의 증진은 과거 중국이 문화적·도덕적 우월성을 과시했던 것처럼 마오쩌둥의 중국혁명을 주변국에 전파함으로써 국제사회에서 중국의 중심적 지위를 고양시킬 수 있기 때문이다(Chen, 1994: 22).

즉, 중국의 민족주의는 과거에 추락한 국가 지위를 재건하는 것으로 '중화세계의 질서'라고 하는 뿌리 깊은 문화적 동기와 결합되어 있다. 이러한 측면에서 천지앤은 중화인민공화국이 수립된 이후 중국은 아시아 혁명을 추진함으로써 중국의 지위를 부활하려는 열망에 사로잡혔으며, 한국전쟁에 개입한 동기가 이러한 중화사상을 부활하려는 "혁명적 민족주의"에 있었다고 주장한다(Chen, 1994; Chen, 2000; Chen et al., 1995: 41; Chen, 1996: 199). 그는 다음과 같이 언급하고 있다.

> 놀랍게도 나는 인천에 상륙하기 한 달 이전인 1950년 8월 초 마오쩌둥과 북경 지도자들이 한국에 파병할 의향을 가졌으며 중국의 군사적·정치적 준비가 그보다 한 달 전에 시작되었다는 것을 발견했다. 또한 한국전쟁에 개입하기로 결정한 이면에는 한-만 국경의 안정을 확보한다는 것 이상의 고려가 있었다. 마오쩌둥과 그의 측근들은 미군을 한반도에서 몰아내고 영광스러운 승리를 얻고자 하는 목표를 가졌다(Chen et al., 1995: 41).

즉, 천지앤은 마오쩌둥이 한국전쟁에 개입하면서 완벽한 승리를 거두고 한반도에서 미군을 축출한다는 '절대적인 목적'을 가지고 있었으며 이를 통해 중국의 안보는 물론 동아시아의 혁명을 추진하려 한 것으로 본다(Christensen, 1992: 122~154). 이러한 주장은 중국의 한국전쟁 개입을 중국혁명전쟁의 연장선상에서 보는 견해라 할 수 있다.

2) 안보적 고려: 완충지대 확보

마오쩌둥이 대외적으로 내걸었던 혁명적 목적과 달리 중국 지도자들은 안보적 차원에서 한국전쟁 개입의 목적을 심각하게 고려하지 않을 수 없었다. 비록 한국전쟁에 개입하면서 미군에 대한 완전한 승리와 한반도의 공산화를 추구했지만 중국이 가진 군사력의 한계로 인해 이러한 목표는 현실적으로 달성 가능성에 의문을 갖지 않을 수 없었다. 실제로 마오쩌둥은 북한지역에 최소한의 완충지대를 확보한다는 제한적인 목표, 즉 북한의 대남혁명을 완수하는 것이 아니라 '전쟁 이전의 상태(status quo anti-bellum)'를 회복하는 것에 있었던 것으로 보인다(모스맨, 1995: 73; Tang, 1967: 575~577; Gittings, 1967: 83~86).

마오쩌둥이 한국전쟁에서의 목표를 제한할 수밖에 없었던 것은 미군을 상대로 승리할 수 있다는 자신감을 갖지 못했기 때문이다. 다음과 같은 사실은 중국이 승리 가능성에 대해 회의적이었음을 보여주고 있다.

첫째, 대부분의 중국 지도자들은 개입에 대해 부정적인 견해를 갖고 있었다. 1950년 10월 2일 개입여부를 결정하기 위해 개최된 회의는 10월 5일에 가서야 마오쩌둥의 설득에 의해 비로소 개입에 합의할 수 있었다. 이 과정에서 마오쩌둥은 스탈린에게 개입의사를 표명한 10월 2일 자 전문을 작성해놓고도 보낼 수 없었다. 비록 마오쩌둥이 이들을 설득해 개입하도록 유도하기는 했으나 그 자신 역시 한국전쟁에서 미국을 상대로 완벽한 승리를 확신할 수는 없었다. 10월 2일 자 전문에서도 마오쩌둥은 공군력과 화력이 열세하여 승리할 수 있을지에 대해 우려하고 있으며, 이로 인해 최초에는 방어전략을 구사하면서 소련의 지원을 받은 후 반격에 나서겠다는 의중을 드러내고 있다.

둘째, 스탈린이 공군지원을 거부했을 때 마오쩌둥이 개입준비를 중단시키고 3일 간의 장고에 들어갔다는 사실이다. 소련공군의 지원이 이루어지지 않는다면 중국은 미국과의 전쟁에서 막대한 피해를 감수하지 않을 수 없으며 최악의 경우 패배할 가능성도 배제할 수 없었다. 비록 마오쩌둥은 소련의 공군지원이 이루어지지 않더라도 한국전쟁에 개입하는 것이 낫다고 판단했지만, 이는 결코 미군에 대해 완벽한 승리를 달성할 수 있다고 믿었기 때문이 아니라 한반도에 최소한의 완충지대를 확보하기 위해 북한정권의 생존을 도모하지 않으면 안 된다는 절박감에서 나온 것이었다.

셋째, 중국인민지원군 사령관 펑더화이는 중국군이 갖는 군사적 한계를 누구보다도 잘 인식하고 있었으며, 한국전쟁 발발 후 줄곧 제한적인 개입을 주장해왔다. 1950년 8월 7일 주더(朱德)가 소집한 회의에서 그는 미국이 북진할 경우 먼저 제한적인 반응을 보임으로써 경고 메시지를 보내고, 이것이 실패할 경우 보다 강도 높은 공격을 가해야 한다고 주장했다. 이것은 미국과 정치적 협상의 여지를 두고 있었음을 의미한다. 9월 10일 펑더화이는 만주지역에서 참모 도상훈련을 실시하면서 38선 이남으로의 진격을 자제했으며, 이를 불평하는 참모들에게 다음과 같이 언급했다.

> 미국의 북한 침공에 대한 우리의 첫 반응은 제한된 것이어야 한다. 인민해방군은 한반도 내 깊숙이 대규모의 작전을 펼칠 수 있는 장비, 보급품, 시간을 갖지 못하고 있다. 만일 불행하게도 미국과 그 동맹국들이 북한을 침공한다면 우리는 그들을 한반도의 좁은 목인 평양 북쪽에서 저지해야 한다(Spurr, 1988: 80~82).

이러한 펑더화이의 견해는 당시 마오쩌둥을 포함한 중국 지도자들의 인식을 보여주는 한 단면으로 볼 수 있으며, 중국의 한국전쟁 개입 목표가 한반도 전체가 아니라 대략 평양-원산을 잇는 39도선을 목표로 하고 있었음을 시사하고 있다.

넷째, 개입 막바지에 이르러 터진 일선 지휘관들의 집단적 반발이다. 소련의 공군지원 거부에도 불구하고 재차 개입을 결정하고 막 선발대가 출발하기로 되어 있던 10월 17일 일선 지휘관들은 군사적 준비가 미흡하고 겨울이 다가오고 있기 때문에 한반도 군사개입을 이듬해 봄으로 연기할 것을 건의했다. 이에 대해 마오쩌둥은 또다시 주저하며 고위급 회의를 소집했다. 이 회의에서 18일 모스크바에서 귀국한 저우언라이는 스탈린이 당장은 아니더라도 향후 공군을 지원할 것이며 군사장비를 제공하겠다고 약속했음을 밝혔고, 마오쩌둥은 최종적으로 일선 지휘관들을 설득하며 다시 한 번 개입을 결심했다. 이와 같이 마오쩌둥의 개입 결심이 수차례의 망설임 속에서 이루어졌다는 사실은 중국이 군사적 자신감을 갖고 한국전쟁에 개입한 것이 아님을 보여준다.

마오쩌둥은 한국전쟁 개입이 반드시 성공할 것으로 기대하지는 않았다. 다만 그는 "중국이 승리하면 이는 즉각적으로 중국의 국제적 지위를 향상시키게 될 것이며, 중국이 미국과 같은 강대국과의 전쟁에서 교착상태라도 유지하면 결과적으로 중국의 승리가 될 것이고, 만일 패배하더라도 일본에 대해 저항전쟁을 한 것과 같은 효과를 가져올 것"이라고 보았다(모스맨, 1995: 73~74). 심지어 저우언라이는 한국전쟁에서 패배하여 전쟁이 본토로 확대될 가능성에도 대비하고 있었다. 저우언라이는 한국전쟁 개입을 발표한 직후 국제정세를 보고하는 자리에서 "우리는 필요하다면 해안에 있는 성에서 후퇴하여 배후에 있는 성으로 이동해야 하며, 북서 및 남서에 있는 성에는 장기적인 항전을 위한 기지가 준비되어 있다"라고 언급했다(모스맨, 1995: 74). 실제로 중국은 일부 전략물자를 내륙지역으로 이동시켰고, 이러한 사실은 마오쩌둥이 미국과의 전쟁에 필승의 신념을 가지고 참전한 것이 아니라 최악의 상황을 가정하여 조심스럽게 전쟁에 임하고 있었음을 보여준다.

이러한 상황에서 마오쩌둥은 철저하게 방어적인 전략을 구상하지 않을 수 없었다.[12] 10월 14일 마오쩌둥은 펑더화이와 함께 한국전쟁에 개입하기 위한 군사전략을 논의했다(Christensen, 1992: 149; Hunt, 1996: 463; 시성문·조용전, 1991: 110). 이들은 평양-원산 선 이북 덕천-영원 선 이남 지구에서 방어선을 2중 3중으로 구축하고 적을 섬멸하기 위한 '견고한 근거지'로 삼기로 했다(Tsui, 1992: 339~341; Zhang, 1995: 93). 만일 6개월 이내에 적이 공격해오면 진지 전면에서 적을 분산·섬멸시키고, 적이 평양과 원산에서 동시에 공격해올 경우 고립되고 취약한 부분을 공략하며, 적이 공격을 해오지 않을 경우에는 중국인민지원군도 진격을 하지 않은 채 장비교체와 훈련에 열중하기로 했다. 그리고 평양·원산에 대한 반격은 오직 공중·지상 모두에서 압도적 우세를 달성할 경우에 실시하기로 했다. 공격에 대한 구체적인 문제는 6개월이 지난 다음 상황이 호전되었을 때 다시 논의하기로 했다.

3. 전쟁수행 과정 및 결과

1) 중국군의 북한지역 확보: 제1차 및 2차 전역

1950년 10월 19일 압록강을 건너 한반도 북부에 진입하면서 중국군의 작전계획에는 차질이 발생했다. 10월 14일 마오쩌둥은 인민지원군에게 평양-원산 선 이북에 2중 3중의 방어선을 구축하고 진지전 중심의 작전을 통해 미군의 진격을 6개월 동안 저지하도록 지시한 바 있다(Christensen, 1992: 149). 그러나 중국군이 압록강을 건널 때 이미 유엔군은 청천강을 넘어 희천과 구성 지역으로 진격하고 있었으며, 국군 6사단 일부 부대는 압록강변에 다다르고 있었다. 진지전에 입각한 방어전략 구상에 차질이 발생한 것이다.

---

12) 마오쩌둥이 중국의 공군력 부재, 특히 소련의 공군지원 거부로 인해 한국전쟁 시 방어적인 전략을 구상하지 않을 수 없었다는 견해에 대해서는 Zhang(1998: 340~344) 참조.

이러한 상황에서 마오쩌둥은 기습의 기회를 포착했다. 유엔군은 맹렬한 속도로 진격해오고 있었으나, 이들은 중국군의 입북 사실을 모르고 있었으며 동부전선과 서부전선의 각 군은 협조 없이 제각각 무질서하게 전진하고 있었다. 한반도 북부지역 지형의 특성상 유엔군이 압록강을 향해 북진할수록 부대 간 간격은 벌어질 수밖에 없기 때문에 진격하는 병력의 밀도는 매우 엷어져 있었다. 이러한 유엔군의 혼란스러운 진격상황은 중국군에게 기습을 가해 적을 포위·섬멸할 수 있는 가장 이상적인 기회를 제공하고 있었다. 마오쩌둥은 이 점을 착안하여 펑더화이에게 최초 구상했던 진지전에서 기동전으로, 그리고 방어전에서 공세전으로 전환하도록 지시했다(Zhang, 1995: 95).

펑더화이는 제1차 세계대전 직전 독일의 슐리펜 계획을 연상시키는 매우 대담한 작전을 구상했다. 그는 서부지역에 투입된 4개의 집단군 — 제38군, 제39군, 제40군, 그리고 제42군 — 가운데 1개 군이 동측방을 보호하게 하고 2개 군이 청천강 이북에서 진격하고 있는 유엔군을 저지하도록 했으며, 그 사이에 1개 군이 청천강 남안을 따라 기동하여 적의 퇴로를 차단하고 포위된 적을 섬멸한다는 계획을 수립했다(Zhang, 1995: 104). 청천강 이북에는 미 제24사단, 영국 제27여단, 미 제1기병사단, 국군 1·7·8사단이 진출해 있었다. 만일 중국군이 청천강 이북의 유엔군을 포위하여 섬멸한다면 이 전쟁은 바로 정치적 협상에 돌입할 수도 있는 매우 중대한 기로에 설 수 있었다.

11월 1일 인민지원군은 결정적 승리를 달성하기 위해 본격적으로 공세에 나섰다. 중국군 제39군과 제40군은 정면의 적을 고착시키면서 공격을 가하고, 제42군은 동부전선의 유엔군이 지원하는 것을 차단하며, 제38군은 주공으로서 희천 방향에서 공격을 개시하여 청천강 남안을 차단하는 가장 중요한 임무를 맡았다. 운산에서 전투가 개시되어 국군 제1사단이 공격을 받고 이어서 미 제8기병연대가 큰 손실을 입자 미 8군사령관은 청천강 이북으로 올라간 부대를 청천강 남안의 방어선으로 철수시키기로 결정했다. 가장 서쪽에서 진격하던 미 제24사단과 영국군 제27여단의 경우 약 80km 후방으로 물러나

야 했다. 미 8군사령관은 중국군이 포위를 시도하고 있다는 사실을 모르고 있었지만 적으로부터의 압력이 상상 외로 거세다는 것을 느껴 자발적으로 철수하기로 결정한 것이다(Appleman, 1961: 752~753).

이제 문제는 청천강 이남으로의 기동이었다. 만일 유엔군이 조기에 청천강 이남지역으로 철수하여 방어선을 구축할 경우 중국군의 포위·섬멸계획은 차질을 빚는 반면, 유엔군이 철수하기 이전에 중국군이 먼저 청천강 남안을 차단할 경우 미 8군 전체가 포위망에 갇혀 붕괴되는 심각한 결과를 낳을 수 있었다. 펑더화이는 제38군에게 유엔군 주력이 철수하기 전에 청천강 이남지역을 신속히 차단하도록 종용했다. 그러나 제38군은 희천을 거쳐 개천 인근의 비호산까지 도달했지만 화력과 기동력의 한계로 인해 개천과 안주로 진격하여 청천강 남안을 차단하는 데는 실패하고 말았다. 먼저 철수에 성공한 국군 제6·7사단과 미 제24사단이 우세한 화력을 동원하여 비호산 일대에서 중국군의 진격을 저지했고, 이 사이에 유엔군 주력은 11월 5일까지 청천강 남안으로 모두 철수할 수 있었다.

결국 중국군의 제1차 전역은 유엔군을 상대로 결정적 승리를 거둘 수 있는 기회를 제공했으나 중국군이 가진 군사력의 한계로 인해 좌절되었다. 이 작전은 청천강 이북에서 이남에 먼저 도달하려는 유엔군과 중국군의 경주였지만 어쩌면 애초부터 결론이 나 있었는지도 모른다. 그것은 "미군의 바퀴와 중국군의 두 다리" 간에 이루어진 경주였기 때문이다(Zhang, 1995: 105). 더구나 중국군은 유엔군의 일방적인 공중공격과 압도적인 포병사격에 의해 유린당하고 있었다. 펑더화이는 제1차 전역의 승리가 큰 성과를 거둔 것은 아니지만 전장상황의 안정에 기여했다고 평가하면서 차후 적을 격멸할 기회를 포착하기 위해 주력을 후방지역으로 철수시켜 차후 결전을 준비하고자 했다(Zhang and Chen, 1996: 201). 11월 5일 펑더화이는 철수를 명령했고 중국군은 삽시간에 모든 행동을 중지하고 썰물처럼 철수하여 제1차 전역은 종결되었다.

11월 6일 맥아더는 중국군 개입에 관한 보고서에서 중국의 개입은 궁극적

그림 10-1 중국군의 개입과 진격

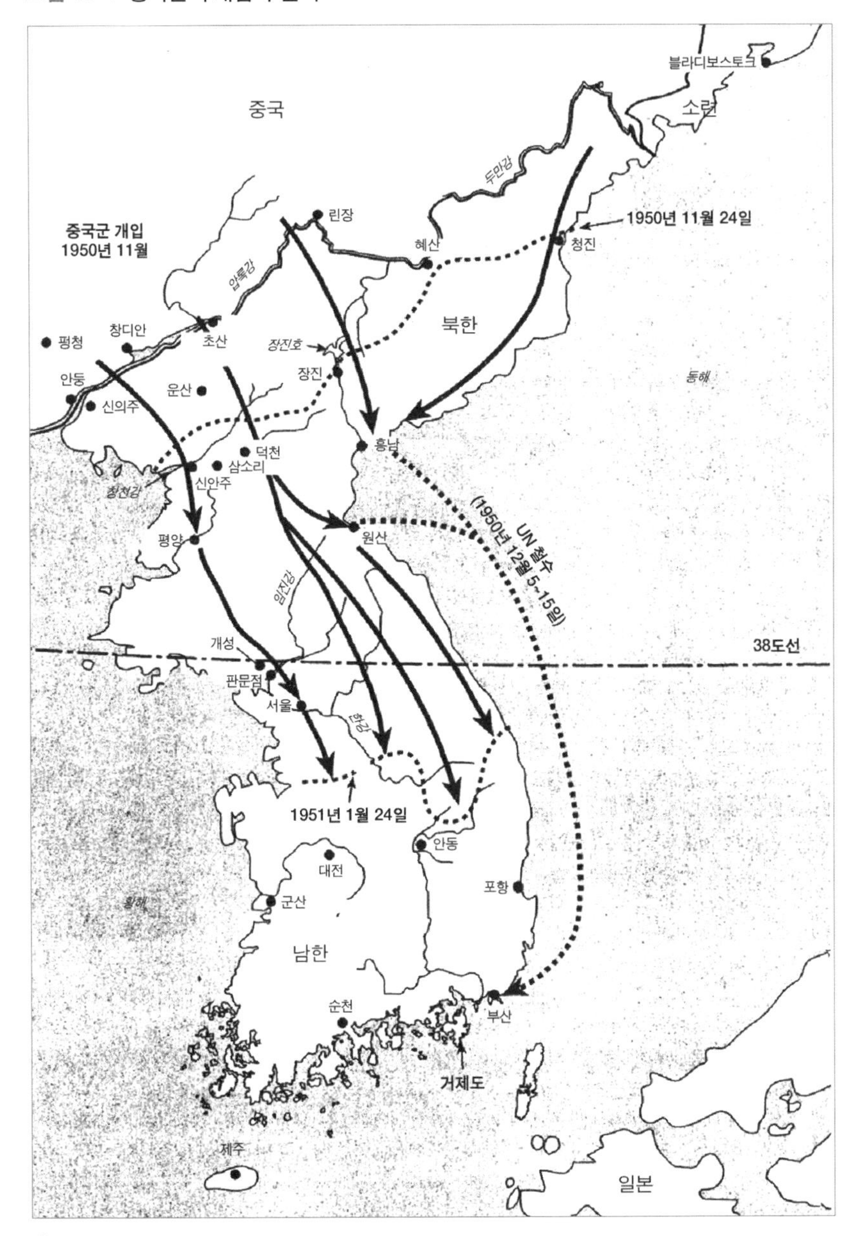

자료: Ryan et al.(2003: 129).

으로 유엔군을 격멸할 목적으로 이루어진 것임을 지적하고, 이러한 증원을 차단하기 위해 압록강 상의 교량들을 파괴하고 만주의 시설물에 대해 공중폭격을 가해야 한다고 주장했다. 중국군의 개입에도 불구하고 북진을 계속해야 하는가에 대한 논란이 일었으나 트루먼은 모든 군사작전을 맥아더에게 일임하기로 결정했다(Rees, 1964: 151). 중국군이 개입했음에도 불구하고 미국은 한반도를 군사적으로 통일한다는 방침을 재확인한 것이다.

맥아더는 새로운 공격작전을 계획했다(모스맨, 1995: 59~60).[13] 그는 먼저 공군력을 동원하여 압록강의 교량을 파괴하고 중국으로부터 유입되고 있는 병력 및 물자 지원을 차단하도록 했다. 그리고 적을 소탕하기 위해 동부전선의 제10군단이 장진호를 통해 서쪽으로 진격하도록 하고 서부전선의 미 8군이 청천강에서 북상하도록 함으로써 양 군이 강계 이남의 장진·무평리에서 연결한 후 포위망에 갇힌 중국군과 북한군을 섬멸토록 했다. 그리고 이후에는 각 부대들이 전과를 확대하면서 한-만 국경으로 진격하여 한반도 전체를 점령하도록 했다.

그러나 맥아더의 계획은 처음부터 빗나가고 있었다. 11월 8일 미 중앙정보국은 한반도 북부에 투입된 중국군의 규모를 3만에서 4만 명 정도로 판단했으나, 이미 서부전선에서는 중국군 제13병단 30만 명이 제1차 전역을 마치고 다음 작전을 기다리고 있었으며, 동부전선과 서부전선 사이에 위치한 장진 지역에 제9병단 약 15만 명이 추가로 잠입하여 진지를 구축하고 있었기 때문이다. 이로 인해 양 전선의 유엔군을 장진 북쪽에서 연결함으로써 중국군을 포위망에 가두려는 계획은 애초에 이행하기가 어려웠으며, 오히려 북쪽으로 청

13) 11월 15일 맥아더는 최초에 미 제10군단이 장진호 북쪽 40km 지점에서 서쪽으로 진격하여 강계를 점령한 후 미 제8군과 연결하도록 계획했다. 그러나 보급로의 과도한 신장을 우려한 아몬드(Edward M. Almond)는 장진호 서쪽 끝 유담리에서 8군 지역 내로 들어가는 도로를 따라 공격하여 희천 북방에 위치한 무평리를 차단한다는 대안을 제시했다. 이 계획은 맥아더의 승인을 받았다(한국전략문제연구소, 1991: 42~43).

진까지 진출한 동부지역의 미 10군단은 보급로가 차단당할 위험에 처하게 되었다. 중국군의 규모와 배치에 대한 정확한 정보 부재와 판단 착오로 인해 맥아더의 작전계획은 처음부터 어긋나고 있었다.

유엔군의 공세를 예상한 펑더화이의 작전개념은 마오쩌둥의 권고를 수용한 것으로 적의 약한 부분을 치고 나가 적 후방에 두 개의 포위망을 완성하고 포위된 적을 섬멸하는 것이었다. 펑더화이는 동부전선에 제9병단이 투입되어 자유롭게 된 제42군과 1차 전역에서 포위에 실패한 제38군이 적 진지를 과감하게 돌파하여 진격함으로써 두 개의 포위망을 형성하도록 했다. 즉, 제39군과 제40군이 미 제1기병과 미 제2사단을 저지하도록 하고, 이 틈을 타서 제42군은 영원지역의 국군 제8사단을, 제38군은 덕천의 제7사단을 각각 격파한 다음 즉각 서쪽으로 방향을 틀어 제38군은 청천강을 따라 진격하고 제42군은 숙천-순천을 잇는 선으로 진격함으로써 두 개의 포위망을 형성하여 그 안에 유엔군을 가둔다는 것이었다. 만일 이 두 개의 포위망 가운데 하나라도 성공하여 유엔군을 가둘 수 있다면 중국군은 결정적 승리를 달성하고 미국에 종전을 위한 협상을 강요할 수 있었다(Zhang, 1995: 112).

펑더화이의 기대와 달리 서부전선에서 유엔군의 진격은 매우 조심스러웠고 신중했다. 미 제8군은 중국군의 위치를 탐색하기 위해 일주일에 겨우 8km밖에 진격하지 않았으며 11월 15일에는 박천-용산동-영변-덕천 부근에 도달하고 있었다(한국전략문제연구소, 1991: 49). 16일 지휘관회의에서 펑더화이는 적이 느리게 진격하고 있기 때문에 점차 지원군의 의도를 간파하게 될 것이라고 지적하고, 따라서 적의 경계심을 늦출 수 있는 방안이 강구되어야 한다고 주장했다(Zhang, 1995: 110).

펑더화이는 적을 유인하기 위해 보다 파격적인 조치를 취했다. 그는 애초에 적을 저지하는 척하다가 유인하기 위해 배치한 부대들의 임무를 취소했고, 모든 부대들이 북쪽으로 철수하도록 지시했다. 묘향산맥 돌출부인 덕천에서 적을 섬멸하려는 계획을 바꾸어 과감하게 적유령산맥의 남단, 즉 대관동-온

정-묘향산 일선까지 적을 유인한 후 기습적으로 반격을 가하여 섬멸하기로 했다. 또한 100명의 유엔군 포로를 석방하여 현재 중국군이 겁을 먹고 철수하고 있다는 거짓 정보를 흘리고, 유엔군으로 하여금 중국군들이 우수한 미군과 대적하는 것을 두려워하고 있다는 인상을 갖도록 함으로써 경계심을 늦추도록 했다. 펑더화이는 한 번도 패한 적이 없다는 맥아더의 자부심을 심리적으로 이용하고 있었다.

펑더화이의 전략은 먹혀들기 시작했다. 지원군은 17일 운산-구장 선 이북과 영원-동북 지역까지 철수했다. 유엔군은 중국군이 시야에서 사라지자 전진속도를 높였다. 21일까지 미 제8군 선두부대는 영변-영원 선 북쪽지역에 이르러 전면공격의 채비를 갖추었다. 동부전선의 전진속도는 더욱 빨라서 압록강변의 혜산진, 동해로는 청진에 도달하고 있었다. 유엔군 사령부는 중국군의 병력을 약 4만~7만, 북한군의 병력은 8만 명으로 판단하고 있었으며 전면공세에 나서게 되면 10일 이내에 전쟁을 종결지을 수 있을 것이라고 전망했다. 맥아더는 24일 10시에 크리스마스 이전에 전쟁을 종결한다는 취지의 성명, 즉 "크리스마스 공세(home by Christmas)" 성명을 발표하고 총공격을 명령했다.[14)]

11월 24일 10시 "크리스마스 공세"를 개시한 첫날 맥아더의 작전계획은 예상대로 진행되는 것 같았다. 미 8군은 25일 해질 무렵까지 15km를 진격하여 정주로부터 영원에 이르는 지역까지 진출했다. 그러나 25일 날이 어두워지자 중국군은 제38군의 정면공격을 필두로 공격을 개시했다. 제38군은 국군 제7사단에 5000명 이상의 손실을 가하면서 돌파에 성공, 26일 19시에 덕천을 점령했다. 제42군은 국군 제8사단의 진지로 진격하여 영원을 탈취했으나 예비로 있던 국군 제6사단 주력을 격파하는 데는 실패했다. 그러나 제38군과 제42

---

14) 맥아더의 성명에 관해서는 Rees(1964: 148~149) 참조.

군은 덕천과 영원을 점령함으로써 유엔군의 우측방을 돌파하는 데 성공했고, 이로 인해 미 8군은 우측방이 노출됨에 따라 진격을 중단시킬 수밖에 없었다.

맥아더가 유엔군에 총공격을 명령한 지 3일 만에 전세는 역전되기 시작했다(Zhang, 1995: 112~113). 27일 미 8군사령관 워커(Walton H. Walker)는 적의 포위 기동에 위협을 느껴 부대배치를 재조정했으나, 유엔군의 방어선은 중국군의 공격에 의해 축차적으로 돌파되었다. 중국군이 숙천·순천으로 포위망을 형성하기 위해 기동하자 워커는 28일 청천강 이북의 모든 부대에 평양지역으로 철수하도록 명령했다. 철수로는 안주에서 순천을 잇는 도로와 개천에서 숙천을 잇는 도로가 가용했다. 중국군은 청천강 이남이든 숙천-순천 선이든 유엔군의 퇴로를 차단하기만 하면 결정적인 승리를 거둘 수 있었다. 그러나 중국군은 퇴로 차단에 실패했다. 제1차 전역과 마찬가지로 화력과 기동력의 한계 때문이었다. 화력 면에서 중국군은 유엔군의 공군력과 포병화력에 맞서 포병의 지원도 없이 단지 기관총, 경박격포, 수류탄, 때로는 돌과 주먹으로 싸웠다. 기동 면에서 중국군은 기계화된 유엔군보다 신속하게 이동할 수 없었다. 오히려 중국군이 열악한 군사력으로 유엔군을 38선까지 밀어낸 성과를 거둔 것이 믿기 어려운 일이 아닐 수 없었다.

동부전선에서는 제9병단이 장진호 일대에서 미 제1해병사단에 섬멸적인 타격을 입혔으며, 혜산진까지 진격했다가 전선이 재조정되면서 후방으로 철수하기 위해 집결한 미 제10군단 주력을 흥남부두 일대로 몰아넣었다. 중국군이 이들을 섬멸한다면 전쟁은 마찬가지로 조기에 종결될 수도 있었다. 중국군은 흥남에서 철수작전을 벌이는 유엔군을 섬멸하기 위해 총공격을 가했다. 그러나 유엔군은 철수가 완료될 때까지 공군과 함포, 포병화력으로 탄막을 형성하며 중국군의 진격을 저지했다. 이로 인해 제9병단은 큰 피해를 입어 이듬해 4월까지 전투력을 회복하느라 전장에 투입되지 못했다.

이로써 중국군은 개입 후 두 달도 안 되어 38선 이북의 영토를 수복하는 눈부신 성과를 거두었다. 물론 중국군은 군사력의 한계로 인해 몇 차례의 결정적 국면에서 유엔군을 섬멸할 수 있는 기회를 놓치고 말았다. 그럼에도 불구하고 한국전쟁 개입 이전에 6개월 동안의 방어작전을 구상했던 계획과 비교할 때 중국군의 초기 전역은 매우 커다란 성공을 거둔 것으로 평가할 수 있다.

2) 정치적 목적의 확대: 3차 전역 이후

한국전쟁에 개입하여 뜻밖의 승리를 거둔 마오쩌둥은 승리감에 도취되었다. 그는 전쟁목표를 확대하여 미군을 한반도에서 완전히 철수시키고 한반도에서의 공산혁명을 완수하고자 했다. 12월 4일 펑더화이에게 보낸 전문의 일부를 보면 다음과 같다.

> 전쟁은 신속히 종결될 수도 있고 지연될 수도 있다. 우리는 적어도 1년간 싸울 준비가 되어 있다. 적은 아마도 정전협상을 원하고 있는 것 같다. 우리는 오직 적이 한반도에서 철수하는 것에 동의할 경우 협상에 임할 것이지만, 우선은 38선 남쪽으로 철수하여야 할 것이다. 평양을 탈취하는 것뿐 아니라 서울을 점령하는 것이 유리할 것이며, 적을 섬멸하는 것을 목표로 하여 최우선적으로 국군을 섬멸할 것이다. [이러한 행동을 통해서] 우리는 미 제국주의자들을 한반도에서 몰아낼 것이다(Zhang, 1995: 121~122; 한국전략문제연구소, 1991: 79).

마오쩌둥은 우선 국군을 섬멸함으로써 미군을 고립시킨다면 미군은 한반도에 장기적으로 남아 있을 수 없을 것이라고 판단했다. 즉, 추가적인 전역을 통해 유엔군에 대해 군사적 승리를 거둔다면 한반도에서 미군의 철수를 강요할 수 있다고 본 것이다.

그러나 야전사령관들의 입장은 달랐다. 군사적 관점에서 볼 때 중국군은 이미 두 차례의 전역을 수행하여 군사력이 극도로 소진되어 있었기 때문에 즉각 또 다른 전역을 강행한다는 것은 무리였다. 특히 펑더화이는 중국군의 공세가 이미 한계에 도달한 것으로 판단하고 있었다. 그때까지 발생한 사상자로 인해 중국군이 전투력을 회복하기 위해서는 10만 명 이상의 병력이 충원되어야 했다(Zhang, 1995: 123).[15] 더 이상 진격한다면 중국군의 병참선이 늘어날 것이며, 반면 유엔군의 병참선은 단축되어 상황은 중국군에 점차 불리하게 돌아갈 수 있었다. 따라서 펑더화이는 방어진지가 강화되고 차후 공격이 가능할 때까지 평양-원산 선 남쪽의 39도선에서 방어로 전환해야 한다고 보았다(Whiting, 1991: 115). 12월 8일 그는 마오쩌둥에게 전문을 보내 비록 서울을 점령할 수 있다고 하더라도 남쪽 깊숙이 진격해서는 안 된다는 의견을 피력했다. 적이 38선상에 머물러 있도록 한 뒤 내년에 다시 적 주력을 공격하자는 것이었다(Zhang, 1995: 123).

그러나 마오쩌둥은 전쟁목표를 확대하여 제3차 공세를 강행하고 38선을 돌파하기로 결심했다. 그는 최신 극비정보를 토대로 미국이 한반도에서 장기전을 치를 수 없으며 트루먼이 한반도에서 곧 전면적인 철수를 선언할 것으로 판단하고 있었다(Zhang and Chen, 1996: 214). 사실 워싱턴 당국은 12월 중순 극비리에 한반도에서 유엔군을 철수하는 문제와 함께 남한 망명정부를 제주도에 수립하는 방안에 대해 검토하고 있었다(Korea Institute of Military History, 1998: 412~425; 국방군사연구소, 1996c: 347). 중국의 침략에 대처하는 가장 바람직한 방안은 유엔이 추가적인 전력을 투입하여 중국군을 응징하는 것이지만 당시 국제정세와 유엔의 분위기로 볼 때 실질적인 추가 증원은 불가능했다. 미 합참은 대통령의 재가를 받아 12월 29일 맥아더에게 보낸 전문에서 축차적인 방어를 시행함으로써 적에게 최대한의 손실을 가하되 중국군이 유엔군을 밀어내려는 의도하에 더 많은 부대를 투입하여 집중시킨다면 일본으로 철수를 시작해야 할 것이라고 통보했다(Korea Institute of Military History, 1998:

15) 전투원 충원소요는 제13병단이 3만 명, 제9병단이 6만 명, 그리고 제42군, 제50군, 제66군이 각각 5000명이었다.

417~425; The Ministry of National Defense, 1975: 446; 국방군사연구소, 1996c: 347~348). 이러한 논의는 철저히 비밀에 붙여져 한국정부에게는 알려지지 않았다. 다만 제주도 망명정부 수립과 관련하여 국무장관 러스크는 12월 6일 장면 대사에게 최악의 경우 그와 같은 가능성에 대한 의견을 개진한 적이 있다. 당시 미국은 군인과 경찰 40만 명을 포함하여 약 100만 명을 제주도로 이동시키는 방안을 극비리에 검토하고 있었다. 즉, 미국은 마오쩌둥이 판단한 대로 중국 인민지원군이 지난 두 차례의 전역과 같이 다시 한 번 총공세를 취할 경우 한반도를 포기할 수 있다는 입장을 취하고 있었다.

제3차 공세에서의 작전개념은 이전의 공세와 달랐다. 마오쩌둥은 적이 방어를 하고 있기 때문에 적을 포위할 것이 아니라 각개로 격파해야 한다고 했다(Zhang and Chen, 1996: 219). 펑더화이의 선택도 정면공격이었다. 이 공격은 적 정면에 월등히 우세한 병력과 화력을 투입하여 적 방어선에 틈을 만들고, 이 틈으로 주력을 적진 후방으로 기동시켜 적을 포위하고 각개격파하는 것이었다(Zhang, 1995: 127). 그는 임진강 동쪽과 북한강 서쪽에 위치한 국군 제1·2·6사단과 제5사단의 일부에 대한 공격을 계획했다. 국군만을 표적으로 삼은 것은 국군을 섬멸함으로써 미군을 고립시키고 장기적으로 한반도에서 철수하지 않을 수 없도록 한다는 마오쩌둥의 전략구상에 입각한 것이었다(한국전략문제연구소, 1991: 79).

그러나 지원군의 공세는 성과를 거둘 수 없었다. 새로 부임한 미 8군사령관 리지웨이(Matthew B. Ridgeway)는 "부동산에는 관심이 없다"라고 하면서 종심 깊은 축차적 방어전략을 구사했다(The Ministry of National Defense, 1975: 436~437). 부산까지 약 300km의 간격을 이용하여 적당한 진지선을 선정했고, 적이 공격해올 경우 화력을 동원하여 적에게 최대한의 피해를 가하되 진지선이 돌파당하기 전에 제2의 진지로 철수하도록 했다. 적의 진출을 무조건 저지하는 것이 아니라 방어를 반복하여 적의 출혈을 강요하면서 아군의 희생을 줄이겠다는 의도였다.[16] 리지웨이가 예상한 대로 중국군의 진격에는 한계가 있었다. 비록 전투를 통한 사상자는 극히 소수에 불과했지만 수많은 병력이 심한 동상에 걸려 전투를 계속할 수 없었다. 맹렬한 추위 속에서 식량부족과 휴식의 부족으로 인해 현재의 공세를 지속하는 것은 불가능했다. 펑더화이는 1월 8일 주력을 38선 부근으로 이동시켜 휴식과 재편성을 지시했으며, 이로써 제3차 전역은 종결되었다.

마오쩌둥은 38선을 돌파하고 서울을 점령할 경우 미국이 한반도에서 철수할 가능성이 있다고 믿었다. 그러나 중국군의 제3차 공세는 마오쩌둥에게 정치적·군사적 측면에서 아무런 실익도 가져다주지 못했다. 군사적으로 중국군이 그들의 무기력한 전력을 노출함으로써 미국은 '철수'를 고려하기는커녕 오히려 '반격'에 나서게 되었으며, 이로 인해 미군의 철수를 강요하는 정치적 효과는 기대할 수 없었다.

제3차 전역이 끝난 직후 펑더화이는 보급 및 휴식의 필요성을 느껴 2월 27일 마오쩌둥에게 한시적이나마 중립국들의 휴전 요청을 받아들이고 즉각 38선에서 15~30km 물러나겠다는 성명을 발표할 것을 제안했다. 일단 시간을 확보하여 차후 공격을 위한 재편성에 나서겠다는 의도였다. 그러나 마오쩌둥은 다시 한 번 공격을 요구했다. 그는 북쪽으로 퇴각하거나 한시적인 휴전을 수용하는 것은 바람직하지 않다고 하며, 한 술 더 떠서 36도선인 대전-안동선까지 진격할 것을 요구했다. 펑더화이는 마오쩌둥을 설득할 수 없다고 판단하여 중국군의 피해를 최소화하는 가운데 마오쩌둥의 요구를 충족하는 선에서 공세를 매듭짓고자 했다.

이후 이루어진 제4차 전역과 제5차 전역에서 유엔군은 철저한 선방어 전략을 추구했다. 유엔군은 몇 개의 진출선을 긋고 손에 손을 잡은 듯 전선을 나란히 하여 전진하다가 전황이 불리하면 후퇴하는 형식으로 중국군의 돌파와

---

16) 리지웨이의 작전개념에 관해서는 Goldstein(1994: xvi-xxiii) 참조.

포위를 허용하지 않았다. 유엔군 각 부대 간의 협조는 원활했고 후방으로부터의 증원이 용이하여 중국군의 공격은 쉽지 이루어지지 않았다. 이러한 가운데 제4차 공세와 제5차 공세는 제3차 공세와 마찬가지로 별다른 성과를 거두지 못한 채 마무리되었다. 유엔군은 더 이상 중국군에게 기습을 통한 결전의 기회를 부여하지 않고 있었다. 제5차 공세에 실패한 4월 26일 펑더화이는 마오쩌둥에게 "적군은 서로 너무 근접하여 배치되어 있어 틈을 보이지 않고 있으며 …… 적진으로 뛰어들 수 없기 때문에 돌파를 할 수 없다"라고 보고했다(Zhang, 1995: 149).

마오쩌둥은 군사적 한계를 인정하지 않을 수 없었다. 중국군은 병참지원의 제한으로 인해 일주일 이상의 공격이 사실상 불가능한 반면, 유엔군은 중국군의 공격력을 충분히 흡수할 수 있을 뿐 아니라 마음만 먹는다면 언제든지 반격에 나설 수 있는 여력을 갖고 있었다. 무리한 결전을 추구했던 마오쩌둥은 이제 군사적 능력의 한계를 깨닫고 종전 협상이라는 현실적인 대안을 모색하지 않을 수 없었다.

3) 지연전과 휴전협정 체결

1950년 11월 초 제1차 전역이 끝난 후부터 1951년 2월 말 제4차 전역이 시작되기 전까지 중국정부와 소련정부는 의외의 성과를 거둔 중국군의 전투능력에 대해 자신감을 갖고 있었다. 따라서 이들은 한국전쟁의 협상 조건을 의도적으로 까다롭게 제기했다. 1950년 11월 23일 미국 레이크 석세스(Lake Success)에서 열린 유엔 안보리 회의에서 중국은 한국전쟁 종결을 위한 조건으로 여섯 가지를 제시했다. 그것은 한반도에서 모든 외국군대의 철수, 대만해협과 대만영토에서 미군 철수, 한반도 문제는 한반도 국민 스스로 해결할 것, 중국의 유엔가입 허용과 유엔에서 장제스 축출, 대일강화조약을 위한 4개 강대국 외무장관 회의 소집, 그리고 마지막으로 상기 5개 항이 받아들여질 경우 5개 강

그림 10-2 한국전쟁의 지연

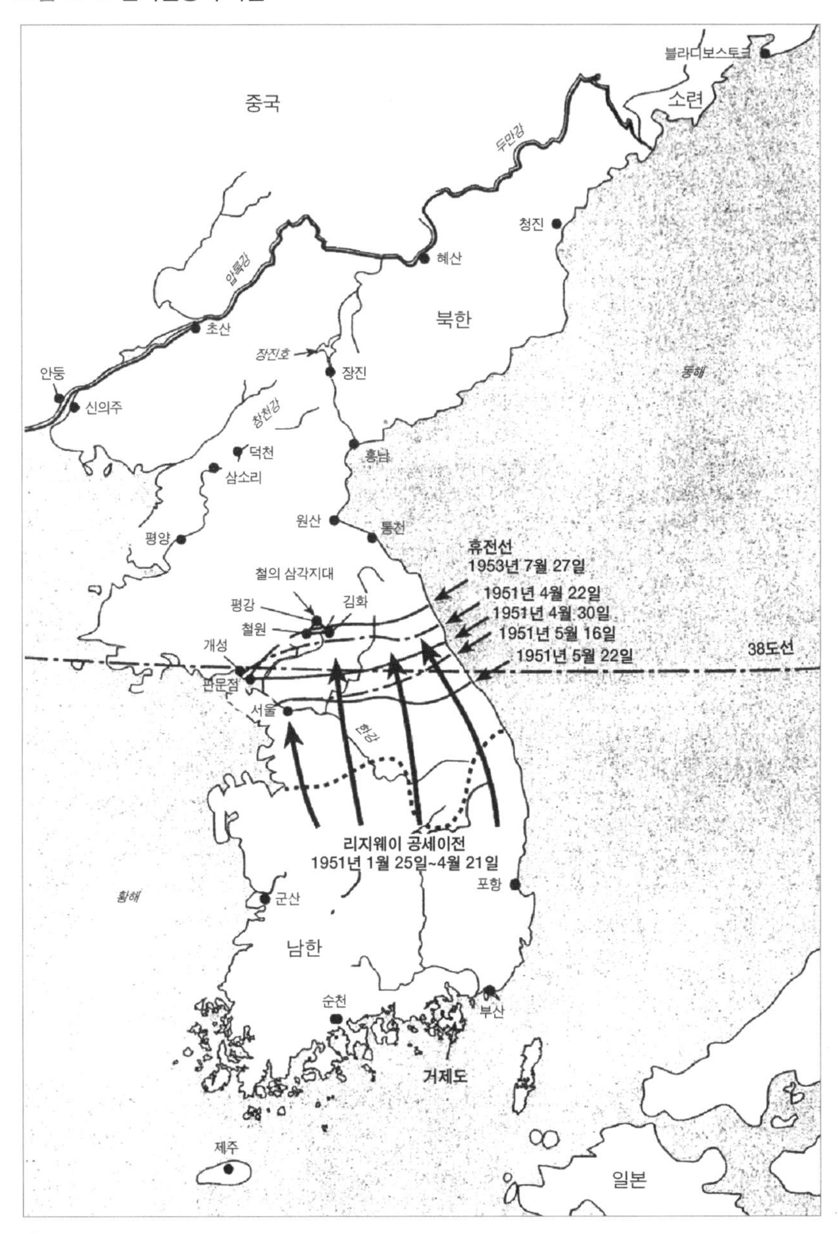

자료: Ryan et al.(2003: 134).

대국들은 휴전조건의 서명을 위한 회의에 각국 대표를 파견한다는 것이었다(쑤이, 2011: 289).

이와 같은 조건은 한반도 군사상황이 유리하게 전개되고 있었기 때문에 의도적으로 미국이 받아들이기 어려운 내용을 포함하고 있었다. 중국은 휴전협상이 진행되어 한반도에서 군사작전이 중지될 경우 미군에 군사적 패배를 모면할 기회를 줄 수 있다고 판단했다. 이러한 가운데 1950년 12월 중순 유엔총회는 한국전쟁 종전을 위해 '선협상, 후휴전'이 아닌 '선휴전, 후협상' 방침을 채택했다. 미국의 유엔 대표인 오스틴(Warren R. Austin)은 이에 찬성했고 트루먼 대통령도 종전협정을 원한다는 입장을 밝혔다. 그러나 중국은 이를 유엔군에 숨 쉴 틈을 주기 위한 '기만방책'으로 간주하여 유엔의 결정을 비난하고, 휴전회담의 조건으로 외국군의 한반도 철수, 한국국민에 의한 한국문제 해결, 미국의 대만철수, 그리고 중국의 유엔 대표 인정을 재차 주장했다(쑤이, 2011: 293~295).

이후에도 마오쩌둥은 계속해서 휴전협상에 강력히 반대했다. 1950년 12월 11일 제3차 전역을 독려하면서 펑더화이에 보낸 전문에서 드러난 것처럼 마오쩌둥은 중국군이 조금 더 압박하면 유엔군이 한반도에서 철수할 것으로 판단했다. 제4차 전역과 제5차 전역에서 중국군이 가진 역량의 한계를 인식하기 전까지 마오쩌둥은 전쟁승리를 목전에 두었다고 판단하여 휴전협상을 서두르지 않았다.

1951년 1월 11일 유엔 총회는 다음과 같은 평화제안 원칙을 통과시켜 중국정부에 전달했다. 그 내용은 첫째로 한반도의 즉각적 휴전, 둘째로 모든 외국군대의 단계적 철수, 셋째로 한반도에 통일정부를 수립하기 위한 유엔의 제안 이행, 넷째로 대만 및 중국의 유엔가입 문제를 포함한 극동문제 해결 논의 등을 포함했다. 이에 대해 중국은 제3차 전역을 마친 후인 1951년 1월 17일 입장을 발표하여 휴전이 협상보다 선행되어야 한다는 원칙은 차후 미국의 침략을 확대하도록 할 것이므로 진정한 평화에 도달할 수 없다는 구실로 거부했다. 중국이 한국전쟁의 휴전에 계속 부정적인 입장을 표명하자 유엔 총회는 2월 1일 미국의 제안에 따라 중국을 한반도 침략자로 비난하는 결의안을 통과시켰고, 5월 18일에는 중국과 소련에 대해 무역금지를 규정하는 결의안을 통과시켰다.

1951년 5월 제5차 전역이 별다른 성과가 없이 끝나면서 중국의 태도는 변화했다. 군사적으로 한반도 통일을 이루기는 사실상 불가능하다고 판단한 마오쩌둥은 1951년 6월 2일 펑더화이에게 전문을 보내 "현시점에서 적의 진격을 멈추고 상황을 안정화시키는 것이 중요하다"라고 함으로써 휴전협상에 임할 의도를 내비쳤다(쑤이, 2011: 315). 그리고 그는 스탈린 및 김일성과 휴전회담의 조건에 대해 의견을 교환했다. 스탈린은 휴전협정을 중국이 주도해야 한다는 데 동의했다.

1951년 7월 10일 개성에서 유엔군과 공산군 측 대표들 간에 휴전회담이 시작되었다. 논란이 되었던 휴전협정 의제는 26일 공식적으로 합의되었는데, 양측이 합의한 4개의 의제는 첫째로 적대행위를 중지하는 기본조건으로 비무장지대를 설정하기 위한 쌍방의 군사경계선의 협정, 둘째로 정전 및 휴전 실시를 위한 세목의 협정, 셋째로 포로교환에 관한 제 조치, 넷째는 한국문제의 정치적 해결에 관해서는 남북 양 정부에 권고한다는 것이었다(육군사관학교, 1984: 458). 여기에는 한국전쟁 발발 이후 중국이 강력히 주장했던 중국의 유엔 가입, 대만문제, 한반도에서 외국군대의 철수 등의 안건은 반영되지 않았다. 이로써 중국은 한국전쟁에 개입하면서 추구했던 미군철수 및 한반도 공산혁명 완수라는 전쟁목표에서 선회하여 한반도 북부의 완충지대 확보라는 안보적 차원의 목표를 추구하게 되었다.

비록 휴전협정을 위한 의제는 합의되었으나 협정이 타결되기까지는 험난한 과정이 기다리고 있었다. 여기에는 두 가지 변수가 작용했다. 첫째는 포로교환 문제였다. 유엔군이 수용하고 있던 약 14만 명의 포로 가운데 절반 이상이 송환을 원치 않는 상황에서, 자유의사에 따라 송환여부를 결정하자는 유엔군 측과 무조건 송환을 주장하는 공산군 측 간에 합의를 이룰 수 없었던 것이다. 결국 이 문제는 송환을 거부하는 포로들을 비무장지대에서 중립국송환위원회에 인계하고 중립국이 관리하도록 함으로써 해결되었다. 둘째는 소련으로부터 최대한 많은 군사지원을 확보하려는 중국의 의도였다. 1951년 6월 말 마오쩌둥은 스탈린에게 가급적 빠른 시일 내에 한국전쟁 수행에 필요한 60개 사단 분량의 무기를 지원해달라고 요청했는데, 이에 대해 스탈린은 대량의 무기를 단기간 내에 지원하기는 어려우므로 향후 3년에 걸쳐 지원할 것을 약속했다. 중국은 군사력 현대화에 필요한 무기를 획득하기 위해서라도 전쟁을 조속히 끝낼 필요가 없었다.

요약하면, 중국은 한국전쟁에서 최초 개입 시에는 미군에 대한 두려움에 의해 수세적이고 방어적인 전략을 채택했으나, 초기 두 차례의 전역에서 성공하고 38선 이북을 확보함으로써 자신감을 얻어 미군에 대한 완전한 승리를 추구하게 되었다. 한반도 전쟁에서 공산혁명에 대한 열기가 고조된 것이다. 그러나 이후 군사적 한계를 인식하면서 마오쩌둥은 한국전쟁 개입 목표를 '중국의 안보 확보'라는 현실적인 목표로 재조정하지 않을 수 없었다.

4) 전쟁의 결과

중국은 한국전쟁에 개입하여 약 90만 명의 사상자를 내는 등 많은 희생을 치렀다. 중국의 개입이 성공적이었는지에 대해 찬반 양론의 다양한 평가가 있을 수 있으나, 이에 대해서는 대체로 다음과 같이 요약할 수 있다. 첫째, 중국은 한반도 북부에 완충지대를 확보함으로써 중국의 안보를 공고히 할 수 있었다(자이 지하이, 1990: 213). 중국은 개입하기 어려운 상황에서도 대규모 군사력을 파병하여 꺼져가던 북한정권의 불씨를 다시 살렸다. 비록 중국은 미국을 몰아내고 한반도를 공산화시키는 데는 실패했지만 북한정권을 회생시킴으로써 미국의 직접적인 군사적 위협에 노출되는 불리한 상황을 모면할 수 있었다. 또한 한반도 북부를 영향권으로 확보함으로써 한반도 이외에 대만 혹은 인도차이나에서 미국의 위협에 대응하는 데 한숨을 돌릴 수 있게 되었다.

둘째, 중국의 국제적 위상을 고양시켰다. 중국은 한국전쟁에 개입한 후 세계 최강의 미군을 상대로 두 차례의 작전을 성공시키고 불과 2개월 만에 38선 이북지역을 회복함으로써 국제사회를 놀라게 했다. 비록 33개월에 걸쳐 장기간의 전쟁을 수행하는 과정에서 많은 인명과 자원의 손실을 입은 것은 사실이지만 화력과 기동력 면에서 압도적인 전력을 보유한 미군의 북진을 저지하고 휴전을 이끌어낸 것은 눈부신 성과였다. 1950년 후반 바르샤바에서 열린 공산주의 국가들의 회의석상에서 3000명의 참가자들은 중국군이 평양을 점령했다는 소식을 듣고 15분간 기립박수를 치며 '마오쩌둥 만세'를 외쳤다. 중국은 한국전쟁을 통해 군사력을 강화하고 현대전을 경험할 수 있었을 뿐 아니라, 미국의 압력에 굴하지 않고 맞서 싸울 수 있음을 과시함으로써 전통적인 대국으로서의 위상을 세울 수 있었다.

셋째, 중소 간의 신뢰가 형성되고 중소관계가 발전할 수 있는 기회를 마련했다. 중국의 한국전쟁은 중국과 소련 간에 이념적 연대를 강화하는 계기로 작용했다. 스탈린은 비록 마오쩌둥과 중소조약을 체결하면서 동맹관계에 합의했지만, 그 이전에 중국의 마르크스주의가 이단이며 제국주의와의 대결을 추구하지 않을 것이라고 의심하고 있었다. 마오쩌둥이 나중에 고백한 것처럼 스탈린은 중국의 한국전쟁 개입 이후 마오쩌둥에 대한 시각을 바꾸었다. 즉, 스탈린은 중국이 한국전쟁에 파병함으로써 이러한 불신을 해소했고, 이후에 적극적으로 중국의 경제적·군사적 건설을 지원하기 시작했다. 비록 이러한 중소관계의 밀월은 1953년 3월 스탈린이 사망하고 흐루쇼프가 등장하면서 오래가지는 못했지만 1950년대 초기에 이념적 연대를 굳건히 하는 계기가 되었다.

넷째, 중미관계의 회복이 장기적으로 불가능한 구조를 형성했다. 중소동맹의 체결로 양국관계는 이미 루비콘 강을 건넌 것이나 다름이 없었지만, 한국전쟁 발발 직후 미국이 취한 제7함대의 대만 파견은 아직 끝나지 않은 국공내전에 개입한 것으로 중국의 대미 적개심을 강화시켰다. 또한 한반도에서 3년 가까이 지속된 중국과 미국의 군사적 충돌은 양국 간의 관계를 파국으로 이끌었다. 이후 1972년 닉슨이 중국을 방문하여 상하이 공동성명을 발표하기 전까지 양국 관계는 약 20년 동안 회복될 수 없었다. 중국은 1954년과 1958년 대만포격사건을 일으켜 대만에 방위를 제공하는 미국에 도전했으며, 미국은 1954년 '동남아시아조약기구(SEATO)'를 결성하여 공산주의의 팽창을 저지하는 한편 인도차이나 전쟁에서 프랑스 전비를 부담하고 중인전쟁에서 인도를 지원하면서 중국에 압력을 가했다.

4. 결론

중국의 한국전쟁 개입 사례는 현대중국의 전략문화와 관련하여 다음과 같은 함의를 주고 있다. 첫째, 한국전쟁에서 중국은 공산혁명에서 그랬던 것처럼 전쟁 개입에 적극적인 태도를 취함으로써 현실주의적 전쟁관을 견지했다. 명청 시대와 같이 전쟁을 혐오하고 가급적 전쟁을 회피하려는 전통적 전쟁관은 발견하기 어렵다. 물론 중국은 막상 개입해야 할 시점에 이르러 망설이는 모습을 보였으나, 이러한 망설임은 군사적 능력의 한계에서 비롯된 것으로 전쟁 자체에 대한 혐오감을 반영한 것은 아니었다. 여기에는 분명히 중국혁명전쟁의 승리와 그에 대한 민족주의적 자부심이 강하게 작용하고 있었을 것이다. 비록 저우언라이는 미국이 38선을 돌파할 경우 개입하겠다고 경고함으로써 미국과의 군사적 충돌을 회피하기 위한 제스처를 취했지만, 이는 중국이 개입의 수순을 밟기 위한 조치로서 이것으로 중국이 전쟁회피적이라거나 전쟁혐오적인 성향을 띠었다고 할 수는 없다. 특히 한국전쟁이 발발한 시기는 인도차이나 지역에서 중국이 북베트남에 대한 혁명지원을 강화하고 있던 시기로서 중국 지도자들은 반제국주의 및 민족혁명이라는 관점에서 혁명적 전쟁관에 휩싸여 있었던 것으로 볼 수 있다.

둘째, 전쟁의 정치적 목적 측면에서 중국의 한국전쟁 개입은 혁명과 안보라는 두 가지의 다른 목적이 교차했다. 중국은 혁명전쟁의 연장선상에서 반제국주의 및 민족해방을 위한 전쟁을 추구했으나, 현실적인 한계로 인해 중국의 안보를 확보하는 데 만족하면서 국제전을 수행하게 되었다. 즉, 마오쩌둥은 한국전쟁에 개입하면서 미군을 한반도에서 몰아내고 공산화된 통일을 추구하려는 열망을 가졌으나 중국이 가진 군사력의 한계로 인해 벽에 부딪혔으며, 따라서 중국의 전쟁목표는 전쟁을 수행하는 과정에서 큰 폭으로 거듭 수정되었다. 최초 개입단계에서 소련의 공군지원을 확보하지 못한 마오쩌둥과 펑더화이는 방어적인 전쟁을 통해 북한지역을 확보한다는 제한적인 목표를 설정했으나, 제1·2차 전역에서 눈부신 군사적 성공을 거두자 전쟁목표를 확대하여 미군에 대한 완전한 승리를 추구하기 시작했다. 특히 제2차 전역 직후 마오쩌둥은 조금만 더 군사적 압력을 가하면 미군이 한반도에서 철수할 것으로 판단하여 펑더화이의 반대를 무릅쓰고 제3차 전역에서 무리한 군사작전을 강행했다. 그러나 이는 중국군의 군수보급에 어려움을 가중시켰고, 제4·5차 전역에서 결정적 성과를 거두는 데 실패함으로써 오히려 중국군의 취약성을 드러낸 결과를 가져왔다. 이후 중국은 한반도 혁명이라는 목표를 접고 유엔군 측과 휴전협상을 진행하여 중국의 안보를 확보하는 방향으로 나아가게 되었다. 즉, 중국은 과거 중화제국이 그러했던 것처럼 한반도 전쟁을 마무리하고 북한지역을 완충지대화함으로써 변경지역의 안정을 되찾으려 했다.

한국전쟁에서 중국이 추구했던 정치적 목적이 진정으로 무엇이었는지를 단언하기는 힘들다. 이에 대해 학계에서는 자료의 해석에 따라 혁명 또는 안보의 관점으로 다르게 나타나고 있다. 아마도 중국이 추구했던 목적은 두 가지 모두일 것이다. 이는 중국이 바로 전에 경험했던 혁명전쟁과 그 이전에 역사적으로 축적된 전통적 전쟁의 기억이 동시에 투영되어 나타난 것으로, 신생

중국이 열망했던 목표인 아시아 혁명과 현실적 목표인 변경지역의 안보가 서로 조화되지 못하여 빚어진 결과라 할 수 있다. 즉, 중국의 한국전쟁은 반제국주의적 명분과 아시아 공산혁명의 확산이라는 열망을 갖고 이루어졌지만 현실에서의 군사적 한계로 인해 완충지대 확보 및 변경지역 안정이라는 제한적 목적에 머물게 된 것으로 볼 수 있다.

셋째, 중국은 정치적 목적을 달성하는 데 군사력의 역할이 핵심적인 것으로 인식했다. 1950년 5월 김일성이 베이징을 방문했을 때 마오쩌둥은 한반도 통일이 평화적 수단으로는 어려우며 반드시 군사적으로만 달성될 수 있을 것이라고 언급한 바 있다. 군사력을 적어도 최후의 수단이 아닌 것으로 인식했음을 알 수 있다. 한국전쟁에 개입한 후에도 중국의 정치적 목적을 달성하는 데에서 군사력은 핵심적 수단으로 간주되었다. 중국은 한국전쟁에 개입하면서 미국과의 정치적 협상 가능성을 염두에 두고, 제1차 혹은 제2차 전역에서의 성공을 이러한 협상과 연계하고자 했다. 그러나 이러한 정치적 협상은 어디까지나 군사적 승리를 전제로 한 것으로, 마오쩌둥은 만일 그러한 성과를 거두지 못한다면 미국을 협상테이블에 앉힐 수 없다는 것을 잘 알고 있었다. 따라서 마오쩌둥은 펑더화이에게 제1차 전역에서부터 시종 한국군 및 유엔군 3~5개 사단을 포위하여 섬멸할 것을 종용했는데, 그는 이러한 전쟁에서 군사력이 전쟁의 승패를 결정하고 정치적 목적을 달성하는 데 핵심적인 요소가 됨을 잘 알고 있었던 것이다.

넷째, 중국은 한국전쟁을 수행하는 데 인민의 지원과 지지를 확보하려 했다. 1950년 6월 27일 트루먼이 제7함대를 대만해협에 파견하겠다는 성명을 발표한 후 중국은 인민을 동원하여 미국의 대만 및 한반도 침략에 반대하는 다양한 운동을 전개했다. 중국이 한국전쟁에 개입하기로 결정한 이후 중국은 당 중앙의 지도 아래 대중운동을 확대하여 전국적 규모의 '항미원조' 운동으로 발전시켰다. 당 중앙의 지시는 다음과 같다.

사람들이 북한을 지원하는 것에 대해 강한 믿음을 가지고 어려움을 두려워하지 않고 미 제국주의를 불구대천의 원수로 여기고, 친미 혹은 공미(恐美)를 항일운동에서 친일·공일과 똑같이 용납하지 않도록 해야 한다(국방부 군사편찬연구소, 2002: 285).

이에 따라 각 지방에는 '항미원조총분회'가 설치되어 각 성시의 '항미원조' 운동을 구체적으로 지도했다. 공장, 광산, 거리, 농촌, 학교 등 각 기관에서는 벽보, 칠판, 보고회, 좌담회 등 여러 형식을 빌려 광범위하고도 심도 있는 선전교육을 벌였으며, 도시에서는 수만 명이 참가하는 집회와 시위가 열렸다. 이러한 운동은 중국인민들에게 '항미원조'의 애국열정을 불러일으켰으며, 인민이 단결하여 미국에 대한 적개심을 불태우고 '항미원조' 전쟁을 지원토록 했다(국방부 군사편찬연구소, 2002: 285~287). 중국정부는 이를 통해 한국전쟁 개입에 따른 수많은 인민의 희생을 정당화하고 전쟁의 장기화에 따른 국내경제의 어려움을 극복하고자 했으며, 또한 토지혁명과 반혁명세력 진압 등 내부혁명을 추진해야 하는 상황에서 신생정권에 대한 광적인 지지기반을 확보할 수 있었다.

요약하면, 중국의 한국전쟁 개입에서 나타난 중국의 전략문화는 **표 10-1**과 같이 현실주의적 전략문화의 모습을 강하게 보이고 있다. 중국은 전쟁개입에

표 10-1 한국전쟁 개입에서 나타난 중국의 전략문화

구분	유교적 전략문화 (전통적 전쟁)	현실주의적 전략문화	
		서구적 현실주의 (국제전)	극단적 현실주의 (혁명전쟁)
전쟁관	-	-	○
정치적 목적	△	○	△
군사력 효용성 인식	-	○	△
인민의 역할	-	-	○

대한 거부감을 갖지 않았으며, 전쟁을 통해 한반도에 완충지대를 확보하고 이를 통해 변경지역의 안정을 확보하고자 했다. 이 같은 정치적 목적을 달성하기 위해 군사력은 매우 유용한 기제였으며, 인민은 대규모로 동원되어 '항일원조' 전쟁을 적극 지지하고 참여했다.

제11장

중인전쟁

중국과 인도는 많은 면에서 공통점을 가진 국가들이다. 두 나라는 각기 스스로를 '대중화(大中華)'와 '대인도(大印度)'라고 칭할 만큼 대국으로서의 정체성을 갖고 있다. 중국과 인도는 모두 '식민지' 내지는 '반식민지' 형태로 서구 제국주의 세력의 억압과 통치를 경험했다. 또한 중국은 1949년 10월 1일 공산화된 중화인민공화국으로 탄생한 신생국이었으며, 인도는 1948년 영국 식민지에서 독립한 신생국이었다. 중인전쟁은 이러한 공통점을 가진 신생국들이 국가를 수립한 후 얼마 되지 않아 영토문제를 놓고 충돌한 사례였다.

1. 배경과 전쟁인식

1) 중국과 인도의 관계

1950년대 초 중국과 인도의 관계는 우호적으로 출발했다. 1949년 10월 1일 중화인민공화국이 탄생하자 인도는 곧바로 중국을 국가로 인정했는데, 이는 비공산주의 국가로서는 버마에 이어 두 번째였다. 인도는 한국전쟁 기간에 중국이 유엔에 가입하여 중국을 대표해야 한다는 중국정부의 입장을 지지했으며, 한국전쟁에 개입한 중국을 침략자로 규정하는 유엔의 결의에 반대했다. 또한 한국전쟁 기간에는 중국과 유엔, 미국, 그리고 영국 사이에서 중재역할을 담당했다. 1955년 인도는 인도네시아 반둥에서 개최된 첫 '아프리카-아시아 회의(Asian-African Conference)'에 중국을 초청했으며, 저우언라이는 이 회의에서 '평화공존 5원칙'을 제시하며 국제외교를 주도할 수 있었다.[1] 1950년대 초에 중국은 인도와 과거 2000년 동안 우호적인 관계를 유지해왔음을 강조하며 양국의 우의를 과시하기도 했다(Elleman, 2001: 259).

1954년 4월 티베트에 관한 중인조약이 체결되었다. 이 조약에서 인도는 1950년과 1951년 중국의 티베트 점령을 인정했는데, 이는 전통적으로 두 제국 간에 유지되었던 완충지대가 소멸하고 두 국가 간의 국경이 형성되었음을 의미한다. 이 조약을 체결하기 위한 회의에서 저우언라이와 인도 수상 네루(Jawaharlal Nehru)는 양국 관계를 평화공존 5원칙에 입각하여 발전시키기로 합의했다.

그러나 양국 관계는 조약체결 이후 영토문제를 둘러싸고 곧바로 긴장이 고조되기 시작했다. 사실 인도는 한국전쟁 초기 인민해방군이 티베트로 진격할 때 동부 국경지역의 맥마흔 선(McMahon Line)으로 진격하기 시작했으며, 1954년에는 맥마흔 선 이남 지역을 거의 점령하고 이 지역에 '동북변방특구(North East Frontier Agency)'를 설치했다. 그리고 중국과 조약을 체결한 직후인 1954년 6월 인도는 30여 명의 병력을 보내 중부국경의 바라호티(Barahoti, 烏熱)를 점령했다. 이 지역은 전통적 국경선으로는 중국 측에 위치하지만 인도는 '분수령' 원칙을 구실로 이를 강점한 것이다(박장배, 2007: 351~352). 이에 중국정

1) 평화공존 5원칙은 영토보전 및 주권에 대한 상호존중, 불가침, 불개입, 평등, 그리고 평화공존이다.

그림 11-1 중인국경과 분쟁지역

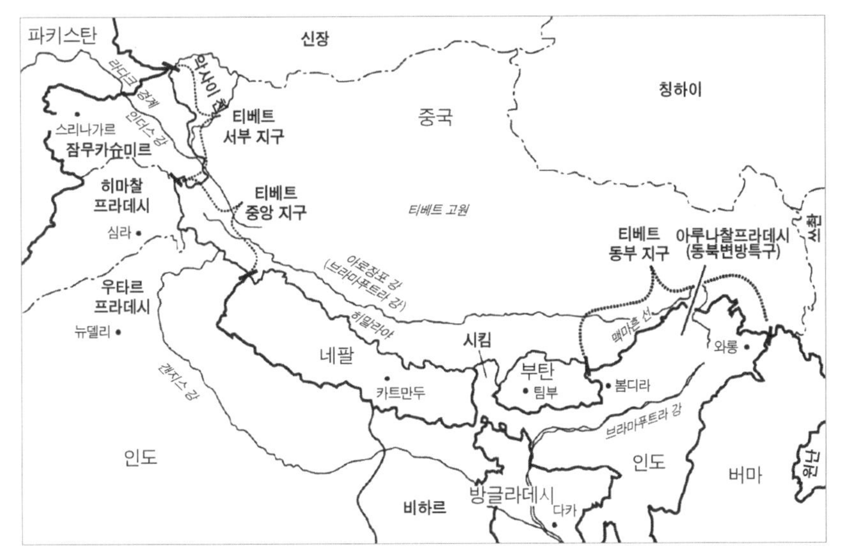

자료: Ryan et al.(2003: 175).

부는 7월 17일 이 지역이 중국의 영토라고 주장하면서 군대를 파견하여 인도군과 대치했다. 8월 13일 중국은 인도군이 이 지역을 침범했다고 비난했으며, 인도는 8월 27일 이를 자국의 영토라며 반박했다. 반둥회의가 성공적으로 종료되고 난 1955년 6월 인도정부는 바라호티에 대한 중국의 군사력 투입에 항의했고, 중국은 인도의 침입을 비난했다. 1954년 조약과 평화공존 5원칙에 합의하고 난 지 2개월도 안 되어 중인 간의 밀월관계에는 먹구름이 드리워지기 시작했다(Elleman, 2001: 259).

1950년대 후반으로 가면서 중인관계에는 더욱 긴장이 고조되었다. 1956년 초부터 중국은 툰준라(Tunjun La) 및 십키라(Shipki La) 협곡의 영유권을 주장하며 신장에서 티베트를 잇는 도로를 건설하기 시작했다. 이 도로는 전체 750마일 가운데 112마일이 악사이 친(Aksai Chin) 지역을 통과하고 있었는데, 이 지역은 인도가 자국 영토라고 주장하는 지역이었다. 인도는 이에 대해 항의했으나 중국은 계속 공사를 진행했다. 1958년 8월 중국이 악사이 친 지역을 자국 영토에 편입시킨 지도를 발행하자 인도정부는 다시 항의했고, 그해 11월 중국정부는 국경지역을 다시 측량한 후 국경선을 수정하겠다는 입장을 밝혔다. 인도수상 네루는 12월 14일 저우언라이에게 첫 편지를 보내 이 문제를 또다시 지적했는데, 이에 대해 저우언라이는 중국과 인도가 국경에 대해 어떠한 조약 또는 합의를 한 적이 없으며 양국 간에는 국경분쟁이 존재한다고 주장했다(Hoffmann, 1990: 38). 저우언라이의 반응은 중인국경에 대한 기존의 조약과 합의를 부정하는 것으로 인도 측에게는 충격이었다. 인도는 양국 국경을 시킴(Sikim)을 기준으로 설정한 1890년의 영중협약, 1842년 동부의 라다크(Ladakh) 경계를 설정한 카슈미르(Kashmir)-티베트 조약, 그리고 중국, 티베트, 인도 간의 합의하에 부탄에서 미얀마에 이르는 동부 국경을 설정한 1914년 맥마흔 선에 의해 확정된 것으로 생각했기 때문이다(Cheng and Wortzel, 2003: 180; Elleman, 2001: 260).

1959년 3월 12일 저우언라이는 네루에게 서신을 보냈다. 그는 심라(Shimla) 조약의 합법성을 부인했다. 다만 그는 인도와의 영토분쟁이 심화되는 것을 원치 않았기 때문에 동부와 서부 분쟁지역의 맞교환 가능성을 타진했다. 즉, 그는 동부의 분쟁지역을 인도가 차지하고, 대신 서부의 악사이 친 지역 영토를 중국의 통제하에 두는 방안을 제시했다(Cheng and Wortzel, 2003: 176). 인도는 이 제안을 받아들이지 않았다. 네루는 3월 22일 저우언라이에게 편지를 보내 동부국경 지역의 9만km 지역과 서부의 악사이 친 3만km 지역에 대한 영토를 모두 요구했다. 인도의 강경한 태도는 이 시기 중국의 티베트 강경진압과 개혁조치에 대한 불만이 작용했다(박장배, 2007: 356).

1959년 9월 저우언라이는 다시 편지를 보내 동부국경의 맥마흔 선은 중국의 일부인 티베트 지역에 대한 영국의 침략정책이 낳은 산물이며, 이는 중국 중앙정부에 의해 한 번도 서명 혹은 인정되지 않은 것이므로 불법적인 것이라고 주장했다. 이는 영국외상 맥마흔(Arthur H. McMahon)이 주도하여 1913년

10월 13일부터 1914년 7월 3일까지 계속된 심라 회의에서 영국령 인도, 중국 전권대사, 티베트 지방정부 대표가 참여하여 맥마혼 선을 그었으나 중국전권대사는 이에 서명하지 않았다. 따라서 중국은 맥마혼 선은 당시 영국이 티베트에 대한 중국의 주권을 제약하기 위해 의도적으로 만든 것으로 불공정한 조치라고 인식했던 것이다(Cheng and Wortzel, 2003: 174).

인도는 이러한 중국의 태도에 대해 경악하지 않을 수 없었다. 왜냐하면 맥마혼 선의 경우 단순히 영국이 만든 것이 아니라 역사적으로 인도가 영국의 통치를 받기 이전부터 해당 지역의 부족을 정치적으로 통제하고 있었으며, 반면 중국이나 티베트는 이 지역에 대한 관할권을 행사하지 않았기 때문이다(Elleman, 2001: 260). 악사이 친 지역에서 진행되고 있는 중국의 도로건설과 함께 맥마혼 선에 대한 중국정부의 불인정은 인도가 향후 보다 강경하게 국경정책을 추구하게 하는 요인으로 작용했다.

2) 라싸반란과 국경문제의 심화

중국과 인도는 티베트 문제를 놓고 갈등을 빚었는데, 이는 양국 간 국경문제 해결을 더욱 어렵게 만드는 결과를 가져왔다. 중국은 티베트가 중국의 영토라고 인식한 반면, 인도는 영국 식민지 시기의 경험을 통해 이를 인도의 세력권으로 간주했다. 따라서 인도는 중국의 티베트 점령을 용인하면서도 티베트에서 어느 정도의 지위를 확보하려 했다. 그러나 이러한 노력은 1954년 4월 중인조약의 체결로 좌절되었고, 인도는 중국과 '티베트 지역과 인도 간의 무역과 교류에 관한 협정'을 체결하여 티베트와 최소한의 관계를 유지하는 데 만족해야 했다(박장배, 2007: 351). 그럼에도 불구하고 인도는 계속해서 티베트에 정신적으로나 물질적으로 후원을 제공하고 있었다.

티베트에 대한 중국의 통치는 티베트 내의 많은 단체에 의해 반대에 부딪혔는데 이 가운데 가장 두각을 나타낸 단체는 인도와 미국으로부터 지원을 받고 있던 동부 티베트의 캄파(Khampa)였다. 1956년 중국정부가 동부 티베트에서 토지개혁을 통해 기존 지배층을 해체하려는 '민주개혁'을 추진하자 이에 반발한 캄파 주민들은 반란을 일으켰다. 중국은 군대를 파견하여 티베트의 마을과 사원에 대한 공격을 가하고 게릴라 부대를 평정하고자 했다. 그러나 이에 대한 저항은 지속되어 1959년 라싸(Lasa)반란으로까지 이어졌다. 이 과정에서 인도정부는 티베트에서 발생하고 있는 무장반란에 대해 종종 '동정심'을 표시했는데, 이는 분규를 심화시키는 요인으로 작용했다. 중국으로서는 티베트 반란을 진압하기 위해 더 많은 정규군을 파견해야 했는데, 이때 파견된 군사력 가운데 일부는 1962년 10월 인도와의 전쟁에 투입되었다.

인도는 중국이 티베트를 통치하지만 티베트의 자치를 보장하고 이들의 종교적 자유와 인권 등 기본적 권익을 인정해주기를 원했다. 그러나 중국정부는 티베트에 대한 정치적 통제를 강화할 수밖에 없었다. 당시 미국이 1956년부터 CIA를 통해 저항운동을 지원함으로써 티베트 내의 반정부 활동은 증가하고 있었으며, 반란세력은 인도와의 국경지역을 근거지로 하여 게릴라 활동을 전개하고 있었다. 인도정부는 티베트인의 정치적 망명을 허용하고 인도국경 일대에서 외국인들이 활동하는 것을 묵인했다. 티베트의 분규가 증가하면서 중국정부는 티베트에 충분한 자치를 허용하기 어려웠으며, 이는 상황을 더욱 악화시켰다(Hoffmann, 1990: 37~38).

중국의 대약진운동 기간에 발생한 대규모의 라싸반란은 중인 양국의 서로에 대한 불만을 더욱 증폭시키는 계기가 되었다. 1959년 3월 10일 발생한 라싸반란은 중국공산당의 강압적인 통치와 탄압에 반발하여 발생한 반중국·반공산주의 봉기로 티베트인들은 이를 통해 '티베트독립국 민중회의'라는 이름으로 국제사회에 독립을 선언했다. 티베트 무장세력과 인민해방군 간의 전투가 시작되었으나 무장이 빈약한 반군은 이틀 만에 진압되었고, 티베트의 정신적 지도자인 달라이 라마는 망명의 길에 올랐다. 티베트 망명정부의 추정에 의하면 이 봉기로 인한 티베트인 사망자 수는 약 8만 6000명에 달했다. 3월

31일 인도는 중국의 항의에도 불구하고 달라이 라마의 망명을 수용했으며, 인도 국민 및 의회는 중국의 티베트 탄압에 반발하면서 중국과의 영토문제에 대해 더욱 강경하게 대응할 것을 요구했다.

3) 인도의 전진정책과 중국의 대응

1959년 후반기로 가면서 인도의 도발적인 행동으로 양국 간 국경충돌이 빈번하게 발생했다. 1959년 8월 25일 인도군 1개 분대가 동부국경의 롱주(Longju) 지역에서 맥마혼 선을 넘어 미지툰(Mygitun) 마을에 있던 중국군 국경수비대에 사격을 가했다. 중국군은 자위적 차원에서 소화기로 대응하여 인도군을 물리쳤다. 미지툰은 티베트인들이 순례를 하면서 지나는 마을로 맥마혼은 1914년에 국경선을 그을 때 의도적으로 지형을 고려하지 않고 순례로를 고려

그림 11-2 중인 동부국경

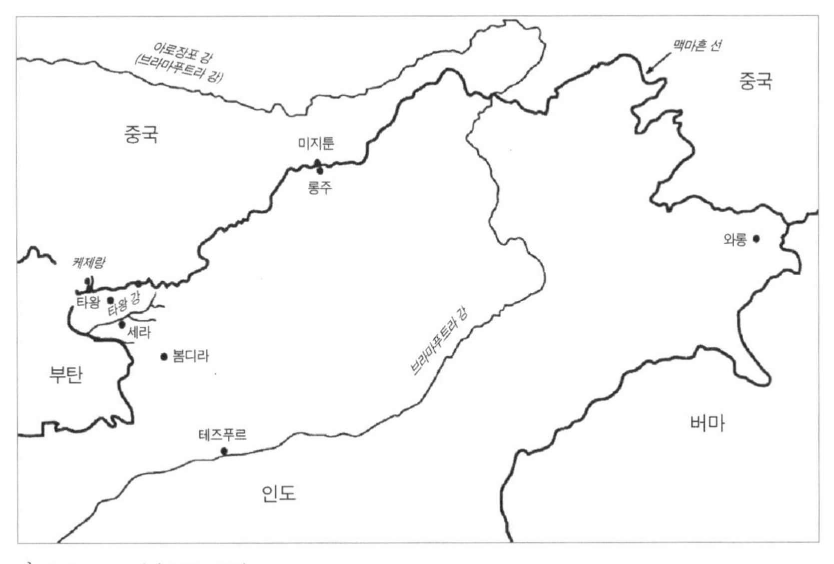

자료: Ryan et al.(2003: 177).

해 인도가 아닌 티베트 지역에 포함시켰다. 1959년 10월 21일 인도군은 서부의 국경지역에서 또다시 도발했다. 소규모의 인도군은 콩카협곡(Kongka Pass)의 국경선을 넘어 중국영토로 진입하여 중국군에 먼저 사격을 가했다. 이 교전에서 중국군 한 명이 부상을 입었다. 이때 인도군이 공격한 중국군은 국경수비대로 인민해방군의 정규군이 아니었다. 이들은 경무장을 한 부대로 중국군 정규군과 같은 훈련을 받지 않고 있었다(Cheng and Wortzel, 2003: 177~178).

두 차례의 무장충돌이 발생하자 중국정부는 긴장을 완화하고 국경분쟁을 대화로 해결하기 위해 나섰다. 무장충돌이 전쟁으로 확대되는 것을 방지하고자 중국정부는 1959년 11월 양국 군이 동부국경에서는 맥마흔 선에서 20km, 서부국경에서는 현 접촉선에서 20km 물러나도록 하자고 제의했다. 그러나 네루와 인도정부는 인도군을 전방에 그대로 둔 채 아무런 반응을 보이지 않았다. 중국의 군사력 철수 제안을 거부한 것이다. 그러자 중국군이 일방적으로 동부국경 및 서부국경에서 20km씩 물러났다. 중국이 먼저 전향적인 조치를 취하자 인도정부는 국경선 지역에 대한 순찰을 잠정적으로 중단시켰고, 이로써 국경지역은 한동안 군사적 접촉 없이 잠잠해질 수 있었다(Cheng and Wortzel, 2003: 178).

그러나 국경지역의 안정은 인도가 '전진정책(forward policy)'을 취하면서 오래가지 않았다. 1960년 초 인도정부는 분쟁지역에서 조금씩 전방으로 이동함으로써 중국군에 압력을 가하고 국경의 현상을 변경시키기 위해 '전진정책'을 입안했다. 그리고 1961년 4월부터는 전진정책을 본격적으로 추진하면서 국경문제에 강경하게 대응하기 시작했다. 여기에는 다음과 같은 대내외적인 요인이 작용했다. 첫째는 내부적 요인으로 의회의 압력이다. 국민들의 반중정서를 등에 업고 의회는 정부에 대해 중국과의 국경문제에 보다 적극적으로 대응하도록 요구했다. 둘째는 중국과의 대화 실패였다. 1961년 4월 네루와 저우언라이 사이에 국경문제를 둘러싼 대화가 실패로 돌아가자 네루는 물론 국방장관 메논(V. K. Krishna Menon)과 총참모장 카울(B. M. Kaul)이 보다 강경한 전진정책을 주장하고 나섰다. 셋째는 대외적으로 고아(Goa) 문제의 해결이 가져다준 자신감이다. 1961년 12월 인도군은 인도대륙에서 마지막 식민지로 남아 있던 고아를 공격하여 포르투갈을 몰아내고 점령할 수 있었는데, 이로 인해 인도는 대외적으로 자신감을 가지고 중국과의 영토분쟁 문제에 집중할 수 있었다(Cheng and Wortzel, 2003: 178). 이에 고무된 고위급 인사들은 중국이 분쟁지역을 비우지 않을 경우 인도가 고아에서 했던 것처럼 행동해야 한다고 발언하기도 했다.

이 시기에 특히 인도 국민들이 중국에 반감을 갖게 된 데에는 티베트에 대한 중국의 정책이 크게 작용했다. 라싸반란 직후 중국은 티베트 지역에서 '반혁명반란'을 평정하고 '민주개혁'을 추진했으며, 1961년 4월 중국정부는 이러한 작업이 완료되어감에 따라 2년 내에 '자치구'를 설립할 것임을 밝혔다. 이는 티베트가 자유와 독자성을 유지하면서 중인 간에 일종의 '완충지대'로 남아 있기를 바랐던 인도로서는 묵과할 수 없는 조치였다(박장배, 2007: 353).

중국은 인도의 전진정책을 '잠식정책(蠶食政策)'이라고 불렀다. 1961년 4월부터 인도는 정규군을 파견하여 중국이 자국영토로 간주하고 있는 지역을 순찰하도록 했고, 국경을 따라 많은 요새를 구축했다. 1962년 2월부터 이런 순찰활동은 더욱 강화되어 실제 통제선을 넘어 분쟁지역에 대한 인도군의 침입이 더욱 빈번해졌다. 서부국경지역에서 인도군은 진지를 구축한 후 전진했으며, 중국과의 접촉선을 통과하여 분쟁지역 깊숙이 나아간 후 다시 진지를 구축했다. 중국은 인도정부가 악사이 친 지역 전체를 장악할 목적으로 점진적인 작전에 나선 것으로 판단했다. 당시 중국은 이 지역에서 신장과 티베트를 잇는 도로를 건설하고 있었는데, 이 도로는 티베트를 통제하기 위한 전략적 가치를 갖는 것으로 양보할 수 없었기 때문에 이 지역에서 인도의 전진정책은 중국의 안보를 심각하게 위협하는 것이었다(Cheng and Wortzel, 2003: 179~180).

인도의 전진정책은 동부국경지역에서도 진행되었다. 이미 인도는 1954년에 군사력을 투입하여 맥마흔 선 이남 지역을 확보하고 있었다. 1962년 9월 8

일 인도정부는 동부 국경지역에 배치된 정예부대인 제4사단 제7여단에 맥마흔 선을 넘도록 명령했고, 제7여단은 맥마흔 선 북쪽에 있는 케제랑(Kejielang)을 점령했다. 인도의 이러한 행동은 당시 인도의 지도에도 중국의 영토로 명시된 지역을 군사적으로 점령한 명백한 도발행위였다. 인도의 전진정책이 임계점에 도달한 것으로 판단한 중국 지도자들은 이제 인도군에 대해 반격을 가하지 않을 수 없었다(Cheng and Wortzel, 2003: 181).

4) 중국의 전쟁회피 노력

인도가 전진정책을 추구하며 국경을 계속 침입하는 가운데 중국은 극도로 자제하는 모습을 보였다. 중국군 총참모부는 일선부대에 대해 인도군을 상대로 먼저 사격하지 말 것과 어떠한 군사분쟁도 회피할 것을 지시했다. 이와 함께 중국정부는 1961년 12월부터 1962년 4월까지 인도정부에 대해 양측 모두 국경에서의 순찰활동을 중단하고 국경문제를 협상을 통해 해결할 것을 거듭 주장했다. 그러나 인도정부는 중국정부의 이러한 요구를 거부하고 전진정책을 지속적으로 추진했다.

1962년 7월 마오쩌둥은 인도의 '잠식정책'에 대항하기 위한 지침을 인민해방군에 내렸다. 이는 "절대로 양보하지 않되 최대한 유혈전투를 피할 것, 국경을 확보하기 위해 톱니모양으로 맞물린 형태를 유지할 것, 그리고 장기간의 무력공존 상태에 대비"하도록 하는 것이었다. 중국군 총참모부는 일선부대에 교전규칙을 엄격하게 준수하도록 지시하며 마오쩌둥의 지침에 따라 다음과 같은 행동수칙을 하달했다. 첫째, 만일 인도군이 사격을 가하지 않으면 중국 국경수비대도 사격을 가하지 않는다. 둘째, 만일 인도군이 한 방향에서 중국의 초소에 대해 압력을 가하면 중국군은 다른 방향에서 인도군의 거점에 압력을 가한다. 셋째, 만일 인도군이 중국군을 포위하면 다른 중국군 부대가 그 인도군 부대를 포위한다. 넷째, 만일 인도군이 중국군의 퇴로를 차단하면 중국군은 그 인도군 부대의 퇴로를 차단한다. 다섯째, 중국군은 인도군과 가급적 거리를 유지하여 반응을 탐색하되 인도군이 강하게 압박해오면서 철수를 용인할 경우 철수한다(Cheng and Wortzel, 2003: 180~181).

실제로 서부국경지역에서 중국군은 인도군이 잠식해옴에 따라 톱니가 맞물린 형태로 대치하게 되었다. 인도군은 수차례 중국군에 사격을 가했지만 중국국경수비대는 대응을 자제했다. 그 대신에 중국인민해방군은 인도군의 국경잠식을 저지하기 위해 국경지역 초소와 병력의 수를 증강하고, 순찰규모와 횟수를 늘렸으며, 전방의 전략적 지점에 대한 통제를 강화했다. 중국군은 인도군과 조우하는 상황에서 상대가 의도적으로 도발했다고 판단할 경우 먼저 경고사격을 가했으며, 교전이 이루어질 경우 자위 차원에서 응사하거나 공격을 가했다. 인도가 전진정책을 취하는 단계에서 중국군은 주로 서부의 국경지역에서 적극적인 '반잠식' 전략으로 대응했는데, 이는 중국이 인도정부의 의도가 악사이 친 지역을 회복하는 것이라고 믿었기 때문이다(Cheng and Wortzel, 2003: 181).

2. 정치적 목적과 전쟁전략

1) 악사이 친 지역의 확보 vs. 전통적 국경 인정 강요

중인전쟁에서 중국이 의도했던 가장 중요한 정치적 목적은 전략적 요충지인 악사이 친 지역을 확보하는 것이었다. 1959년 라싸반란과 티베트의 독립 선언, 그리고 달라이 라마의 인도 망명은 중국의 안보에 커다란 위협으로 작용했다. 중국은 어떻게 해서든 티베트에 대한 통치를 강화하지 않을 수 없었으며, 이러한 연장선상에서 신장과 티베트를 잇는 도로는 인도와의 국경에 연한 티베트를 통제하는 데 매우 중요했다. 따라서 저우언라이는 동부국경지역을 양보하는 대신 악사이 친 지역을 중국이 장악함으로써 서로 나눠 갖는 방안을 수차례에 걸쳐 인도 측에 제시한 바 있다. 그러나 인도는 한편으로는 반중감정에 치우쳐서, 다른 한편으로는 고아 지역에서의 승리에 도취되어 중국의 제안을 무시한 채 일방적인 전진정책으로 일관했다. 인도군이 악사이 친 지역을 잠식해 들어올 때 중국 외무장관 천이(陳毅)는 "네루의 전진정책은 비수다. 그는 우리의 심장을 겨누려 한다. 우리는 가만히 눈감고 죽기만을 기다릴 수는 없다"라고 언급했다(Garver, 2009). 중국은 다른 지역을 내주더라도 전략적으로 핵심적인 가치를 지닌 악사이 친 지역은 반드시 확보하고자 했으며 이 과정에서 전쟁도 감수할 용의가 있었다.

이와 함께 또 하나의 정치적 목적은 인도가 '전통적 국경'을 인정하도록 강요하는 것이었다. 중국은 인도가 고집하는 국제조약에 의한 영유권 주장을 받아들이지 않고 전통적 국경을 주장했다. 그리고 이에 대해 중국은 현실적으로 조약체결에 참여한 전권대사가 서명을 하지 않았다는 분명한 논리를 내세우고 있었다. 그러나 여기에는 보다 현실적인 이유가 작용했다. 즉, 중국은 전통적 국경 논리를 통해 동부국경을 인정받아야만 유리한 입지를 확보할 수 있었다. 동부국경을 규정한 맥마흔 선을 부정해야만 최선의 경우 동부 및 서부지역 모두를 확보할 수 있었으며, 차선으로 저우언라이가 제시한 것처럼 동부와 서부의 빅딜을 위한 유리한 고지를 점유할 수 있었다.

그러나 중국의 전통적 국경 주장에는 반제국주의적 정서가 짙게 깔려 있었다. 중국은 심라조약에 의해 그어진 맥마흔 선이 중국의 티베트 통치력을 제한하기 위해 영국제국주의에 의해 설정된 것으로 인식했다. 따라서 중국은 제국주의의 산물인 국제조약의 효력을 인정할 수 없었으며, 그 대신에 전통적 관습선이 중국과 인도의 국경선이 되어야 한다고 주장했다. 이러한 중국의 태도는 과거 중화제국이 설정한 주변국과의 변계(邊界)를 수용하겠다는 것으로 중화민족주의적 정서가 짙게 깔려 있는 것으로 이해할 수 있다.

2) 미-소-인도의 반중연대 저지

중국이 인도를 공격한 것은 인도와 소련의 관계, 그리고 인도와 미국의 관계가 증진되고 있는 상황에서 이 세 국가가 반중연대를 결성하지 않도록 견제하려는 의도가 작용했다. 그러나 이러한 의도가 어느 정도였는지에 대해서는 명확하게 알려지지 않고 있다. 다만 전쟁이 끝난 후 중국은 소련과 미국이 배후에서 인도를 지원하고 있었음을 지적하고, 이는 소련과 미 제국주의가 인도와 함께 중국을 압박하기 위한 연대를 결성하고자 결탁하고 있었음을 증명하는 것이라고 비난한 바 있다. 즉, 이는 중국이 전쟁을 시작하기 이전부터 미-소-인도의 전략적 연대 가능성에 대해 우려하고 있었음을 보여준다(Elleman, 2001: 268).

사실 소련은 중인전쟁이 발발하기 전부터 동맹국인 중국을 무시하고 비사회주의 국가인 인도와 관계를 강화하고 있었다. 예를 들면, 흐루쇼프는 중소관계가 악화되고 있던 1959년 인도에 대규모의 차관을 허용하는 한편, 국경분쟁에서 인도의 입장을 두둔하는 것처럼 보였다. 비록 소련은 중국과 인도 사이에서 신중하게 중립을 지키려는 태도를 취했지만, 소련의 중립 그 자체는 동맹국인 중국에게 소련이 인도의 편에 서 있다는 인상을 주지 않을 수 없었다. 따라서 중국은 인도를 공격함으로써 네루에게 소련이 개입하여 인도를 지원할 수 없음을 보여줄 필요가 있었으며, 그럼으로써 인도와 소련 간의 관계가 더 강화되는 것을 저지하려 했다(Elleman, 2001: 267).

중국은 미국이 인도를 끌어안고 서남쪽에서 중국을 견제할 가능성에 대해서도 우려했다. 미 CIA는 이미 중국이 공산화된 이후부터 인도를 경유하여 티베트의 반정부 운동을 후원하고 있었으며, 미국정부도 중인전쟁에 깊숙이 간여하고 있었다. 실제로 중인전쟁을 치르면서 중국은 인도군으로부터 노획한 무기 가운데 상당수가 미국으로부터 제공된 것임을 알고 놀라지 않을 수 없었다. 인도는 1959년 국경충돌을 계기로 미국에 더 많은 원조를 요구했다.

인도의 지정학적 중요성을 인식한 미국은 서남아시아 정책을 수정하여 인도에 대규모 경제지원을 제공하는 한편, 군사적으로는 항공기와 레이더 등을 포함해 6000만 달러에 달하는 무기를 제공해주었다.

이러한 상황에서 중국은 인도에 과감한 군사행동을 가하여 중국이 미-소-인도의 반중연대에 굴복하지 않을 것임을 보여줄 필요가 있었다. 인도와의 짧고 치열한 전쟁에서 전격적인 승리를 거둘 경우 인도의 대소·대미 의존도가 약화됨으로써 3국의 반중연대에 균열을 야기할 수 있다고 판단했다.

3) 인도의 침략 응징

중인전쟁에서 중국이 추구한 정치적 목적 가운데 한 가지 주목할 만한 것은 인도의 지속적인 도발에 응징을 가하는 것이었다. 사실 중국은 인도와 군사적 분쟁을 원하지 않았다. 인도가 동부의 분쟁지역을 장악했을 때도 중국은 인도군이 맥마흔 선을 넘어올 때까지 군사적 대응을 취하지 않았다. 서부의 악사이 친에서 인도군이 실제 통제선을 넘어 중국이 주장하는 영토를 잠식해올 때에도 중국은 이를 대화로 해결할 것을 희망했다. 그리고 1962년 7월 마오쩌둥이 대응지침을 내린 것처럼 중국군은 자위를 위해 필요한 경우가 아니면 절대로 먼저 사격을 가하지 않았으며, 단지 적의 진격에 대해 톱니모양의 맞물린 형태로 적과 뒤섞여 맞섬으로써, 반격을 가하기보다는 적을 저지하는 데 주력했다. 중국군의 극력저지에도 불구하고 인도군의 전진은 임계점을 넘어섰으며, 결국 중국정부는 인도의 잘못된 행동을 응징하고자 전격적인 군사행동에 나서지 않을 수 없었다.

중인전쟁은 중국이 강경정책을 추구하는 인도를 회유하다가 통하지 않자 징벌을 가한 사례로 전통적인 중국의 무력사용 행태를 연상시킨다. 중국은 평화적 해결을 위한 대화 제의를 거부하고 영토를 잠식해오는 인도가 중국을 무시한다고 인식했다. 실제로 인도는 중국이 대약진운동의 실패로 참혹한 경제적 위기에 봉착하고 소련과의 관계가 악화되어 외교적으로 고립된 상황에 처해 있었기 때문에 국경분쟁에 대해 적극적으로 치고 나올 것으로는 생각하지 않았다. 설상가상으로 인도는 저우언라이가 동부와 서부의 영토교환이라는 유화적 제스처를 취하자 중국이 유약해졌다고 오판하여 중국에 대한 강압정책을 강화하고 있었다. 이러한 상황에서 중국은 인도에게 교훈을 줄 필요가 있다고 인식했다. 즉, 중국은 인도의 하위 파트너가 아니라 아시아의 중심국으로서 가볍게 볼 상대가 아님을 분명히 가르쳐주어야 했다.

무엇보다도 중국이 중인전쟁에서 인도의 영토를 탐하지 않았다는 사실은 이 전쟁이 징벌을 위한 전쟁이었음을 입증해준다. 중국은 실제 통제선을 넘어 인도지역으로 진격한 후 국경문제의 평화적 해결을 요구하며 일방적으로 철수했는데, 이는 중국이 언제든 인도를 응징할 수 있다는 경고를 가함으로써 인도의 강경한 영토분쟁 해결방식을 교정하고 중국의 요구를 존중하도록 요구하는 의미를 담고 있었다.

4) 전쟁계획과 군사력 증강

중국은 인도와 전쟁을 결심하면서 제한전쟁을 추구하지 않을 수 없었다. 정치적 목적이 현상을 유지하는 선에서 인도가 국경문제를 수용하도록 하는 것이었으며, 지속적인 도발에 응징을 가하기 위해서는 군이 인도의 영토를 점령하고 수도로 진격하여 항복을 받아낼 필요는 없었다. 오히려 전쟁을 확대할 경우 미국과 소련을 비롯한 국가들이 인도의 편에 서서 연대를 강화하고 중국을 압박할 수 있었다. 더구나 중국은 이 시기 1958년 대만포격사건 등 동아시아에 우선을 둔 전략을 추구하고 있었기 때문에 서남아시아에서는 대결보다 안정을 희망하고 있었다. 따라서 중국의 전쟁계획은 크게 두 단계로 구성되어 제1단계에서 적을 기존의 통제선 밖으로 몰아내고 협상을 요구한 다음, 인도가 협상에 응하지 않을 경우 제2단계 작전을 통해 본격적으로 적의 영토 내에 깊숙이 진격하는 것이었다. 물론 인도 영토 내의 진격은 국경지역 일대에 한정된 것으로 인도정부가 경각심을 갖도록 하기 위함이었다.

중국은 이 전쟁에서 전략적 기습을 추구했다. 인도를 상대로 장기간 전쟁을 끌 경우 전략적으로 불리할 수밖에 없는 상황에서 중국은 가급적 전쟁을 신속하게 마무리해야 했다. 따라서 중국은 전격적인 기습공격으로 상대의 혼을 빼놓고 과감하게 군사적 승리를 거두는 전략을 추구했다. 이를 위해 중국의 당중앙군사위원회는 인도군의 전진에 대해 소극적으로 대응하다가 일거에 반격으로 전환하여 전진배치된 인도군 진지를 공격하고 침략한 인도군을 섬멸하기로 했다. 인도군은 중국군을 경시한 나머지 군사적으로 충분한 준비 없이 다가오고 있었으며, 이는 중국군의 기습효과를 더욱 증가시켜주었다.

전격적인 작전을 위해서는 원활한 보급과 충분한 탄약지원이 요구되었다. 중국은 1959년부터 인도와의 국경분쟁 발발 가능성이 높다고 보고 새로운 도로와 후방기지를 건설했으며, 이를 통해 후방으로부터 전투지역에까지 신속하게 군수지원을 제공할 수 있게 되었다. 인도군의 경우 히말라야 계곡으로 건설된 철도를 이용하여 전방 약 200km까지 보급품 수송이 가능했으므로 중국군보다 거리상으로는 유리했으나, 이 지점부터 전방지역까지의 이동은 지형이 험난하고 도로가 불비하여 훨씬 더 열악했다. 중국군은 전쟁 이전부터 전선지역 인근에 군수기지와 보급품 저장소를 설치했으며, 이미 건설된 도로를 통해서는 차량으로 수송하고 차량이 지날 수 없는 지역은 가축과 인력을 동원함으로써 전쟁기간에 6만 5000톤의 보급품을 지원하는 등 원활한 군수지원을 제공할 수 있었다. 이러한 군수지원 능력의 차이로 인해 중국군은 준비가 미흡한 인도군에 전격적 기습을 가하고 신속하게 군사적 성과를 달성할 수 있었다.

5) 군사적 준비

1950년대에 중국은 소련의 지원을 받아 대대적인 군 개혁을 추진했다. 인민해방군 육군은 1950년에 500만 명이었으나 1953년에는 300만 명, 1957년에는 250만 명으로 축소되었으며, 각 사단은 현대식 소총, 박격포, 포병을 구비했다. 1954년에는 인민해방군 구조를 개편하여 6개의 지역군구를 13개로 늘리고, 현대식 군사학교를 설치하여 신세대 장교들에게 현대전 수행을 위한 서양의 전략 및 전술을 교육했다. 그리고 1955년에는 계급제도를 도입하여 장교단 계급을 14개 단계로 구분했으며, 처음으로 이들에게 봉급을 지급하며 전문적인 군대로 전환하기 위해 노력했다(Elleman, 2001: 256).

중국은 공군력도 강화했다. 중국공군은 1949년 창설되었으나 장비는 일본군과 미군에게서 노획한 잡다한 항공기가 전부였다. 1951년부터 중국공군은 소련으로부터 MiG-15 전투기와 소량의 폭격기를 도입할 수 있었다. 중국공군은 한국전쟁 기간에 10개의 전투기 사단, 두 개의 폭격기 사단, 그리고 800명의 조종사들을 투입하여 공중전을 수행함으로써 귀중한 실전경험을 얻었다. 1955년 이후 중국공군은 만주의 공장에서 소련제 MiG-17 전투기를 조립하기 시작했다. 그리고 1950년대 후반에 중국은 독자적으로 미사일을 제조하고 핵폭탄을 개발하기 위한 프로그램에도 착수했다(Elleman, 2001: 257).

중국은 1949년 국민당 해군이 남기고 간 함정을 이용하여 해군을 창설했다. 이러한 함정은 주로 소형으로서 연안작전용에 불과했다. 1955년 소련은 뤼순 항을 돌려주면서 2척의 구축함과 5척의 잠수함을 중국해군에 넘겨주었다. 그러나 중국해군은 전력이 여전히 보잘것없는 수준에 머물렀고, 1960년대 말에 이르러서야 주력 수상함대를 구비하기 위한 노력을 경주하기 시작했다. 다만 중국은 1980년대 중반까지 인민전쟁 전략에 경도되어 해군의 중요성을 인정하지 않았으므로 중국해군의 전력은 소형함정을 위주로 하여 연안을 방어하는 수준에 머물러 있었다.

1960년 중반에 중소이념분쟁이 심화되면서 소련이 중국에 대한 경제적·기술적 원조를 중단하자 중국의 군사력 현대화 사업은 큰 타격을 받았다. 그럼에도 불구하고 중국군은 자체적으로 MiG-17, MiG-19, 그리고 T-54 전차와 해군 초계정 등을 생산하는 데 성공했다. 비록 이러한 장비들은 수량이 적고 구식이었지만 1949년 이전의 수준과 비교하면 1950년대 중국의 군사개혁은 성공적인 것으로 평가할 수 있었다. 중인전쟁이 발발하면서 이러한 군 개혁은 매우 시의적절하고 효과적인 것이었음이 증명되었다(Elleman, 2001: 258).

3. 전쟁의 과정 및 결과

중인전쟁은 두 단계로 진행되었다. 제1단계는 1962년 10월 20일부터 29일까지 진행되었다. 이 단계에서 중국군은 처음에 다소 수동적인 입장에서 통제선을 넘어 침입한 인도군을 몰아내는 데 주력하다가 인도군이 강하게 저항하자 강력한 공격으로 이들을 섬멸했다. 중국은 실제 통제선을 대략 회복하고 인도정부에 협상을 요구했으나, 인도가 불응하자 제2단계 공격에 나섰다. 제2단계는 11월 16일부터 21일까지 지속되었으며, 중국군은 인도영토 내로 깊숙이 진격하여 인도군을 응징하고 그들의 군사적 역량을 철저히 파괴했다.

1) 제1단계 작전

1962년 9월 8일 인도군은 케제랑을 점령한 제7여단에게 탁라 능선(Thag La Ridge)을 가로질러 중국영토 내에 위치한 도라(Dhola) 지역에 전방초소를 설치하도록 지시했다. 이에 제7여단 일부가 이동하여 전초를 설치하자 중국군은 60명의 순찰대를 보내 인도군 전초를 포위했다. 인도군 초소장은 이를 과장하여 상부에 중국군 600명에게 포위되었다고 보고했고, 인도군은 중국의

그림 11-3 탁라능선 전투

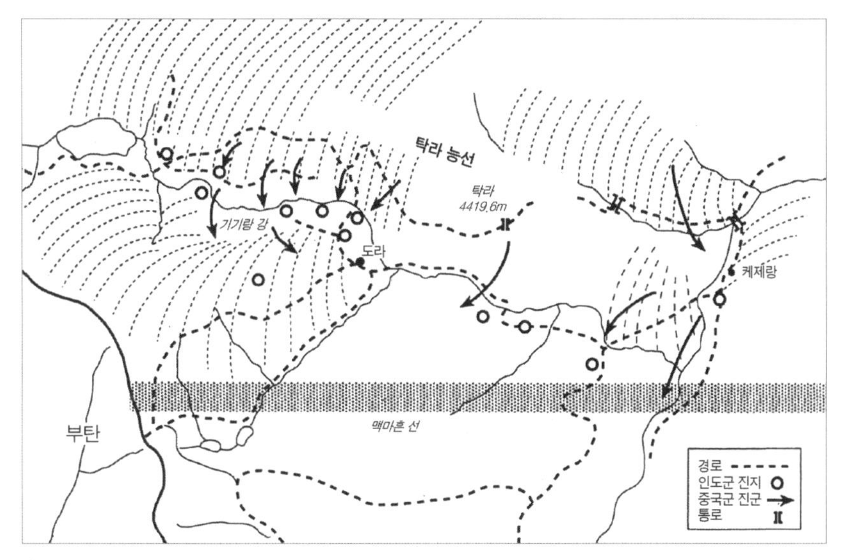

자료: Ryan et al.(2003: 183).

위협을 대대 규모로 오인하여 도라 지역의 전초를 구하고 중국군을 격퇴하기 위해 탁라 능선에 증원군을 파견했다. 인도정부는 9월 14일 중국군의 정확한 부대 규모를 파악했지만 성공을 확신했기 때문에 그대로 증원군을 파견하여 중국군을 공격하기로 결정했다.

중국정부는 대규모 교전을 피하고자 9월 16일 인도의 전진정책에 항의하는 서신을 인도정부에 보냈고, 인도정부도 중국의 군사적 조치에 대해 항의했다. 이러한 사이에 양국군은 전투준비를 위해 진지를 강화하고 탄약을 준비했다(Cheng and Wortzel, 2003: 182). 10월 10일 인도군 증원부대는 탁라 능선의 도라 지역으로부터 약 1km 떨어진 곳에 주둔하고 있던 중국군 부대를 향해 이동하여 협조된 공격으로 중국군 5명을 사살하고 5명에 부상을 입혔다. 네루 수상은 이 공격을 확대하여 중국의 국경수비대에 대해 전면적인 공격을 가하도록 명령했다.

이러한 상황에서 중국은 인도가 중국의 외교적 항의를 무시한 데 대해 참을 수 없으며, 더 이상의 군사적 도발을 좌시할 수 없다는 결론을 내렸다. 10월 16일 중국 당군사위원회는 동부지역에서 맥마흔 선을 넘어온 인도군을 격멸하기 위한 반격을 결심하고 다음날 인민해방군 총참모부에 인도군을 포위섬멸하기 위한 계획을 수립하도록 지시했다. 중국이 동부지역에 대한 군사작전에 주력한 이유는 인도군이 9월부터 이 지역의 통제선을 넘어 대규모 침입을 시작했고, 지형적으로 경사가 내리막길이어서 인도군 주력부대를 공격하기에 유리했기 때문이다(Cheng and Wortzel, 2003: 182).

10월까지 인도는 동부국경지역에 약 1만 6000명의 병력을 파견했다. 중국은 인도군에 비해 적은 약 1만 명의 병력을 투입했으나 지형에 익숙하고 양호한 도로와 보급로를 이용할 수 있어 상대적으로 유리했다. 10월 20일 중국군은 동북 맥마흔 선 이북의 케제랑 지역에 위치한 인도군에 대해 전면적인 반격을 가했다. 오전 7시 30분부터 약 15분간 중국군 포병이 공격준비사격을 가하여 인도의 포병진지와 요새를 파괴했으며, 이후에는 보병을 투입하여 인도군 제7여단을 격멸하고 여단장을 포로로 잡았다. 그다음 날 중국군은 맥마흔 선을 넘어 지미탕(Zimithang) 지역을 확보했다(Cheng and Wortzel, 2003: 182~184).

중국군은 서부 국경지역에서도 반격을 가했다. 10월까지 인도군은 약 6000명으로 구성된 제114여단을 투입했으며, 이 가운데 약 1300명이 통제선을 넘어 중국이 주장하는 영토 내에 약 40개의 초소를 설치했다. 중국군은 인도군과 같은 규모인 약 6000명을 투입했다. 중국군은 10월 20일 오전 8시 25분 포병지원하에 인도군 진지로 돌격하여 약 80분 만에 제1선의 인도군 초소들을 점령하고 인도군 주둔지를 각개격파했으며, 10월 29일까지 제114여단의 6개 대대 중 4개 대대를 격멸하고 1900km^{2}에 달하는 악사이 친 지역 전체의 영토를 회복했다.

10월 29일 중국군의 제1단계 작전이 완료되었다. 인도군은 중국군의 전격적인 기습공격을 전혀 예상하지 못했다. 1962년 8월까지 인도 군부는 가까운

그림 11-4 서부국경 전투

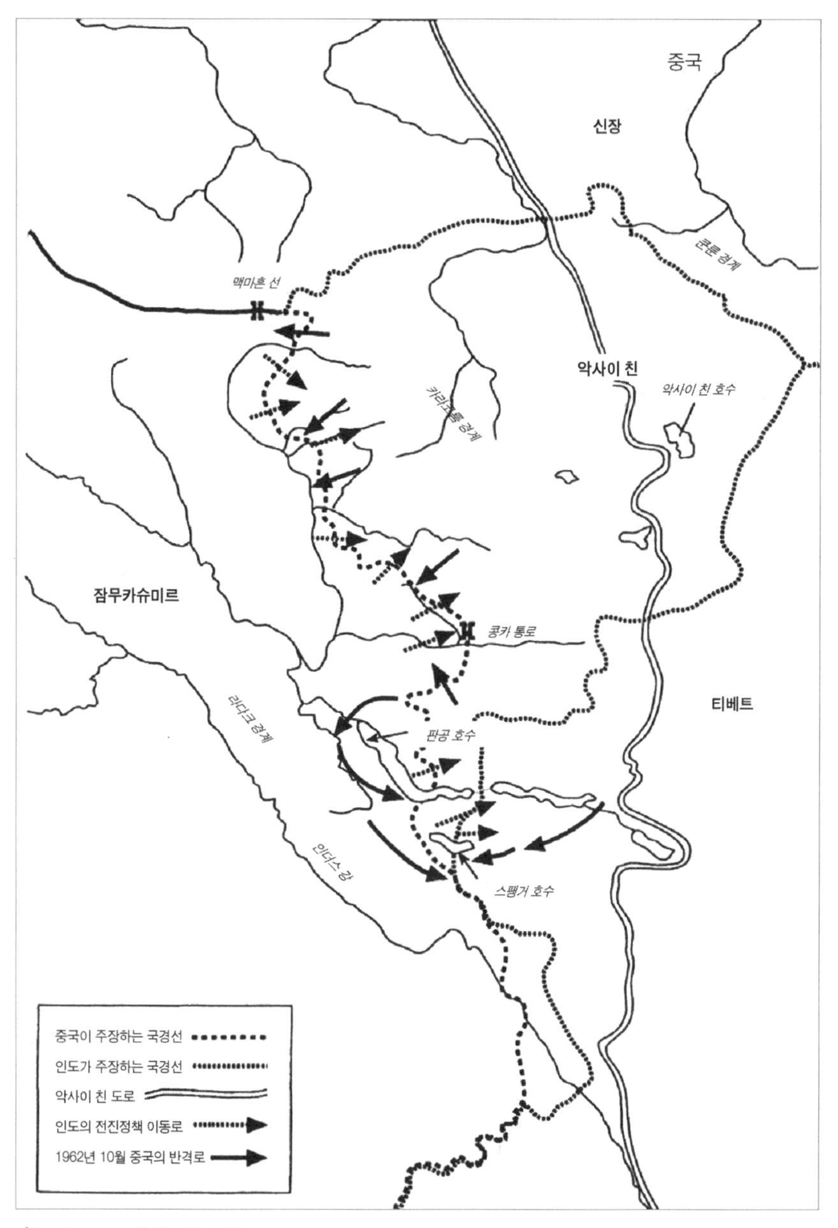

자료: Ryan et al.(2003: 185).

장래에 중국과의 전쟁 가능성은 없다고 판단했으며, 그해 9월 탁라 능선에 배치된 인도군이 도라 지역을 공격할 때에도 총 몇 발만 쏘면 중국군은 달아날 것이라고 전망했다. 이와 같은 중국군에 대한 안이한 인식은 중국군에게 기습공격의 효과를 극대화하도록 했다.

2) 제2단계 작전

중국군이 전쟁을 수행하는 동안 중국정부는 여전히 협상을 통한 해결을 추구했다. 10월 24일 중국정부는 국경문제를 해결하고 전쟁을 종결하기 위한 세 가지 방안을 제시했다. 첫째는 중인국경을 따라 실제 통제선을 존중하고 양측 모두 통제선에서 20km 후방으로 병력을 철수시킨다는 것이다. 둘째는 동부지역의 실제 통제선으로부터 국경수비대를 철수시킨다는 것이다. 그리고 셋째는 네루와 저우언라이 간에 합리적 해결책을 도출하기 위해 대화를 재개한다는 것이다(Elleman, 2001: 264~265). 중국의 이 같은 방안은 결국 분쟁 중인 영토의 거래를 제안한 것으로, 1959년 3월 저우언라이가 이미 제시한 것처럼 인도가 악사이 친을 포기하는 대신 중국은 동부지역을 양보하겠다는 의도를 반영하고 있다(Elleman, 2001: 265). 그러나 인도정부는 인도 언론에 밀려서, 그리고 미국과 소련의 지원에 고무되어 중국의 제안을 거부했다. 인도는 중국이 먼저 1962년 8월 이전의 위치로 병력을 철수해야만 대화가 가능하다는 입장을 고수했다.

11월 중순 인도정부는 국가긴급사태를 선포하고 증원병력을 중인국경지역으로 이동시켰다. 인도는 동부지역 작전에 주력하여 이 지역에 총 2만 2000명의 병력을 배치했다. 이에 대해 중국군 총참모부는 두 개 사단을 추가로 동부국경 지역에 파병했으며, 이로써 동부에는 총 2만 5000명의 병력이 투입되었다. 11월 12일 중국 당중앙군사위원회는 제2단계 작전계획을 승인했다. 중국군의 작전은 동부국경 지역의 타왕(Tawang)과 와룽(Walong) 일대의 인도군

그림 11-5 동부전선, 1962년

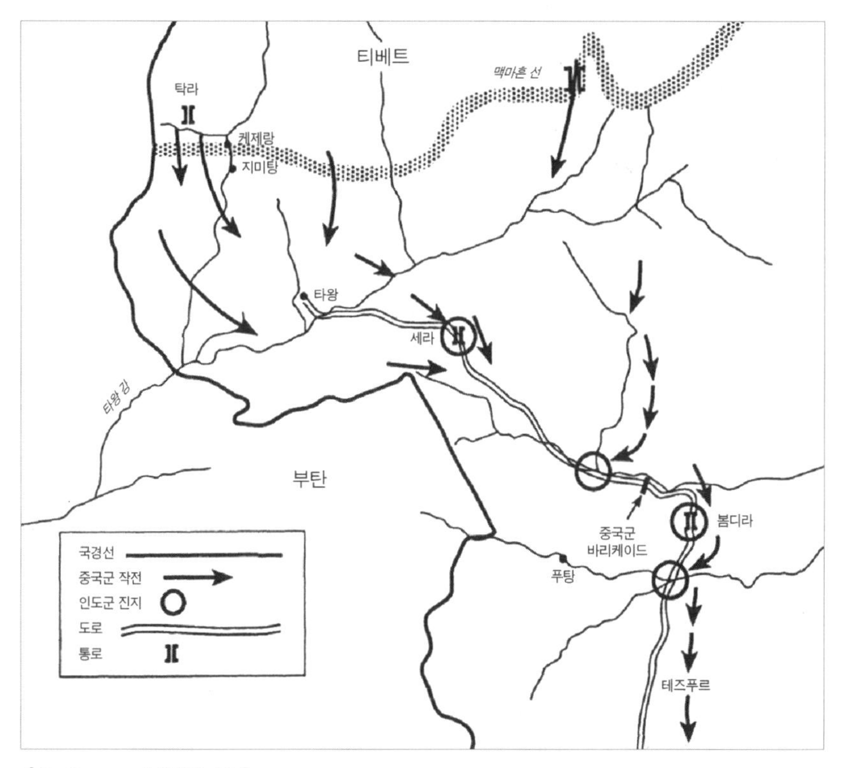

자료: Ryan et al.(2003: 184).

3~4개 여단을 포위섬멸하고, 서부국경에서는 판공(Pangong) 호수 지역의 인도군 거점을 제거하는 것이었다.

11월 16일 아침 중국군은 동부국경 지역의 와룽 인근에서 인도군에 대한 총반격에 나서 저녁에 와룽을 점령하고 1200명의 인도군을 섬멸했다. 18일에는 세라(Se La)와 봄디라(Bomdi La) 지역에서 반격에 나서 인도의 3개 여단을 격멸하고 맥마흔 선 이남의 영토를 확보했다. 그리고 중국군은 전통적 국경선을 넘어 인도영토 깊숙이 진격하여 브라마푸트라(Brahmaputra) 강가에 위치한 도시인 테즈푸르(Tezpur)로부터 북쪽으로 약 30km 떨어진 지점에서 멈췄다.

전쟁의 1단계에서 패배한 인도는 서부국경의 병력을 1만 5000명으로 증강하여 배치했다. 중국군은 11월 18일 서부지역에서 제2단계 반격을 개시하여 인도군을 각개격파했으며, 20일 아침까지 통제선 내에 위치한 인도군의 모든 거점을 제거하는 데 성공했다. 이로써 중국군은 서부의 전통적 국경선을 거의 회복할 수 있었다.

동부나 서부지역에서 모두 중국군의 승리는 완벽했으며, 인도군의 패배는 부인할 수 없었다. 인도군은 더 이상 조직적인 저항이 가능한 군사력을 보유하고 있지 않았다. 21일 중국이 일방적으로 종전을 선언함으로써 중인전쟁은 약 한 달 만에 종료되었다.

3) 전쟁의 종결

중국은 추가적인 공격을 통해 인도영토를 더 많이 점령하고 인도에게 중국이 주장하는 국경선을 인정하도록 강요할 수 있었으나 스스로 행동을 자제했다. 저우언라이는 11월 9일 베이징 주재 인도대리공사를 불러 중국군은 11월 21일 전쟁을 중단할 것이며, 12월 1일 중국군이 실제 통제선으로부터 20km 물러날 것임을 알려주었다. 인도대리공사는 이 사실을 바로 보고하지 않았고, 인도정부는 24시간이 지나서야 중국정부의 휴전 입장에 대해 처음 알게 되었다. 중국정부는 공언한 대로 11월 21일 성명을 발표하여 "중인국경문제는 반드시 담판을 통해 해결되어야 함을 강조하고, 중국군은 22일 0시부로 전쟁을 중단할 것이며 12월 1일부터 중인 간의 실제 통제선으로부터 20km 후방으로 철수할 것"임을 선언했다(中共中央黨史硏究室, 2006: 225). 이런 행동은 인도와 국경분쟁을 평화롭게 해결하고 이전의 우호적 관계를 회복하기 위한 노력을 반영한 것으로 볼 수 있다(Cheng and Wortzel, 2003: 187).

11월 21일 중국이 일방적으로 종전을 선언하면서 6개의 아프리카-아시아 비동맹 국가들이 중재에 나섰다. 이들은 스리랑카의 콜롬보에서 회의를 열어 중인전쟁의 해법으로 '콜롬보 중재안'을 제시했다. 이 중재안은 중국에게 서부 지역에서 실제 통제선으로부터 20km 물러나도록 했고, 인도는 실제 통제선까지 병력을 배치하도록 허용했다. 또한 양국이 동등한 입장에서 협상을 통해, 중국이 물러남으로써 생긴 20km의 비무장지대에 행정적 관리를 위해 민간초소를 설치하도록 했다. 동부지역에서는 양측 모두에 민감한 지역인 탁라능선과 롱주를 제외한 나머지 지역에서 인도군대가 맥마흔 선 남쪽까지 이동하도록 허용했다. 네루는 즉각 콜롬보 제안을 전폭 수용한다고 밝혔다. 의회와 국민여론도 정부의 결정을 지지했다(Elleman, 2001: 265~266).

그러나 중국의 반응은 시큰둥했다. 중국은 이를 수용할 경우 무력으로 장악한 지역을 고스란히 인도에 내주어야 했기 때문이다. 중국 내 일부 지도자들은 콜롬보 중재안에 긍정적이었지만 저우언라이는 비록 인도가 민간초소를 설치할 수는 있겠지만 중국은 중국군이 철수하게 될 지역에 인도군이 재진입하는 것을 결코 허용하지 않겠다는 입장을 밝혔다. 이로 인해 콜롬보 중재안에 의해 사태가 신속하게 해결될 것이라는 전망은 시들해졌다. 중국의 입장에서는 이미 원하는 목적을 달성했기 때문에 굳이 이 시점에서 인도에 관대한 조치를 취할 필요가 없다고 본 것이다.

그럼에도 불구하고 1962년 12월 초부터 중국은 콜롬보 중재와 관계없이 점령지역으로부터 물러났으며, 모든 병력을 실제 통제선으로부터 20km 후방으로 철수시켰다. 중국군의 병력철수는 그다음 해 2월 28일 완료되었다. 왜 중국은 인도에 대해 군사적으로 거둔 대대적인 성과를 이용해 더 큰 이득을 취하지 않고 점령한 지역에서 자발적으로 철수했는가? 그뿐 아니라 중국은 왜 일방적으로 실제 통제선에서 20km 후방으로 물러나는 조치를 취했는가? 이에 대한 학자들의 견해는 엇갈린다. 그러나 분명한 것은 소련이 인도에 12대의 MiG 제트전투기를 제공해온 것처럼 미국과 영국도 인도에 군사적 지원을 제공하고 있었기 때문에 중국은 외교적으로 큰 압력을 느끼지 않을 수 없었다는 점이다. 인도에 대한 공격을 계속할 경우 미국과 소련이 반중연대를 결성하고 이 전쟁에 개입할 가능성을 무시할 수 없었던 것이다. 더구나 겨울이 다가옴으로써 중국은 지속적인 작전이 어려워졌다고 판단했으며, 따라서 자칫 전쟁을 확대하고 지연시킴으로써 인도 평원에서 교착되거나 패배할 가능성을 감수하느니 체면을 살리면서 철수를 결심한 것으로 보인다(Elleman, 2001: 266).

4) 전쟁의 결과

중인전쟁의 결과로 중국은 두 가지의 가장 중요한 정치적 목적을 달성했다. 하나는 악사이 친 지역을 확보한 것이고, 다른 하나는 인도가 전통적 국경에 대한 현상을 유지하도록 강요하는 데 성공한 것이다. 물론 이것이 양국 국경문제를 해결한 것은 아니지만 중국으로서는 전략적으로 어려운 시기에 서남아시아 지역을 안정화시켰다는 결실을 거둘 수 있었다. 이후 수십 년 동안 이 지역에서 평화가 유지될 수 있었던 것은 중국의 전격적인 무력사용이 성공했음을 입증한다.

중국은 이 전쟁을 통해 인도-미국-소련의 반중연대 형성을 방해할 수 있었다(Elleman, 2001: 267). 중국의 승리는 인도에게 분명한 메시지를 전했다. 인도와 소련의 관계가 우호적으로 발전하고 있던 시점에서 인도를 공격함으로써 중국은 네루에게 소련정부가 중국을 상대로 개입하여 인도를 적극적으로 도와주지 않을 것임을 보여주었다. 미국과 소련에 대해서도 중국은 인도를 통한 강대국들의 압력에 굴하지 않을 것이라는 메시지를 전달할 수 있었다. 비록 중인전쟁 이후로 인도가 미국에 더욱 의지하고 소련에 다가서게 되었지만, 실제로 이들 3국 간의 연대는 이루어질 수 없었다. 중국의 군사력 사용은 이들 국가들이 과거 취했던 공세적 대중정책을 완화시키거나 수세적으로 변화시켰다.

중인전쟁은 강대국 관계에 변화를 가져왔다. 가장 두드러진 것은 중소관계의 악화였다. 중인전쟁에 대한 소련정부의 첫 공식 입장은 1962년 10월 25

일자 ≪프라우다(Pravda)≫ 지의 사설을 통해 드러났다. 여기에서 소련은 중인 양국이 우호적으로 사태를 해결할 것을 요구했으나, 인도가 전쟁을 야기했다는 중국의 견해에 지지를 표명하지 않음으로써 인도의 입장을 두둔한다는 인식을 주었다. 또한 이 사설에서 소련은 중국과 인도 인민들 간에 분쟁을 조장했다는 이유로 맥마흔 선을 악의적인 것이라고 비난했지만, 교묘하게도 중국의 편을 드는 표현은 사용하지 않았다. 중국은 소련이 동맹국을 지지하지 않는 것은 곧 중국의 적대국인 인도를 지지하는 것으로 인식하여 불만을 갖지 않을 수 없었다. 1962년 12월 5일 ≪인민일보(人民日報)≫는 "소련은 중국을 형제라 부르며 중립을 취하는 척했지만 사실은 인도 반동분자를 친척처럼 대우하고 있었다"라고 비난했다(Elleman, 2001: 268).

이 전쟁은 향후 중소 간의 국경분쟁을 예고하는 사건이었다. 즉, 중국은 인도와의 분쟁에서 과거 제국주의 국가들과 체결한 조약을 인정하지 않고 전통적 국경선을 주장했는데, 이는 과거 중국이 차르 시대의 러시아 및 소련과 체결한 조약도 인정할 수 없다는 의미를 담고 있었다. 소련은 이에 대해 우려하지 않을 수 없었다. 중인전쟁에서 소련이 인도의 편에 선 것은 중국이 국제조약을 인정하지 않음으로써 향후 소련과도 국경분쟁에 나설 가능성을 우려했기 때문으로도 해석할 수 있다. 이러한 측면에서 소련은 1960년대 초부터 중국이 요구한 국경협상에 적극적으로 나서지 않으려 했고, 이후 양국은 관계가 더욱 악화되면서 1969년 3월 중소국경의 한 섬에서 군사적 분쟁에 돌입했다.

한편 이 전쟁을 계기로 인도는 중국이 침략과 영토팽창을 위한 외교정책을 추구하는 것으로 인식했다. 인도는 중국에 대한 두려움으로 인해 기존의 비동맹 외교노선에서 벗어나 친서구적 성향으로 전환했다. 인도는 미국과의 관계를 개선시키고자 했으며, 미국은 인도에 신속하게 무기 및 군사원조를 제공해주었다. 미국과 인도 관계는 중인전쟁의 과정에서뿐 아니라 전쟁종결 이후 전에 없이 우호적이고 협력적인 관계로 발전했다. 인도는 미국과 함께 합동공군훈련을 실시하고, 미 제7함대가 인도양을 항해하도록 지원했으며, 이러한 협력을 통해 CIA로부터 중국에 관한 귀중한 정보를 얻을 수 있었다(Elleman, 2001: 264).

4. 결론

중인전쟁은 냉전기 주변국을 상대로 중국이 수행한 국제전 가운데 하나로 유일하게 내륙영토분쟁으로부터 발단이 된 전쟁이다. 이 전쟁은 이전의 혁명전쟁과 확연하게 다른 특징을 지니며 다음과 같이 전통적 유교주의의 속성을 드러내고 있다.

첫째, 중인전쟁에서 나타난 중국의 전쟁관은 근대의 정당한 전쟁관과 전통적인 전쟁혐오 인식이 서로 교차하고 있다. 우선 중국은 이 전쟁을 통해 '정당한 전쟁' 인식을 명확히 보여주고 있다. 중국은 스스로 이 전쟁을 '자위반격전'이라고 언급했는데, 이는 인도의 침략에 대해 주권과 영토를 보전하기 위한 정당한 무력사용으로 보는 것이다. 즉, 이 전쟁에서 중국은 '혁명'이나 '계급투쟁'이 아닌 국가이익이라는 측면에서 그 정당성을 부여함으로써 이 전쟁이 곧 국제전임을 보여주고 있다. 여기에 반제국주의적 요소는 부각되지 않았다. 비록 미국이 인도의 편에 서서 경제적·군사적 지원을 제공했지만 중국은 의도적으로 미국과의 대결을 회피하고자 했으며, 그러한 가능성을 우려하여 조기에 전쟁을 종결한 측면이 있었다. 즉, 이 전쟁은 반제국주의라는 혁명전쟁과는 관계가 없으며, 중국의 주권과 영토이익을 수호하는 차원에서 정당성이 부여된 것이다.

다만 이 전쟁에서도 과거 중국이 전통적으로 견지했던 전쟁인식을 엿볼 수 있다. 예로부터 중국은 변방의 이민족들이 국경을 넘어 도발할 경우 처음에는 이를 회유하다가 나중에 전격적으로 군사력을 동원하여 제압했으며, 이후에는 다시 이들을 회유하는 모습을 보여주었다. 마찬가지로 중인전쟁에서 중국은 인도의 전진정책에 대해 유화적인 모습을 보이다가 전격적인 군사행동을 단행했으며, 이후에는 점령했던 지역에서 일방적으로 철수하고 최초의 통제선으로부터 20km를 물러남으로써 인도에 대해 관용을 베푸는 모습을 보여주었다. 이는 중국이 전쟁을 침략 또는 정복을 위한 기제가 아니라 방어를 위한 수단으로 활용한 것이며, 전쟁을 가급적 자제하려 했다는 측면에서 전통적인 전쟁혐오 경향을 나타낸 것에 가까운 사례로 보인다.

둘째, 전쟁의 정치적 목적은 중국의 영토주권을 확보하려는 국가이익 차원에서의 성격과 주변국에 대한 응징을 가한다는 전통적인 성격을 동시에 갖는다. 중국이 추구한 가장 핵심적인 목적은 악사이 친 지역의 확보라는 제한적인 것이었으며, 이를 위해 제한적인 무력사용을 통해 인도의 현상변경 시도를 무력화하려 했다. 또한 인도를 중심으로 한 반중연대 결성을 제지하려 한 것도 권력정치의 한 수단으로서 마찬가지로 자국의 안보이익을 확보하기 위한 조치로 볼 수 있다.

이와 함께 중국은 인도에 '엄중한 교훈'을 주기 위한 전쟁을 추구했는데 이는 중국의 전통적인 전쟁방식과 유사하다. 그리고 중국은 결정적 승리를 달성했음에도 불구하고 서구의 역사에서 보기 드문 '관용'을 베풀었으며, 이를 통해 주변국에 대한 영향력을 더욱 강화하고자 했다. 가령 중국은 중인전쟁에서 3900여 명의 인도군 포로를 획득했는데, 여기에는 장군 1명과 장교 26명도 있었다. 중국은 이 가운데 716명의 부상병을 1962년 12월에 석방했으며, 15명의 포로를 인도의 군수물자를 돌려주는 과정에서 함께 보냈다. 그리고 1963년 4월 10일에서 5월 25일까지 나머지 인도군 포로를 석방했다. 중국의 이러한 조치는 중국이 영토의 점령을 목적으로 전쟁을 시작한 것이 아님을 보여준다.

중국은 이러한 '제국'으로서의 행동, 즉 군사적 승리 후 관대한 처분을 통해 다른 아시아 국가들에게 분명한 메시지를 전달하려 했다. 전통적 강대국이었던 인도에 대한 중국의 신속하고 손쉬운 승리는 과거 조공관계에 있던 주변

국가들에게 중국의 군사적 능력을 과시하고 영향력을 확대할 수 있었다. 예를 들면, 파키스탄은 비록 동남아시아조약기구(SEATO)의 회원국이었음에도 중국과의 관계를 개선하기를 원했으며, 1965년 양국은 중국-파키스탄 국경협약을 체결하며 관계를 개선했다. 또한 1963년 마오쩌둥은 호찌민과 회담을 갖고 북베트남의 혁명을 위해 적극 협력하기로 합의했는데, 이 역시 중국이 중인전쟁을 계기로 주변국에 대한 영향력을 확대하려 한 것으로 볼 수 있다.

셋째, 중국의 군사력 사용이 전쟁승리 및 정치적 목적 달성에 결정적이었음에도 불구하고 중국은 전쟁을 분쟁해결의 주요 수단으로 간주하지 않았다. 명청 시대와 마찬가지로 중국은 무력사용을 어디까지나 최후의 수단으로 고려했다. 중국은 전쟁 이전에 인도와 국경문제를 평화적으로 해결하려는 노력을 보였으며, 인도의 도발이 임계점을 지났다고 판단했을 때 비로소 군사력을 동원했다. 또한 중국의 군사력 사용은 제한적인 것이었다. 중국은 이 전쟁에서 공군과 해군 전력을 제외시켰으며, 제1단계 군사작전이 성공적으로 진행되었을 때 외교적 해결을 모색하면서 전쟁을 제한하고자 했다. 제2단계 작전을 끝내고 일방적으로 종전을 선언하면서도 협상에 의한 국경분쟁 해결을 주장하며 병력을 실제 통제선에서 20km 후방으로 재배치했다. 이러한 모습은 중국이 분쟁해결을 위해 군사력 사용을 가급적 자제했으며, 전쟁을 분쟁해결의 유용한 수단으로 고려하지 않았음을 보여준다.

넷째, 중인전쟁에서 인민의 역할은 부각되지 않았다. 아마도 중국은 1958년부터 실시된 대약진운동의 실패와 1960년 중반 소련의 경제적·기술적 지원 중단으로 인해 경제적으로 매우 어려운 시기에 있었기에 대규모 인민을 동원하여 전쟁에 대한 지지를 확보할 겨를이 없었을 것이다. 특히 중인전쟁은 전쟁기간이나 규모 면에서 극히 제한된 전쟁이었으므로 굳이 인민들의 '열정(passion)'을 필요로 하지 않았던 것으로 보인다.

요약하면, 중국이 치른 인도와의 전쟁은 일종의 징벌전으로서 한국전쟁과 달리 유교적 전략문화의 전통을 따르고 있다. 중국은 가급적 전쟁을 회피하

표 11-1 중인전쟁에서 나타난 중국의 전략문화

구분	유교적 전략문화 (전통적 전쟁)	현실주의적 전략문화	
		서구적 현실주의 (국제전)	극단적 현실주의 (혁명전쟁)
전쟁관	○	△	-
정치적 목적	○	△	-
군사력 효용성 인식	○	△	-
인민의 역할	○	-	-

려 했으며, 최후의 수단으로서 무력을 사용했다. 전쟁의 정치적 목적은 일부 국경지역 안정이나 악사이 친 지역 확보와 같은 안보이익을 추구한 면이 있으나, 주요한 목적은 어디까지나 인도의 도발을 응징하는 데 있었다. 또한 중국은 전쟁을 수행하는 과정에서 군사력이 유일하고도 효과적인 수단이라고 생각하지 않았으며, 인민의 참여를 신중하게 고려하지 않았다. 전반적으로 중인전쟁은 중국의 유교적 전략문화의 성격을 반영한 전쟁이었다.

제12장

중월전쟁

1. 배경과 전쟁인식

1979년 2월 중국이 베트남을 공격한 배경에는 다양한 요인들이 작용했다. 이 가운데 화교 문제, 국경 문제, 남사군도 문제 등은 1975년 이후 양국관계를 악화시킨 요인임에는 분명하지만 중월전쟁을 야기한 원인으로 보기에는 무리가 있다.[1] 보다 근본적인 원인은 1975년 미군이 철수함으로 인해 발생한 인도차이나 지역의 세력공백(power vacuum)을 베트남과 소련의 반중연대가 메우면서 불가피하게 중국의 안보를 위협하게 된 데 있었다. 중국은 베트남의 적성화, 인도차이나에 대한 베트남과 소련의 영향력 강화, 그리고 중국에 양면전쟁을 강요하려는 소련의 전략에 의해 취약성이 증가하고 있음을 인식

1) 로스(Robert Ross)는 중국이 베트남에게 소련과 우호적 관계를 맺지 못하도록 경고하기 위해 화교 문제와 국경 문제 등을 이용한 것으로 본다. 예를 들면, 화교 문제의 경우 20만의 화교를 살해한 캄보디아가 베트남보다 더욱 심각했다. 그럼에도 불구하고 중국이 캄보디아와 우호적 관계를 유지한 것은 캄보디아가 베트남과 달리 중국이 주도하는 반소련 연대에 참여하고 있었기 때문이다(Ross, 1988: 186, 224; Kenny, 2003: 218; Min, 1992: 140).

했으며, 이와 같이 불리한 현상을 타파하기 위해 제한된 군사행동을 취하지 않을 수 없었다.

1) 베트남의 적성화: "등 뒤의 비수"

중국은 1950년 이후 프랑스와 미국의 '제국주의'에 대항하여 투쟁한 북베트남에 전폭적인 지원을 제공했다. 제1차 인도차이나 전쟁 시 무기와 장비를 대대적으로 지원하고 군사고문단을 파견하여 전략 및 전술적 조언을 제공했으며, 1954년 북베트남이 디엔비엔푸 전투에서 승리하고 17도선 이북을 차지하는 데 결정적으로 기여했다.[2] 1965년 발발한 제2차 인도차이나 전쟁에서는 미국이 북베트남에 대해 지상공격을 실시할 경우 군사적으로 개입할 것임을 경고함으로써 미군의 작전을 17도선 이남으로 제한했는데, 이는 궁극적으로 북베트남이 전쟁을 승리로 이끌 수 있었던 원동력으로 작용하게 되었다(Chen, 1995: 366~367, 380; Whiting, 2001: 170~195).[3] 이와 같은 중국의 직간접적 지원이 없었더라면 북베트남이 전쟁에서 승리하고 통일을 달성하기는 사실상 불가능했을 것이다.

그럼에도 불구하고 1975년 4월 사이공 함락 이후 4년 동안 중국과 베트남의 관계는 치명적일 만큼 적대적인 관계로 변화했다. 여기에는 중소관계 악화와 함께 소련에 대한 중국의 위협인식이 크게 작용했다. 1969년 3월의 국경충돌 이후 소련과의 갈등이 격화되자 마오쩌둥은 소련의 패권주의에 대항하는 제3세계 연대를 공식적으로 제기하고 여기에 베트남을 끌어들이려 했다. 1975년 9월 2일 베트남 건국기념일에 맞춰 하노이를 방문한 중국 부총리 천

2) 제1차 인도차이나 전쟁 시 중국의 북베트남 지원에 대해서는 Chen(1993), Hood(1992: 17)를 참조.

3) 제2차 인도차이나 전쟁 시 중국의 지원에 관해서는 李寶俊(2006: 174~175) 참조.

시렌(陳錫聯)은 세계 모든 국가들이 단합하여 제국주의, 식민주의, 패권주의에 맞서 투쟁해야 한다고 하며 베트남의 반소연대 동참을 요구했다(Ross, 1988: 65). 그러나 베트남은 모호한 태도를 유지했고 시간이 지나면서 인도차이나에 소련의 영향력이 확대되는 것을 우려한 중국은 이러한 요구를 더욱 강화했다. 1977년 11월 1일 자 ≪인민일보≫는 소련을 가장 위험한 적으로 규정하고 베트남을 포함한 사회주의 국가들에게 소련에 대항하는 통일전선을 구축할 것을 촉구했다(Elleman, 2001: 281). 그리고 그해 11월 베트남 공산당 서기장 르두안(Le Duan)이 베이징을 방문하자 화궈펑(華國鋒)은 반패권 연대의 필요성을 재차 강조하고 중국이 주도하는 반소연대에 베트남이 참여할 것을 재차 요구했다(Hood, 1992: 44; Ross, 1988: 149).

그러나 베트남은 어느 한 쪽의 편을 드는 정책을 거부하고 중립을 유지함으로써 최대한의 실리를 추구하려 했다. 즉, 중국과 소련 사이에서 지렛대를 쥐고 양측으로부터 얻을 수 있는 최대한의 지원을 확보하려 했던 것이다. 그렇지만 중국은 이와 같은 베트남의 '양다리 걸치기'가 필경 자국에 불리하게 작용할 것으로 판단하여 경계했고, 시간이 지날수록 반소연대 참여를 거부하는 베트남의 태도를 적대적인 것으로 인식하게 되었다(Ross, 1988: 38). 1975년 이후 중국과 베트남의 관계가 악화되고 베트남이 점차 소련에 다가서지 않을 수 없었던 것은 중국의 '편가르기'에 베트남이 동참하지 않았던 데서 비롯된 것이었다.

중국이 우려한 대로 애초에 중립적이었던 베트남은 점차 소련의 지원에 더욱 의존하지 않을 수 없게 되었다. 베트남은 전후 국가경제를 재건하기 위해 중국과 소련을 비롯한 외부로부터의 지원이 절실했다. 1977년 6월 미 의회는 베트남에 대한 배상, 지원, 그 밖의 어떠한 형태의 지불도 금지하도록 결의함으로써 베트남으로 자금이 유입되는 것을 차단했다(Young, 1991: 303). 이 같은 상황에서 베트남의 기대와는 달리 마오쩌둥은 그동안 베트남이 중국의 막대한 지원으로 통일을 이룬 만큼 이제 경제문제는 베트남 스스로 해결해나가야 한다고 생각했다. 그리고 1975년 8월 마오쩌둥은 중국을 방문한 르 두안에게 "세상에서 가장 가난한 국가는 베트남이 아니라 중국"이라며 200만 달러의 소규모 지원만을 약속했다(Westad et al., 1998: 194). 이에 실망한 르두안은 외교상 관례인 답례만찬도 제공하지 않은 채 베이징을 떠났으며, 10월에 모스크바를 방문하여 브레즈네프(Leonid I. Brezhnev)로부터 향후 5년 동안 30억 달러의 대규모 지원을 약속받을 수 있었다(Ross, 1988: 59~61; Elleman, 2001: 285~286).[4] 이후 베트남과 소련의 관계가 강화될 수 있었던 것은 이렇게 중국의 약소한 지원에 비해 전폭적으로 이루어진 소련의 경제원조 때문이었다.

반소연대 결성 문제와 경제적 지원 문제를 둘러싸고 중국과 베트남 간의 갈등이 증폭되면서 그간 잠복하고 있던 화교문제와 국경문제가 불거지기 시작했다. 중국은 베트남의 친소화를 우려하여 베트남 정부의 화교 차별정책에 대한 비난을 극도로 자제하고 있었으나, 1977년 말부터 베트남과 소련 간의 관계가 급속히 발전하자 노골적으로 비난하기 시작했다. 그러나 이에 자극을 받은 베트남 정부는 1978년 5월 남부지역에서 사유기업 활동을 금지시키고 화교들의 재산을 몰수함으로써 화교들을 더욱 탄압했다. 남부지역에 대한 베트남 정부의 급격한 사회주의 개혁과 함께 중국과 베트남 간의 전쟁이 임박했다는 소문이 돌면서 베트남 내의 화교들은 공황에 빠졌고, 그해 수십만의 화교들이 국경을 넘어 중국 남부지역으로 탈출하거나 '보트피플'이 되어 제3국으로 향했다(Young, 1991: 306; Ross, 1988: 177~178, 184). 1978년 8월 화교 문제에 대한 양국 간 협상이 시작되었으나 비방과 비난이 오갔을 뿐, 해상을 통해 화교들을 이송하겠다는 중국정부의 제안은 받아들여지지 않았다. 이러한 험악한 분위기는 800마일에 이르는 국경지역에서 표출되어 양국 간 국경충돌 횟수는 1974년 121회였던 것이 1978년에는 1100회로 증가했다(軍事科學院軍事

4) 소련의 지원은 베트남의 코메콘(COMECON) 가입문제로 인해 즉각 이루어지지 않다가 1977년 베트남이 코메콘 가입의사를 표명하면서 가시화되기 시작했다.

그림 12-1 베트남의 캄보디아 침공

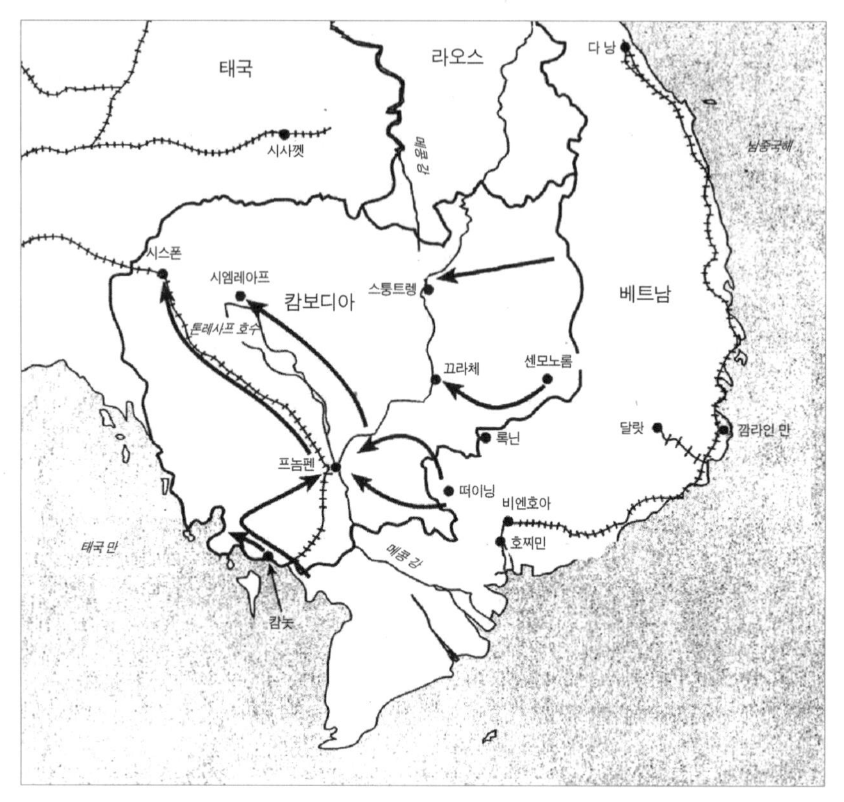

자료: Ryan et al.(2003: 220).

歷史硏究所, 2005: 486; Tretiak, 1979: 741).

1978년 양국은 돌이킬 수 없는 적대관계로 갈라서게 되었다. 베트남은 6월 코메콘에 가입하고 11월 소련과 우호협력조약을 체결했으며, 이어 12월 25일에는 중국의 경고를 무시하고 캄보디아를 무력으로 침공했다(Womack, 2006: 170; Zhai, 2000: 192). 이런 일련의 사건들은 중국의 안보에서 핵심적인 국가인 베트남이 적대화되어 중국의 통제범위를 벗어났으며, 그럼으로써 베트남이 중국의 등을 노리는 '비수'가 되었음을 의미한다. 1979년 1월 말 덩샤오핑은 미국을 방문한 자리에서 캄보디아를 공격한 베트남을 비난하면서 다음과 같이 언급했다.

> 중국은 베트남에 대해 군사력을 사용할 가능성을 배제하지 않고 있다. …… 중국의 안전과 국경안정을 위해 베트남이 도처에서 제멋대로 횡포를 부리는 것을 내버려둘 수는 없다(≪뉴욕타임스(New York Times)≫, 1979년 1월 31일 자; Tretiak, 1979: 743에서 재인용).

이러한 덩샤오핑의 언급은 베트남이 중국의 통제 밖으로 벗어나는 것을 인정할 수 없다는 것으로, 결국 중국의 공격은 베트남에 대한 중국의 영향력이 약화되고 안보적 취약성이 더욱 증가하는 것을 미연에 방지하기 위해 이루어진 것으로 볼 수 있다.

2) 인도차이나에서 베트남-소련의 영향력 강화

1975년 라오스, 캄보디아, 태국에 주둔하고 있던 미군이 철수하면서 동남아시아에는 세력공백이 발생했다. 그리고 인도차이나에 대한 중국의 영향력은 베트남의 지역패권 강화 움직임과 함께 인도차이나에 대한 소련의 영향력 확대 기도로 인해 상대적으로 위축될 수밖에 없었다. 1975년 5월 1일 ≪인민일보≫는 "인도차이나는 인도차이나 인민들의 것이지 반동분자들의 것이 아니며, 제국주의자들의 것은 더욱 아니다"라고 하여 중국정부가 베트남과 소련의 영향력 확대 가능성에 대해 크게 우려하고 있음을 드러냈다(Ross, 1988: 44).

중국은 베트남이 인도차이나 지역에서 패권을 추구할 것으로 전망했다. 1950년 이후 남베트남과 북베트남은 수십 년 동안 미국, 소련, 중국으로부터 막대한 군사적 지원을 받으며 전쟁을 수행했으며, 그 결과 통일된 베트남은 현대식 무기를 갖춘 강력한 군대를 보유하고 있었다. 베트남은 우선 양국 공산당 간에 이념적 연대를 유지해온 라오스와 관계를 강화하고 영향력을 확대하려 했다. 1975년 양국은 협정을 체결하여 경제협력을 강화하기로 했으며 상호 물자운송을 위해 국경을 개방하는 데 합의했다. 1977년 7월 베트남은 라오스와 우호협력조약을 체결하고 3만 명의 병력을 파견하여 내부안정을 돕는 한편, 일부 병력을 태국과 캄보디아 국경에 배치하는 등 라오스에 대한 영향력을 강화해나갔다(Hood, 1992: 42; Ross, 1988: 124). 이에 대해 중국은 호찌민이 인도차이나에서 패권을 행사하기 위해 프랑스의 전례를 따르고 있으며, 향후 라오스뿐 아니라 캄보디아와도 동맹을 체결하여 인도차이나 연방을 구성할 것으로 전망했다.

그러나 베트남의 인도차이나 연방 구상은 캄보디아의 반베트남 성향으로 인해 쉽게 실현될 수 없었다. 폴 포트(Pol Pot)와 크메르 루주(Khmer Rouge)는 과거 역사적·지리적 요인, 그리고 영토문제로 인해 베트남에 대해 극도의 거부감을 가지고 있었다. 베트남전이 종결되고 캄보디아에서 크메르 루주가 집권하자 양국 간에는 국경문제를 둘러싼 군사적 충돌이 본격화되었고, 국경분쟁이 심화되면서 양국관계는 적대적인 관계로 발전했다. 이 과정에서 중국의 군사적 지원을 받고 있던 캄보디아는 중국의 '편가르기'에 동참하여 반소연대에 참여하게 되었다.

1970년대 후반에 캄보디아는 인도차이나에서 중국이 영향력을 유지하기 위한 최후의 보루가 되었다. 중국은 어떠한 경우에든 캄보디아가 베트남의 통제를 벗어나 완전한 독립국으로서의 지위를 유지하도록 해야 했다. 이미 라오스가 베트남의 영향력하에 들어간 상황에서 캄보디아는 지리적으로 베트남을 배후에서 견제하고 소련과 베트남의 안보협력을 방해할 수 있는 유일한 국가였다(Tretiak, 1979: 743; Kenny, 2003: 220). 따라서 중국은 1975년 폴 포트 정권을 승인한 후 다량의 무기, 장비와 함께 경제적 지원을 제공했으며, 베트남과 소련의 관계가 강화되던 1977년 말에는 캄보디아에 1500명의 고문단을 파견하고 3개 사단을 무장시킬 수 있는 장비와 탄약을 제공하는 등 적극적인 지원을 아끼지 않았다.

인도차이나에서 미군이 철수한 후 소련은 아시아에서 집단안보체제를 구축할 것을 주장하며 인도차이나에 대한 영향력을 확대하기 시작했다.[5] 소련의 인도차이나 진출을 위한 교두보는 라오스였다. 1975년 후반에 소련은 라오스에 대사관을 개설하고 1500명의 전문가와 고문단을 파견하여 미국이 담당했던 역할을 대신했으며 군사장비를 제공하기 시작했다(Ross, 1988: 58). 1976년에 라오스가 아시아 집단안보체제 구상을 지지하자 소련은 2400만 달러의 차관과 함께 인프라 건설을 대대적으로 지원해주었다. 중국은 이러한 소련의 접근에 대해 동남아 국가들을 위성국으로 만들고 패권을 행사하려는 음모로 간주했다. 외교부장 황화는 1975년 9월 유엔총회 연설에서 소련이 아시아 집단안보체제를 갈망하는 목적은 “아시아 안전보장이 아닌 ‘공백을 메우기 위함’이며”, 이는 궁극적으로 “아시아 국가들을 분할하고 통제하기 위한 수단이 될 것”이라고 비난했다(Ross, 1988: 57).

인도차이나에 대한 소련의 영향력은 1977년 9월 베트남의 코메콘 가입 결정으로 인해 크게 강화되었다. 코메콘 가입은 단순한 경제협력이 아니라 사회주의 건설을 위한 협력으로, 이는 곧 소련의 정책을 지지하고 동참하겠다는 의미를 갖는다. 베트남은 1976년 이후 소련의 코메콘 가입 요구에도 불구하고 독자적 경제노선을 고집하여 가입을 거부해왔다. 그러나 중국의 경제적 지원이 삭감되고 미국이 파리 평화조약에서 약속한 배상금을 지불하지 않기로 결정함에 따라 베트남은 소련의 지원을 얻기 위해 코메콘에 가입하지 않을 수 없었다(Duiker, 1986: 77; Ross, 1988: 89~91, 121~122). 베트남의 친소노선이

5) 아시아 집단안보체제는 1969년 6월 모스크바에서 개최된 세계공산당대회에서 브레즈네프가 제기한 것으로 베트남전의 종결, 아시아에서 미군 철수, 각종 군사조약의 폐기 등을 전제로 하고 있다. 아시아 집단안보체제는 아시아의 모든 국가들을 대상으로 하고 있지만 구체적 개념은 제시된 바 없으며, 중국은 이에 대해 자국을 겨냥한 반중연합전선으로 인식했다. 이에 관해서는 홀릭(1974: 51~61) 참조.

가시화되면서 중국은 소련의 집단안보체제 구상이 현실로 되어 중국을 겨냥할 가능성에 대해 우려하지 않을 수 없게 되었다.

이러한 상황에서 베트남과 소련 간에 우호조약이 체결되고 베트남이 캄보디아를 침공한 것은 두 가지 의미를 갖는다. 하나는 베트남의 '인도차이나 연방' 구상이 실현됨으로써 인도차이나에 대한 베트남의 패권이 강화되었다는 사실이다. 다른 하나는 소련의 '집단안보구상'이 탄력을 받으면서 이 지역에 대한 소련의 영향력이 강화될 수 있다는 사실이다(Ross, 1988: 209). 중국은 베트남을 소패권, 소련을 대패권이라고 비난했다. 베트남은 폴 포트 정권을 축출함으로써 캄보디아를 인도차이나 연방에 강제로 편입시키려 했으며, 소련은 베트남의 호전적 행동을 부추김으로써 중국의 주변, 특히 중국의 뒷마당에 군대를 주둔시키고 동남아시아에 대한 영향력을 확대하려 했다(Min, 1992: 140; Ross, 1988: 209).[6] 중국은 자국의 전통적 영향권이 잠식당하는 것을 더 이상 묵과할 수만은 없게 되었다.

3) 소련의 전략적 포위 압력 강화

소련은 베트남과 조약을 체결하기 이전부터 중국과의 국경지역에 대규모의 군대를 배치하고 있었다. 1969년 중소국경분쟁을 기점으로 소련은 극동지역에 군사력을 급격히 증강했는데, 육군의 경우 1965년 17개 사단이었던 것이 1969년에는 27개 사단, 그리고 1970년대 중반에는 48개 사단으로 증가하여 중소국경에는 100만 명 이상의 병력이 배치되어 있었다. 그리고 1968년 몽골과 상호방위조약을 체결한 소련은 몽골 내에 SS-4 중거리탄도미사일(MRBM)과 스커드미사일, 그리고 핵무기를 배치하여 베이징을 포함한 주요 도시와 산

6) 유엔을 통한 중국의 외교노력에 대해서는 翟强(2006: 195) 참조.

업지역을 사정권에 두고 있었다(Elleman, 2001: 277, 279).

이러한 상황에서 소련은 베트남으로부터 군사기지를 확보하고 관계를 강화함으로써 중국을 포위해나갔다. 1976년 하이퐁(Haiphong) 항 인근에 연료를 재보급하고 선박을 정비할 수 있는 항만시설을 건설하고, 캄란(Cam Ranh) 만의 항만과 공군기지를 사용할 수 있는 권리를 획득했다(Ross, 1988: 92~93). 1977년 7월 베트남과의 관계가 본격적으로 개선되자 소련은 두 대의 구축함과 4개 비행대 규모의 MiG-21 전투기를 제공하는가 하면, 21명의 소련 군사대표단이 다낭(Da Nang)과 캄란 만을 비밀리에 방문하여 기지 사용을 위한 사전답사를 실시했다. 1978년 8월에는 4000명의 소련 고문단이 베트남에 파견되어 있었으며, 9월에는 소련의 항공기, 미사일, 전차, 탄약 등 군수물자가 지원되었다(Elleman, 2001: 287). 이에 대해 중국은 "동남아에서 항구와 군사기지를 획득하는 것은 소련이 침략과 팽창을 추진하기 위한 노력의 일환"이라고 비난했다(Ross, 1988: 111).

1978년 11월 2일 소련은 베트남과 동맹조약을 체결하여 전략적으로 중국을 포위하고, 유사시 북쪽과 남쪽에서 양면전쟁을 강요할 수 있게 되었다(Pike, 1987: 186~187).[7] 베트남이 중국을 겨눈 "등 뒤의 비수"라고 한다면, 이제 크렘린(Kremlin)이 그 비수를 손아귀에 움켜쥔 것이나 다름없었다(Elleman, 2001: 293~294). 지금까지 북방으로부터 소련의 군사적 위협에 대비하는 데 가장 큰 우선순위를 부여하고 있던 중국은 이제 남방으로부터의 추가적 위협에도 대비하지 않으면 안 되었다. 캄보디아에 대한 공격이 임박한 것으로 예견되는 가운데 이루어진 소련과 베트남의 긴밀한 협력은 이러한 불길한 징조를 보여

7) 소련으로서는 1970년대에 중국이 미국 및 일본과 관계를 개선하는 것에 대해 불안을 느껴왔으며, 중국과 국경을 맞대고 있는 동남아시아 국가들과 외교관계를 개선한 것은 이에 대한 대응이었다. 특히 소련은 서쪽으로는 NATO, 동쪽으로는 중국과 양면전쟁을 강요당할 수 있다는 우려를 갖고 있었으며, 이를 해소하기 위해 베트남과 외교관계를 강화함으로써 중국을 압박하려 했다(Elleman, 2001: 287~291).

주는 전주곡과 같았다. 베트남의 캄보디아 공격을 2개월 앞둔 1978년 10월, 소련은 베트남 항구에 항공기, 미사일, 전차, 탄약을 하역하기 위해 대기하는 화물선들이 빼곡히 늘어설 정도로 대대적인 지원을 제공해주었다. 덩샤오핑은 이러한 소련과 베트남의 연대가 중국을 전략적으로 포위할 의도에서 비롯된 것이라고 신랄하게 비난했다(Ross, 1988: 209~215).[8)]

베트남이 캄보디아를 침공하자 중국은 베트남과 소련에게 단호한 메시지를 전달하지 않을 수 없었다. 그동안 소련의 패권 확대를 저지하지 않는 서구 국가들의 유화정책을 비난만 해온 중국으로서는 이제 모종의 행동을 취해야 했다. 더 이상 "짖기만 하고 물지는 못하는 개" 취급을 받는 것은 곤란했다. 중국은 베트남 공격을 통해 분쟁이 확대되어 소련과 군사적으로 충돌하는 것도 마다하지 않겠다는 단호함을 과시하고자 했고, 그럼으로써 중국을 포위하려는 소련의 전략적 계산을 와해시킬 수 있을 것으로 믿었다(Scobell, 2003: 128; Ross, 1988: 225; Brzezinski, 1983: 409; Elleman, 2001: 290~291).

2. 정치적 목적과 전쟁계획

1) 베트남-소련의 연대 차단

중국이 베트남을 공격한 것은 베트남과 소련의 연대가 강화되는 것을 저지하기 위한 것이었다. 1978년 11월 4일 체결된 '베트남-소련 우호협력조약'의 제6조는 "당사국 중 하나가 외부의 공격에 처하거나 그러한 위협을 받을 경우

---

8) 1978년 11월 말 중국은 캄보디아에 군사고문단을 포함한 1500여 명의 관리를 파견하고 있었는데, 이는 일종의 '인계철선(trip wire)' 역할을 하게 하여 베트남의 캄보디아 공격을 억제하려는 의도가 반영된 것이었다.

당사국들은 즉각 그 위협을 제거하고 각국의 평화와 안전을 보장할 수 있는 적절하고 효과적인 조치를 강구하기 위해 상호 협의한다"라고 규정하고 있다.[9] 이는 외부의 군사공격 시 안보공약을 담은 전형적인 군사동맹조약이다. 물론 이 조약에는 "제3국을 겨냥하지 않는다"라는 조항을 두고 있다. 그러나 소련은 중국의 주적이다. 이웃 국가인 베트남이 주적인 소련과 동맹을 체결한 이상 중국은 베트남도 마찬가지로 중국의 주적으로 간주하지 않을 수 없게 되었다.

중국은 베트남과 소련이 동맹조약을 체결함으로써 안보적 취약성이 증가하는 것을 우려할 수밖에 없었다. 중국과 소련은 1969년 3월 중소국경분쟁 이후 완전히 적대적 관계로 돌아섰다. 중국에 대한 소련의 위협은 크게 증가해 중국은 '조타, 대타, 타핵전쟁' 개념에 따라 제3선을 구축하고 소련과의 대규모 전쟁을 준비해오고 있었다. 중국에게 베트남의 위협은 부차적이었던 반면, 소련은 안보에 주요한 위협으로 작용했다. 문제는 베트남이 소련의 군사력을 인도차이나 지역으로 불러들임으로써 중국의 앞마당이라 할 수 있는 남중국해 공중과 해상에서 중국의 안보를 위협하는 데 있었다. 최악의 경우 소련은 중국에 대해 북쪽과 남쪽에서 양면전쟁을 강요할 수 있었다(Elleman, 2001: 291).

따라서 중국은 어떻게든 베트남과 소련의 군사동맹 관계를 약화시켜야 했다. 비록 양국의 동맹관계를 당장 끊을 수는 없겠지만 두 국가 간의 신뢰를 깨고 관계를 약화시킬 수 있는 조치가 필요했다. 그 방법은 간단했다. 중국이 베트남을 공격하고 소련이 베트남을 지원해주지 않는다면 베트남-소련의 동맹조약은 무력화될 수 있었다. 이 경우 소련이 조약을 통해 베트남에 제공하기로 한 안보공약의 신뢰성은 약화될 것이고, 베트남은 더 이상 자국의 안보

---

9) "Text of the Treaty of Friendship and Cooperation Signed by the Soviet Union and the Socialist Republic of Veitnam," *Exclusive Intelligence Review*, Vol. 5, No. 48 (December 12, 1978).

를 소련에 전적으로 의지할 수 없게 될 것이기 때문이다. 중국은 베트남-소련 간의 동맹관계를 규정한 가장 핵심적인 부분을 시험함으로써 양국 관계에 균열을 노릴 수 있었다. 1979년 1월 미국을 방문했을 때 덩샤오핑은 카터(Jimmy Carter)에게 "중국과 베트남 간의 전쟁은 소련의 전략적 계산을 와해시킬 것"이라고 언급하면서 이러한 의도를 드러낸 바 있다.

이러한 측면에서 중국의 베트남 공격은 철저하게 제한적이어야 했다. 전쟁이 확대될 경우 소련이 개입하지 않을 수 없게 되고, 그렇게 되면 중월전쟁은 중국과 소련 간의 전면전으로 확대될 수 있었다. 따라서 덩샤오핑은 1979년 1월 미국을 방문하면서 의도적으로 카터와 브레진스키에게 베트남 공격 의사를 전달했고, ≪뉴욕타임스≫ 등 주요 언론과의 기자회견을 통해 중국의 베트남 공격은 불가피하며 그 규모는 제한될 것임을 언급했다. 그의 의도는 미국으로부터 외교적 지원 ─ 현실적으로 군사적 지원이 어렵기 때문에 ─ 을 확보함으로써 이를 소련에 과시하고, 이 전쟁이 제한된 규모의 짧은 전쟁이 될 것임을 경고함으로써 소련의 개입의지를 무마하려는 데 있었다. 실제로 덩샤오핑은 카터로부터 '정신적 지지'를 얻을 수 있었고, 이는 소련 및 베트남에 미국이 중국을 지지하고 있다는 인상을 심어줄 수 있었다(Scobell, 2003: 126; Elleman, 2001: 289~290).

2) 베트남의 인도차이나 패권 저지

중국의 베트남 공격은 인도차이나의 전략구도 재편을 둘러싼 양국 간의 견해 차이에서 비롯되었다. 베트남은 인도차이나에서 연방을 구성함으로써 이 지역에서 패권을 장악하고자 했다. 인도차이나 연방 구상은 베트남이 지원하고 있던 라오스 및 캄보디아 공산당과 연계하여 인도차이나를 하나의 통합된 혁명전장으로 묶자는 것으로, 1954년 제1차 인도차이나 전쟁을 종결하기 위한 제네바 회의에서 팜반동에 의해 처음 제기되었으나 중국 측의 반대로 철회된 바 있었다(Kenny, 2003: 218; Womack, 2006: 170).

제2차 인도차이나 전쟁이 완료되고 통일을 이루자 베트남은 다시 한 번 인도차이나 연방 구성에 대한 의도를 드러냈다. 1975년 이후 라오스와의 관계를 개선하고 1977년 7월 우호협력조약을 체결하여 3만 명의 병력을 파견하면서 라오스에 대한 영향력을 강화하기 시작한 것이다. 중국은 이에 대해 우려했으나 캄보디아가 베트남과 적대적 관계를 유지하는 한 크게 우려할 필요는 없었다. 캄보디아는 중국의 입장에서 볼 때 베트남을 배후에서 겨냥한 '비수'로서 베트남과 적대관계를 유지하면서 중국의 후원을 받고 있었기 때문이다. 따라서 중국은 어떠한 경우에든 베트남이 캄보디아를 공격하지 않도록 경고하고 있었다. 이러한 상황에서 베트남이 소련과의 동맹관계를 체결하고 이를 안전장치로 삼아 캄보디아를 공격하자 중국은 가만히 있을 수 없었다. 베트남의 인도차이나 연방 구성은 소련과 함께 아시아에서 반중연대를 형성하여 중국의 안보를 위협할 것이 분명했다.

따라서 중국은 베트남 공격을 통해 인도차이나 연방 구성을 저지하려 했다. 우선 캄보디아에 대한 베트남의 군사적 압력을 약화시키기 위해서라도 중국-베트남 국경지역에 대한 공격이 필요했다. 이 경우 베트남은 남부의 캄보디아 접경지역에 배치된 군사력을 북쪽으로 전환하지 않을 수 없을 것이며, 태국과의 국경지역으로 축출된 폴 포트 정권이 세력을 보전하는 데 도움을 줄 수 있었다. 중국이 베트남의 캄보디아 침공에 대해 극도의 반감을 가졌음은 이후 1983년부터 본격화된 중소관계 회복을 위한 협상에서도 분명히 드러났다. 이때 중국은 소련 측에 관계정상화를 위한 세 가지 조건을 내걸었는데, 그 가운데 하나는 캄보디아에서 베트남 군대가 철수하는 것이었다. 중국은 베트남의 캄보디아 침공이 소련과 연계된 것으로 인식하고 있었던 것이다.

3) 베트남 응징

중월전쟁에서 볼 수 있는 중국의 전쟁목표는 중인전쟁과 마찬가지로 '응징' 또는 '징벌'이다. '응징'은 강압 또는 보복이라는 개념과 다르다. 강압은 상대가 어떠한 행동을 했을 때 이를 되돌리기 위해 외교적·경제적·군사적 수단을 동원하여 상대를 압박하는 것이다. 이는 흥정이나 협상, 그리고 뚜렷한 행동의 변화를 요구할 목적으로 이행된다(George, 1971: 23~25). 중월전쟁은 이미 베트남이 소련과 동맹을 체결하고 캄보디아를 침공한 상태에서 발발한 것으로 이미 강압이 실패하여 나타난 결과물로서 강압행동으로 볼 수 없다. 또한 보복이란 상대가 억제 또는 강압에도 불구하고 도발을 야기했을 때 그에 상응하는 수준에서 이루어지는 행동이다. 즉, 보복에는 그 보복을 야기한 분명한 도발행위가 선행되어야 한다. 중국의 베트남 공격은 일견 '보복'의 성격을 갖는 것으로 볼 수도 있으나 그것이 정확히 '무엇'에 대한 반응인지 분명치 않다는 점에서 '보복'으로 보기 어려운 측면이 있다. 중국의 공격은 베트남의 캄보디아 침공만을 겨냥한 것이 아니라 그 이전에 베트남이 취했던 친소·반중정책, 화교 문제, 국경 문제 등이 복합적으로 작용하고 있었다. 즉, 중국의 군사행동은 중국의 안보이익을 명확하게 위협한 베트남의 특정 행동을 겨냥한 것이 아니라 그동안 이루어졌던 여러 가지 '잘못된' 행동들에 대해 가르침을 준다는 측면에서 '강압'이나 '보복'보다 '응징'에 가까운 것으로 볼 수 있다.

중국의 경고에도 불구하고 베트남은 중국의 안보이익을 무시하며 양국 관계를 파국으로 몰고 갔다. 베트남은 1978년 6월 29일 사회주의국가들 간의 경제상호원조기구인 코메콘에 가입함으로써 소련의 정치경제권에 완전히 편입되었다. 7월 31일 중국이 모든 기술적 원조를 중단하여 보복하자 베트남은 소련과의 관계를 더욱 강화하여 미군이 해군기지로 사용했던 캄란 만을 소련에 내어주고 그해 11월 소련과 동맹조약을 체결했다. 이에 중국은 베트남이 "배은망덕"한 행동을 하고 있다고 분노했으며, 소련과 베트남의 연합을 "지역

패권"을 장악하려는 음모라고 비난했다(Evans and Rowly, 1984: 159). 1978년 12월 25일 베트남은 중국과 우호적 관계에 있던 캄보디아를 공격하여 친중성향의 폴 포트 정권을 몰아내고 베트남이 지원하는 '캄보디아민족해방통일전선'을 세웠다. 중국은 베트남의 이러한 도발행위에 대해 어떻게든 반응하지 않을 수 없었다.

중월전쟁을 시작하면서 중국은 인도를 공격할 때보다 분명하게 베트남에 대해 '교훈을 준다'는 의도를 밝혔다. 덩샤오핑은 베트남에 대한 군사행동을 결심하면서 "우리는 군사적 성공에는 관심이 없다. 우리 목적은 제한적인 것인데, 그것은 그들에게 그들이 원하는 만큼 뛰어다닐 수 없다는 것을 가르치는 것"이라고 언급했다(Scobell, 2003: 142). 이는 중국의 군사개입 동기가 '응징' 혹은 '징벌'에 있음을 보여주는 것으로, 이후 베트남의 잘못된 행동을 시정하고 교정하려 했다는 의미에서 단순한 보복 차원을 넘는 것이다. 즉, 중국은 비록 캄보디아 침공을 베트남 공격의 이유로 제시했지만 실제로는 그 이전에 이루어진 베트남의 적대적 행위에 대해 책임을 묻고 향후 정책의 변화를 꾀하려 했던 것이다. 그러한 정책의 변화로는 소련과의 반중연대를 재고하고 중국의 요구와 입장을 존중하도록 하는 것이 포함되어 있었다.

4) 군사적 준비

덩샤오핑이 언급한 것처럼 제한전쟁, 특히 응징을 위한 전쟁에서는 대규모 전투에 의존하기보다는 전쟁의 목표를 명확히 하고 결정적으로 행동하며 최신 군사력을 동원하여 집중적으로 공격하는 전격적 작전이 요구된다. 중국의 세부적인 작전계획에 대해서는 알려져 있지 않으며, 다만 전쟁을 확대하지 않기 위해 해공군력을 제외한 지상군으로만 작전을 수행하되, 그 목표는 중월 국경지역의 적 도시들을 점령하고 하노이 정권을 압박한 다음 정치적 메시지를 전달하고 철수하는 것으로 추정할 수 있다. 이를 위해서는 강력한 정규군을 투입하여 신속하고 결정적인 승리를 달성해야 했다. 자칫 전쟁이 지연될 경우 소련이 군사적으로 개입할 빌미를 줄 수 있기 때문에 가능한 한 빨리 군사적 성과를 거두고 전쟁을 마무리해야 했다.

이 시기에 베트남군은 인도차이나 전쟁을 통해 전투경험이 풍부한 강력한 군사력을 보유하고 있었다. 중월전쟁 당시 베트남은 중국과의 국경지대에 제1군구 예하의 병력 약 10만 명을 배치하고 있었다. 이 부대는 대부분 정규군이 아니라 국경수비대 및 인민무장보안대로 준군사부대였다(노영순, 2008: 314). 베트남은 중국과의 전쟁에서 정규군을 투입하지 않은 채 강력한 저항을 펼치며 중국군 정규부대의 진입을 저지했으며, 전쟁 후 중국군에 대한 승리를 선언할 정도로 선전했다. 이는 베트남이 제2차 인도차이나 전쟁에서 소련 및 중국으로부터 지원받은 무기, 그리고 남베트남을 점령하면서 노획한 미제 무기 등 비교적 최신전력으로 무장하고 있었고, 과거 전쟁경험이 풍부했기 때문에 가능했다.

중국은 1978년 10월 남부전선군을 편성하여 베트남을 공격하기 위한 준비에 착수했다. 남부전선군은 쿤밍(昆明)군구와 광저우군구를 비롯한 주변 군구로부터 20개 사단을 차출하여 편성되었고, 이 작업은 1979년 1월 완료되었다. 쉬스유(許世友)가 사령관에, 양더즈(楊得志)가 부사령관에 임명되었다. 그러나 이 시기에 중국군은 현대화된 전쟁수행능력을 갖추지 못하고 있었다. 1966년부터 1975년까지 약 10년 동안 진행된 문화혁명에서 중국군은 국내정치에 깊숙이 간여하여 행정·경제·사회 분야의 지도와 감독을 담당해야 했다. 군사교육기관은 문을 닫았고, 군사훈련은 경시되어 군의 전문성을 축적할 수 없었다. 덩샤오핑이 1975년 7월 14일 당중앙군사위원회 확대회의에서 지적한 바와 같이 중국군은 규모 면에서 너무 비대하며, 파벌다툼으로 규율이 문란하고, 문화혁명기에 권력이 강화됨으로써 교만한 경향이 있었으며, 사치스럽고 태만한 모습을 보이고 있었다(Deng, 1995: 27~31).

3. 중국군의 전쟁수행

중국이 베트남을 공격할 준비를 하고 있다는 징후는 여러 곳에서 포착되고 있었다. 먼저 중국군이 베트남 국경을 침범하는 횟수가 증가했는데, 1978년 월평균 49회였던 것이 1979년 1월에는 171회, 전쟁이 있었던 2월에는 17일 공격이 이루어지기까지 16일 동안 230회에 달했다(Kenny, 2003: 227). 1월과 2월 초 국경전역에 걸쳐 많은 사건이 보고되었지만 베트남정부는 특히 랑손 지역의 카오록(Cao Loc)에 대한 침입에 촉각을 곤두세우고 있었다. 카오록은 랑손에 이르는 길목이고, 이 두 도시는 중국 국경으로부터 하노이에 직접 이르는 도로상에 위치해 있었으므로 베트남정부를 직접적으로 위협할 수 있었다. 2월 4일 200여 명의 중국군 병력이 포병과 기관총 지원을 받아 카오록 지역으로 약 200m가량 접근했다. 약 1주 후인 2월 10일에 중국군은 베트남 지역 마을에 박격포 및 기관총 사격을 가한 후 병력을 투입하여 탄로아(Thanh Loa) 지역을 장악했으며, 랑손에서 북동쪽으로 14km 떨어진 400고지를 점령했다. 이와 같이 중국군은 국경지역에서 긴장을 고조시키면서 20개 사단, 30만의 병력, 700~1000대의 항공기, 1000대의 전차, 그리고 1500대의 화포를 집결시키고 있었다(Kenny, 2003: 228~229).

베트남은 중국의 공격이 전격적으로 이루어지리라 예상하지 않았다. 사실상 베트남의 캄보디아 침공은 소련과 동맹조약을 체결한 상황에서 중국의 공격은 불가능할 것이라는 가정하에 이루어진 것이었다. 비록 전쟁 가능성에 대한 정보가 입수되고 있었지만 베트남정부는 사회주의 형제국가를 겨냥한 공격이 중국 내 인민들의 반발에 부딪혀 실현되기 어려울 것으로 믿었다. 그리고 최악의 경우 중국이 공격을 가한다 하더라도 이는 덩샤오핑이 언급한 것처럼 시간적으로나 공간적으로 제한적인 전쟁일 것이므로 베트남은 국경지역에서 충분히 방어할 수 있다고 자신했다. 베트남은 소련 및 미제 무기로 무장하고 있기 때문에 장비 면에서 중국군보다 우세하며, 중국군은 그동안의 문화혁명으로 전투준비태세가 형편없다는 것이 그러한 자신감의 근거였다.

2월 17일 동이 트기 전에 중국군 보병사단은 강력한 포병화력의 지원하에 공격을 개시했다. 중국은 국경지역의 평화와 안정을 확보하고 4개 현대화를 순조롭게 추진하기 위해 광시와 윈난의 국경지역 부대들이 베트남에 대해 '자위반격전(自衛反擊戰)'을 실시한다고 발표했다(中共中央黨史硏究室, 2006: 305; 李寶俊, 2006: 177). 중국군은 전 국경지역에 걸쳐 26개 이상의 지역에서 출발해 라이차우(Lai Chau), 라오카이(Lao Cai), 하장(Ha Giang), 카오방(Cao Bang), 그리고 랑손에 이르는 5개의 접근로에 공격을 집중했다. 중국의 군사적 목표는 이들 지역을 점령하는 것뿐 아니라 베트남군의 주력을 파괴하는 것도 포함하고 있었다. 중국정부는 이러한 군사행동을 '자위를 위한 반격'이라고 주장했으며, 중국군이 국경지역을 넘어 '홍강(赤江) 삼각주'로 진입하겠다는 의도를 나타내지 않으려 조심했다. 공격이 최고조에 이르렀을 때 베트남 내에 진입한 중국군은 8개 사단으로 약 10만 명을 상회하는 것으로 추산되었다(Kenny, 2003: 229~230).

베트남은 중국군의 공격에 대해 민병을 동원하여 맞섰다. 베트남정부는 중국의 공격에 대비하여 수개월 전부터 국경지역 주민들에게 소화기를 제공하고 훈련을 시켰다. 약 7만 5000~10만 명의 민병이 전투에 참여했으며, 이들은 중국군의 날카로운 공격을 잘 견뎌내었다. 베트남은 중국군이 적강 삼각주를 돌파할 경우를 대비하여 5개의 정규군 사단을 투입하지 않고 예비로 보유하고 있었다. 그리고 중국이 하노이를 공격하기 위해 남하할 경우 이들의 병참선이 신장된 후 정규군을 투입하여 반격을 가한다는 계획을 갖고 있었다. 이에 따라 국경지역에서 베트남군의 주력을 격파하려던 중국군의 의도는 좌절되었다. 3월 초 격전이 벌어졌던 랑손 지역에서도 베트남 정규군은 소수만 투입되었으며 대부분 민병이 전투를 수행했다(Kenny, 2003: 230).

중국군은 작전을 효율적으로 수행하지 못했다. 우려한 대로 중국군은 문화대혁명의 영향으로 인해 첨단기술전쟁을 수행하기 위한 군 현대화를 추구

그림 12-2 중국의 베트남 공격 요도

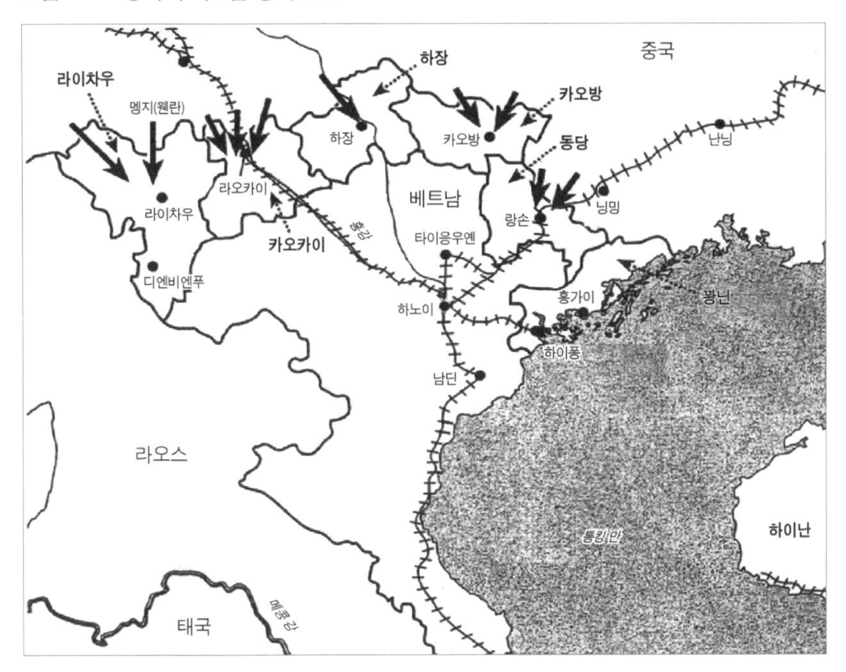

자료: Ryan et al.(2003: 229).

할 수 없었으며, 이전 10년간 전투경험이 없었을 뿐만 아니라 그나마 제대로 된 훈련을 실시하지도 못했다(Kenny, 2003: 230). 따라서 중국군의 공격은 더디게 이루어졌고, 부대들 간의 통신이 제대로 이루어지지 않았으며, 많은 경우 연대급 부대들 간의 통신을 위해 수기가 사용될 정도로 작전이 원활하지 않았다. 보급체계도 엉망이어서 보병부대가 식량과 탄약을 받기 위해서는 수십 킬로미터 떨어진 보급소에 병력을 보내야 했다. 정글, 절벽, 가파른 언덕으로 이루어진 험준한 지형은 전차와 트럭을 동원한 중국군의 공격에 불리하게 작용했다. 중국군의 공격대형은 일렬종대가 되기 일쑤였으며, 포병은 베트남 민병대 때문에 많은 희생을 치르고서야 기동부대를 지원하기 위한 화력진지를 구축할 수 있었다. 베트남군은 농가에서 농가로, 벙커에서 벙커로, 터널에서 터널로 이동하면서 주요 기동로에 지뢰를 매설하고, 박격포 공격을 가했으며, 매복을 통해 중국군을 타격했다. 베트남 민병들의 '영웅적' 방어로 인해 중국군은 많은 병력손실에도 불구하고 조기에 국경지역의 주요 도시를 점령하는 데 실패했다(Kenny, 2003: 228~231).

중국군은 작전이 계획대로 진행되지 않자 부대를 재편성한 후 랑손지역에 대규모 병력을 투입하여 결전을 추구하기로 결정했다. 2월 27일 시작된 랑손 전역에서 중국은 랑손 외곽지역에 대해 대량의 포격과 함께 전차를 동반한 보병공격을 시작했다. 3월 2일 중국군은 랑손지역으로 진입할 수 있었고, 거기에서 베트남 민병들과 야만적인 전투를 치러야 했다. 중국군은 3일 동안에 걸쳐 모든 집, 벙커, 그리고 터널을 뒤져 끝까지 저항하는 민병들을 색출했다. 신화통신은 3월 3일 랑손을 함락했다고 보도했으나 실제 전투는 3월 5일까지 계속되었다. 3월 5일 랑손을 점령한 직후 중국정부는 베트남에 교훈을 주었다고 선언하며 일방적으로 군대를 베트남에서 철수시켰다.

4. 전쟁의 결과

이 전쟁에서 중국군의 전사자는 2만 5000명에 달했다. 비록 많은 사상자가 발생했음에도 중국군은 무모할 정도로 용감한 공격력을 보여주었다. 전술적으로 바람직하지 않지만 중대공격이 실패할 경우 '인해전술' 식의 대대공격을 감행했고, 그 결과 최초 목표로 삼았던 국경지역의 5개 도시를 점령할 수 있었다. 특히 중국군은 적 고정진지에 대해 포병화력을 집중적으로 운용함으로써 커다란 성과를 거두었다. 제한된 군수지원 속에서 포병은 베트남군이 2만여 명의 전사자를 내게 하는 데 주요한 역할을 담당했다(Kenny, 2003: 231).

중국의 공격에 대해 소련은 베트남을 지원하기 위해 여러 척의 함정을 베트남 해역으로 파견했으며, 전쟁에 필요한 무기와 장비를 공수해주었다. 1979

년 2월 22일 하노이 주재 소련무관 트랄코프(N. A. Trarkov) 대령은 소련이 베트남과의 조약을 발동하여 의무를 이행할 것이라고 발언하기도 했다. 그러나 소련 측에서 그러한 조치는 이루어지지 않았다. 오히려 다른 소련 외교관들은 전쟁이 제한될 경우 소련은 개입하지 않을 것임을 분명히 했다. 소련은 베트남을 위해 전면전을 감수할 의도가 없었던 것이다(Elleman, 2001: 292). 이 전쟁에서 베트남-소련의 군사동맹이 발효되지 않은 것은 중국의 외교적 승리로 간주할 수 있다.

중월전쟁의 결과 어느 국가가 승리했는지는 판단하기 어렵다. 전쟁기간이 짧았고 양국군 간의 결정적인 전투 또는 전역이 이루어지지 않았으며, 또한 결정적인 국면에서 중국이 일방적으로 철수를 선언했기 때문이다. 다만 중국군은 랑손을 비롯한 5개의 도시를 점령함으로써 소기의 군사적 목표를 달성했으며, 이후 베트남의 수도인 하노이로 진격할 수도 있었다는 점에서 일정 부분 성공한 것으로 볼 수 있다. 또한 베트남-소련 간의 동맹에도 불구하고 '멋대로 행동하던' 베트남에 공격을 가해 손을 봐준 것은 나름대로 정치적 목적을 달성한 것으로 볼 수 있다. 다만 이 전쟁을 통해 베트남군이 캄보디아에서 철군하게 하지는 못했다는 점에서 가시적인 성과를 거두지는 못한 것으로 지적할 수 있다(Elleman, 2001: 297).

한편 베트남은 이 전쟁에서 방어작전을 성공적으로 수행했다. 제2차 인도차이나 전쟁을 경험한 베트남 민병과 정규군은 일사불란한 작전을 펼쳤으며, 공격하는 중국군에 많은 손실을 가하여 조기철군을 강요했다. 만일 중국군이 랑손에서 계속 공격해왔더라면 베트남은 5개의 정예사단을 투입했을 것이며, 캄보디아로부터 이동하고 있던 3만 명의 정규군 병력을 추가로 증원할 수 있었을 것이다. 국경지역으로부터 랑손까지는 20km에 불과하지만 랑손에서 적강 삼각주까지는 그 두 배인 약 40km에 달하며, 이 경로의 지형은 매복에 용이한 계곡으로 이루어져 있어 베트남군은 비정규전을 통해 중국군에 심대한 타격을 가할 수 있었을 것이다(Kenny, 2003: 230).

중월전쟁에서 소련의 불개입은 베트남에 대한 소련의 안보공약의 신뢰성에 심각한 의문을 가져오지 않을 수 없었다. 베트남은 중국과의 적대적 관계가 지속되는 가운데 유사시에 소련의 군사적 개입에만 전적으로 의존할 수는 없게 되었다. 이는 베트남의 전략적 입지를 약화시키는 것이었다. 소련의 중월전쟁 개입 거부는 국제정치적으로 소련의 패권이 이미 약화되어 양면전쟁을 치를 여력이 없으며, 더 이상 중국과 대규모 전쟁을 수행할 의지가 없음을 보여주는 것이었다. 즉, 중국은 베트남과의 전쟁을 통해 베트남-소련 안보동맹에 타격을 가할 수 있었으며, 그렇지 않았다면 배가 되었을 군사적 압력을 완화하고 미래의 전쟁을 예방하는 효과를 거둘 수 있었다.

요약하면, 중국은 중월전쟁을 통해 군사적으로 별다른 성과를 거두지는 못했다. 다만 정치적으로 베트남의 일방적 행동에 대해 응징을 가함으로써 '교훈'을 주고 소련의 영향력 확대에 대한 경고 메시지를 전달할 수 있었다. 특히 베트남과 소련의 동맹을 약화시킴으로써 이후 중국에 대한 안보위협을 완화할 수 있었다. 중국은 이 같은 정치적 목적을 달성했다는 판단에서 완전한 군사적 승리를 추구하기보다는 일방적인 철군을 단행했다.

5. 결론

중월전쟁은 중국의 전략문화라는 관점에서 다음과 같은 특징을 보여주었다. 첫째로 중국은 전쟁을 혐오하지 않았다. 즉, 전쟁을 정치적 목적을 달성하기 위한 수단으로 활용하는 데 주저함이 없었다. 물론 중국 지도자들 가운데는 베트남에 대한 군사력 사용을 반대하거나 주저한 사람도 있었다. 천윈(陳雲)은 전쟁의 장기화로 인한 경제적 어려움을 우려하여 반대하는 입장에 섰다. 마오쩌둥의 공식적 후계자였던 화궈펑은 전쟁을 공식적으로 반대하지는 않았지만 전면에 나서지는 않았다. 그러나 덩샤오핑을 중심으로 한 대다수의 지도자들은 '제한적 군사력'을 사용하는 데 적극적으로 나섰다. 마오쩌둥 사후 4인방을 체포하면서 입지를 구축한 왕전(王震)은 캄보디아에 대한 직접적 파병이 제한되는 상황에서 베트남을 직접 공격해야 한다고 주장했으며, 국무원 부총리 겸 외사영도소조장을 맡은 리셴녠(李先念)도 베트남에 대한 공격을 지지했다. 중국은 분명히 클라우제비츠가 제기한 수단적 전쟁론의 관점에서 중월전쟁을 고려하고 있었다.

그렇다면 중국의 군사력 사용 시점을 어떻게 보아야 하는가? 중국은 베트남의 캄보디아 침공 후에야 군사력 사용을 결정함으로써 가급적 전쟁을 회피하려 한 것이 아닐까? 이 문제에 대해서는 중국 내 군 지도자들 간의 팽팽한 의견대립으로 인해 의사결정이 지연된 것으로 보아야 한다. 즉, 1978년 5월에 이미 정치국 회의에서 일부 고위급 군 지도자들은 베트남의 공격에 대비하여 크메르 루주 정권을 지원하기 위해 캄보디아에 '중국지원군'을 파견해야 한다는 주장을 제기했다. 그러나 일부 지도자들은 1950년대 초부터 베트남과 긴밀히 협력하여 인도차이나 전쟁을 수행한 경험이 있기 때문에 선뜻 군사력 사용에 동의할 수 없었다. 다만 1979년 11월 베트남이 소련과 동맹조약을 체결하고 소련의 군사력을 인도차이나 반도에 끌어들이면서 군부의 입장은 강경하게 돌아섰다. 즉, 중국이 캄보디아 침공을 계기로 군사력 사용을 결정했지만 이는 중국이 군사력 사용을 회피하려 했다는 증거로 보기에는 무리가 있다. 결국 중국의 군사력 사용은 '수단적 전쟁론'이라는 측면에서 근대성을 갖는 것으로 볼 수 있다.

둘째로 중국은 권력정치로부터 자국의 안보를 확보하기 위한 전쟁을 수행했다. 즉, 중국의 정치적 목적은 베트남과 소련의 동맹관계를 약화시키고 캄보디아에 대한 베트남의 군사적 압력을 완화하는 것으로 요약할 수 있다. 아마도 중국은 베트남 군대를 캄보디아로부터 철수하도록 강요하기에는 무리가 있다고 판단했을 것이다. 전쟁이 장기화되어 소련의 개입을 자초하고 싶지는 않았을 것이기 때문이다. 전쟁을 통해 중국이 얻고자 했던 가장 중요한 목적은 소련이 개입하지 않는 가운데 베트남에 최대한의 군사적 타격을 가함으로써 소련에 대한 베트남의 의존도를 약화시키는 것이었다. 그럼으로써 소련이 인도차이나에 제공한 안보공약의 신뢰성을 훼손하고 이 지역에 대한 소련의 영향력을 약화시키려 했다. 이는 근대적 전쟁관의 연장선상에서 제한적인 정치적 목적을 추구하는 전형적인 국제전으로 간주할 수 있다.

다만 중국의 경우 이러한 안보 차원의 목적 외에 '응징'이라는 독특한 목적을 동시에 추구했다. 일종의 배신감에서 비롯된 앙갚음—혹은 중국의 전통적 대외정책에서 나타난 징벌—과 주변 이민족에 대한 교화의 의도가 복잡하게 얽혀 군사력 사용으로 귀결된 것이다. 과거 유교사상에 입각한 전통적인 전략문화가 중월전쟁에서 나타난 것이다.

이는 다음과 같은 두 가지 측면에서 서구의 근대적 전략문화와는 차이가 있다. 하나는 상대국의 영토를 점령하거나 보복차원의 약탈을 통해 물질적 이득을 취하는 것이 아니라 군사행동 그 자체로 중국의 존재감을 과시하는 것이다. 서구국가들도 마찬가지로 '무력시위'를 통해 영향력을 과시할 수 있지만, 그러한 무력시위는 통상 전쟁으로까지 나아가지는 않는다는 점에서 중국의 군사력 사용과 차이가 있다. 다른 하나는 서구에서 흔히 언급하는 '팃포탯(tit-for-tat)'처럼 무력사용이 그 자체로 일단락되는 것이 아니라 차후 '주종적인' 양국 관계를 설정하는 계기가 된다는 것이다. 비록 중국이 베트남과의 관계가 회복될 것으로 기대하지는 않았더라도 중국의 응징은 베트남에게 중국을 존중하도록 교훈을 주려는 의도에서 비롯된 것으로 볼 수 있다. 무엇보다도 중월전쟁에서 중국은 3주 만에 전쟁목적 달성을 선언하고 군사력을 일방적으로 철수시킴으로써 점령군이 장기간 주둔하며 피점령국과 협상을 벌이는 서구의 전쟁방식과 다른 모습을 보여주었다.

셋째로 중월전쟁에서 군사력의 효용성에 대한 중국의 인식은 상당히 높았던 것으로 볼 수 있다. 한편으로, 이 전쟁이 베트남에 대해 교훈을 주는 것이라면 이미 유교에서 말하는 덕과 예의 차원을 떠나 징벌을 가하는 것이기 때문에 군사력 사용은 필요하고 유용한 것이 된다. 즉, 다른 비군사적 수단보다도 군사력이 주요한 수단으로 동원되어야 하는 것이다. 특히 응징이라는 목적을 달성하기 위해서는 중국의 군사적 우위가 전제되지 않으면 안 된다. 중국이 베트남과의 전쟁에서 군사적으로 패배한다면 의도한 대로 유의미한 교훈을 주는 것이 불가능할 것이기 때문이다.

다른 한편으로, 베트남에 대한 군사적 승리를 통해 베트남-소련 동맹관계를 약화시키려 했다는 측면에서도 중국은 군사력의 중요성에 대해 인정하고 있었던 것으로 볼 수 있다. 이 경우 중국은 베트남군에 대해 기습적인 공격을 가하고 소련군이 개입할 시간적 여유를 주지 않고 단기간에 승리를 거두어야 하기 때문에 군사력은 정치적 목적 달성을 위한 핵심적 기제가 되어야 한다. 그래서 전술한 것처럼 중국은 전쟁을 위해 20개 사단 30만의 병력, 700~1000대의 항공기, 1000대의 전차, 그리고 화포 1500문을 집결시켰으며, 베트남 국경 내에 10만 명의 병력을 투입했다. 중국의 이러한 모습은 제한전쟁을 수행하는 여느 서구국가들의 모습과 다르지 않다. 제한전쟁의 경우 시간적으로나 공간적으로 한정된 상황에서 치열한 형태의 전쟁으로 치러지기 마련이다. 중국은 비록 1985년에 가서야 '국부전쟁'을 수용했지만 이전의 중인전쟁은 물론 중월전쟁에서도 제한적 국제전을 수행하는 모습을 보여주었다.

넷째로 한국전쟁과 달리 전쟁을 지지하는 대규모의 대중동원이나 대중운동이 이루어지지 않았다. 중국 지도부는 베트남 공격을 극히 조용하게 진행했다. 이 기간에 언론보도는 주로 베트남과의 국경에서 전쟁이 벌어졌지만 인민들은 걱정할 필요가 없다는 내용을 담았다(Scobell, 2003: 141). 중국이 언론플레이를 자제한 이유는 두 가지로 볼 수 있다. 하나는 중국이 개혁개방을 통해 농업, 공업, 과학기술, 국방의 4대 현대화를 추진하고 있었기 때문에 전쟁으로 인해 이러한 분위기가 저해될까 우려했다. 예젠잉이 베트남 공격에 반대하고 쉬샹첸(徐向前)이 신중한 입장을 보였던 것은 바로 베트남과의 전쟁이 경제발전을 위한 평화로운 환경을 저해할까 우려해서였다. 다른 하나는 1978

표 12-1 중월전쟁에서 나타난 중국의 전략문화

구분	유교적 전략문화 (전통적 전쟁)	현실주의적 전략문화	
		서구적 현실주의 (국제전)	극단적 현실주의 (혁명전쟁)
전쟁관	△	○	-
정치적 목적	○	△	-
군사력 효용성 인식	-	○	-
인민의 역할	-	○	-

년 11월 이후 민주화를 주장하는 운동이 전개되면서 정부가 대중의 지지를 유도하기 어려운 상황이었다는 것이다. 자칫 반전여론이 조성되고 반정부운동이 야기될 수 있었다. 즉, 중월전쟁은 중인전쟁과 마찬가지로, 그리고 한국전쟁에서와는 달리 중국인민이나 중국군에게 혁명이념을 전파하는 '십자군'이 되지 못했다.

요약하면, 중월전쟁은 유교적 전략문화와 현실주의적 전략문화의 성격을 동시에 갖고 있다. 중국이 이 전쟁에서 보인 전쟁관은 클라우제비츠의 '수단적 전쟁론'을 수용한 것으로 근대성을 갖는다. 정치적 목적은 징벌과 적의 동맹 약화라고 하는 측면에서 유교적·현실주의적 성격을 모두 갖는다. 다만 중국이 추구한 주요한 정치적 목적은 베트남에 교훈을 준다는 것으로 유교적 성격이 보다 짙은 것으로 볼 수 있다. 군사력의 효용성 인식은 베트남에 응징을 가한다는 측면에서 매우 강했다. 그리고 인민의 역할에 관해서는 서구의 국가들과 유사한 입장에 서 있는데, 그것은 서구에서도 제한전쟁의 경우 국민들이 개입할 여지는 매우 한정되어 있기 때문이다.

제13장

결론

중국의 전략문화는 크게 전통적인 유교적 전략문화와 공산혁명기 이후의 현실주의적 전략문화로 대별할 수 있다. 그리고 현실주의적 전략문화는 다시 공산혁명시기의 극단적 형태의 현실주의적 전략문화와 공산혁명 이후 주변국가들과 국제전을 수행하면서 수용하게 된, 보다 완화된 서구적 형태의 현실주의적 전략문화로 구분할 수 있다. 중국은 명청 시대까지 유교적 전략문화를 유지하다가 공산혁명을 수행하면서 처음으로 근대성을 가진 현실주의적 전략문화를 받아들이게 되었다. 그리고 현대의 중국은 비록 혁명국가로서의 정체성을 갖고 출발함으로써 때로는 극단적 현실주의 성향의 전쟁을 추구하기도 했지만, 국익을 중시하는 서구적 현실주의와 전쟁을 혐오하는 전통적 유교주의의 성향을 번갈아가며 보이고 있다.

따라서 현대중국의 전략문화는 유교주의, 서구적 현실주의, 그리고 극단적 현실주의가 혼재된 것으로 매우 혼란스러운 상황에 놓여 있다. 현대의 전략문화를 중국이 수행한 한국전쟁, 중인전쟁, 그리고 중월전쟁 사례를 중심으로 종합적으로 재구성하면 **표 13-1**과 같다. 우선 중국의 전쟁관은 세 가지 전략문화의 범주를 넘나들며 일관성을 유지하지 못하고 있다. 한국전쟁 시기에

표 13-1 전쟁사례별 현대중국의 전략문화 성향

구분	유교적 전략문화 (전통적 전쟁)	현실주의적 전략문화	
		서구적 현실주의 (국제전)	극단적 현실주의 (혁명전쟁)
한국전쟁		②③	①④
중인전쟁	①②③④		
중월전쟁	②	①③④	

주: ① 전쟁관, ② 정치적 목적, ③ 군사적 효용성, ④ 인민의 역할.

중국은 한반도 공산혁명을 정당화하고 전쟁을 유일한 수단으로 간주하는 등 극단적 형태의 현실주의적 전쟁관이 우세했으나, 중인전쟁에서는 가급적 인도와의 무력충돌을 피하려고 함으로써 전쟁을 혐오하는 유교적 전쟁인식이 두드러졌다. 그리고 중월전쟁에서는 베트남 및 소련에 대해 정치적 메시지를 전달하기 위해 적극적으로 무력을 사용해야 한다는 일종의 '수단적 전쟁론'을 견지했다는 측면에서 서구적 현실주의가 우세했던 것으로 볼 수 있다.

중국이 추구한 정치적 목적은 일부 서구의 현실주의적 성향을 보이고 있으나 유교적 성향이 더욱 두드러지게 나타난다. 한국전쟁에 개입하면서 중국은 북한지역에 완충지대를 확보함으로써 안보를 공고히 한다는 제한적 목적을 추구하여 현대 서구의 전쟁과 유사한 형태의 정치적 목적을 추구했다. 비록 개입 후 전역을 수행하는 과정에서 한때 한반도를 공산화한다는 혁명적 목표를 내세웠으나 곧바로 현실적인 제약으로 인해 그 목적을 제한하고 전쟁을 마무리하지 않을 수 없었다. 그러나 이와 반대로 중인전쟁과 중월전쟁에서 중국은 인도와 베트남의 잘못된 행동에 대한 교정과 응징을 추구함으로써 유교적 전략문화의 전통을 따르고 있음을 보여주고 있다.

군사력의 효용성에 대한 인식은 일부 유교적 성향을 보이기도 하지만 서구적 현실주의의 비중이 더욱 커 보인다. 중국은 한국전쟁과 중월전쟁 당시 클라우제비츠의 '수단적 전쟁론'의 관점에서 전쟁을 정치적 목적을 달성하기 위한 유용한 도구로 간주했다. 그러나 중인전쟁에서는 전쟁의 과정에서 무력사용을 중단하고 외교적 해결책을 모색하는 등 군사력을 유일한 수단으로 보지 않았으며, 이러한 측면에서 서구의 현실주의보다는 유교적 사고에 가까운 모습도 보였다. 전체적으로 본다면 중국은 서구의 현실주의적 입장에 서서 정치적 수단으로서 군사력이 갖는 효용성을 높이 평가하고 있다.

인민의 역할에 대한 인식도 세 가지 전략문화의 범주를 모두 넘나들고 있다. 한국전쟁은 중국 지도부가 인민전쟁의 연속선상에서 전쟁을 수행함으로써 인민의 지지와 참여에 의존한 사례였다. 그러나 중인전쟁의 경우 인민들은 전쟁과 철저하게 유리되었기 때문에 혁명전쟁이나 서구의 국제전 수행방식과 맞지 않으며, 굳이 이를 세 가지 범주에 넣어야 한다면 그나마 유교주의적 전략문화에 근접하는 것으로 볼 수 있다. 또한 중월전쟁의 경우 경제발전에 미칠 부정적 영향을 고려하여 전쟁을 대대적으로 홍보하지는 않았지만, 전쟁상황을 일부 언론에 보도하며 여론을 관리하려 했다는 측면에서 서구의 국제전 수행방식에 가깝다고 할 수 있다.

이렇게 볼 때, 현대중국의 전략문화는 각 시기별로 나타난 전쟁사례들 간에 일관성을 유지하지 못하고 모순된 모습을 발견할 수 있다. 전쟁사례별로 때로는 혁명적 전략문화, 때로는 현실주의적 전략문화, 그리고 때로는 유교적 전략문화의 속성이 우세하게 나타나고 있어 현대중국의 전략문화가 무엇이라고 규정하기가 어렵다. 이러한 모순은 비단 각 전쟁사례 간에만 나타나는 것이 아니라, 개별 전쟁사례 내에서도 발견할 수 있다. 한국전쟁이나 중월전쟁의 경우 유교적 성격, 서구의 성격, 그리고 혁명적 성격이 혼재하는 가운데 중국의 전략문화를 어떻게 설명해야 할지에 대해 혼란을 가중시키고 있다. 중인전쟁의 경우 비교적 전형적인 유교적 전략문화의 관점이 두드러지지만 그 내부를 자세히 들여다보면 영토문제에 관한 반제국주의적 속성과 인도-미국-소련의 반중연대 결정 저지라고 하는 현실주의적 속성도 찾아볼 수 있다. 물론 이와 같이 혼란스러운 모습은 비단 중국만이 아니라 다른 국가들의 전쟁에서도 나타날 수 있겠지만, 중국의 전쟁은 유독 다른 나라에 비해 그 정도가 확연하게 두드러진다. 서구국가들의 경우 근대 이후 클라우제비츠의 '수단적 전쟁관'을 수용함으로써 전쟁을 정치적 도구로 간주하고 대부분 자국의 영토와 주권, 국가이익을 확보하거나 수호하기 위한 현실주의적 성격의 전쟁을 수행하지만, 중국의 경우에는 이런 성격 외에도 유교적 전통이나 혁명과 같은 요소가 전쟁관 혹은 전쟁의 정치적 목적을 결정하는 데 영향을 주기 때문이다.

결과적으로 현대역사에서 드러난 중국의 전략문화는 뚜렷한 방향성을 보여주지 못하고 있다. 만일 마오쩌둥 시대에 그러했던 것처럼 현대의 중국이 극좌적 혁명이념을 고수했다면 중국은 그와 같은 혁명적인 전략문화에 충실했어야 하지 않을까? 만일 중국이 비록 공산국가이지만 근대화를 경험하면서 서구와의 경쟁과 협력을 통해 국제사회의 규칙과 규범을 받아들였다고 한다면 아마도 중국의 전략문화는 서구의 현실주의적 전략문화로 수렴되어야 하지 않았을까? 그리고 만일 중국이 대국이라는 자아인식을 가지고 주변국과의 전쟁에 나섰다면 보다 유교주의에 치중된 전략문화를 보였어야 하지 않을까? 그러나 현실에서 드러난 현대중국의 전략문화는 이러한 방향성이 없이 좌충우돌하는 모습으로 비쳐지고 있다.

물론 이에 대해서는 전쟁이 발발한 시점의 문제로 볼 수도 있다. 즉, 전쟁의 시기별로 중국이 처한 안보상황이 달랐기 때문에 서로 다른 전략문화의 속성을 보였을 수 있다는 것이다. 그러나 이 책에서 다룬 현대시기 중국의 전쟁은 공산혁명 이후 불과 30년 이내에 치러진 것들이다. 아무리 안보상황이 급변했다 하더라도 이처럼 짧은 시기에 중국의 전쟁관, 정치적 목적, 군사적 효용성 인식, 그리고 인민의 역할에 대한 인식이 이토록 큰 편차를 보일 수는 없다. 따라서 현대중국의 전략문화가 갖는 '전통'과 '근대'의 모순적 속성을 단순히 시점의 문제로 돌리는 것을 적절하지 않다.

그렇다면 중국이 치렀던 각 전쟁의 성격이 달랐기 때문에 중국의 전략문화적 속성이 큰 부침을 거듭한 것은 아니었을까? 즉, 한국전쟁은 한반도 혁명전쟁의 성격을 가졌기 때문에 현실주의적 전략문화의 속성을, 그리고 중인전쟁과 중월전쟁은 주변국의 잘못된 행동에 대한 응징을 가하는 전쟁이었기 때문에 유교적 속성을 가졌던 것은 아니었을까? 그러나 이러한 논리는 전략문화가 전쟁의 성격과 방식을 결정하는 것이 아니라 전쟁의 유형이 전략문화를 결정한다는 것으로서 '꼬리가 몸통을 흔드는(wag the dog)' 격이라 할 수 있다. 전략문화는 전쟁의 성격과 유형, 그리고 전쟁수행 방식과 관계없이 일관성을 가져야 한다. 즉, 전략문화는 어떠한 전쟁에서도 그들이 갖는 비교적 일관성 있는 전쟁관, 정치적 목적, 군사력 인식, 그리고 국민의 역할에 대한 인식을 반영해야 한다.

결국 현대중국이 30년이라는 짧은 시간에 수행한 전쟁이 전략문화라는 관점에서 일관성을 유지하지 못하고 있다는 점, 전쟁의 성격과 유형에 따라 전략문화적 속성이 다양한 모습으로 나타나고 있다는 점은 중국의 전략문화가 정착되지 못하고 있음을 증명한다. 즉, 현대중국의 전략문화는 '전통'과 '근대성'이 충돌하고 있으며, 중국인들 스스로 전쟁에 대한 인식, 전쟁에서 추구해야 할 정치적 목적, 군사력의 사용 방식, 그리고 인민이라는 존재가 전쟁에서 갖는 역할을 아직까지 명확하게 규정하지 못하고 있다.

이와 같이 현대중국의 전략문화에서 나타나는 유교주의와 현실주의 간의 모순과 갈등은 정책적 측면에서 매우 큰 불확실성과 위험성을 내포하고 있다. 물론 전략의 변증법적이고 이중적인 속성은 모든 국가들의 대외정책에서 발견되는 공통된 현상임에 분명하다. 전통적으로 평화를 지향하는 국가도 대외적 팽창을 노릴 수 있으며, 그 역의 논리나 중도의 길도 선택이 가능하기 때문이다. 다만 중국의 대외정책이 이 두 가지 전략문화적 갈등 속에서 서로 충돌할 경우에는 중국의 행동에 대한 예측가능성을 크게 떨어뜨릴 수 있다는 문제가 발생한다. 중국이 본래 팽창적이라고 한다면 그러한 관점에서 미래 전망이 가능하고 이에 대한 대응전략이 마련될 수 있지만, 그 성격이 이것일 수도 있고 저것일 수도 있다면 전략적 소통 자체가 불가능할 것이기 때문이다. 최악의 경우 중국의 전략은 이와 같이 전략문화의 두 가지 모순적 측면, 즉 평화 지향적이면서 전쟁지향적인, 방어적이면서 공세적인, 그리고 현상유지적이면서 때로는 현상타파적인 성향이 서로 충돌하고 대립하는 과정에서 스스로도 통제력을 상실한 채 극단적 선택으로 나아갈 여지가 있다.

중국의 전략문화가 갖는 불확실성에도 불구하고 강대국으로 부상하고 있는 중국의 향후 전략적 선택을 예상해보면 다음과 같은 세 가지 경로를 상정해볼 수 있다. 첫째는 유교적 전략문화의 경로를 선택하는 것이다. 즉, 중국이 전쟁을 혐오하는 가운데 군사력보다는 정치외교적·경제적·문화적 수단을 동원하여 중국 중심의 국제질서 및 지역질서를 새롭게 재편하는 것이다. 현재 시진핑 정부가 제시한 '일대일로(一帶一路)' 구상이 이러한 시나리오를 가능케 할 수 있다. 이는 중국의 21세기 국가대전략 차원에서 제시된 개념으로 '일대'는 중국의 시안으로부터 중앙아시아를 통해 중동과 유럽을 연결하는 실크로드 경제벨트를 구축하는 것이고, '일로'는 중국의 주요 항구로부터 동남아시아, 아프리카, 유럽을 연결하는 21세기 해상 실크로드를 건설하는 것이다. 중국은 이러한 구상을 통해 유라시아 지역에서 미국의 영향력을 배제하고 '중국 중심의 이익공동체'를 형성함으로써 궁극적으로 '중국몽', 즉 중화민족의 위대한 부흥을 꾀하려는 의도를 갖고 있다.

둘째는 극단적 형태의 현실주의적 전략문화를 따르는 경로이다. 중국은 대만 문제, 동중국해 및 남중국해 문제, 그리고 티베트와 신장의 분리독립 문제 등 대내외적으로 많은 현안을 안고 있다. 대만 문제는 과거 중국혁명을 완수하지 못해 현재까지 남아 있는 잔재로서 반봉건주의 혁명을 완수하기 위해 마지막으로 남은 과제이다. 동중국해 영토분쟁과 남중국해의 서사군도 영토분쟁은 아편전쟁 이후 서구의 침탈 과정에서 중국이 각각 일본과 프랑스에 빼앗겨 오늘날 분쟁의 발단이 된 것으로 반제국주의 혁명의 연장선상에 해결해야 할 과제이다. 티베트와 신장의 분리독립 문제도 마찬가지로 중국의 내부 문제로만 국한될 수 없으며, 과거 역사에서 경험한 것처럼 미국을 비롯한 서구국가들이 인권 등을 빌미로 개입할 경우 중국의 반제국주의 정서를 자극할 수 있다. 이러한 문제들을 둘러싼 대립이 첨예해질 경우 중국은 과거의 제국주의 국가들과 대화하고 타협하는 것을 거부하고 무력을 동원하여 '혁명'을 완수하려는 동기를 가질 수 있다. 지금까지 중국이 군사적 역량의 제한으로 인해 스스로 무력사용을 자제할 수밖에 없었다면, 향후 강대국으로 부상하는 중국은 보다 강압적인 방식을 동원해서라도 미제로 남아 있는 혁명과업을 완성하고자 할 수 있다.

셋째는 서구의 현실주의적 전략문화를 수용하는 경로이다. 중국은 1978년 개혁개방을 추진하면서 서구 중심의 국제질서에 편입되어왔다. 국제사회의 일원으로서 정치적·외교적 관례와 각종 경제 규약과 규칙을 수용하고 있으며, 비핵화, 환경문제, 전염성 질병, 테러리즘 등 초국가적 영역에서도 국제규범을 받아들이고 있다. 이러한 가운데 중국은 전쟁이나 국제분쟁을 혁명과 같은 극단적 관점에서 보지 않고 보다 완화된 형태의 현실주의적 입장, 즉 서구의 보편적 시각인 '수단적 전쟁관'을 적극적으로 수용할 수 있다. 즉, "전쟁은 다른 수단에 의한 정치의 연속"이라는 클라우제비츠의 주장에 입각하여 중국의 주권, 이익, 안보를 위해 필요한 경우 '정치적 수단'으로서 무력사용을 용인하는 입장에 설 수 있다.

이러한 세 가지 가운데 가장 바람직한 경로는 무엇인가? 즉, 중국이 지역의 평화와 안정, 그리고 공동번영에 기여하도록 하는 경로는 무엇인가? 유교적 전략문화를 따르는 경로는 겉으로 볼 때 평온하고 안정적으로 보일 수 있으나 미국이 구축한 기존 질서에 도전한다는 측면에서 또 다른 불안정성을 야기할 개연성이 충분하다. 극단적 형태의 현실주의적 전략문화를 따르는 경로는 현상타파적 무력사용을 정당화한다는 측면에서 지역안정을 해칠 가능성이 크다. 그렇다면 아마도 서구의 현실주의적 전략문화를 수용하는 경로가 가장 안정적이라고 할 수 있을 것이다. 군사력 사용과 관련하여 서구와 유사한 인식을 가지고 소통함으로써 서로의 오해와 오인에서 비롯될 수 있는 더 큰 참화를 방지하고 비교적 합리적인 대안을 모색할 수 있기 때문이다.

중국은 앞으로도 상당 기간 이 세 가지 경로 가운데 한 길로만은 가지 않을 것이다. 중국은 강대국으로 부상하면서 중화제국이 가졌던 전통적 전략문화를 견지할 수 있겠지만, 필요에 따라 혁명적 전략문화와 서구적 전략문화를 적절히 활용할 수 있을 것이기 때문이다. 이러한 측면에서 중국이 다양한 전략문화적 속성을 갖게 된 것은 어쩌면 자산이 될 수도 있으며, 이는 오히려 중국이 단일한 전략문화를 갖지 않도록 방해하는 요인으로 작용할 수 있다. 따라서 현대중국의 전략문화에 내재된 '전통'과 '근대'의 모순, 즉 '유교주의적 전략문화'와 '현실주의적 전략문화'의 충돌은 중국의 강대국 부상 과정에서 상당한 기간 계속될 것이다. 이는 국제사회가 강대국으로 부상하는 중국을 다루는 데 있어 그들의 전략문화적 속성을 보다 잘 이해해야 하는 당위성을 제공한다고 하겠다.

참고문헌

강정인. 2004. 『서구중심주의를 넘어서』. 서울: 아카넷.

공자(孔子). 1999. 김형찬 옮김. 『論語』. 서울: 홍익출판사.

국방군사연구소. 1996a. 『中國軍事思想』. 서울: 군인공제회.

_____. 1996b. 『중공군의 전략전술 변천사』. 서울: 국방군사연구소.

_____. 1996c. 『한국전쟁(중)』. 서울: 국방군사연구소.

_____. 1997. 『한국전쟁 자료총서 6』. 서울: 국방군사연구소.

_____. 1998. 『중국인민해방군사』. 서울: 국방군사연구소.

국방부 군사편찬연구소. 2002. 『중국군의 한국전쟁사 1』. 서울: 국방부 군사편찬연구소.

기세찬. 2013. 『중일전쟁과 중국의 대일군사전략, 1937~1945』. 서울: 경인문화사.

노영순. 2008. 「1979년 중월전쟁: 중국-베트남 상호 적대의식의 발전사와 베트남 화인문제」. 『중국의 변강인식과 갈등』. 오산: 한신대학교 출판부.

리쩌허우(李澤厚). 2010. 임춘성 옮김. 『중국근대사상사론』. 파주: 한길사.

맹자(孟子). 2008. 박경환 옮김. 『孟子』. 서울: 홍익출판사.

모스맨, 빌리(Billy Mossman). 1995. 백선진 옮김. 『밀물과 썰물』. 서울: 대륙연구소출판부.

미조구치 유조(溝口雄三) 외. 2011. 김석근 외 옮김. 『중국사상문화사전』. 서울: 책과함께.

미타니 히로시(三谷博) 외. 2011. 강진아 옮김. 『다시 보는 동아시아 근대사』. 서울: 까치.

바르누앙, 바르바라(Barbara Barnouin). 2007. 유상철 옮김. 『저우언라이 평전』. 서울: 베리타스북스.

박장배. 2007. 「중국의 티베트 인식과 1962년 중국과 인도의 국경분쟁」. 『중국의 변강인식과 갈등』. 오산: 한신대학교출판부.

박정수. 2010. 「현대중국의 전략문화와 전쟁수행방식: 전통적 전략문화와의 연속성과 변화를 중심으로」. ≪군사≫, 제74호(2010년 3월).

박창희. 2010. 「동북아의 '지전략적 핵심공간'과 근대 일본의 현상도전: 공격방어이론의 '지리' 요인을 중심으로」. ≪아시아연구≫, 제13권 2호(2010년 6월).

_____. 2013. 『군사전략론: 대전략과 작전술의 원천』. 서울 : 플래닛미디어.

베르제르, 마리-클레르(Marie-Claire Bergere). 2009. 박상수 옮김. 『중국현대사: 공산당, 국가, 사회의 갈등』. 서울: 심산.

샤오공취안(蕭公權). 2004. 최명·손문호 옮김. 『中國政治思想史』. 서울: 서울대학교출판부.

서진영. 1994. 『중국혁명사』. 서울: 한울.

_____. 1997. 『현대중국정치론: 변화와 개혁의 중국정치』. 서울: 나남출판.
셰노(Jean Chesneaux)·르 바르비에(Francoise Le Barbier)·베르제르(Marie-Claire Bergere). 1977. 신영준 옮김. 『중국현대사, 1911~1949』. 서울: 까치.
손드하우스, 로런스(Lawrence Sondhaus). 2007. 이내주 옮김. 『전략문화와 세계 각국의 전쟁수행방식』. 서울: 화랑대연구소.
손자(孫子). 1992. 노병천 옮김. 『孫子兵法』. 안산: 가나문화사.
쉬, 이매뉴얼 C. Y.(Immanuel C. Y. Hsu). 1977. 조윤수·서정희 옮김. 『근현대 중국사: 인민의 탄생과 굴기(하)』. 서울: 까치.
스펜스, 조너선 D.(Jonathan D. Spence). 1998a. 김희교 옮김. 『현대 중국을 찾아서 I』. 서울: 이산.
_____. 1998b. 김희교 옮김. 『현대 중국을 찾아서 II』. 서울: 이산.
시성문(柴成文)·조용전(趙勇田). 1991. 윤영무 옮김. 『중국인이 본 한국전쟁: 판문점 담판』. 서울: 한백사.
심규호. 2005. 『연표와 사진으로 보는 중국사』. 서울: 일빛.
쑤이, 데이빗(David Tsui). 2011. 한국전략문제연구소 옮김. 『중국의 6·25전쟁 참전』. 서울: 한국전략문제연구소.
예쯔청(叶自成). 2005. 이우재 옮김. 『중국의 세계전략』. 파주: 21세기북스.
오재환. 1999. 『중국사상사』. 서울: 신서원.
와다 하루키(和田春樹). 1999. 서동만 옮김. 『한국전쟁』. 서울: 창작과 비평사.
육군사관학교. 1984. 『한국전쟁사』. 서울: 일신사.
이삼성. 2010. 『동아시아의 전쟁과 평화: 전통시대 동아시아 2천년과 한반도 1』. 파주: 한길사.
이종석. 1998. 「국공내전시기 북한·중국 관계(3)」. ≪전략연구≫, 제5권 1호.
이춘식. 2005. 『중국사서설』. 서울: 교보문고.
임계순. 2004. 『清史: 만주족이 통치한 중국』. 서울: 신서원.
자이 지하이. 1990. 「중국이 참전하게 된 동기와 원인」. 김철범 편. 『진실과 증언: 40년 만에 밝혀진 한국전쟁의 실상』. 서울: 을유문화사.
장완녠(張萬年). 2002. 이두형·이정훈 옮김. 『중국인민해방군의 21세기 세계군사와 중국국방』. 서울: 평단문화사.
조병한. 2006. 「19세기 서구적 세계체계와 동북아 질서재편」. 역사학회 엮음. 『전쟁과 동북아의 국제질서』. 서울: 일조각.
중국국방대학(中國國防大學). 2001. 박종원·김종운 옮김. 『中國戰略論』. 서울: 팔복원.
중국사연구회. 1985. 『중국혁명의 전개과정』. 서울: 거름.

진순신(陳舜臣). 2011. 『이야기 중국사』. 파주: 살림.
최영. 1983. 『중공정치군사론』. 서울: 일지사.
탄, 체스타(Chester C. Tan). 1977. 민두기 옮김. 『中國現代政治思想史』. 서울: 지식산업사.
판원란(範文瀾). 2009. 박종일 옮김. 『中國通史』. 고양: 인간사랑.
펑광첸(彭光謙). 2010. 이두형 옮김. 『중국군의 등소평 전략사상 강좌』. 서울: 21세기군사연구소.
페어뱅크, 존 K.(John K. Fairbank) 외. 1991a. 김한규 외 옮김. 『동양문화사(상)』. 서울: 을유문화사.
_____. 1991b. 김한규 외 옮김. 『동양문화사(하)』. 서울: 을유문화사.
한국전략문제연구소. 1991. 『중공군의 한국전쟁사: 항미원조전사』. 서울: 세경사.
한석희. 2007. 『후진타오 시대의 중국 대외관계』. 서울: 폴리테이아.
한설. 2003. 「레닌의 전쟁관 연구: 러일전쟁부터 브레스트-리토프스크 조약까지」. 고려대학교 박사학위논문.
홀릭, 아놀드 L.(Arnold L. Holic). 1974. 「소련의 '아시아 집단안보' 제의」. 박재규 편. 『동아세아의 평화와 안보』. 서울: 경남대학출판국.
황병무. 1995. 『신중국군사론』. 서울: 법문사.

姜國柱. 2006. 『中國軍事思想簡史』. 北京: 新世界出版社.
谷應泰. 1933. 『明史紀史本末』. 上海: 尙武.
國防硏究院. 1962. 『明史』. 臺北: 國防硏究院.
軍事科學院軍事歷史硏究所. 2005. 『中華人民共和國軍事史要』. 北京: 軍事科學出版社.
金玉國. 2002. 『中國戰術史』. 北京: 解放軍出版社.
雷劍彩·賴曉樺 主偏. 2007. 『軍事理論讀本』. 北京: 北京大學出版社.
習近平. 2013. "在第十二屆全國人民代表大會第一次會議上的講話." 新華社, 2013年 3月 17日.
劉寅. 1955. 『司馬法直解』. 臺灣: 臺北.
林品石. 1986. 『呂氏春秋今注今譯』. 臺灣: 臺北.
李寶俊. 2006. 『當代中國外交概論』. 北京: 中國人民大學出版社.
翟强. 2006. 「建立反對蘇聯覇權的國際統一戰線」. 楊奎松 編. 『冷戰時期的中國對外關係』. 北京: 北京大學出版社.
中共中央黨史硏究室第一硏究部 編著. 2006. 『中華民族抗日戰爭史, 1931~1945』. 北京: 中共黨史出版社, 中共中央黨史硏究室.
中共中央黨史硏究室. 2006. 『中國共産黨歷史大事記』. 北京: 中共黨史出版社.
中華人民共和國 國務院新聞辦公室. 2011. 『2010年中國的國防』. 北京: 人民出版社.

_____. 2009. 『2008年 中國的國防』. 2009年 1月.
中華人民共和國外交部, "擱置爭議, 共同開發," http://www.mfa.gov.cn.chn//gxh/xsb/wjzs/t8958.htm
中央硏究院. 1963. 『明實錄』. 臺北: 中央硏究院歷史語文硏究所.
彭光謙. 2006. 『中國軍事戰略問題硏究』. 北京: 解放軍出版社.

Appleman, Roy E. 1961. *South to the Naktong North to the Yalu*. Washington, D.C.: Office of the Chief Military History.
Aron, Raymond. 1983. *Clausewitz: Philosopher of War*, Christine Booker and Norman Stone, trans. London: Routledge & Kegan Paul.
Beloff, Max. 1953. *Soviet Policy in the Far East, 1944~1951*. London: Oxford University Press.
Bok, Georges Tan Eng. 1984. "Strategic Doctrine." Gerald Segal and William Tow, eds. *Chinese Defense Policy*. London.
Boodberg, Peter Alex. 1930. *The Art of War in Ancient China: A Study Based Upon the "Dialogues of Li Duke of Wei"*. Berkeley: University of California Press.
Boorman, Howard L., and Scott A. Boorman. 1966. "Chinese Communist Insurgent Warfare, 1935~1949." *The Political Science Quarterly*, Vol. 81, No. 2(1966 June).
_____. 1967. "Strategy and National Psychology in China." *The Annals*, Vol. 370.
Booth, Ken, 1990. "The Concept of Strategic Culture Affirmed." C. G. Jacobsen, ed. *Strategic Power: USA/USSR*. New York: St. Martin's Press.
Boylan. Edward S. 1982. "The Chinese Cultural Style of Warfare." *Comparative Strategy*, Vol. 3, No. 4.
Brzezinski, Zbigniew. 1983. *Power and Principle: Memoirs of the National Security Advisor, 1977~81*. New York: Farrar, Straus and Giroux.
Chan, Hok-Lam. 1988. "The Chien-wen, Yung-lo, Hung-hsi, and Hsuan-te Reigns, 1399~1435." Frederik W. Mote and Denis Twitchett, eds. *The Cambridge History of China, Vol. 7: The Ming Dynasty, 1368~1644, Part 1*. Cambridge: Cambridge University Press.
Chang, Chung-ming. 1981. *Chiang Kai-shek: His Life and Times*. New York: St. John's University.
Chang, Gordon H. 1990. *Friends and Enemies: The United States, China, and the Soviet Union, 1948~1972*. Stanford: Stanford University Press.

Chen, Jian. 1993. "China and the First Indo-China War, 1950~54." *The China Quarterly*, No. 133(March 1993).

_____. 1994. *China's Road to the Korean War*. New York: Columbia University Press.

_____. 1995. "China's Involvement in the Vietnam War, 1964~1969." *The China Quarterly*, No. 142(June 1995).

_____. 1996. "Chinese Policy and the Korean War." Lester H. Brume, ed. *The Korean War: Handbook of the Literature and Research*. Westport: Greenwood Press.

_____. 2000. "Re-reading Chinese Documents: Post-Cold War Interpretation of the Cold War on the Korean Peninsula." Paper Presented at Int'l Conference on the Korean Summit and the Dismantling of the Cold War Structure, August 24~25, 2000. The Institute for Korean Unification Studies, Yonsei University.

Chen, Jian, Vojtech Mastny, Odd Arne Westad, and Vladislav Zubok. 1995. "China's Road to the Korean War." *CWIHP Bulletin*, Issues 6~7, p. 41.

Chen, King C. 1969. *Vietnam and China*, 1938~1954. Princeton: Princeton University Press.

Chen, Xiaolu. 1989. "China's Policy toward the United States, 1949~1955." Harry Harding and Yuan Ming, eds. *Sino-American Relations, 1945~1955: A Joint Reassessment of a Critical Decade*. Wilmington: Scholarly Resources Inc.

Cheng, Feng, and Larry M. Wortzel. 2003. "PLA Operational Principles and Limited War: The Sino-Indian War of 1962." Mark A. Ryan et al., eds. *Chinese Warfighting: The PLA Experience Since 1949*. New York: M.E. Sharpe.

Christensen, Thomas J. 1992. "Threats, Assurances, and the Last Chance for Peace: The Lessons of Mao's Korean War Telegrams." *International Security*, No. 17, Vol. 1(Summer 1992).

von Clausewitz, Carl. 1978. *On War*. Michael Howard and Peter Paret, eds. and trans. Princeton: Princeton University Press.

Clearly, Thomas, trans. 1989. *Mastering the Art of War: Zhuge Liang and Liu Ji* (Boston, 1989).

Dellios, Rosita. 1990. *Modern Chinese Defense Strategy: Present Developments, Future Directions*. New York: St. Martin's Press.

Deng, Xiaping. 1995. "The Task of Consolidating the Army." *Selected Works of Deng Xiaoping*, Vol. 2. Beijing: Foreign Languages Press.

Department of State. 1949. *United States Relations With China*. Office of Public

Affairs(August 1949).

Di, He. 1989. "The Evolution of the Chinese Communist Party's Policy toward the United States, 1944-1949." Harry Harding and Yuan Ming, eds. *Sino-American Relations, 1945~1955: A Joint Reassessment of a Critical Decade.* Wilmington: Scholarly Resources Inc.

Dougherty, James E., and Robert L. Pfaltzgraff, Jr. 1981. *Contending Theories of International Relations: A Comparative Survey.* New York: Harper & Row.

Dreyer, Edward L. 1995. *China at War, 1901~1949.* New York: Longman Group Limited.

_____. 2007. *Zheng He: China and the Ocean in the Early Ming Dynasty.* New York: Pearson Longman.

Duiker, William J. 1986. *China and Vietnam: The Roots of Conflict.* Berkeley: University of California.

Eastman, Lloyd E. 1991. "Nationalist China during the Sino-Japanese War, 1937~1945." *The Nationalist Era in China, 1927~1949.* New York: University of Cambridge.

Eastman, Lloyd E., et al. 1991. *The Nationalist Era in China, 1927~1949.* New York: University of Cambridge.

Elleman, Bruce A. 2001. *Modern Chinese Warfare, 1795~1989.* New York: Routlegde.

Evans, Grant, and Kelvin Rowly. 1984. *Red Brotherhood at War: Indochina since the Fall of Saigon.* London: Verso Editions.

Fairbank, John K. 1968. "A Preliminary Framework," *The Chinese World Order: Traditional China's Foreign Relations.* Cambridge: Harvard University Press, 1968.

_____. 1969. "China's Foreign Policy in Historical Perspective." *Foreign Affairs*, Vol. 47(April 1969).

_____. 1974. "Varieties of Chinese Military Experience," Frank A. Kerman, Jr., et al., *Chinese Ways in Warfare.* Cambridge: Harvard University Press.

_____. 2002. "Introduction: the Old Order." *The Cambridge History of China, Vol. 10, Late Ch'ing, 1800-1911, Part One.* Cambridge: Cambridge University Press.

Farrar-Hockley, Anthony. 1984. "A Reminiscence of the Chinese People's Volunteers in the Korean War." *The China Quarterly*, No. 98(June 1984).

Foot, Rosemary. 1985. *The Wrong War: American Policy and the Dimensions of the Korean Conflict, 1950~1953.* Ithaca: Cornell University Press.

Gaddis, John Lewis. 1989. "The American 'Wedge' Strategy, 1949-1955." Harry Harding and Yuan Ming, eds. *Sino-American Relations, 1945~1955: A Joint Reassessment of a*

Critical Decade. Wilmington: Scholarly Resources Inc.

_____. 1997. *We Now Know: Rethinking Cold War History*. Oxford: Oxford University Press.

Garver, John W. 2009. "China's Decision for War with India in 1962." *Wayback Machine*, March 26, 2009. Posted in http://en.wikidipedia.org/wiki/Sino-Indian_War(검색일: 2014년 2월 1일).

George, Alexander. 1971. "The Development of Doctrine and Strategy." Alexander George et al., eds. *The Limits of Coercive Diplomacy*. Boston: Little, Brown and Company.

Gittings, John. 1967. *The Role of the Chinese Army*. London: Oxford University Press.

Godwin, Paul H. B. 1997. "From Continent to Periphery: PLA Doctrine, Strategy and Capabilites Towards 2000." David Shambaugh and Richard H. Yang, eds. *China's Military in Transition*. Oxford: Clarendon Press.

Goldstein, Donald M. 1994. "Preface: Matthew Ridgway and the Korean War." Phil Williams et al., eds. *Security in Korea: War, Stalemate, and Negotiation*. Boulder: Westview Press.

Goncharov, Sergei N. 1991~1992. Interview with I. V. Kovalev, trans. Craig Seibert, "Stalin's Dialogue with Mao Zedong." *Journal of Northeast Asian Studies*, Vol. 10, No. 4.(Winter 1991~1992).

Goncharov, Sergei N., et al. 1993. *Uncertain Partners: Stalin, Mao, and the Korean War*. Stanford: Stanford University Press.

Gray, Colin S., 1999. *Modern Strategy* (Oxford: Oxford University Press, 1999).

Griffith, Samuel B. 1967. *The Chinese People's Liberation Army*. New York: McGrow-Hill Book Co.

Gurtov, Melvin. 1967. *The First Vietnam Crisis: Chinese Communist Strategy and United States Involvement, 1953~1954*. New York: Columbia University Press.

Gurtov, Melvin, and Byong-moo Hwang. 1980. *China under Threat: The Politics of Strategy and Diplomacy*. Baltimore: John Hopkins University Press.

Hao, Yufan, and Zhai Zhihai. 1990. "China's Decision to Enter the Korean War: History Revisited." *The China Quarterly*, Vol. 121(March 1990).

He, Zhaowu, et al. 2008. *An Intellectual History of China*. Bejing: Foreign Languages Press.

Heizig, Dieter. 1996. "Stalin, Mao Kim and Korean War Origins, 1950: A Russian

Documentary Discrepancy." *CWIHP Bulletin*, Issue 8.

Heo, Man-Ho. 1990. "From Civil War to an International War: A Dialectical Interpretation of the Origins of the Korean War." *Korea and World Affairs*, Vol. 14, No. 2 (Summer 1990).

Hinton, William. 1966. *Fan Shen: A Documentary of Revolution in a Chinese Village*. New York: Random House.

Hoffmann, Steven A. 1990. *India and the China Crisis*. Los Angeles: University of California Press.

Hood, Steven J. 1992. *Dragons Entangled: Indochina and the China-Vietnam War*. New York: M.E. Sharpe.

Horowitz, Richard S. 2002. "Beyond the Marble Boat: The Transformation of the Chinese Military, 1850~1911." David A. Graff and Robin Higham, eds. *A Military History of China*. New York: Westview Press.

Hoyt, Edwin P. 1990. *The Day the Chinese Attacked*. New York: NcGraw-Hill Publishing Co.

Hsu, Immanuel C. Y. 2002. "Late Ch'ing Foreign Relations." Denis Twitchett and John K. Fairbank, eds. *The Cambridge History of China, Vol. 11, Late Ch'ing, 1800~1911, Part 2*. Cambridge: Cambridge University Press.

Hucker, Charles O. 1998. "Ming Government." Denis Twitchett and John K. Fairbank, eds. *The Cambridge History of China*, Vol. 8. New York: Cambridge University Press.

Hunt, Michael H. 1996. *Crises in U.S. Foreign Policy*. New Haven & London: Yale University Press.

Huntington, Samuel P. 1966. *The Clash of Civilizations and the Remaking of World Order*. New York: Simon & Schuster.

Jia, Qingguo, and Richard Rosecrance, 2010. "Delicately Poised: Are China and the U.S. Heading for Conflict?" *Global Asia*, Vol. 4, No. 4(Winter 2010).

Johnson, Kenneth D. 2009. *China's Strategic Culture: A Perspective for the United States, Carlisle Papers*. Strategic Studies Institute, US Army War College(June 2009).

Johnston, Alastair Iain. 1995. *Cultural Realism: Strategic Culture and Grand Strategy in Chinese History*. Princeton: Princeton University Press.

_____. 1998. "Chinese Militarized Interstate Dispute Behavior 1949~1992: A First Cut at the Data." *The China Quarterly*.

Katzenbach, Edward L., Jr., and Gene Z. Hanrahan. 1955. "The Revolutionary Strategy of Mao Tse-tung." *The Political Science Quarterly*, Vol. 70, No. 3.(September).

Kenny, Henry J. 2003. "Vietnamese Perceptions of the 1979 War with China." Mark A. Ryan, et. al., eds. *Chinese Warfighting: The PLA Experience since 1949*. New York: M.E. Sharpe.

Keylor, William R. 1996. *The Twentieth-Century World: An International History*. Oxford: Oxford University Press.

Klein, Yitzhak. 1991. "A Theory of Strategic Culture." *Comparative Strategy*, Vol. 10, No. 1.

Korea Institute of Military History. 1998. *The Korean War*, Vol. 2. Seoul: KIMH.

Lantis, Jeffrey S., and Darryl Howlett, 2007. "Strategic Culture." John Baylis et al., *Strategy in the Contemporary World*. Oxford: Oxford University Press.

Lebow, Richard Ned. 1981. *Between Peace and War: The Nature of International Crisis*. Baltimore.

Lenin, V. I. 1964. "War and Revolution." *Collected Works*, Vol. 24. Bernard Issacs, tran. https://www.marxists.org/archive/lenin/works/1917/may/14.htm

_____. 1975. "Socialism and War." Robert C. Tucker, ed. *The Lenin Anthology*. New York: W. W. Norton & Company.

Liu, F. F. 1956. *A Military History of Modern China, 1924~1949*. Princeton: Princeton University Press.

Lococo, Paul, Jr. 2002. "The Qing Empire." David A. Graff and Robin Higham, eds. *A Military History of China*. Oxford: Westview Press.

Lowe, Peter. 1986. *The Origins of the Korean War*. London: Longman.

Macdonald, Douglas J. 1995/1996. "Communist Bloc Expansion in the Early Cold War." *International Security*, Vol. 20, No. 3(Winter 1995/96).

Mansourov, Alexandre Y. 1995. "Stalin, Mao, Kim and China's Decision to Enter the Korean War, Sept. 16-Oct. 15, 1950: New Evidence from Russian Archives." *CWIHP Bulletin*, Issues 6~7.

Mao, Tse-tung. 1967a. "Build Stable Base Areas in the Northeast." *Selected Works of Mao Tse-tung*, Vol. 4. Peking: Foreign Languages Press.

_____. 1967b. "Don't Hit Out in All Directions." *Selected Works of Mao Tse-tung*, Vol. 5. Peking: Foreign Languages Press.

_____. 1967c. "Farewell, Leighton Stuart!" *Selected Works of Mao Tse-tung*, Vol. 4. Peking: Foreign Languages Press.

_____. 1967d. "Fight for a Fundamental Turn for the Better in the Nation's Financial."

Selected Works of Mao Tse-tung, Vol. 5. Peking: Foreign Languages Press.

_____. 1967e. "For the Mobilization of All the Nation's Forces for Victory in the War of Resistance." *Selected Works of Mao Tse-tung*, Vol. 2. Peking: Foreign Languages Press.

_____. 1967f. "On Coalition Government." *Selected Works of Mao Tse-tung*, Vol. 3. Peking: Foreign Languages Press.

_____. 1967g. "On Correcting Mistaken Ideas in the Party." *Selected Works of Mao Tse-tung*, Vol. 1. Peking: Foreign Languages Press.

_____. 1967h. "On Protracted War." *Selected Works of Mao Tse-tung*, Vol. 2. Peking: Foreign Languages Press.

_____. 1967i. "Problems of Strategy in China's Revolutionary War." *Selected Works of Mao Tse-tung*, Vol. 1. Peking: Foreign Languages Press.

_____. 1967j. "Problems of Strategy in Guerrilla War against Japan." *Selected Works of Mao Tse-tung*, Vol. 2. Peking: Foreign Languages Press.

_____. 1967k. "Problems of War and Strategy." *Selected Works of Mao Tse-tung*, Vol. 2. Peking: Foreign Languages Press.

_____. 1967l. "Smash Chiang Kai-shek's Offensive by a War of Self-Defense." *Selected Works of Mao Tse-tung*, Vol. 4. Peking: Foreign Languages Press.

_____. 1967m. "Some Questions Concerning Methods of Leadership." *Selected Works of Mao Tse-tung*, Vol. 3. Peking: Foreign Languages Press.

_____. 1967n. "Strategy for the Second Year of the War of Liberation." *Selected Works of Mao Tse-tung*, Vol. 4. Peking: Foreign Languages Press.

_____. 1967o. "The Chinese Revolution and Chinese Communist Party." *Selected Works of Mao Tse-tung*, Vol. 2. Peking: Foreign Languages Press.

_____. 1967p. "The Concept of Operation for the Huai-Hai Campaign." *Selected Works of Mao Zedong*, Vol. 4. Peking: Foreign Languages Press.

_____. 1967q. "The Concept of Operation for the Liaohsi-Shenyang Campaign." *Selected Works of Mao Zedong*, Vol. 4. Peking: Foreign Languages Press.

_____. 1967r. "The Concept of Operations for the Northwest War Theater." *Selected Works of Mao Tse-tung*, Vol. 4. Peking: Foreign Languages Press.

_____. 1967s. "The Concept of Operation for the Peping-Tientsin Campaign." *Selected Works of Mao Zedong*, Vol 4. Peking: Foreign Languages Press.

_____. 1967t. "The Struggle in the Chingkang Mountains." *Selected Works of Mao Tse-tung*, Vol. 1. Peking: Foreign Languages Press.

_____. 1967s. "Urgent Tasks Following the Establishment of Kuomintang-Communist Co-operation." *Selected Works of Mao Tse-tung*, Vol. 2. Peking: Foreign Languages Press.
Mastny, Vojtech. 1996. *The Cold War and Soviet Insecurity*. London: Oxford University Press.
McCordock, R. S., *British Far Eastern Policy 1894~1900*. New York: Columbia University Press, 1931).
Min, Chen. 1992. *The Strategic Triangle and Regional Conflict: Lessons from the Indochina Wars*. Boulder: Lynne Rienner Publishers.
Mote, Frederick W. 1974. "The Tu-mu Incident of 1449." Frank A. Kerman, Jr. and John K. Fairbank, eds. *Chinese Ways in Warfare*. Cambridge: Harvard University Press.
Mote, Frederik W., and Denis Twitchett(eds.). 1988. *The Cambridge History of China, Vol. 7: The Ming Dynasty, 1368-1644, Part 1*. Cambridge: Cambridge University Press.
Murray, Brian. 1995. "Stalin, the Cold War, and the Division of China: A Multi-Archival Mystery." Working Paper No. 12, *CWIHP*.
Ng, Ka Po. 2005. "Appendix 3 Chinese Military Actions, 1949~2002." *Interpreting China's Military Power: Doctrine Makes Readiness*. London: Frank Cass, 2005).
Pepper, Suzanne. 1991. "The KMT-CCP Conflict, 1945~1949." Lloyd E. Eastman, et al., eds. *The Nationalist Era in China, 1927~1949*. Cambridge: Cambridge University Press.
Petro, Nocolai N., and Alvin Z. Rubinstein. 1997. *Russian Foreign Policy: From Empire to Nation-State*. New York: Longman.
Petrov, Vladimir. 1994. "Mao Stalin, and Kim Il Sung: An Interpretive Essay." *Journal of Northeast Asian Studies*, vol. 13, no. 2(Summer 1994).
Pike, Douglas. 1987. *Vietnam and the Soviet Union: Anatomy of an Alliance*. Boulder: Westview Press.
Pillsbury, Michael. 1980/1981. "Strategic Acupuncture." *Foreign Policy*, No. 41(1980/1981).
Pollack, Jonathan. 1989. "The Korean War and Sino-Korean Relations." Harry Harding & Yuan Ming, eds. *Sino-American Relations, 1945~1955: A Joint Assessment of a Critical Decade*. Wilminton, Del.: Scholarly Resources.
Poole, Walter S. 1998. *History of the Joint Chiefs of Staff*, Vol. 4: 1950~1952. Washington DC: Office of Joint History.
Powell, Ralph. 1968. "Maoist Military Doctrines." *Asian Survey*, Vol. 8, No. 4(April 1968).
Rees, David. 1964. *Korea: The Limited War*. Baltimore: Penguin Books Inc.
Ross, Robert. 1988. *The Indochina Tangle: China's Vietnam Policy, 1975~1979*. New

York: Columbia University Press.

Rossabi, Morris. 1997. "The Ming and Inner Asia," Denis Twitchett and John K. Fairbank, eds., *The Cambridge History of China*, Vol. 8. Cambridge: Cambridge University Press.

Rusk, Dean. 1950. "U.S. Policy toward Formosa." May 30 1950, Records of the Policy Planning Staff of the Department of State: Country & Area Files: China(1947~1954).

Ryan, Mark A. et al.(eds.). 2003. *Chinese Warfighting: The PLA Experience Since 1949.* New York: M..E. Sharpe.

Schnabel, James F. 1996. *History of the Joint Chiefs of Staff, vol. 1: The Joint Chiefs of Staff and National Policy 1945~1947.* Washington, D.C.: Office of Joint History.

Scobell, Andrew, 2003. *China's Use of Military Force: Beyond the Great Wall and the Long March.* Cambridge: Cambridge University Press.

Segan, Gerald. 1985. "Defense Culture and Sino-Soviet Relations." *Journal of Strategic Studies*, Vol. 8 (1985).

Shambaugh, David. 2002. *Modernizing China's Military: Progress, Problems, and Prospects.* Berkeley: University of California Press.

Shaw, Yu-ming. 1982. "John Leighton Stuart and U.S.-Chinese Communist Rapprochement in 1949: War There Another 'Lost Chance in China'?" *The China Quarterly*, No. 89(March 1982).

Shum, Kui-Kwong. 1988. *The Chinese Communists' Road to Power: The Anti-Japanese National United Front, 1935~1945.* Oxford: Oxford University Press.

van Slyke, Lyman P. 1991. "The Chinese Communist Movement during Sino-Japanese War, 1937~1945." Lloyd Eastman et al., eds. *The Nationalist Era in China, 1927~1949.* Cambridge: Cambridge University Press.

Snyder, Jack L. 1977. "The Soviet Strategic Culture: Implications for Limited Nuclear Operations." Rand Corporation.

Sokolovskii, V. D. ed. 1963. *Soviet Military Strategy.* Englewood Cliffs: Prentice-Hall, Inc..

Spence, Jonathan. 1988. "The K'ang-hsi Reign." Frederik W. Mote and Denis Twitchett, eds. *The Cambridge History of China, Vol. 9: The Ch'ing Empire to 1800, Part 1.* Cambridge: Cambridge University Press.

Spurr, Russell. 1988. *Enter the Dragon: China's Undeclared War against the U.S. in Korea.* New York: Newmarket.

Stueck, William. 1995. *The Korean War: An International History.* Princeton: Princeton

University Press.

Swaine, Michael D. and Ashley Tellis. 2000. *Interpreting China's Grand Strategy: Past, Present, and Future* (Santa Monica: RAND, 2000).

Tang, Tsou. 1967. *America's Failure in China, 1941~1950.* New York: Chicago Press.

The Ministry of National Defense. 1975. *The History of the United Nations Forces in the Korean War.* Seoul: The War History Compilation Committee.

Tretiak, Daniel. 1979. "China's Vietnam War and its Consequences." *The China Quarterly*, No. 80(December 1979).

Tsui, Chak-Wing David. 1992. "Strategic Objectives of Chinese Military Intervention in Korea." *Korean and World Affairs*, Vol. 16, Vol. 2(Summer 1992).

Vigor, P. H. 1975. *The Soviet View of War, Peace and Neutrality.* London: Routledge & Kegan Paul.

Vogel, Ezra F. 2011. *Deng Xiaoping and the Transformation of China.* London: The Belknap Press.

Waldron, Arthur. 1994. "Chinese Strategy from the Fourteenth to the Seventeenth Centuries." William Murray, et. al., eds., *The Making of Strategy: Rulers, States, and War.* New York: Cambridge University Press.

Walt, Stephen M. 1996. *War and Revolution.* Ithaca: Cornell University Press.

Wang, Yuan-Kang. 2011. *Harmony and war: Confucian Culture and Chinese Power Politics.* New York: Columbia University Press.

Weathersby, Kathryn. 1995. "To Attack, or Not to Attack? Stalin, Kim Il Sung, and the Prelude to War." *CWIHP Bulletin*, Issue 5, p. 4, Document 1, Stalin's Meeting with Kim Il Sung, Moscow, 5 March 1949.

Wei, Henry. 1956. *China and Soviet Russia.* Princetonf: D. Van Nostrand Company.

Weigley, Russell F. 1973. *The American Way of War: A History of United States Military Strategy and Policy.* Bloomington: Indiana University Press.

Westad, Odd Arne. 1993. *Cold War and Revolution: Soviet-American Rivalry and the Origins of the Chinese Civil War, 1944~1966.* New York: Columbia University Press.

_____. 1995. "Rivals and Allies: Stalin, Mao and the Chinese Civil War, January 1949." *CWIHP Bulletin*, Vol. 6~7.

Westad, Odd Arne, et al., eds. 1998. "Mao Zedong and Le Duan, Beijing, 24 Sep 1975." *77 Conversations between Chinese and Foreign Leaders on the Wars in Indochina, 1964~1977.* Working Paper No. 22, CWIHP.

Whiting, Allen S. 1960. *China Crosses the Yalu: The Decision to Enter the Korean War.* Stanford: Stanford University Press.

_____. 1968. *China Crosses the Yalu.* Stanford: Stanford University Press.

_____. 1969. "Sino-Soviet Hostilities and Implications For U.S. Policy." August 16, 1969, Declassified Document, E.O. 12958.

_____. 1991. "The U.S.-China War." Alexander L. George, ed. *Avoiding War: Problems of Crisis Management.* Boulder: Westview Press.

_____. 2001. *The Chinese Calculus of Deterrence: India and Indochina.* Ann Arbor: University of Michigan Press.

Whitmore, John K. 1977. "Chiao-Chih and Neo-Confucianism: The Ming Attempt to Transform Vietnam." *Ming Studies*, Vol. 4(Spring 1977).

Womack, Brantly. 2006. *China and Vietnam: The Politics of Asymmetry.* New York: Cambridge University Press.

Yeh, Ch'ing. 1975. *Inside Mao Tse-tung Thought: An Analysis Blueprint of His Actions*, Stephen Pan et al., trans. and ed. New York: Exposition Press.

Young, Marilyn B. 1991. *The Vietnam Wars, 1945~1990.* New York: Harper Perennial.

Zarrow, Peter. 2005. *China in War and Revolution, 1895~1949.* New York: Routledge.

Zhai, Qiang. 1993. "Transplanting the Chinese Model: Chinese Military Advisers and the First Vietnam War, 1950~1954." *The Journal of Military History*, no. 57, October 1993.

_____. 2000. *China and the Vietnam Wars.* Chapel Hill: University of North Carolina Press.

Zhang, Shuguang. 1994. "Threat Perception and Chinese Communist Foreign Policy." Melvyn P. Leffler and David S. Painter, ed. *Origins of the Cold War: An International History.* New York: Routledge.

Zhang, Shu Guang. 1995. *Mao's Military Romanticism: China and the Korean War, 1950~1953.* Lawrence: University of Kansas Press.

Zhang, Shuguang and Jian Chen, eds. 1996. *Chinese Communist Foreign Policy and the Cold War in Asia.* Chicago: Imprint Publications.

Zhang, Tiejun, 2002. "Chinese Strategic Culture: Traditional and Present Features." *Comparative Strategy*, Vol. 21.

Zhang, Xiaoming. 1998. "China and the Air War in Korea, 1950-1953." *The Journal of Military History*, vol. 62, April 1998.

찾아보기

ⓩ

지은이_박창희

육군사관학교를 졸업하고 미 해군대학원(Naval Postgraduate School)에서 국가안보 석사학위를, 고려대학교에서 정치학 박사학위를 취득했다. 국방대학교 안보문제연구소에서 군사문제연구센터장을 역임했으며, 현재 국방대학교 군사전략학과 교수로 재직 중이다. 중국군사와 군사전략에 관심이 있으며 주요 논저로는 『군사사상론』(2014, 공저), 『군사전략론』(2013), 『현대중국 전략의 기원』(2011), "Why China Attacks: Geostrategic Vulnerability and Its Military Intervention"(2008) 등이 있다.

한울아카데미 1848

중국의 전략문화
전통과 근대의 부조화

지은이 **박창희**
펴낸이 **김종수** | 펴낸곳 **도서출판 한울** | 책임편집 **배유진**

초판 1쇄 인쇄 **2015년 11월 16일** | 초판 1쇄 발행 **2015년 11월 27일**

주소 **10881 경기도 파주시 광인사길 153 한울시소빌딩 3층** | 전화 **031-955-0655** | 팩스 **031-955-0656**
홈페이지 **www.hanulbooks.co.kr** | 등록번호 **제406-2003-000051호**

Printed in Korea.
ISBN 978-89-460-5848-4 93390(양장)
ISBN 978-89-460-6091-3 93390(학생판)

* 책값은 겉표지에 표시되어 있습니다.
* 이 책은 강의를 위한 학생판 교재를 따로 준비했습니다. 강의 교재로 사용하실 때에는 본사로 연락해주십시오.